历史无绝代
社会无终态
科学无止境
真理无绝伦

宋健
二〇二三年
十二月廿二日

钱学森系统科学与系统工程讲座

系统工程讲堂录

——中国航天系统科学与工程研究院研究生教程

（第一辑）

中国航天系统科学与工程研究院研究生管理部　组织编写

中国宇航出版社

·北京·

图书在版编目（CIP）数据

系统工程讲堂录：中国航天系统科学与工程研究院研究生教程/中国航天系统科学与工程研究院研究生管理部组织编写 . -- 北京 ：中国宇航出版社，2013.12

ISBN 978-7-5159-0562-4

Ⅰ.①系… Ⅱ.①中… Ⅲ.①系统工程—研究生—教材 Ⅳ.①N945

中国版本图书馆 CIP 数据核字（2013）第 286089 号

责任编辑 刘亚静　赵宏颖　**责任校对** 祝延萍　**装帧设计** 文道思

出　版 发　行	中国宇航出版社		
社　址	北京市阜成路 8 号　　邮　编　100830	版　次	2013 年 12 月第 1 版
	（010）68768548		2013 年 12 月第 1 次印刷
网　址	www.caphbook.com	规　格	889×1194
经　销	新华书店	开　本	1/16
发行部	（010）68371900　　（010）88530478（传真）	印　张	24
	（010）68768541　　（010）68767294（传真）	字　数	478 千字
零售店	读者服务部　　北京宇航文苑	书　号	ISBN 978 - 7 - 5159 - 0562 - 4
	（010）68371105　　（010）62529336	定　价	188.00 元
承　印	北京中新伟业印刷有限公司		

本书如有印装质量问题，可与发行部联系调换

编 委 会

序

　　1986 年 1 月 7 日，杰出的人民科学家钱学森教授策划、指导的"系统学讨论班"在航天七一○所拉开了帷幕。在接下来长达七年半的时间里，每周二的下午，讨论班在七一○所如期举行，风雪无阻。钱学森教授每次都到会，并做最后综述点评。

　　当时的"系统学讨论班"吸引了全国各地不同领域的著名专家学者参加，如经济学家薛暮桥、马宾，数学家吴文俊，宇航专家栾恩杰，管理学家王众托等，导讲者可谓群贤毕至，参听者可谓少长咸集。很多当时参加讨论班的年轻人如今已经成为国内系统科学与系统工程领域卓有建树的名家，如著名系统科学家于景元研究员，中科院自动化所戴汝为院士，中科院系统科学研究所顾基发研究员、汪寿阳研究员等。

　　"系统学讨论班"提出了许多新思想、新技术和新方法。比如，钱学森教授在 1987 年底给出系统的一种完备分类，提出"开放复杂巨系统"这个核心概念以及"定性和定量相结合的系统研究方法"，后者经过数年加工，最后形成"从定性到定量综合集成方法"。中国人民大学苗东昇教授在 2013 年 8 月 13 日接受采访时认为"开放复杂巨系统"概念和"从定性到定量的综合集成方法"这两大创新思想奠定了系统科学中国学派的基本框架。"系统学讨论班"直接促进了钱学森教授晚年系统科学思想的形成，正如钱永刚教授 2013 年 11 月 26 日在中国航天系统科学与工程研究院（以下简称"系统院"）的讲座上所说，钱学森教授金色晚年期间在系统科学领域的两大创新性思想正是源于"系统学讨论班"。

　　"系统学讨论班"内容丰富、涉及面广、影响深远，使当时的航天七一○所成为国内系统工程的研究中心。航天七一○所在支撑航天、服务国家上取得了卓著的成效，如系统论证载人航天发展战略与技术途径，将系统工程广泛应用于经济、人口、国防等诸多领域，为国家政策制定提供了有力的论证和预测。航天七一○所也因此声名远播，受到党和国家领导人的高度重视，成为支持中央决策的智库之一。

　　沿着大师的足迹，站在巨人的肩膀之上。系统院于 2013 年初重启"钱学森系统科学与系统工程讲座"，研究生管理部邀请国内著名演讲嘉宾，至 11 月底已成功举办几十次。演讲者既有系统工程的实践家，也有系统科学的理论家；既有航天系统的工程师，也有社会系统的设计师。参与讲座的既包括有实际工作经验的员工，也有朝气蓬勃的年轻学者。讲座的内容丰富多彩，有钱永刚教授的《钱学森系统理论思想形成的背景及应用》、于景元研究员《从定性到定量综合集成方法案例研究》、顾基发教授的《专家（意见、知识、思想、智慧）挖掘》、郭宝柱研究员的《大型复杂技术项目管理的系统思维与系统工程方法》等。

2013 年 11 月 22 日，宋健院士寄语系统院，"要引导航天未来，规划航天未来 20 年的发展；要提出一些服务国家的战略思想"，他高度评价认可系统院"支撑航天、服务国家"的定位。通过"钱学森系统科学与系统工程讲座"对系统工程的锤炼锻造，将促进系统院实现"支撑航天、服务国家"的使命。

大师风范，后继无边。我们要继承并发扬光大钱学森教授开创的科学事业。"钱学森系统科与系统工程讲座"秉承钱学森教授追求真理、勇于创新的精神，以更宽的胸怀、更高的眼界，吸纳国内外优秀人才，思想碰撞、智慧交流、静而论道、集成创新，逐步发展成为国际化的系统科学与系统工程交流平台。

年底将至，回望"钱学森系统科学与系统工程讲座"，讲师群英荟萃，观点精彩纷呈。然而当时的精彩难免遗忘，把全年讲座汇编成册才更方便读者仔细回味。此为《系统工程讲堂录》的由来。本书为第一辑，精彩待续。

是为序。

薛惠锋

2013 年 12 月 13 日

目 录

第 1 讲

悬理与真理

宋 健

宋健，1931 年生，博士，研究员。1947 年 6 月加入中国共产党，中国科学院院士，中国工程院院士，原全国政协副主席。1945 年 5 月参加工作，苏联莫斯科包曼工学院研究生毕业，是中共第十二届中央候补委员，第十三至十五届中央委员，曾任七机部二院生产组副组长、七机部二院副院长、北京信息控制研究所（航天七一〇所）研究员、所长、七机部总工程师、七机部副部长、航天工业部副部长、党组成员、国家科委主任、党组书记、国务委员兼国家科委主任、党组书记、国务委员兼国家科委主任、第九届全国政协副主席。被聘为俄罗斯科学院外籍院士、瑞典皇家工程科学院院士、美国国家工程院外籍院士、欧亚科学院院士。1985 年发起了"星火计划"，1988 年主持制定了"火炬计划"。曾领导和主持了中国反弹道导弹武器系统的研制，在工程控制论和人口控制论方面有杰出贡献。曾获国家自然科学奖二等奖、1987 年国家科技进步奖一等奖、国际数学建模学会最高奖——艾伯特·爱因斯坦奖、何梁何利基金 1998 年度科学与技术成就奖。

20 世纪是人类史上天翻地覆的伟大时代。两次世界大战，激烈的革命，社会主义兴起，殖民主义灭亡；科学跃进，技术腾飞，生产力大发展。凡从那走过来的人，都有说不尽的激扬悲壮。

科技如江河奔腾，一泻千里。人类掌握了飞翔、潜海，征服着太空，遍探太阳系；驾驭原子能，生产消费实现电气化、信息化、智能化；解开生命之谜，创造新物种，改造农牧，战胜瘟疫，人类得普享古稀天年，生命如歌。

一战衍发了十月革命，诞生了第一个社会主义国家。二战埋葬了法西斯，民族解放席卷全球，104 个殖民地国家独立。延续了 400 多年的殖民主义体系彻底崩溃。

中国推翻了帝制，肇始共和，新中国诞生。抗美援朝，不再受外辱。科教兴国，经济腾飞，控制人口，不再挨饿。改革开放，工业化夙梦成真，现代化指日可待，挤进了世林，赢得了尊严。

人生暂短，万世一瞬，沧海一滴。生逢这伟大时代，千祺万幸，今生之福也。自忖，祖代四人，曾祖八位，偶合育后，缺一无我。“因缘合，诸法生”（《俱舍论•卷六》），释家的前世因缘说，实不全非。

求达公理是人类理性夙求，“朝闻道，夕死可矣”（《论语•里仁》）。“吾爱吾师，吾更爱真理”（亚里士多德）。“我们为探求真理而生”（蒙田）。“吾为爱真理之故，不敢有所逡巡嗫嚅以迎附此社会……人生最高之理想，在求达于真理”（李大钊）。“对真理和知识的追求并为之奋斗，是人类最高的品质之一”（爱因斯坦）。“为求真理，常将一切置之度外”（巴金）。先贤英烈都刻骨铭心。

20 世纪，世人奋起，舍生取义，为公理而战，牺牲两亿人。 扫荡邪恶，提升理性。岁月如潮。

然而，新世纪世事并未大善，邪恶尚在横行，天下仍充满不平。20 世纪还留下许多谜团和悬念，令亲历者迷茫，史学家踌躇，科学界无奈，哲学家瞠目。余累于此凡 40 年，常不识道之所在，痛心疾首，致患忧郁。今近耄耋，仍求教于贤达，寻觅于科哲，祈有所悟，朝闻而夕走。爰记下所履，偶得一隙之明，奉诸时贤后达哂忖。

一、真理流迁

忆昔日，每逢科学突破，事业成功，或圣战胜利，顿觉公理澄澈，真理在握，夙求成真，不尽愉悦。然而数十年后再看今日之世界，强权肆虐，恐怖盛行，公理糟改，波谲云诡，是非颠倒。讵料，过去公认为真理的科学定律也在不断改变，每令科学界惶悚。哲人有云，真理是一个历史过程，百年太短，或许过程未完，轮回未了。或说，道无至正，理无至善，改变即进步，辩证法使然。下列数案是 20 世纪对吾辈震撼最大事件，粗粒解说未足释疑。

1543 年，哥白尼出版《天体运行论》，日心说推翻了地心说。天文观测证实，地球以每秒 30 千米绕太阳转，日心说遂成绝对真理凡 400 年。然 20 世纪天文观测又发现，太阳率其行星家族以每秒 250 千米速度绕银心旋转，每 2.5 亿年运行一周，谓之银年。银心说置换了日心说，使后者称为隘理。

牛顿力学主宰了现代科学 300 多年，被誉为“上帝的定律”“普遍的绝对真理”，“物理科学、精神科学和政治科学都可以建立在牛顿力学基础之上”。20 世纪牛顿力学的绝对时空被爱因斯坦相对论所“推翻”（1905）。相对论断言，世界上不存在绝对的标准时空，任何物质的形状、时间、度量、运动速度都是相对的，因人所处的地位（坐标系）而异。尽管爱因斯坦关于任何物体的速度都不可能超过光速（30 万千米／秒）的推论使向往太外的宇航学家感到沮丧，相对论已成为 20 世纪物理学的主流。20 世纪初，大量实验又证明牛顿力学不适用于描述分子、原子、亚原子等微观粒子的运动规律，被 1889—1927 年期间创立的量子力学取而代之。庶乎牛顿力学在低速宏观运动中依然近似有效，就从普适绝对真理变成了狭理。

出版于公元前 300 年的欧几里德几何学，两千多年来一直被认为是科学理性思维的典范，至今是世界各国的标准教本。它从 19 个定义、5 条公设和 5 条公理出发，演绎出 465 个定理，对现代数学、技术科学和哲学的发展，产生了根本性的影响。19 世纪的数学家，俄国的罗巴切夫斯基（1792—1856），匈牙利的波尔约发现，《几何原本》中关于直线可无限延长和平行线的公设，是不可能被证明的假说。他们创立了非欧几何，适用于地球表面的大地测量和其他弯曲空间。20 年后，德国数学家黎曼（1826—1866）又创立曲面微分几何（1850），这成为广义相对论的数学基础。爱因斯坦把时间和空间统一起来，断言含有质量和能量的时空是弯曲的。与欧氏几何大异者有，任意三角形内角之和可能大于（球面空间）或小于（双曲空间）180 度。非欧几何把欧氏几何的适用范围压缩到"无穷小的区域"，使之成为名副其实的隘理。

曾长期被认定为绝对真理的守恒定律今已大变。20 世纪以前，质量守恒是"无可辩驳的、绝对牢固的、不可动摇的公理"，"在任何时候，任何地方，对任何人都是自明的，从未有人认真怀疑过"。数种物质相互作用（物理的或化学的）前后总质量必守恒。20 世纪初原子物理实验发现质量可转化成能量，如原子弹、氢弹爆炸和反应堆中核反应。粒子物理实验中的"双生现象"证实：一个质量为零的高能光子能转变成对有质量的带电荷的粒子。于是，质量守恒变为质能守恒。

比利时天文学家勒梅特（1894—1966）于 1927—1932 年提出一个惊人的假说：宇宙中物质都发源于一次温度极高、能量密度极大的火球大爆炸。20 年后美籍俄裔科学家伽莫夫（G. Gamow，1904—1968）杜造了"大爆炸宇宙学"一词。1960 年代英国数学物理天文学家（R. Penrose, S. Hawking, G. Ellis, J. Wheeler, etal.）从广义相对论出发证明宇宙引力坍缩或大爆炸开始时，时空中必存在奇点，由一个闭蔽曲面（closed trapped surface）所包围，那就是宇宙初始边界，时空从这里开始。按天文观测数据推算，大爆炸发生于 137 亿年前，初温高达 K，膨胀冷却 3 分钟后能量转变为核子（质子、中子），1 万～30 万年后形成轻原子物质（氢、氦），10 亿年后聚集成恒星，30 亿年后形成星系，再 100 亿年演化成今日的宇宙，才有了地球和人类。这个"狂想"居然和天文观测（星系分布、宇宙膨胀、宇宙微波背景辐射），原子物理和高能粒子物理实验基本相洽。本为谯笑狂想的"大爆炸"一词竟成正名，被科学界主流誉为"近代宇宙学标准模型"。若问：火球何来？答曰：真空中冒出来的；或戏曰："上帝不喜欢这种笨问题"。质量、能量守恒的公理终于演变成"无中生有"（ex nihilo）。尽管有人极不情愿接受大爆炸假说，但"多数人的意见即真理"的信念仍主导文化、政治和科学界。哲学箴言"真理常在少数人手里"，被判为少数人的歧见。

公理、定律流迁在其他科学领域也不断发生。魏格纳（A. Wegener, 1880—1930）的大陆板块漂移说改变了地壳铁板一块的公理。生物学中，拉马克（Lamarck J. B. 1744—1829）的后天获得性状能遗传的理论仍在争论之中，有证据表明至少在免疫系统中成立。新科学发现迫使科学公理、定律不断改变的事不遑枚举，插科《忆秦娥》聊示斯情：

> 辨公理，先贤穷经皓发。
>
> 卫公理，义士殉道，英烈血洒。
>
> 讵料公理嬗变，定律围阙，至理在杳涯。
>
> 阴能暗物，大爆炸，玄论难察。

社会科学使命在研究人类社会，生产、生活、科学、文化是它的基态。战争和革命使社会迅速变化，20 世纪留下的悬念最多。

两次世界大战，空前惨烈。卷入一战（1914—1918）者 33 国，参战军队 6500 万，战死 850 万，伤 2100 万。欧人痛心疾首，召开巴黎和会(1919)，盟誓不再相戮。仅 20 年后，二战又起（1937—1945），参与国增至 66 个，参战军队 7260 万，战死 1680 万，伤残 2100 万。

两次大战祸首，都是科技和哲学"保持着时代高度"的发达国家。常云科学是理性的杏坛，技术是智慧的硕果，哲学是真理的渊薮。然而，那里有科学、哲学而无正义，有强权而没有公理，邪恶成魁，人性丧尽，罪恶滔天。二战后，朝战、越战、伊拉克战争、阿富汗战争、利比亚战争，侵凌不断，"八国联军"源头依旧。是科哲孱弱，义不压邪，抑或文明堕落，人性返祖，势强必霸？

1949 年新中国诞生，人们浩气正炽，青年壮志初展，百业肇端。然而，"反右"大转向，伤害了 50 万精英。"大跃进"，天灾人祸，牺牲千万，接榫"文革"，醉乱 20 年，以天崩地坼，巨人尽逝，精英悴老，桂销桐枯而告终。是左患，右滥？狭理抑玄理？真理或谬误？

对吾等震撼最烈的是"九一三事件"。到 1971 年，文革迷茫已 5 年，"斗批改"，"学习班"，劳动改造等都难得转弯。唯"大树特树"收效不菲。十年大树，九大（1969）副帅、亲密战友、接班人，常人已习非成是，嵌入章典，无需再转。1971 年 10 月忽闻"折戟沉沙"，顿觉头晕眼花，满头雾水，久久不敢悟其所闻。稍后，"决议"、传达、报导，史料如潮，皆曰详实可信。然而，"真理"变化如此之快之陡，二年之中 180 度大转向，与科学理性相左，与逻辑相悖，顿觉公理前提和信念基础坍塌。夫法理已备，接班主事，顺理成章，何需沉沙。暮年野心？妻儿胁迫？是必然中的偶然，偶然中的必然？逻辑背反，盍辩何证？

苏联垮台是对社会科学公理体系的严峻挑战。十月革命建立社会主义，30 年完成工业化，40 年攀上科学顶峰，建奇功于二战，立世界之一极，成全球灯塔。70 年后，石破天惊，东欧翻牌，苏联解体，塔灯泯灭，图腾坍塌。革命家伤神，老兵啼血，学者逡巡，凤冤猖嚣。十年祭，廿年奠，诠释如涌。情报局诡计？阶级复辟？钢人独裁？专政异化？改革失控？自毁抑他杀？是非迄无定论。20 年后，邻哲从忧惺中醒来，着手改换前提，重构公理体系，归纳新命题，演绎新原理，以求灾后重建，重整山河。是生存的必须或历史的无奈？随波逐流抑或护泥蓄芳？待考。

均贫富，等贵贱，兼爱互利（墨子），"大同之世，天下为公，无有阶级，一切平等"（康有为《大同书》）是古今仁人和穷人的理想世界。体现高度平等的空想社会主义曾是现代社会诸学科的伦理源头，有 300 多年的历史和实验。美国贝赛尔（Conrad Beissel）的宗教共产新村，法国摩莱里（Morelly）平均分配、衣食相同的公有制，英国欧文（Robert Owen）的拉纳克苏格兰工业新村（New Lanark, Scotch Village），法国傅立叶（F. M. C. Fourier）的法朗吉（Phalange），路易·勃朗（Louis Blanc）的集体化，蒲鲁东（P. J. Praudhon）的无政府大锅饭，太平天国的"公产主义"，苏联的集体农庄（1930—1990），中国的人民公社（1958—1978），红色高棉的全民供给制和废除货币（1975—1980）等，都曾兴旺一时，终因成员逸散，饥荒危机或政治变动而消亡。邓公倡导改革开放以后，中国取消人民公社，解散生产队，废止大锅饭，先富带后富，很快摆脱了贫困，经济高速发展，工业化进程加快。实践表明，以公有制为主体的社会主义市场经济是当前国际形势下能走得通的富民强国路。然而，曾相信过大集体、大锅饭是社会主义基础阵地的人们，为社会主义奋斗终生的革命家，情系首阳的先贤，梦寐以求真理的科学界，都伫盼着科学解释，为何"只有在集体中个人才能获得自由和全面发展"的原理，20 世纪却变成"死症"？人性软？时恁软？社会科学若失察初原而逡巡啜嗫，全无亮度，必成留欠后人的债务。

社会是复杂的巨系统。社会科学研究对象常处于矛盾、冲突和变化之中，受政治形势影响极大。看来，20 世纪社会科学的各种理论，如社会学、经济学等学科的知识都是有限的，不足以完全描述这个复杂而多变的社会。唯物史观阐明了 20 世纪前的人类社会，眺望未来，把社会主义留给了后人。经过 100 多年的革命、论战、成功和曲折，仍未认清什么是社会主义。

胡耀邦（1915—1989）晚年在一首《寄调渔家傲（1988）》的谐词中诉说了求达真理的艰难：

科学真理真难求，你添醋来我加油，论战也带核弹头。

核弹头，你算学术第几流？

是非面前争自由，你骑马来我牵牛，酸甜苦涩任去留。

任去留，浊酒一杯信天游。

胡耀邦亲历了路岐险隘的苦涩之后，仍怀着"青松寒不落，碧海阔逾澄"的信念，走完一位革命家和受人尊敬的浏阳仁人的一生。

二、狭理和时理

黑格尔曾说，哲学是真理的王国，是一切科学和真理的中心。一位德国诗人诺瓦利斯（Novalis，1772—1801）说，哲学能带给我们上帝、自由和不朽。德国是古典和当代哲学的故乡，康德、黑格尔、叔本华、尼采、马克思、恩格斯等都是德国人。凡科学尚未认识的真理，无力解释的谜团，或许哲学能给人以指示，让你明白。哲学是望远镜，视野大于科学，远于科学。于是我转而求教于哲学。

20世纪初，中国很多学者不喜欢哲学。遗而不老的近代学者王静安（1877—1927）就不堪累于谬误伟大的形而上学，可爱者不可信，可信者又不可爱或不能爱。庄子的是非论："彼亦一是非，此亦一是非；彼出于是，是也因彼，是亦一无穷，非亦一无穷"（《齐物论》），苟释为"是非罔辩"，胡适斥之为反动。奇哲尼采（1844—1900）不惑之年后狂言、玄说不断，雷电超人、恶就是善、真理即谬误等，令人厌恶。英国语言哲学家拉姆塞（F. P. Ramsey，1903—1930）和艾耶尔（A. J. Ayer，1910—1989）等提出"真理多余论"："真的、假的这些词不具有任何内容，它们是多余的，完全可以删去"，"甚至真理也是不必要的概念"。这类夸张晦恬，使委身于实证求真理的科学家们感到屈辱和愤懑。曾任复旦大学校长的行为学家郭任远曾愤斥这类哲学是科学的敌人。

二战后，世风大变，科学界主流逐步汇聚于辩证唯物论和唯物史观。辩证唯物论，稳立于唯物基石，排除唯心谬误，接受古典辩证法精华，克服机械唯物论缺陷，与近代科学技术新成就密洽，故被视为现代科学世界观和方法论最客观的全面陈述，成为世界各国科技活动争相遵守的潜规范。逡于时势者，常守而不布，或另撰新名，异称而同归。

牛顿（1642—1727）以后，科学技术突飞猛进，惊人成就目不暇接，以大自然、科技、社会为对象的科学哲学逐步成为现代哲学的主要组分。英国物理学家霍金近谑言："（经典）哲学已死，瞠乎科学之后使然"，意似在兹。科学哲学托始于古希腊（亚里士多德，前384—前332），横渡中世纪的自然科学，崛起于文艺复兴之后（培根，1561—1626），繁荣于19～20世纪。今学派林立，名目繁多，范畴不同，方法各异，然基本概念多渐近于辩证唯物论，从不同角度丰富了科学哲学的内涵。

科学哲学分为本体论（Ontology）和认识论（Epistemology），前者认定世界和宇宙包括人类在内，都是客观存在；后者视思想为客观世界在头脑中的反映和推理，是第二性的。除唯心论和怀疑论外，哲学各派都认为世界是可知的。"凡以知，人之性也；可以知，物之理也；以可知人之性，求可知物之理，而无所疑止之，则没世穷年不能遍也。"（《荀子·解蔽》）爱因斯坦的归纳在科学界已成为公识："我们对客观世界的感觉是真实的，但那是间接的，我们所获得的事实和概念，可能永远不是最后的，而是一步一步接近真理。"现代物理学家简述为："世界有秩可循，人们能够理解，实验可以检验，语言和数学可以部分表达。"

时空有序，物有形迹，事有原委，真理可寻，是非可辨。这是 300 多年来科学界积益而成的基本理念。由莱布尼兹（G. W. Leibniz，1646—1716）提出，经沃尔夫（Christian Wolff，1670—1754）和叔本华（Arthur Schopenhauer，1788—1860）诠成的"充足理由律"，至今是科学推理的逻辑圭臬，可化意为：存在必享有时空，变化必循因果，行为必有动机，前提应该真实，推论合乎逻辑。存在为实，因果相嬗，是科学哲学的前提公设。逻辑学是关于思维形式规律和求达真理的科学规则。17 世纪以后，数理逻辑的出现和发展（莱比尼兹、弗雷格、罗素等），用严密的数学演算取代了古典逻辑的修辞雄辩。通过名词定义标准化，谓词运算规范化，实现了命题演算程式化、机械化和实用化。新的逻辑系统如非经典逻辑、模态逻辑、模糊逻辑等还可以处理带有随机因素的多态命题。

宇宙中的一切，从沙粒、太阳到人类，除却已逝都处于不断变化之中。除变化及其规律以外，世界上没有什么东西是永恒的。太阳 50 亿年后将灭，大地 1 亿年后要重组，禾草岁岁枯荣，人群年年不同。大自然和社会都没有最后状态。科学至今所掌握的知识和真理，都是只适用于今日知识水平和文化环境的狭理和时理，即相对真理，连数学、物理也不例外。百年前曾认为数学定理是永恒的，无需革命。自哥德尔（1931）和图灵（1948）以降人们才认识到，即使是数学中的定理也只是相对的，远不是绝对真理。科技迅进，知识猛增，观念必因新知而变。数千年人们认为我们生活的空间是平直的，现已弯曲。原以为物质的基本粒子是小球，后又是波、场、共振态，又像膜，甚至又似弦。社会生活、生产、文化和环境也在变。少年置换了耆老，新伤压过了旧痛，矛盾不断转移。盖观念嬗变，公理飘移，真理流变，势所必然。若夫保持狷介，坚守平直，只认球，拒识波，不听弦声，不视恶色；师夷齐清风，步陶潜守志，笃信亮节，不胜悲壮，庶几留下灯火，垂鉴后人。鲁迅尝说："回复故道的事是没有的，一定有迁移；维持现状的事也是没有的，一定有改变。有百利而无一弊的事也是没有的，只可权大小。"（《且介亭•杂文二集》）首阳已殁，桃源已泯，人满大地，欲求更贴切的科学真理，建立理想社会，后世另需善谋。

生物学和古生物学已有铁证，现代人类与哺乳类真兽亚纲的灵长动物共祖，经 500 多万年进化而来。7 万年前还不穿衣服，5 万年前尚不会说话，1 万年前才有农业，7500 年前才开始畜牧，5000 年前才有文字。现代科学只有 400 年的历史，工业仅 300 年，会飞行才 100 年。理性思维历史太短，知识和经验积累有限。和地球生命史相比，现代科学尚在幼年，我们对客观世界的观察和经验是瞬历，即若大多是真理，那也只是相对的狭理或时理。

从古迄今不断有人质疑，人对客观世界的认知和理解能力是否有限？是否万物都有迹可察？古贤早注意到人的生理弱点：目不能全视，耳不能广听，鼻不能博闻，口不足以辩是非，体不能飞，智不足以旷天地，是谓"六阅"（《列子·杨朱》）。的确，眼、耳、鼻、舌、体是兽类为生存、觅食、繁后等近需遗馈给人类的器官，拙于远察以认知宏观世界。人眼得到的外界信息占所需的80%，但可见光只占自然界电磁辐射频宽的，相当于79个音程的一个，肉眼见识极微。20世纪科技进步，已能把任何电磁辐射转变成可视信号，今人目已能全视。光速有限（每秒30万千米）限制了人眼和望远镜的视界（140亿光年，约为10千米），按现有物理学知识，人类将永远看不到视界以外有什么。物理学家正在寻找可能比光速快的信号，如重力波，以扩大视界，看得更远。是否能找到，尚未可知。人耳靠接收介质中传播的声波感知信息，但只能听到自然界全部声波频段的，比蝙蝠、鲸鱼的听力窄2～3倍。20世纪发明的超声波和声纳技术，可收认任何频率的声波，将其转变成光、声、电信号供人们全听。嗅觉、触角也因遥测、遥感技术而延伸。盖六阅之羁已松，人类观察和认识世界的能力可望大增。然而，受科学事业规模、资金、技术所限，这种增强迄今仍然是局部的，专注的，限于急需范围之内。人类欲全面克服六阅，尚待时日，还需科技新知。

社会科学中观念、公理流变更快。法国大革命前后，人们曾认为自由、平等、博爱是普适的伦理道德标准。卢梭（1712—1778）首先提出，平等是不可剥夺的天赋人权。美国《独立宣言》依据的是不证自明的公设：人人生而平等，生命权、自由权和追求幸福的权利是造物者赋予的不可转让的权利。法国大革命的《人权宣言》宣称，人们生来是并始终是自由平等的，以不损害别人的权利为限。此命题千年争议不断。北宋哲学家张载（1020—1077）断言人生来就不平等："生有先后，所以为天序；小大、高下相并而相形焉，是谓天秩。天之生物也有序，物之既形也有秩。知序然后经正，知秩然后礼行。"（《正蒙·动物》）孙中山认为，卢梭的平等论没有历史和事实根据，从未见过有天赋平等的道理，因为它符合民心，适应潮流，遂受到欢迎，立千载大功。有如神权、君权都是人造的，不是天生的自然真理。20世纪的人类学和医学观察表明，在生理各方面人人不同，身高、体重、膂力、视力、听力、记忆力、智力、癖好都有差别，都服从正态分布的钟形曲线。人类社会是有差别、有结构、有组织、有分工的群体，"明分使群"，欲铲除一切不平等是幻想。后人解释说人人平等指政治权利。美国立宪时没有给黑奴和妇女选举权，后者的公民权是19世纪的黑人解放运动和20世纪女权运动争得的。妇女获得选举权在美国、英国、法国、加拿大和瑞士分别是1920年、1928年、1944年、1950年和1971年。美国正是打着"机会平等，利益均沾"的旗帜参与八国联军侵略中国，取得了在华租界、领水和通商口岸的不平等特权。当代西方哲学家也索性把"平等"改为"正义"或"公平"。

在社会科学公设中，"自由"是涵义变化最多的概念，古罗马奴隶欲摆脱枷锁争自由劳动。18～19世纪，资产阶级革命高举"自由平等"的战旗，埋葬了奴隶制，摧毁了封建专制，催生了工业化，驱动了科技进步，人类进入工业文明时代。受侵略、被压迫人民求解放，争自由。裴多菲（Petofi Sandor，1823—1849）的一首诗"生命诚可贵，爱情价更高；若为自由故，二者皆可抛"，把自由提至崇高。20 世纪，自由平等打倒了殖民主义，被殖民国家都争得了独立和自由。

回溯历史，各代人争自由目标各异。南唐后主李煜："花满渚，酒满瓯，万顷波中得自由"（《渔夫》）。法国革命家罗兰夫人（1754—1793）被处死前忿詈"自由，自由，天下多少罪恶假汝之名而行。"孙中山领导革命时说，中国人需要的是凝结成团，而不是自由，一盘散沙。严复（1853—l921）坚决反对卢梭的生而自由论："初生小儿，法同禽兽，生死饥饱，权非己操，断断乎不得以自由论也。"瑞士作家凯勒（G. Keller，1819—1890）断言，自由的最后胜利是无果之花，断子绝后。

文艺复兴以降 400 多年后，思想界、科学界、法学界逐步达成共识：人类从自然状态联合成社会，并非为了自由，而是为了生存、安全和幸福才合作成团，逐步演变成现代社会。在高度分工的文明社会中，孤子意味着泯灭。苟欲索居，即成离群蜂蚁，飘零秋叶，残春落花，虽不再受缚，取得了自由，但已面临死亡。鲁滨逊只身荒岛 28 年，始终离不开社会。个人自由必须服从自然、理性和社会规范的限制，即法律的光荣约束。法国大革命时的《人权宣言》（1789），联合国《世界人权宣言》（1948），中华人民共和国宪法（1982）中都规定，公民享有信仰、言论、出版、集会、结社、游行、示威等自由，但应遵守法律，不得损害国家、社会、集体的利益和其他公民的法定自由和权力。自由和纪律，民主和集中，是矛盾中的两个方面，只有在社会实践中平衡统一。毛泽东的理想是："造成一个又有集中又有民主，又有纪律又有自由，又有统一意志，又有个人心情舒畅，生动活泼，那样一种政治局面"。轻重缓急，只能由法律界定。然而，法律也不断变化。矛盾转换，流俗飘移，观念更新，法律也不得不改，自由含义每需重审。

宇宙无限，岁月迁流，人类迄今所积累的经验和知识，殆为局域的、有时限的，与当时科学水平和社会形势相洽，从而多是不完备的相对真理。有些垂范长久，有的将来未必仍真。永亘的、普适的、具有终极意义的绝对真理，只能是综合归纳不断丰富的相对真理的全体才能企及的范畴。

毛泽东的一段话极中肯綮："在绝对的总的宇宙发展过程中，各具体发展过程都是相对的，因而在绝对真理的长河中，人们对于在各个一定发展阶段上具体过程的认识只具有相对真理性……客观世界的变化运动永远没有完结，人们在实践中对真理的认识也就永远没有完结。"

恩格斯高度评价黑格尔辩证法的革命性。是黑格尔首先把整个自然的、历史的、精神的世界视为一个不断运动、变化、流转和发展中的过程，并企图揭示这种运动和发展的内在联系。这是他的巨大功绩。哲学对真理的认识是一个过程，包括在科学发展史中，总是从较低阶段到较高阶段，愈升愈高，永远不能通过所谓绝对真理的发现而达到终极高度这一点而无路再进。人类历史同认识过程一样，也永远不会有某种尽善至美的理想状态。完美的社会，完美的国家是只在幻想中才能存在的东西。在恩格斯看来，把绝对真理撇开，沿实证科学和辩证思维去寻求相对真理，古典哲学就在黑格尔处终结了。这就是黑格尔指出的哲学发展的道路。恩格斯特别感叹道，黑格尔的思想解放作用，只有亲身经历过的人才能体会得到。

20世纪科学技术新成就，中国和各国人民的胜利和曲折，都再三指示我们，我们现在掌握的科学定律只有相对意义，不可能是绝对的最后真理。就连物理学也没有过对任何时代都完美的定律形式。没有永恒的普适的法律和道德模板。世界上也不可能存在人人都满意的经济制度。陆海沧桑，一切都在前进。历史无绝代，社会无终态，科学无止境。自然科学中还有一些重大问题，我们只能猜想而不能证明，如生命之源、宇宙之垠、人类之终等。绝对真理是一个"恶无限"的命题。终极的绝对真理是可无限完善的极致，是无尽长河之垠，永不能完工的殿堂，可近而永不能达的无穷级数极限，人生不足企及的超限目标。

搁置绝对真理，专注相对，在时代条件可能达到的程度上去认识、寻求狭理、时理，解决本国、当代问题。这就是辩证唯物史观指示的航向。

三、悬理与理想

真理是人们对客观世界的正确反映。从感性认识到理性推理和逻辑判断而形成推论。实验和实践是检验推论为真谬的最高标准。只有被实践证实了的推论才是真理。显然，如此定义的真理标准适用于研究迄今已发生过的现象和事件，已基本结束了的运动和过程，如雷雨、风暴、超新星爆发，已建成运行的工程设施，一场已结束的战争，已发生过的社会运动等。只要掌握了现象或事件发生前后的资讯，就能对其真伪、因果、是非做出判断。这个准则全然不能适用于评价关于未来的理念、理想，规划计划、预测预报等尚未发生或尚未结束的运动。因为还没有可靠的经验和观察数据去判断其成败和真伪是非。尽管它们可能是根据科学信仰，过去的经验和知识，为应对当前急需而设定的目标和路线。这种未经证实的先验理想和筹谋只能称之为悬而未决的悬理。

前提荒谬，目的卑鄙，手段诡诈的妄想是反动邪念。康德称之为非理性，从理性中分离出来，以维护理性一词的善意。近代史上曾流行过一些邪念玄妄，蛊惑过千百万人上当受骗，对社会造成过巨大灾难。18世纪殖民主义盛行时，荷兰医生、博物学者 P·坎珀发表论文（1781）称，"有色人种是劣等亚种，命定成为欧洲优等人的奴隶"，怂恿贩卖了 3000 万黑奴。德国外交官戈宾诺（Joseph-Arhur Gobineau, 1816—1882）在《人种不平等论》中说："雅利安人种进化程度高于闪米特人、黄种人和黑人，应防止血缘污染。否则雅利安文化会失去命力和创造性，陷入腐败堕落。"英国名作家威尔斯（H. G. Wells，1866—1946）在《理想的新共和国》（1902）中写道："新共和国应当由最美丽、坚强和优秀的种族后代组成，那些劣等民族，黑人、黄种人、棕色人、犹太人应走开，最好让他们死亡，必要时杀死他们也值得。这个世界不是救济院，不能让他们传播劣质。"这类谬理邪说曾为法西斯军国主义作伥。希特勒上台（1933）后，把消灭犹太人、吉普赛人和黄种人列为国策，声称"帝国的血缘应保持纯洁，过去的一切灾难都与血缘因素有关。"二战时屠杀异族 600 万人。日本丑类文人接踵放诞："大和民族与罗马、雅利安人等优等民族并列，是亚洲人的父亲和领袖。要保持自己的纯洁，不要与汉人结婚。满洲国人是臭虫，南京人是害虫，应赶走他们，放逐到南亚。反日的要消灭。"东京帝国大学地理学教授 Komaki Tsune-kichi 在《全球政策研究》一文中论证，"大东亚共荣圈没有边界，欧洲、非洲都是亚洲大陆的一部分，美洲是东亚，澳洲是南亚。所有大洋相通，都是日本海。"神学家中田"考证"："《圣经》中所说天使降自东方，即指日本人，上帝将靠日本征服世界，以实现《旧约》。"这类反动荒诞的恶念诳语，已被科学推翻，为历史埋葬。

自古至今，常出现玄理善念，设想地上天堂，寻觅万物至理，梦幻未来美景，虚构鸿猷捷径。盖因无科学根据，或缺乏历史经验，或前提不真实，目标不可行，措施不实际，南辕北辙，致灾蒙难而失败，最后被证明是幻想、空想、梦想。

前鉴不远。保障生存，追求幸福，憧憬未来，奋力进取，是人类天赋。其他噍类只求存于现在，而人类生活在历史中。禀赋使我们能记住过去，劳备明天，求索新知，筹谋未来。

人类凭智慧、理性和进取精神，与生物本性互动，加速进化，戮力发展，故雄于动物界。凝练出理想目标，归纳成理论，形成方针、路线、韬略，制定方案、计划、规划并付诸实施，可统称为筹谋未来，是人类最高理性行为。若夫人无远虑，不筹不划，靠天吃饭，飘游苟存，将无异于鸟兽。

对未来美好事物的想象和期盼俗称为理想。合乎科学原理并有可能实现的理想是指示奋斗方向的灯塔，推动社会进步的动力，凝聚社会的纽带，激励创新的战旗，催动进化的激酶。没有共同理想的凝聚，社会必将分崩离析，一片散沙，甚至颓靡堕落，听任天灾人祸逞凶或"八国联军"宰割。在现代社会中，一个既无信念又缺乏理想的人，有如海上无舵之帆，大漠中的孤子浪子，随时可能迷失方向，被浪涛或风沙湮没。百年耻辱，数千万同胞的血，后人不敢懈怠。

对未来事物的科学筹谋是指遵循史鉴，根据已积累的经验和知识，对现实状态的正确把握，为求达理想目标而谋划的合乎逻辑的发展方针。然而，任何筹谋，作为哲学命题，即使是合乎科学原理和逻辑规则的推理，其前提和目标中必含有不完备、不自洽的先验假设和尚未显现的未知因素。逻辑判断中也定会出现假言命题和选言命题，使结论产生多值性、可变性和随机性。故未经实践证实的筹谋，还不是哲学意义上的真理，那只是追求真理过程的开端，属于有待实践验证和修改完善的悬理。毛泽东说，不论在变革自然和改革社会的实践中，人们原定的思想、理论、计划、方案，毫无改变地实现出来的事是很少有的。人们不但常受到科技条件的限制，也受着客观过程的发展及其表现程度的限制。部分错了或全部错了的事都是有的。许多时候须反复失败多次，才能纠正错误认识，达到与客观过程的规律相符合。

检验筹谋、理想的真理性须有一个过程，其长短取决于客观事物发展进程，可粗分为短（近）程和长（远）程两类。建大桥要 3 年，修铁路 5 年，南水北调 12 年（2002—2014），属短程理想。构思"高峡出平湖"经历了 73 年（1919—1992），设计施工又 16 年（1992—2008）；中国民主革命花了 50 年；工业化需 100 年，都是长程理想。实现近程理想目标，客观过程短，局势、境、条件变化小，科学知识充足，经验丰富，信息充分，理想离真理就近，实现的可能性就大。今日设计建设工程、南水北调、高速铁路、飞机、火箭、舰船、五年计划等，成功率都很高。故短程科学理想的真理性极大。

四、分段逼近

评判长程理想真理性的固有困难有二：一是系统复杂；二是很多未来因素不可预知。复杂系统，或称为复杂巨系统，如生物体、社会、生态和宇宙，规模大、子系庶、组分杂、变量多，交联互动。有些事不能量化，未来状态预测难。天灾、人祸以及科学进步和技术发明常随机发生，不可能预知。社会需求，民意风尚，随时而变。挨饿时温饱第一，有饭吃后求小康，富裕以后盼幸福，善度一生望长寿，永无竞时。是故远程理想是永不可能完备的命题，总含有先验陈述的悬理成分，故不可能有明确的状态设计和准确的路线图。经验集自往日，理念发于先验，经验主义和教条主义都不可能一意独断。

远程理想在实现以前属理性逻辑推理，由公理前提、逻辑演绎和推论三项组成。经典哲学曾认为，前提如公理、公设、公意、公识，是不证自明的真理，是推论得以成立的根据和出发点。哥德尔不完备定理证明了即使在数学、物理这些精密科学中也很少有完备的和完全相容的公理体系。在社会科学命题中有些公设不真不假，或大半为真、局域为假。例如，由 51% 多数选票通过的公意是半真半假。可能有多数人的共识，而没有"全民的公意"。公理、公识都随科学进步、知识更新、历史更迭、社会演变和局势迁移而变化。昔日为是，今日成非，此时为真，彼时或为假。传统形式逻辑中一些简明推理规则，如三段论法：大小前提为真则推理必真；或排中律：两个相互矛盾的判断不可能全假，必有一个是真的（简称"不可两不可"），在这里都不能适用。19—20世纪数理学家们建立了多值逻辑、模态逻辑、概率逻辑、模糊逻辑和时序逻辑等，适用于处理含有"必然"、"必定"、"可能"、"也许"、"偶然"、"时态"（过去、现在、将来）等的前提命题，按照约定的运算规则，可由计算机演绎出可靠的推论。

处于远方的长程理想，目标常宏美简约，罕有准确定义和精细描述，也不可能事先标出路线详图。人类求达至善有如长征或登峰探险，顶峰并无经纬度标，也许数峰并存，间有沟壑，只能按"最小作用原理"、"极值原理"等"摸着石头过河"，先攀局部高地，凭高眺远，再谋后策。长远战略只能分段循序逼近。数学家华罗庚20世纪60年代推广"优选法"时尝说：科学实验如爬山，若没有数学表达，不明峰在何处，那就学瞎子爬坡，试着爬，按优选法总能爬到坡顶。若有数峰，先摸到的不准是最高。既事先未知，暂无全息，只好先攻上近峰，再徐图新谋。

电子计算机是20世纪科技的新武器，与它相关的数学理论和方法，如递归函数论、数理逻辑、数值代数、寻优决策、概率计算、过程分析、系统仿真、系统反演等都有了大发展。所有这些理论中几乎都采取了"走一步，看一步，修正一步，即"摸石头过河"的工作方式，提高了计算效率和结果的可靠性，遂使模型仿真成为与科学实验并列的新知识源。"测量—反馈—控制"，即前进一步，测评一步，矫正一步，是控制论学科的中心理念和基本方法。2007年10月24日中国成功发射了嫦娥一号（CE—1）绕月卫星，分5步飞，10天后与38万千米外月球相会，第六次修正了速度和方向，最后于11月5日准确进入绕月轨道。系统科学和航天技术都证明，"摸着石头过河"是认识客观真理和求达长程理想目标极为现代的科学方法，与辩证唯物论和唯物史观密合。

短过程和近程理想（悬理）是完全可以分析的。计算仿真是20世纪发展起来的锐利科学武器，已在宇宙学、天文学、物理学、航天航海和一切工程科学领域广泛应用。只要知识基本完备，信息充分，即可构建模型，预估短期发展趋势和未来状态，为多方案选优决策提供方便。钱学森根据技术科学和航天技术的经验，提出"综合集成技术"（Metasynthetic Engineering），把局部分析、模型仿真、方案选优和风险评估等结合起来，寻求解决复杂系统问题的途径，是求达近程理想的可靠方法。英国物理学家霍金称之为"依赖模型的实在论"（Model-Dependent Realism），拉近了模型仿真与真理的距离。

短程理想能接近现实，逼近真理。差错出自马虎，失误源于苟且，都是可以避免的。然而，长程理想则不尽然，前提流迁，公理嬗变，目标漂升，新触不可预见，偶事不能预知，故达鹄详图不可能预决，真悬理也。长程理想有如大海航行中的远方灯塔，天穹北斗，为征者指向是矣。至于远征路线，有如长征，势蹇路险，三改终点，悲壮曲折。以系统科学看，理想无至善，真理无绝伦。

欲达远谋，唯一办法是分阶段循序前进，逐段选优。不怠探测反馈，调整方向，矫正偏见，因势利导，以应不测。"摸着石头过河"实为现代科学思想之精髓，科学发展之良策。

要之，追求真理，进取未来，提升理性，必伴有风险、曲折以致灾祸，常需付出牺牲。成功自失败中冲出，真理从谬误中趟过。懵于理想，昧乎新知，不筹谋未来，听任命运摆布，理性会退化，科学要枯萎，人将沦同鸟兽。人类已在这两难的路上走了很久。

20世纪的垂示是，唯有科学有资质引导前进的路。科学者，史鉴明镜，真知之薮，理性新高。虽非全知万能，然其求真天职激励我们进取，实证和自省机制利于纠正错误，减少灾祸。科学方法保障实现短程目标，可靠地谋划远程未来。科学与光明同在。

悟至此，豁然开朗，昔之忧郁戛然而止，怨疑俱消。

第 2 讲

钱学森"大成智慧学"的真谛

钱学敏

钱学敏,祖籍浙江杭州,中国人民大学教授、西安交通大学兼职教授。1961年毕业于中国人民大学哲学系,先后在中国地质大学、北京大学、中国人民大学担任教学与科学研究工作。1989年以来参加钱学森亲自领导的学术研讨班子,研究和阐述钱学森的科学与哲学思想。著有《钱学森科学思想研究》等。

回首过去的20多年,钱学森跟我谈论得最多的话题是:对于当今各种复杂性问题的哲学思考和关于马克思主义哲学的发展,特别是"大成智慧学"和"大成智慧教育"。后来我才理解,钱老多年来殚思竭虑所探索的"大成智慧学",就是他对马克思主义哲学的发展与深化,或者说,是把马克思主义哲学发展到一个新的阶段,钱老给它取了一个朴素而有中国文化味儿的名字,叫"大成智慧学"。

一、 "大成智慧学"——马克思主义哲学发展的新阶段

众所周知,哲学(Philosophy)古希腊文为"爱智慧"的意思(Philein——爱好;sophia——智慧)。所以,"大成智慧是古老的'爱、智、慧'概念的更进一步,更具体了"。或许可以这样理解,钱老的"大成智慧学"赋予了马克思主义哲学以新基础、新内涵、新理念;不仅是对马克思主义哲学的丰富、发展与深化,也是对新世纪科学的哲学体系建构与创新的伟大尝试。

钱老一直关注哲学,强调科学家要掌握科学的哲学,也就是要有大智慧。他认为马克思主义哲学(辩证唯物主义)作为人认识客观和主观世界的科学,它所坚持的世界观、发展观、方法论,对各门科学技术的建构、研究与发展有着非常重要的指导作用。

记得1956年3月,钱老冲破重重阻力,从美国回到祖国以后不久,有位记者问他:"您认为,对于一个有为的科学家来说,什么是最重要的呢?"他略微沉思了一下说:

"对于一个有为的科学家来说，最重要的是要有一个正确的方向。这就是说，一个科学家，他首先必须有一个科学的人生观、宇宙观，必须掌握一个研究科学的科学方法！这样，他才能在任何时候都不致迷失道路；这样，他在科学研究上的一切辛勤劳动，才不会白费，才能真正对人类、对自己的祖国作出有益的贡献。"

在这飞速发展的信息社会里，如何尽快提高人们的智能和品德，以适应21世纪新的科学革命和社会革命相继到来的需要，这是几十年来，尤其是近20多年来，钱老着力探索与思考的时代课题。他认为其实践意义甚至不亚于当年中国搞"两弹一星"的研制与发射。他曾说：要"能站在高处，远眺信息大洋，能观察到洋流的状况，察觉大势，做出预见。这就需要智慧了，需要'大成智慧'了。"

所以我想"大成智慧学"的基本要义就是：站得高，觉大势，有创见。具体而通俗地说，钱老所倡导的"大成智慧学"就是在新的世纪里，引导人们如何尽快获得聪明才智与创新能力的学问。其目的在于使人们面对浩瀚的宇宙和奇妙的微观世界，面对新世纪各种飞速发展、变幻莫测而又错综复杂的人和事物时，能够站在高处，迅速做出科学而明智的判断与决策，并能不断有所发现、有所预见、有所创新。

"大成智慧学"与以往关于智慧或思维学说之不同，在于"大成智慧学"是以马克思主义的辩证唯物主义为指导，利用现代信息网络、人—机结合以人为主的方式，集古今中外有关信息、经验、知识、智慧之大成。钱老用英文表述为："Theory of meta-synthetic wisdom utilizing information network structured with Marxist theory"。

钱老有时也把"大成智慧学"英译为"Science of wisdom in cyberspace"，把"大成智慧"英译为"Wisdom in cyberspace"，强调"大成智慧"的特点是沉浸在广阔的信息空间里所形成的网络智慧。所以，"大成智慧学"实际是在当今这个知识爆炸、信息如潮的时代里，所需要的新的世界观、方法论、新型的思维方式和人—机结合的思维体系。

1997年春天，我拜读了华东师范大学哲学教授冯契的4本文集（《认识世界和认识自己》、《逻辑思维的辩证法》、《人的自由和真善美》、《智慧的探索》）以后，发现其中有不少思想的亮点，很受启发，但也感到在冯契教授的《智慧的探索》中仿佛缭绕着一层思辨的迷雾，于是，我把这些书送给钱老看，向他求教。

钱老看了以后给我回了一封很重要的信，更加明确地阐明了他所倡导的"大成智慧学"的实质与核心。他在信上说：

"近一个时期我一直在翻阅您送来的冯契教授著的四本书，也在思考'大成智慧学'。我也翻看了吴国盛主编的《自然哲学》。

我想我们宣传的'大成智慧'与他们不同之处就在于微观与宏观相结合，整体（形象）思维与细部组装向整体（逻辑）思维合用；既不只谈哲学，也不只谈科学；而是把哲学和科学技术统一结合起来。哲学要指导科学，哲学也来自科学技术的提炼。这似乎是我们观点的要害：必集大成，才能得智慧！"

二、"大成智慧学"的产生——时代的呼唤

我们这个时代是一个需要"大成智慧"也是产生"大成智慧"的时代。20世纪80年代初期，以微电子信息技术革命为先导的高科技群体飞速发展，如层层巨浪呼啸而至，钱学森站在大潮之巅高瞻远瞩，他敏锐地觉察到21世纪科学技术的发展，将会引起如下深刻的变革。

1）"它将是高速发展的科学技术。居于世界科学技术前列的国家，将集中人力、物力、财力于当代最先进的科学技术的争夺上，一系列新兴科学技术领域将出现新的重大突破。新的生产技术，新的生物品种，新的物质合成，新的信息、能源、交通结构以及对宇宙自然现象的新的认识，将对世界的发展产生深刻的影响。人们的思想观念、生产方式、社会秩序和生活方式将随之发生前所未有的新的变革。"

2）"它将是同经济发展高度结合的科学技术。高技术研究开发和高技术产业将成为世界经济竞争中的主要因素，并且将对传统产业带来重大影响。经济发展对科学技术的依靠程度大大增加了。商品构成中包括的技术因素，技术发明中包括的科学因素，也大为密集了。人们对科学技术工作的老的划分必将改变，基础研究、应用研究和技术开发等几个领域之间，将出现交叉、叠合。由科技发现转化为商品的周期将大大缩短。"

3）"它将是全球性相互依存的科学技术。由于现代科学技术是在世界最新科技成果的基础上发展的，许多重大项目的技术密集度越来越高，加上技术的发展日益多元化，世界上已经没有一个国家可以用独自的力量来解决竞争和发展中的所有技术问题。一些影响人类社会的重大问题，如环境问题、资源问题，已具有全球性质。因而建立一国独立完整的科技体系的思想已经过时。科学技术的国际分工和合作将日益深化。世界将生活在既相互依赖又相互争夺的环境中。"

4）"它将是科技—经济—社会—环境日益协调发展的科学技术。衡量一个国家现代化水准，不仅体现在经济和科技发展的水平上，而且还体现在社会、环境、教育、文化的协调发展上。人们将把更多的注意力放在生态平衡、环境保护、社会公平、教育文化医疗共享，以及消除由

于科学技术的发展带来的对社会和心理的危害上。人们将会努力使科学的社会化和社会的科学化得到平行发展。"

5)"它将是自然科学与社会科学和哲学相统一的科学技术。世界经济科技竞争将在一定意义上转化为经营思想、发展战略和科学决策的竞争。谁在哲学思想、领导艺术和科学决策上占优势，谁就占领了战略的制高点，就会赢得竞争的胜利。人们有理由期待一个理性的时代会在人类的进步发展中产生。在这个时代中，不仅是存在决定意识，而且人类的高尚思想追求将影响世界。"

今天，钱老20多年前对新世纪的预言与期待已在世界和中国这个大舞台上——展现，然而，前方的道路依然崎岖坎坷，美好前景不是唾手可得，"面向未来的战略优势不能只着眼于军事，而是包括军事、政治、经济、科技、教育在内的'综合国力'的竞争。在这中间，科技和教育将成为影响发展的关键因素。

人们期望21世纪成为和平和发展的世纪。这种前景不是没有可能出现的。但是，也必须注意到，竞争决不会停止，它将更加激烈，特别是在经济和科技的竞争上，这将是另外一种形式的生死存亡的斗争。"

因此"人才战"、"智力战"将是世界各国争夺的制高点。21世纪迫切要求具有巨大创新能力的杰出人才，也就是需要能够高瞻远瞩、具有大智大德、全面发展的帅才，这是时代对"大成智慧学"的呼唤！

"大成智慧学"所以能够形成，也得益于信息社会的来临。20世纪中叶以来，飞速发展起来的这些微电子信息技术与设备的普及，使得人们在信息的挖掘、获取、传输、存储、检索、处理以至利用信息技术进行组织、协调、控制、决策等方面都发生了效率空前的变化。

通过互联网络，人就与整个世界连在了一起了，"数字化地球"、"数字化城市"、"全球综合电子大百科"（全人类的智慧宝库）等日益完善，利用全球和卫星上各种信息资源，愈加便捷。从而，人们的思维空间大大拓展，人们对世界认识的广度日益辽阔。

微电子信息技术革命也使得人们对世界认识的深度前所未有，高速计算机和灵境技术（virtual reality）等，为进行高难度复杂性的科学研究提供了崭新的研究方法。它能使航天员"走进"虚拟世界，"飞入"太空，巡游在宇宙天体之间；它能使科学家"深入"微观世界，调动分子、原子、中子；它能使医生们"进入"人体进行会诊、手术等等，皆如身临其境，亲自操作。

目前，手机日益普及，打开你的手机随时都可听、可视、照相、录音、录像、传送信息和音像；还可上网读书、查询资料、浏览国内外大事，及时掌握和交流各种信息；随时可与远在世界各地的亲朋好友谈天说地，仿佛同在一个地球村，同在一个世界社会里……一下子拉近了人与人、甚至国与国之间的距离。

今天，信息技术的广泛应用，不仅使战争的武器、特点、战略、战术发生了极大的改变，电子战、信息战已成为决定战争胜负的重要因素。而且在国家的政务管理与决策、城市规划与建设、企业营销与物流、工农业的现代化发展以至文化教育、医药卫生等的普及与提高，无不与现代信息技术和互联网络紧密结合在一起。

特别是大型高速计算机对于巨大而复杂系统的工程设计、控制试验进程、数据计算与处理等方面的大量工作，其运作的速度与精确度旷古未有，是人脑难以企及的。因此，微电子信息技术革命，不仅推动着一大批尖端科学技术的发展，而且能把人们从记忆、计算等繁重的脑力劳动中解放出来。

钱老早在 30 多年前就指出：这样我们就可以"把智慧集中到整理全人类的知识。全面考察，融会贯通，从而能够创作更多更高的脑力劳动的成果，也就是人变得更聪明了，人类前进的步伐将会更快了。" 此后，钱老一直非常关注信息革命（他又称之为第五次产业革命）的发展与变化。

他也让我们认真观察由于高科技的迅猛发展，特别是微电子信息技术革命，不仅开创了新一代人—机结合的物质生产体系，正在改变着人们的生产方式、管理方式、工作方式，进一步扩大与提高了社会的物质生产力。

也开创了新型的人—机结合的知识生产体系，正在改变着人们的思维方式、学习方式以至传统观念，形成一种无可估量的精神生产力。这两种生产力的互相促进，将使人们的精神与智能迸发出无限的力量。

1996 年春天，钱老更为明确地指出："信息革命的一个与前几次产业革命不同之处似在于直接提高人的智能。" 他敏锐地预见到当时还只是初现端倪的"虚拟现实技术"（Virtual Reality Engineering）的无限威力，特别强调它能够使人们的创造思维性能力大大提高。

钱老把"Virtual Reality Engineering"翻译成更有中国文化味儿的名词叫："灵境技术"（见图 1），他并且兴奋地预言："灵境技术是继计算机革命之后的又一项技术革命。它将引发一系列震撼全世界的变革，一定是人类历史中的大事。" 所以，钱老曾满怀信心地笑着对我们说："咱们的'大成智慧学'，不是'空论'，也不是'吹牛'"，它既是时代的呼唤，也是时代的必然。

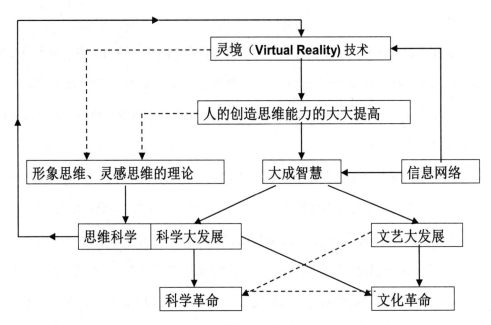

图1 灵境技术是继计算机革命之后的又一项技术革命

三、"大成智慧学"的科学基础和知识源泉——现代科学技术体系

有了经验、有了知识，不等于就有了智慧，钱老强调："必集大成，才能得智慧！" 毫无疑问，几千年来，古今中外人类灿烂的文化艺术精华和日新月异的现代科学技术知识与经验是"大成智慧学"的科学文化基础，也是集智慧之大成的无尽的知识源泉。

但是，古往今来人类的科学技术知识和文化艺术精华浩如烟海，我们怎样才能在这知识的汪洋大海中去集其大成，获得稀世珍宝——"大成智慧"呢？这历来是个世界性难题，有人把这个难题叫做"智慧的涌现"（emergence of intelligence），说来说去，至今也没见到找出什么好办法。

幸好钱老早就给我们画了一幅现代科学技术体系图（人类知识体系图），他让我最先研究的就是这张现代科学技术体系图。看来，认清现代科学技术发展的特点及其体系结构，树立现代科学技术体系观（大科学观），是有效地"集大成，得智慧"的途径和关键。

那么，现代科学技术发展的特点及其体系结构是怎样的呢？众所周知，20世纪是人类历史上科学技术与文化艺术空前繁荣的时期，加之信息技术革命的发展，人们对世界认识的范围日益广阔，层次更为深入，由此，科学门类越分越细，交叉学科纷纷涌现；与此同时，各学科相互渗透、相互耦合的整体化趋势也愈益增强，我们正站在一个新的综合，新的科学技术观念的起点上。

20世纪80年代初，钱老敏锐地觉察到："现代科学技术不单是研究一个个的事物、一个个现象，而是研究这些事物、现象发展变化的过程，研究这些事物相互之间的关系。今天，现代科学技术已经发展成为一个很严密的综合起来的体系,这是现代科学技术的一个重要的特点。"

据此,钱老画了一张"现代科学技术体系"图,然而,这不是一张简单的图表,它是帮助我们正确有效地认识和解决社会主义建设等问题的思想武器。1988 年 10 月,钱老曾说:"要进行社会主义建设,改造客观世界,就必须运用人类通过实践认识客观世界所积累的知识,而其中一个重要组成部分就是现代科学技术的整个体系。"

1991 年 10 月 16 日,他在授奖仪式上又说:"我认为今天科学技术不仅仅是自然科学工程技术,而且是人类认识客观世界、改造客观世界的整个知识体系,而这个体系的最高概括是马克思主义哲学。我们完全可以建立起一个科学体系,而且运用这个科学体系去解决中国社会主义建设中的问题。"他最后还语重心长地表示:"我在今后的余生中就想促进一下这件事情。"

钱老为什么如此重视"现代科学技术体系"?它与"大成智慧学"有着怎样的关系?本文将在下面各节中进一步阐述:钱老的"现代科学技术体系"的形成、结构、特点是怎样的;现代科学技术体系的各项内容、各个层次及其上下左右的相互关系如何构成"大成智慧学"的科学文化基础和知识源泉;现代科学技术体系中蕴藏着哪些崭新的哲学理念;为什么"大成智慧学"是对马克思主义哲学的丰富、发展与创新;实践"大成智慧学"的方法和集体,现代科学技术体系与"大成智慧学"重大的实践意义等。

30 年来,钱老认真总结了现代科学技术和文学艺术发展的成就与趋势,从系统科学的角度揭示了现代科学技术发展的整体状况,建立起一个开放复杂的"现代科学技术体系"。这个体系包括人类通过实践认识世界和改造世界获得的所有信息、经验和知识,因此,亦可称之为人类知识体系。

这是个复杂的动态网络体系。目前暂分为 11 大部门:自然科学、社会科学、数学科学、系统科学、思维科学、人体科学、军事科学、行为科学、地理科学、建筑科学以及文艺理论等。"这是个活的体系,是在全人类不断认识并改造客观世界的活动中发展变化的体系"。随着社会的发展、科学的进步,这个体系不仅结构在发展,内容也在充实,还会不断有新的科学部门涌现。

这种科学分类法是从人们研究问题的着眼点或看问题的角度之不同,来区分各科学门类的。而各门科学所研究的对象其实都是统一的、同一的,即整个客观世界(包括自然、社会、人和人化自然等),这是各门科学技术知识相互渗透、相互借鉴、相互统一的客观基础。

例如:自然科学是从物质在时间空间中的运动,物质运动的不同层次,不同层次的相互关系这个角度去研究整个客观世界。又如,人体科学是从人体结构和功能在受整个客观世界的影响和相互作用的角度去开展研究的。

这种科学分类法突破了 18 世纪林奈(Carl von Linné)按动物、植物、矿物等的构造或外部特征的人为分类法；扩展了 19 世纪恩格斯按照物质运动形式区分自然科学各门类的方法；深化了毛泽东关于矛盾特殊性是科学研究领域划分依据的思想。

如果今天仍然完全按照过去这些分类方法去分类的话，那么我们就很难划分和理解当前出现的许多新的学科以及飞速发展的新科学技术各门类之间的关系和发展规律。所以，钱老根据新时代科学技术发展的新情况、新特点，为科学技术提出新的科学部门分类方法，这是现代科学技术发展的需要，也是从实际出发，实事求是的。

这种科学分类法，从各学科的横向结构上拆除了以往各门科学技术之间隔行如隔山，那种仿佛永远不可逾越的鸿沟，显示出各门科学之间原本就相互贯通、相互促进、统一而又不可分割的动态网络关系。为广开知识之源，进行大跨度的思维，敞开了绿色通道。

四、"大成智慧学"要求打通界限、总揽全局、相互促进——跨度越大创新程度也越大

钱老曾说："大成智慧的核心就是要打通各行各业各学科的界限，大家都敞开思路互相交流、互相促进，整个知识体系各科学技术部门之间都是相互渗透、相互促进的，人的创造性成果往往出现在这些交叉点上，所有知识都在于此。所以，我们不能闭塞。"

也可以说，我们掌握的学科知识"跨度越大，创新程度也越大。而这里的障碍是人们习惯中的部门分割、分隔、打不通。而大成智慧学却教我们总揽全局，洞察关系，所以促使我们突破障碍，从而做到大跨度的触类旁通，完成创新。"

钱老的本行是自然科学和系统科学，侧重在技术科学层次的应用力学、空气动力学等，但是他勤奋好学，知识面广，善于大跨度的触类旁通，所以，他能与科学技术体系中其他九大科学技术（包括文学艺术）部门成千上万名专家学者深入探讨其各自领域内的尖端问题、疑难问题，并且常常提出令他们耳目一新、深受启发的远见卓识。从国防工业出版社 2007 年出版的《钱学森书信》中可见一斑。

老地理学家黄秉维曾说：钱学森"不是专门研究天、地、生的科学家，却是见闻甚广，博学多思的科学家。我觉得他有点像在天、地、生领域上回旋的苍鹰，具有搜索追击移动目标的本领，一发现目标，即疾下猎取。他不受天、地、生行业的束缚，看问题比我们株守于一个学科的人更敏锐、更准确。"

钱老时常深感一些专家学者只恪守于自己的专业，孤陋寡闻，坐井观天，难有创见，甚至给工作造成巨大损失和危害。所以他虽相继列出11大科学技术门类，但他特别强调的不仅仅是要人们掌握多学科的知识，更重要的是要学会大跨度的思维，让各学科之间相互渗透、相互促进以达到综合创新。

为什么人们具有了广博的知识，"跨度越大，创新程度也越大"呢？我想可能是：

1）"跨度越大"，人的思维不再囿于某一两个学科部门研究对象和思考方法的局限，而便于与其他有关学科的知识、方法、经验等最新成果互相借鉴、互相激发、"远缘杂交"，从而有可能使你打开一个新的思路、找到一种新的方法，使被囚禁已久的思维能量，突然释放出来，迸发出久违的思想火花。

2）"跨度越大"，你的思维能够运用广博的学识，触类旁通，拓展视野，向所研究的复杂性事物全方位敞开视角，充分发挥全面认识的功能，避免狭隘的门户之见。从而有可能显示出更高一级的普遍理性认识，达到从整体上认识的飞跃，走近真理。

3）"跨度越大"，你可以会通古今，学贯中西，在分析与解决当代各种艰巨的复杂性问题或科学研究的任务时，自觉地运用广阔的形象思维与严密的逻辑思维方式，把宏观与微观、整体论与还原论辩证地统一起来，高瞻远瞩，创造性地认识和解决问题。

所以，在祖国建设的各项实际工作中，钱老特别强调各行各业一定要打破学科界限，团结协作，勇于创新。钱老强调，相互支持，团结奋战。交叉领域往往是新学科的生长点。

As a Chemist, Never forget Physicists；

As a Physicist, Never forget Mathematicians；

As a mathematician, Never forget Philosopher；

As a Philosopher, Never forget Biologists；

As a Biologist, Never forget Chemists。

钱老一生都把学习与研究当作最大的乐趣，总是兴致勃勃地去博览群书，观察世界，探求真理，这种科学精神和坚强毅力是十分惊人的。他从青年时代起，在上海的交通大学读书时，就不仅学习和掌握了有关铁道机械等课程，还读遍了学校图书馆里关于航空工程和空气动力学理论、流体力学等著作。

1939年，钱学森在加州理工学院学习时，很快就获得了航空和数学博士学位。他当时除学航空和数学课程外，还选修了不少理科课程，如微分几何、复变函数论、量子力学、统计力学、广义相对论、甚至物理系、化学系等其他各系的学术报告、研讨会他都去听、去学，努力扩大自己的学科知识领域，以利于大跨度地综合集成所需要的知识，并能有所创新。

所以他能够很快地在薄壳理论、气动力学、喷气推进、火箭技术、超声速飞机设计以及《工程控制论》、《物理力学》等诸多方面取得了卓越的新成就，成为当时世界上颇有名望的年轻的应用力学家。美国前国防部长赫尔德·布朗曾清楚地记得钱学森是"美国火箭、导弹研究、实验的先驱"；美国媒体也曾多次报导他的科学成就，认为"钱是帮助美国成为世界第一流军事强国的科学家银河中一颗明亮的星"；第二次世界大战结束时，美国空军曾高度赞扬"钱学森为世界反法西斯战争的胜利作出了巨大的贡献"。

1999 年 6 月，美国《时代》（TIME）周刊 Johanna Mcgeary 还撰文说，"20 世纪 50 年代全球 20 个洲际弹道导弹系统的建立，包括那些北京还把目标对准着美国的，都是钱学森智慧的产物。"（Qian is the brains behind the 20-odd' 50s-era ICBMS, including those Beijing currently targets at the U.S.）

直到钱老逝世的前一年，2008 年 1 月美国《航空和空间技术周刊》还把钱学森评选为年度人物，认为他是中国航空工业之父，并说"2007 年航空航天领域的最重大变化莫过于中国加入太空大国的顶尖行列。"

2003 年，中国成为第 3 个将人类送入太空的国家。10 月，中国又发射了一颗探月卫星。

美国《华盛顿时报》（The Washington Times）称："正像《航空周刊与航天技术》杂志评价的，'2007 年，在航空航天领域，没有什么比中国跃升到太空力量的第一集团更能改变现状的事了……钱学森的成就应该被视为对我们面临的新危险的警告'。二战时期，钱学森是在美国学习的航空工程学并协助加利福尼亚理工大学成立了超声速实验室。共产党在中国执政后，钱学森对祖国的忠诚使得他成为（美国的）安全威胁。"

五、"大成智慧学"要求理论联系实际，实事求是——培养工程师＋科学家＋思想家的人才

在现代科学技术体系的纵向结构上，每一个科学技术部门都按照是直接改造客观世界，还是比较间接地联系改造客观世界的原则，区分为 3 个层次（文艺理论的层次划分略有不同）：基础科学、技术科学、应用技术。这 3 个层次之间是互相促进、相互关联的。

基础科学，是综合提炼具体学科领域内各种现象的性质和较为普遍的原理、原则、规律等而形成的基本理论。其研究侧重在认识世界过程中，进行新探索、获得新知识、发现新规律，形成更为

深刻的理论。它是技术科学、工程技术发展的先导，也是衡量一个国家科技水平与实力的重要标志。

技术科学，是 20 世纪初至第二次世界大战前，才在科学与技术之间开始形成的一个中间层次。它侧重揭示现象的机制、层次、关系等的实质，并提炼工程技术中普遍适用的原则、规律和方法。主要是如何将基础科学准确、便捷地应用于工程实施的学问。它是科学技术转化为社会生产力的关键。

应用技术，侧重将基础科学和技术科学知识应用于实践活动，并在具体的工程实践中，总结经验、创造新技术、新方法，使科学技术迅速成为社会生产力的学问。应用技术的发展，也必将丰富、完善技术科学、基础科学，它是技术科学、基础科学发展的根本动力。

科学技术 3 个层次之间的关系与影响是双向的、统一的。钱老曾说："人首先要认识客观世界，才能进而改造客观世界。从这一基本观点出发认识客观世界的学问就是科学，包括自然科学、社会科学等等。""改造客观世界的学问是技术。"而人们在认识世界和改造世界的过程中，主体与客体、认识与实践是相互作用、辩证统一的。

所以，钱老赋予现代"科学"与"技术"的涵义，实际上也体现了科学与技术相互补充、相互促进的内在统一性。例如，在自然科学部门中，物理学属基础科学；应用力学、电子学属技术科学；航空航天工程、电力系统工程属工程技术，也就是应用技术。但这 3 个层次之间又是相互渗透、相辅相成的，在理论研究和工程实践中谁也离不开谁。钱老始终强调要特别重视发展技术科学，他对技术科学的发展已作出杰出的贡献。

科学技术 3 层次的区分，特别是强调重视发展技术科学层次，便于我们自觉地使理论联系实际，从实际出发，迅速促进社会生产力发展。也便于我们迅速明确某个学问在整个现代科学技术体系中的地位和作用，易于找到薄弱层次和新的科技生长点，打开局面，集中人力、物力，去研究、去探索、去创新。

在培养有大成智慧的人才时，也与科学技术 3 层次密切相关。20 世纪 70 年代末，钱老调到国防科工委，分管国防科技大学，当时学校要求改革，钱老根据自己当时熟悉的科技领域，建议在国防科技大学所设置的 8 个系的专业就是把基础理论、技术科学、应用技术统一起来的考虑。钱老主张每一个专业都是理与工的结合，专业不要分得太细，否则学生将来适应能力差。

钱老说："帅才在领导实现一个明确的目标时，从基础应用研究一直到工程实现，他都应考虑到"，"要培养一批工程师加科学家加思想家的人才"。所以，要想在"科教兴国"的战略实施过程中出智慧、出成果、出人才，就不仅要将多学科知识综合集成，还要注意将科学技术 3 个层次的知识与经验、理论与实践紧密结合起来。

1991 年秋，面对国际间的激烈竞争，钱老关于尽快在我国建立科学技术业向中央的建议，也是将科学技术 3 个层次（各种科研院所—各种科技专业开发公司—各种综合系统设计中心）紧密组织起来成为一条龙，有效地转变成生产力的构想。

1993 年 9 月 12 日，钱学森在回望自己所走过的道路时，曾写信对我说：

"我自己回顾，我一生工作的中心就是理论联系实际。例如：

1）我是在大学读机械工程的，我的两位好老师陈石英教授和钟兆琳教授都一再教导我理论必须为工程实践服务。

2）我在美国麻州理工学院的硕士论文是湍流附面层的实验研究，不是理论计算。

3）到加州理工学院师从 Theodore von Kármán 教授，更是一再强调理论必需真正解决实际中的关键问题。我在那里是搞应用力学理论研究的，但总是与搞同一方面实验的工作的人结成好友，天天去看实验情况，交换看法。

4）我在出国前，就崇敬鲁迅先生，受到中国共产党的指引。到美国正值美国经济萧条，对资本主义国家的实际有深刻印象。而自 1950—1955 年的灾难，更加深了我对美帝国主义实际的认识。开始学习马克思主义哲学。

5）1955 年归国后，工作任务更具体了，就是理论联系实际；而且成功与失败是国家大事，成千上万人的事业。

6）但事业的成功使我对社会主义建设和中国实际情况，抱有脱离实际的梦想。是'文化大革命'教育了我。我才认识到我对社会科学也要认真从理论联系实际的角度刻苦学习。这就要感谢您了，是您促使我深入思考这方面的问题。

7）就这样，我从工程技术走到技术科学，又走到社会科学，再走去扣马克思主义哲学的大门。"

六、"大成智慧学"的核心——哲学与科学技术的统一结合

在现代科学技术体系各科学技术部门 3 个层次之上，还有一个层次就是各学科的哲学概括。这是通向整个体系的最高概括——马克思主义哲学（辩证唯物主义）的桥梁。它们是：自然科学的自然辩证法；社会科学的历史唯物论；数学科学的数学哲学；系统科学的系统论；思维科学的认识论；人体科学的人天观；军事科学的军事哲学；行为科学的人学；地理科学的地理哲学；建筑科学的建筑哲学；文艺理论的美学。

这 11 架桥梁共同构成马克思主义哲学的主要内容和科学基础。各门科学技术通过各自的桥梁，

在哲学的层次上，也最易找到共同点、结合点，从而相互融通，相互促进。

钱老很早就指出："把马克思主义哲学放在科学技术整个体系的最高层次，也说明了马克思主义哲学的实质：它决不是独立于现代科学技术之外的，它是和现代科学技术紧密相连的。也可以说，马克思主义哲学就是全部科学技术的科学，马克思主义哲学的对象就是全部科学技术。"

就此而论，今天马克思主义哲学的涵义应有新的扩展，过去我们都知道，哲学"是关于自然知识和社会知识的概括和总结，此外还有什么呢？没有了。"（这是毛泽东在《整顿党的作风》一文里讲的）而钱老结合当今科技发展的新形势提出："马克思主义哲学，辩证唯物主义是人类一切知识的最高概括"，马克思主义哲学"也是人的一切实践的概括"。它不应仅仅是自然科学与社会科学的概括和总结了。这也为马克思主义哲学的丰富与发展表明了方向。

早在 1978 年钱老就强调："哲学作为科学技术的最高概括，它是扎根于科学技术中的，是以人的社会实践为基础的；哲学不能反对、也不能否定科学技术的发展，只能因科学技术的发展而发展"。而发展深化马克思主义哲学应先着眼于那 11 架桥梁，然后再考虑上升到马克思主义哲学本身。

马克思主义哲学（辩证唯物主义）对于各门科学技术的研究、运用与发展有着重要的指导意义，各门科学技术的工作者无论是做基础科学研究的，还是搞应用科学和工程技术的，如能自觉地学习和运用马克思主义哲学（辩证唯物主义），都将会大有裨益，毋庸赘言。

事实上，各门科学技术作为认识世界和改造世界的学问，其研究成果对辩证唯物主义哲学也会有着深刻的影响，仅从钱老科学思想中的下列几例就可见其一斑：

他根据当前物理学、天文学、数学、化学、地质学、生物学等数学科学和自然科学发展的成就，在人们观察和研究宇宙时惯用的"宇观"、"宏观"、"微观"之外，又提出"胀观"与"渺观"。为从各个层次上研究和认识客观物质世界打开了通道。这个统一而多层次的宇宙观，为唯物主义的世界观作了更为深入的科学论证。

他关于科技革命必然引起产业革命与社会革命乃至文化革命的社会历史观、关于现代中国的 3 次社会革命论（即对社会生产力加生产关系发展的、解放生产力、发展生产力和创造生产力等 3 个阶段的社会革命）、以及关于"世界社会形态"的理论，从社会科学的角度为唯物史观增添了新的内容。

他倡导的系统科学，是从普遍存在于客观世界的各种系统的结构、层次、功能、性质等侧面去研究整个客观世界的；特别是关于开放复杂巨系统的理论与方法，不仅构成系统科学的重要内容和基础理论，而且从思想方法和工作方法上，要求实现整体论与还原论的辩证统一，强调从整体上考虑并解决问题，这无疑是对唯物辩证法提供了新的科学论据，从而丰富与发展了马克思主义哲学。

他倡导的思维科学，是研究人脑通过思维活动，怎样处理从客观世界获得的信息的科学，侧重于研究如何利用计算机、信息网络等设备与技术，人—机结合以得到正确的认识和改造世界的知识，并进行创造性思维的科学，因而，使得辩证唯物主义认识论不仅适应了信息社会发展的需要，而且具有了新时代的特征。

由此可见，我们不仅需要自觉地接受马克思主义哲学的指导，而且还应看到，各门科学技术的发展对马克思主义哲学（辩证唯物主义）基本原理与方法的补充、更新、发展有着极为重要的作用。这是钱老倡导的现代科学技术体系与马克思主义哲学原本就结合为一体的显著特点。

七、"大成智慧学"重要的发展源泉——前科学知识库

钱老提出的现代科学技术体系还有一个显著的特点，就是他把前科学知识库里的一切东西，也作为马克思主义哲学和各门现代科学技术发展的重要源泉，亦即"大成智慧学"发展的重要源泉。

大家可以看到，钱老在现代科学技术体系结构图外边还连着画了两个圈，里面一圈写的是："实践经验知识库和哲学思维"，外面一圈写的是："不成文的实践感受"。

这说明在这个现代科学技术体系的外围，还有大量一时尚不能纳入体系中的古往今来人们对世界的探索、认知、初步的哲学思考以及点滴的实践经验、不成文的实际感受、灵感、潜意识、能工巧匠的手艺，那些"只可意会，不可言传"的东西、甚至梦等等。

钱老认为这些尚说不太清楚的模糊的知识性感受，暂属于前科学的知识库，信息量很大，远远大于现代科学技术体系内的知识，都是些零金碎玉，没有什么逻辑可寻，但是在我们头脑中有，有时突然闪现，云合雾集，有时变化很快，转瞬即逝，归根结底也是人们实践经验的产物。

这些前科学知识库里的宝贵财富，通过我们主动地搜集、研究，在实践中将这些模模糊糊的知识性感受，不断进行反复比较、鉴别、分析、综合，逐渐将其中有价值的东西从感性认识提炼到理性认识，成为能够正确反映客观现实的真理性的知识，纳入到现代科学技术体系中，使各门科学技术得以不断丰富与发展，甚至有新的科学技术部门涌现。

这当然是十分艰巨的科研任务，一旦有所新的提炼和突破，发现一些真理的颗粒，那将是对人类了不起的巨大贡献，这是人们在认识与实践的过程中，从相对真理涌向绝对真理的历史长河，烟波浩渺，永无停息。

例如：欧洲文艺复兴时期的巨人，波兰的天文学家哥白尼（Nicolaus Copernicus, 1473—1543）。他的"太阳中心说"就是人类探求真理的历史长河中一朵绚丽的浪花。哥白尼学过法律、数学、医

学、天文学和神学，长期当一名天主教堂的教士，但他对天文学情有独钟。

他有一句名言："现象引导天文学家"，他不仅努力研读古代的典籍、前人的各种文献、资料，赞赏 1700 多年前阿里斯塔克斯凭借灵感猜想出的"日心学说"，而且发现了托勒密"地球中心说"的错误根源，哥白尼继续亲自观察、积累点滴的经验、感受、数据，进行初步的哲学思考、反复比较、鉴别、计算、分析、认真综合集成这些前科学知识。

1512 年，哥白尼在波罗的海岸边的小渔村弗隆堡买下城堡的一座箭楼（本来是作战用的，三角形的楼顶向前倾侧，几乎伸到围墙的外边），楼顶的最上层有 3 个窗口，可以向四面八方观测天象。当时没有"望远镜"，他用自己动手做的仪器（测量行星距离的"三弧仪"，测定太阳中天时高度的"象限仪"，搁架上的"水准仪"等）进行观测，有时通宵达旦。其中有纪录可查的 50 多次系统观测，包括日食、月食、火星、金星、木星和土星的方位等等，其计算所得数值的精确度是惊人的。哥白尼在这个箭楼里（安娜相伴 10 年）一直辛勤工作到去世。

因惧怕教会的反对与迫害，在他弥留之际，才正式发表了他用一生的心血写成的《天体运行论》（De revolutionibus orbium coelestium），以科学的"太阳中心说"，推翻了在天文学上统治了一千多年并被教会奉为"圣经"的"地球中心说"。这是天文学上一次重大的革命，引起了人类宇宙观的革新。从哥白尼时代起，挣脱了宗教神学束缚的自然科学和哲学开始获得飞速的发展。

由此可见，现代科学技术体系及其外围前科学的知识库，包括了古今中外人类在实践中认知的全部信息、经验、知识、智慧，这一切都是集大成过程中"集"的对象与内容，也是"大成智慧学"的科学文化基础和知识源泉。努力利用现代科学技术体系，特别是其外围的前科学知识库里的宝贵信息与经验去综合集成，会通经验—科学技术—哲学，"大成智慧学"才能不断集成出新，不至成为无源之水、无本之木。

总之，现代科学技术体系及其外围的点滴感受和经验，是人类现在所认识到的关于客观世界知识和经验的全部精华，因而其最高概括——马克思主义哲学也应该是人类智慧的结晶。哲学要指导科学，哲学也来自科学技术的提炼。在新的世纪里，科学技术与哲学将更加相互交融、相辅而行。科学高峰离不开理论思维，离不开科学的哲学，也就是离不开把哲学和科学技术统一结合起来的"大成智慧学"。

八、"大成智慧学"的重要内容——科学与艺术的结合

钱老一贯强调，人一方面要有文化艺术修养，另一方面又要有科学技术知识。他在探索"大成

智慧学"的过程中，特别注意到科学与艺术的结合也是构成"大成智慧学"的重要内容。

1993 年 7 月 8 日，钱老在给我的一封信中明确提出："人的智慧是两大部分：量智和性智。缺一不成智慧！此为'大成智慧学'，是辩证唯物主义的。" 我理解，这里的"量智"主要就是指科学知识、科学思维，这里的"性智"主要就是指文艺知识、艺术思维，因此，也可以说科学与艺术共同构成"大成智慧学" 的重要内容。

钱老于 20 世纪 80 年代提出现代科学技术体系以后，又借鉴北京大学老哲学家熊十力教授把智慧分为"性智"、"量智"的观点，并对其加以唯物主义的解释与发挥。他认为数学科学、自然科学、系统科学、军事科学等十大科学技术部门的知识是性智、量智的结合，主要表现为"量智"；而文艺创作、文艺理论、美学以及各种文艺实践活动，也是性智与量智的结合，但主要表现为"性智"。钱老在现代科学技术体系图中，用虚线和双箭头把"性智"与"量智"联系在一起，表明"性智"与"量智"是相通的。

1993 年 7 月 18 日他在给我的信中又进一步解释说：

1）……

2）事物的理解可分为"量"与"质"两个方面。但"量"与"质"又是辩证统一的，有从"量"到"质"的变化和"质"也影响"量"的变化。我们对事物的认识，最后目标是对其整体及内涵都充分理解。"量智"主要是科学技术，是说科学技术总是从局部到整体，从研究量变到质变，"量"非常重要。当然科学技术也重视由量变所引起的质变，所以科学技术也有"性智"，也很重要。大科学家就尤其要有"性智"。

3）"性智"是从整体感受入手去理解事物，中国古代学者就如此。所以是从整体，从"质"入手去认识世界的。中医理论就如此，从"望、闻、问、切"到"辨证施治"：但最后也有"量"，用药都定量的嘛。

4）我们在这里强调的是整体观，系统观。这是我们能向前走一步的关键。所以是大成智慧学。

钱老认为，人既要有"性智"，也要有"量智"，这也是"大成智慧学"的重要内容。后来，我把他的这一哲学思想写入到《钱学森的艺术情趣》一文中，1995 年 11 月 27 日发表在《人民日报》（海外版）上，随即在 12 月 3 日的新加坡《联合早报》上转载了。

有位老华侨、诗人、书法家潘受看到以后十分兴奋，他立即写了长诗赞扬钱老对"两弹一星"的贡献，并为祖国的强大而倍感骄傲，与此同时，他还注意到钱老的"大成智慧学"思想。潘老很快就理解到若想获得聪明才智与创新能力成为大成智慧者，就要既掌握"量智"又掌握"性智"，也就是他所谓的既遵"天道"又通"人道"。

于是，老人家立刻挥毫书写了一副楹联送给钱老，字体遒劲有力，很有功底：

上联是"量性双悟智"；

下联是"天人一贯才"。

80 多岁的潘老先生仅用 10 个大字就把钱老的"大成智慧学"这头巨龙的眼睛给点画出来了，真是神来之笔，也是诗人敏锐而宏括的思维魅力吧。

在"量性双悟智"、"天人一贯才"，这 10 个大字的两边，潘老还用流畅的草书写了 4 行动情的诗文，现抄录如下。

学森先生称：科技为量智，文艺为性智。前者逻辑思维，后者形象思维。一客观，一主观，一冷一热，交流合冶，探微发秘，灵境神游。于是宇宙间万事万物之理，可化隔为不隔，化不通为通，从而奇光异彩，随之出现。综先生指归，其寤寐求之之道，曰："大成智慧学"，是亦古人学究天人之意也。量智，天学也；性智，人学也。然自古及今，鲜有学究天人足以媲美先生者。中国今日有火箭，有导弹，有人造卫星，且视二三先进国为进步。中国今日转弱为强，具足威仪，无犯人之心，而有凛然不可犯之色。凡此，非多得力于先生之研究成果而何？五年后 21 世纪来临，先生预言人类即将生活在各种高科技飞速发展之信息时代，亦即以信息技术革命为龙头之第五次产业革命。吾知先生必更大显神通，别是一番身手。猗欤，伟哉！如先生者，吾安得不讴歌赞叹而顶礼之？东坡云：渺渺兮余怀，望美人兮天一方。太白云：生不愿封万户侯，但愿一识韩荆州。东坡之怀，太白之愿，吾于先生皆倍之，因缀五言二句，书为楹帖，奉博先生泊夫人一粲，尚乞不吝赐教，亦冀幸真有瞻风采，偿夙愿之一日耳。

乙亥冬新加坡《联合早报》转载钱学敏作《钱学森的艺术情趣》一文读后。

看云野叟　潘受

古今中外许多著名的科学家、学者不仅热爱艺术，而且也是艺术家，许多艺术家在科学上也有很深刻的理解和成就。他们往往是集"科学—艺术—哲学"于一身的多才多艺的伟人，因而能够找到智慧之源，创新之路，成功的奥秘，为人类的物质文明和精神文明作出巨大的贡献。

钱老常常怀着十分崇敬的心情向我们谈起：达·芬奇、爱因斯坦、鲁迅、郭沫若等这些在科学与艺术和哲学上都很有成就的大科学家、大文学家。他也常常向我们夸赞许多才华出众的著名科学家：竺可桢、苏步青、李四光、郭永怀、高士其、汪德昭、钱三强、钱伟长、卢嘉锡、许国志、吴阶平、李政道、贝聿铭等等，认为他们不但有广博的科学技术知识、科学的哲学思想，而且有很深厚的文化艺术修养，因而能够在科学研究、科学普及和科学实验等各个领域里，都作出了卓越的贡献。

钱老的艺术修养很深，只是由于祖国国防建设的需要，他没有更多的精力专门从事这方面的工作。令人羡慕的是钱老与声乐艺术家蒋英教授的结合，可以说是科学与艺术的天作之合，他们在科学与艺术两大领域，始终是互相激励，互相促进，双星辉映。

钱老每在回首往事时，常常提起和爱妻蒋英共同度过的幸福而美好的生活，他曾说：感谢蒋英给我介绍了音乐艺术，正是"这些艺术里所包含的诗情画意和对于人生的深刻的理解，使得我丰富了对世界的认识，学会了艺术的广阔思维方法。或者说，正因为我受到这些艺术方面的熏陶，所以我才能够避免死心眼，避免机械唯物论，想问题能够更宽一点、活一点。"

直到晚年钱老还兴致盎然地回忆起他在加州理工学院学习与工作时的情景，说明科学与艺术相结合的重要性。他说："有趣的是，加州理工学院还鼓励那些理工科学生提高艺术素养。我们火箭小组的头头马林纳就是一边研究火箭，一边学习绘画，他后来还成为西方一位抽象派画家。我的老师冯·卡门听说我懂得绘画、音乐、摄影这些方面的学问，还被美国艺术和科学学会吸收为会员，他很高兴，说你有这些才华很重要，这方面你比我强。因为他小时候没有我那样的良好条件。

我父亲钱均夫很懂得现代教育，他一方面让我学理工，走技术强国的路；另一方面又送我去学音乐、绘画这些艺术课。我从小不仅对科学感兴趣，也对艺术有兴趣，读过许多艺术理论方面的书，像普列汉诺夫的《艺术论》，我在上海交通大学念书时就读过了。

这些艺术上的修养不仅加深了我对艺术作品中那些诗情画意和人生哲理的深刻理解，也学会了艺术上大跨度的宏观形象思维。我认为，这些东西对启迪一个人在科学上的创新是很重要的。科学上的创新光靠严密的逻辑思维不行，创新的思想往往开始于形象思维，从大跨度的联想中得到启迪，然后再用严密的逻辑加以验证。"

由此，钱老希望领导干部、科技帅才和年轻一代都要自觉地掌握马克思主义哲学，把理、工、文、艺结合起来，并广泛利用微电子信息技术、电子计算机、灵境技术、信息网络等，集古今中外有关信息、经验、知识、智慧之大成。

对于年轻一代的教育，凝聚着钱老的无限关爱与希望，1993 年 10 月 7 日他给我的信中提出 21 世纪逐步实行"大成智慧教育"的设想，就是要人人大学毕业成硕士，4 岁入学，18 岁毕业成硕士。这样的人才是全与专辩证统一的，他预言未来将掀起新一次的"文艺复兴"!

钱老对大成智慧学硕士的具体要求是：

1）熟悉科学技术的体系，熟悉马克思主义哲学；

2）理、工、文、艺结合，有智慧；

3）熟悉信息网络，善于用电子计算机处理知识。

这三点，其实也就体现了如何培养年轻一代掌握"大成，智慧学"成为"大成智慧"者的丰富内涵。

九、实践"大成智慧学"的方法——"大成智慧工程"

"大成智慧学"有着重大的实践意义。今天，整个世界通过世界经济市场和全球信息网络、通信卫星，把各个国家紧密地联在一起，多格局、多极化，斗争十分复杂。我们在进行物质文明、精神文明、政治文明和社会文明建设中，所面临的各种事物与人也是千头万绪、变化多端，形成各种复杂性问题。钱老早在 20 年前就说："中国正面临一个急剧变化的时代，我们如果不能站得高、看得远，就不仅会落后于时代，还可能犯很大的错误。"

为了更好更快地"集大成，得智慧"，运用"大成智慧学"既从整体上又深入到系统结构内部去观察和解决国内外各种复杂性问题，钱老从当今世界社会形态、科技发展的新趋势、以往"两弹一星"的工程实践和社会改革的经验教训中，提炼出"从定性到定量综合集成法"，即"大成智慧工程"（Metasynthetic Engineering）。

"从定性到定量综合集成法"与过去工程技术人员常用的"定性与定量相结合"的方法有相似之处，但也有很大的区别。从钱老 1992 年 3 月提出的"从定性到定量综合集成研讨厅体系"，可以清楚地看出，这种方法不是对某项工程进行简单的评估、设计与核算，而是把下列成功的经验和科学技术成果汇总起来的升华：

1）几十年来世界学术讨论的 Seminar；

2）C3I 及作战模拟；

3）从定性到定量综合集成法；

4）情报信息技术；

5）"第五次产业革命"；

6）人工智能；

7）"灵境"；

8）人—机结合智能系统；

9）系统学；

10）……

可见，从定性到定量综合集成法的特点是面对复杂的难题时，要利用计算机、灵境技术、信息网络等现代信息技术和人工智能技术等，组成人—机结合的智能系统，以人为主，将所需要的古今中外有关信息、知识、数据，予以挖掘、检索、激活（information inspiritment）、快速调集出来，启迪专家的心智；并通过民主讨论，让专家各抒己见，互相补充、互相激发，然后将各方面有关专家的理论、知识、经验、判断、建议等，综合集成起来，用类似"作战模拟"的方法，将解决方案模拟试行，反复修正，以便能对复杂性的事物（开放的复杂巨系统）发展变化的各子系统、各层次、各因素、各功能及其相互关系等，从定性到定量都能认识清楚，逐步集智慧之大成，使智慧升华，找到解决问题的最佳方案。

通过"大成智慧工程"的工作：

1）将各方面有关专家的群体智慧、数据和各种信息与计算机、人工智能技术、信息网络等有机地结合起来了；

2）也把各种学科的科学理论、知识与难以言表的经验、直觉、灵感等结合起来了；

3）是半经验、半理论和专家判断的结合。

因而这个方法实际上是思维科学的一项应用技术，它可以充分发挥人的主观能动性、充分发挥现代科学技术体系及其外围的经验知识库的整体优势和综合优势。

正像钱老所说："大成智慧工程"是"把人的思维、思维的成果、人的知识、智慧以及各种情报、资料、信息统统集成起来"。也是把宏观与微观、科学与哲学、科学与艺术、逻辑思维与形象思维结合起来，是获得"大成智慧"进行英明决策的最好方法。

这样可以真正做到：从整体上观察和解决问题，"在定方针时居高远望，统揽全局，抓住关键；在制定行动计划时又注意到一切因素，重视细节"，并能有所创新，是创造性思维的好范例。"大成智慧工程"是中国人的创造，是最新的科学方法和工作方法，具有普遍的实践意义。

十、实践"大成智慧学"的集体——"总体设计部"

运用"大成智慧工程"的集体——总体设计部，是当今国家进行长远规划、解决各种复杂系统、开放复杂巨系统问题的决策咨询和参谋机构。从中央到地方、从军事到法律、从科技到文艺等不同层次、不同部门、不同系统，都可以设立自己的总体设计部，设计系统发展的总体方案和实现整个系统发展目标的技术途径。在全国，各系统形成上下左右相互关联的总体设计部网络体系，互相配合协同工作。

总体设计部作为领导部门的决策咨询机构（类似智囊团），它应由德高望重、学识渊博、勇于开拓的总体设计师及各行各业具有团结、务实、创新精神的科技专家组成。

总体设计部运用大成智慧工程，集思广益，群策群力，将解决方案通过各种信息技术模拟建模，反复从定性到定量分析综合，使智慧不断集成出新，形成切实有利于人民、有利于生产、有利于国家现代化建设的路线、方针、政策、措施，供领导机构决策参考。

高新技术的设计开发与产业化，也需要运用总体设计部和大成智慧工程进行总体规划、总体设计、分步实施、总体协调，反复实验、修正，把错误减到最少，把效率提到最高，逐步达到整体成功。

记得梁思礼院士曾回忆说：在我国导弹与航天事业开创时期，首先遇到的难题就是 1962 年，第一枚中近程弹道导弹飞行试验失败。钱老当时认为，这主要不是技术问题而是科学的组织管理问题。他建议请梁思礼和孙家栋两位专家去向国防科委各研究院所的领导宣传总体和系统综合设计的重要性。后来，建立起航天系统的总体设计部，"两弹一星"的研制就很少失败，成功的速度和效率是最高的，赛过美国和苏联。

但是，发挥总体设计部的作用，不能一劳永逸，还要掌握科学发展观，与时俱进。因为许多极为复杂的事物和系统都是"开放的"，随着客观形势和人民需求的变化，随着尖端科技的飞速发展，新的复杂性问题还会出现，需要不断根据新的情况、新的反馈信息，对已订方针、政策进行不断调整、修订、补充、统筹安排，依靠宏观观察，做出新的调整、新的决策。

实践证明，大成智慧工程、总体设计部不仅是涌现"大成智慧"的最佳途径，也是实践"大成智慧学"的集体和组织保证。它能够使我们更有效地从群众中来，到群众中去，发挥民主集中制的效力，使决策更加实事求是、更为科学化、民主化，人性化。

钱老特别关心民主集中制的贯彻与实施。他曾说：民主集中制是普遍的人类经验和智慧的集中。要发现真理，必须发挥民主集中制……一个人的知识面是很有限的，要大家共同去探索，一个模糊的问题慢慢就会清楚了。是否贯彻民主集中制，涉及大难题的解决、涉及整个国家的发展进步、更涉及人才的发掘与智慧的涌现。

钱老还反复强调，要发扬学术民主，不迷信权威，敢于说出自己的意见，说错了就改，讲究科学道德；要善于和大家一起工作，要发挥你周围人的积极性和作用，千万不要单干，单干是没有出路的。要像搞"两弹一星"那样团结奋战。

与此同时，钱老还强调要坚决贯彻周恩来、聂荣臻提出的"三高"：

1） 高度的政治思想性；

2） 高度的科学计划性；

3） 高度的组织纪律性。

他认为 1994 年春，风云 2 号卫星发射前，测试中的事故教训正在于此。

领导压制、屈从权威、墨守成规、固执己见、追求个人名利、民主辩论和学术性挑战的匮乏等，曾使中国现代化建设和科学研究深受其害。现在人类创新的步伐越来越快，更彰显出钱老一再强调的学术民主与科学道德的重要。他曾说，我在美国参加冯•卡门主持的学术研讨会和在北京人民大会堂参加周恩来总理主持的"中央专委"会议，高度民主，思想活泼，是我最幸福的时刻。

1990 年 12 月 11 日钱老还说："中国正面临社会形态的重大变化，我们已落后了上百年，要变成现代化的社会，不是轻而易举的事，许多事情要与之配套赶上来，这就必须采取综合的发展治理和调整的措施，尽量减少混乱。这就是我提出总体设计部的重要性。"

记得 1993 年 10 月，我写了一篇文稿："科技革命与社会革命"试述钱老有关的科学思想，钱老审阅完我这篇文稿以后说；"把大成智慧工程及从定性到定量综合集成研讨厅体系及社会主义建设总体设计部另写一章（第 5 章），作全文的结尾，以显示其重要，这是我们这个集体的'命根子'。我们活着就是为了中国的社会主义建设，而中国的社会主义建设目前最最重大的事就是社会主义建设总体设计部。"我想这也是整个国家能够高速、平稳、和谐发展的根本保障。

钱老关于大成智慧工程、总体设计部的思想也一直受到军队领导的特别重视。据说，他关于现代科学技术特别是信息技术对军事领域的影响以及一些引起军队发展新变化的讲话，已成段地被引用在中央军委扩大会议的文件中。2008 年 3 月，解放军军事科学院成立 50 周年纪念会上，军委主席胡锦涛赞扬军队作战指挥演习采用研讨厅体系、作战模拟、"综合集成法"，取得了好成绩。

新千年的早春，一场春雪过后，万象更新，钱老展望未来，激情满怀地对我说："我想我们人民中国就该创新大成智慧，为世界做好事！" 钱老这个宏愿不仅是对我的鼓励，更是对伟大祖国和年轻一代的殷切期盼。

其实，钱学森没有走，他的心仍然依恋着祖国和人民，你看高悬在天宇中那颗闪光的智慧之星，正在用他的科学思想、科学精神和他那崇高的品德辉映着我们，为我们照亮前进的征程。

（2013 年 11 月 20 日修改于密云山中）

第 3 讲

钱学森对 21 世纪教育的设想

钱学敏

一、教育与科技将成为影响国家和经济发展的关键因素

当今，科技和教育已成为影响世界各国发展的关键因素。钱学森始终希望利用信息社会的优势，办好大成智慧教育，改革教育制度，缩短学制，培养青年一代成为具有高尚的品德和情操、高度的智能和创新能力的杰出人才。

20 世纪 80 年代初期，以微电子信息技术革命为先导的高科技群体飞速发展，如层层巨浪呼啸而至，钱学森站在大浪之巅高瞻远瞩，他敏锐地觉察到：

"面向未来的战略优势不能只着眼于军事，而是包括军事、政治、经济、科技、教育在内的'综合国力'的竞争。在这中间，科技和教育将成为影响发展的关键因素。人们期望 21 世纪成为和平和发展的世纪。这种前景不是没有可能出现的。但是，也必须注意到，竞争决不会停止，它将更加激烈，特别是在经济和科技的竞争上，这将是另外一种形式的生死存亡的斗争。"（钱学森：《为科技兴国而奋力工作》，北京：《人民日报》，1988 年 09 月 23 日）

1988 年，钱学森从战略的高度，对 21 世纪科学技术的发展，作了如下精深微妙的科学预见和期待：

"它将是高速发展的科学技术。居于世界科学技术前列的国家，将集中人力、物力、财力于当代最先进的科学技术的争夺上，一系列新兴科学技术领域将出现新的重大突破。新的生产技术，新的生物品种，新的物质合成，新的信息、能源、交通结构以及对宇宙自然现象的新的认识，将对世界的发展产生深刻的影响。人们的思想观念、生产方式、社会秩序和生活方式将随之发生前所未有的新的变革。

它将是同经济发展高度结合的科学技术。高技术研究开发和高技术产业将成为世界经济竞争中

的主要因素，并且将对传统产业带来重大影响。经济发展对科学技术的依靠程度大大增加了。商品构成中包括的技术因素，技术发明中包括的科学因素，也大为密集了。人们对科学技术工作的老的划分必将改变，基础研究、应用研究和技术开发等几个领域之间，将出现交叉、叠合。由科技发现转化为商品的周期将大大缩短。

它将是全球性相互依存的科学技术。由于现代科学技术是在世界最新科技成果的基础上发展的，许多重大项目的技术密集度越来越高，加上技术的发展日益多元化，世界上已经没有一个国家可以用独自的力量来解决竞争和发展中的所有技术问题。一些影响人类社会的重大问题，如环境问题、资源问题，已具有全球性质。因而建立一国独立完整的科技体系的思想已经过时。科学技术的国际分工和合作将日益深化。世界将生活在既相互依赖又相互争夺的环境中。

它将是科技—经济—社会—环境日益协调发展的科学技术。衡量一个国家现代化水准，不仅体现在经济和科技发展的水平上，而且还体现在社会、环境、教育、文化的协调发展上。人们将把更多的注意力放在生态平衡、环境保护、社会公平、教育文化医疗共享，以及消除由于科学技术的发展带来的对社会和心理的危害上。人们将会努力使科学的社会化和社会的科学化得到平行发展。

它将是自然科学与社会科学和哲学相统一的科学技术。世界经济科技竞争将在一定意义上转化为经营思想、发展战略和科学决策的竞争。谁在哲学思想、领导艺术和科学决策上占优势，谁就占领了战略的制高点，就会赢得竞争的胜利。人们有理由期待一个理性的时代会在人类的进步发展中产生。在这个时代中，不仅是存在决定意识，而且人类的高尚思想追求将影响世界。"（钱学森：《为科技兴国而奋力工作》，载北京：《人民日报》，1988 年 09 月 23 日）

钱学森 20 多年前对新世纪科技发展的预言和卓见，后来在世界历史大舞台上相继上演，一一展现。而世界经济和科技的发展与竞争，归根结底确实是一场"智力"和"人才"的竞争。面对这场生死存亡的斗争，培养和争夺高科技人才的竞争目前正在激烈展开。

美、英、德等国不惜代价竞相向国外放宽限制，高薪招聘贤明。世界各国都在加紧研究"如何尽快培养适应新世纪需要的人才"问题。美国已提出"2061 计划"，要打破旧框框，重新组织教材，以多学科培养学生的素质，据说已经出了一本书：《所有美国人都需要的科学》；日本花重金研究脑科学，用以改革教育事业，提高国民智力。

我国在教育改革和脑科学的研究上也做了很多工作，取得了不少成绩，不过，与时代的要求相比，还存在很大差距。当今时代"对人民提出这样高而广泛的智力和知识的要求，是人类历史上前所未有的，可以说是人类社会发展的一次重大变革。"（钱学森：《评"第四次世界工业革命"》，载上海：《世界经济导报》，1983 年 10 月 10 日）

二、"大成智慧学"与 21 世纪教育的设想

钱学森一直为中国的教育事业担心、焦虑，每提到科技要发展、祖国要强大时，就必然提到教育要革新、人才要培养，他时常语重心长地说："希望在青年"。2005 年 7 月 30 日，他还向温家宝总理进言："现在中国没有完全发展起来，一个重要原因是没有一所大学能够按照培养科学技术发明创造人才的模式去办学，没有自己独特的创新的东西，老是'冒'不出杰出人才。这是很大的问题。"钱老所强调的杰出人才，是指在科学技术发展上能够解决重大问题，有强大创新能力的人才和帅才。

2009 年 8 月 6 日，当钱学森最后一次见到温家宝总理时，虽然已是 98 岁高龄，心里想说的话很多，但他最牵挂的还是中国的教育事业，因而，他又语重心长满怀期待地对温家宝总理说："中国要大发展，就是要培养杰出人才"，"培养杰出人才，不仅是教育遵循的基本原则，也是国家长远发展的根本。"没想到这竟然成了他老人家的最后遗愿。人们称之为"钱学森之问"，引发了国人的广泛思考。

如何尽快提高人们的智能、品德和创新能力，以适应时代发展的需要？这是钱学森几十年来，尤其是近 20 多年来，着力探索与思考的重大课题。他为之倾注了大量心血，其中凝聚着无限关爱与希望。他认为这是件大事，其意义甚至不亚于当年研制、发射"两弹一星"。

他所倡导的"大成智慧学"简要而通俗地说，就是教育、引导人们如何陶冶高尚的品德和情操、尽快获得聪明才智与创新能力的学问。其目的在于使人们面对新世纪各种变幻莫测、错综复杂的事物时，能够迅速做出科学而明智的判断与决策，并能不断有所发现、有所创新。

"大成智慧学"与以往关于智慧或思维学说之不同，在于"大成智慧学"强调以马克思主义的辩证唯物论为指导，利用现代信息技术和网络、人—机结合以人为主的方式，迅速有效地集古今中外有关信息、经验、知识、智慧之大成，总体设计，群策群力，科学而创造性地去解决各种复杂性问题。（英译为：Theory of metasynthetic wisdom utilizing information network structured with marxist theory）

钱老有时也把"大成智慧学"英译为"Science of wisdom in cyberspace"，把"大成智慧"英译为"Wisdom in cyberspace"（钱学森 1995 年 03 月 23 日给钱学敏的信），借以强调"大成智慧"的特点是沉浸在广阔的信息空间里所形成的网络智慧。"大成智慧"是在当今这个知识爆炸、信息如潮的时代里，所需要的新型的思维方式和思维体系。

1997 年春，钱学森在对科学与艺术、逻辑思维与形象思维、哲学与科学技术以及微观与宏观、部分与整体等进行综合思考以后，更为明确与全面地阐述了"大成智慧"的实质与核心。他说："我

想我们宣传的'大成智慧'……就在于微观与宏观相结合，整体（形象）思维与细部组装向整体（逻辑）思维合用；既不只谈哲学，也不只谈科学；而是把哲学和科学技术统一结合起来。哲学要指导科学，哲学也来自科学技术的提炼。这似乎是我们观点的要害：必集大成，才能得智慧！"（钱学森：1997年04月06日给钱学敏的信）

钱学森对中国的教育改革曾经考虑得十分具体。他认为，中国人很聪明、又勤奋、能吃苦，只要制度合理、教育得法、组织得好、具备一定条件，没有什么高科技难关攻不下来，"两弹一星"的成功，就是一例。

现在我国的教育事业已有很大进步，但是我们的基础教育，从全国来看，特别是西部贫困地区，应该说仍严重滞后。需要高度重视，好好总结新中国成立以来，我们教育工作的经验教训，也要认真吸取旧中国一些成功的办学经验，以及国外值得借鉴的教学内容和教学方法。

他强调，教育工作不可能"立竿见影"，速见成效。21世纪的科学技术发展很快，新的科技革命、社会革命相继到来，整个社会结构都会发生变革，我们在制订教育方针时，一定要向前看，像邓小平要求的那样，"教育要面向现代化、面向世界、面向未来。"关注全球性、国际化的教育标准，用世界范围科学技术发展的最新成果和我们优秀的传统文化来充实教育的内容。尽快革新教育观念、更新教学方法、改革教育制度、增加教育经费。

为解决师资难的问题，钱学森提出要动员全社会（包括下岗、退休的）有经验、有学识的人，都来当教师或兼职教师，也要竭力营造宽松、民主而优越的社会环境，吸引外国的高科技人才和我们的出国留学生，共同把最先进的科技成果、最新鲜的实践经验，不失时机地传授给我们的下一代。与此同时，还要建立起以高等教育为主体的、能够使人终身受教育的教育体系，以适应信息社会逐渐以脑力劳动为主的高科技、高效管理、职能变换等快速发展的要求。

20多年来，钱学森在采撷时代精华、探索"大成智慧学"的同时，曾反复设计21世纪中国的教育事业。他结合自己和同学，在北京师大附小、师大附中、交通大学、清华大学、美国麻省理工学院、加州理工学院等院校受教育和成长过程的亲身体验，吸取了思维科学以及一些科学工作者对教育心理学、脑科学研究和实验的成果和感悟，发表了许多关于教育改革的意见和文章，希望能够缩短学制，充分挖掘和发挥少年儿童的潜力，着重培养青年一代具有高尚的品德和情操、高度的智慧和创新的能力。

仅从1993年10月7日钱学森给我的一封信中，就可以看出他对未来教育方案的大致设想和希望办好大成智慧教育，培养一代新人的殷切之情。他写道："我在这几天又在想中国21世纪的教育，我1989年的那篇东西（钱学森：《要为21世纪社会主义中国设计我们的教育事业》，1989年5月4

日载于《教育研究》，1989 年第 7 期）不够了；是要人人大学毕业成硕士，18 岁的硕士，但什么样的硕士？现在我想是大成智慧学的硕士。具体讲：

    1）　熟悉科学技术的体系，熟悉马克思主义哲学；

    2）　理、工、文、艺结合，有智慧；

    3）　熟悉信息网络，善于用电子计算机处理知识。"

"这样的人是全才。我们从西方文艺复兴时期的全才伟人，走到 19 世纪中叶的理、工、文、艺分家的专家教育；再走到 20 世纪 40 年代的理工结合加文、艺的教育体制；再走到今天的理工文（理、工、加社科）结合的萌芽。到 21 世纪我们又回到像西方文艺复兴时期的全才了；但有一个不同：21 世纪的全才并不否定专家，只是他，这位全才，大约只需一个星期的学习和锻炼就可以从一个专业转入另一个不同的专业。这是全与专的辩证统一。"

"大致可以作为下面这几段教育：

    1）8 年一贯制的初级教育，4 岁到 12 岁，是打基础。

    2）　接着的 5 年（高中加大学），12 岁到 17 岁，是完成大成智慧的学习。

    3）　后一年是'实习'，学成一个行业的专家，写出毕业论文。

这样的大成智慧硕士，可以进入任何一项工作，如不在行，弄一个星期就可以成为行家。以后如工作需要，改行也毫无困难。当然，他也可以再深造为博士，那主要是搞科学技术研究，开拓知识领域。

这个大胆设想，您看如何？新一次的'文艺复兴'呵！"

"又：也要考虑用医学去提高人的智力，如第四医学"。

三、大成智慧教育的科学基础和知识源泉

大成智慧的要害是：集大成，得智慧！"必集大成，才能得智慧！"那么，教育青年学生把什么集大成，才能得到大成智慧呢？按照钱学森的想法，集的对象主要就是现代科学技术体系（或称人类知识体系）中广博的科学技术知识，还有体系外围的前科学知识库，这些是形成大成智慧的科学基础和知识源泉。所以，钱学森特别强调大成智慧硕士要"熟悉科学技术的体系"。只有了解、掌握了这些人类知识的体系结构和具体内容，才能更好地汲取、集成人类的智慧。

20 世纪是人类历史上科学技术空前发展和灿烂辉煌的时期。加之信息技术革命的发展，人们对世界认识的范围日益广阔，层次更为深入。交叉科学纷纷兴起，各学科已越分越细，与此同时，各

学科相互渗透、相互耦合日益综合的整体化趋势也愈益增强，综合学科日兴。20 世纪 80 年代初，钱学森指出："现代科学技术不单是研究一个个的事物、一个个现象，而是研究这些事物、现象发展变化的过程，研究这些事物相互之间的关系。今天，现代科学技术已经发展成为一个很严密的综合起来的体系，这是现代科学技术的一个重要的特点。"（钱学森主编：《现代科学技术和科学政策》，北京：中共中央党校出版社，1993 年版，第 80 页）

钱学森认真总结了现代科学技术和文学艺术发展的成就与趋势，从系统观的角度揭示了现代科学技术发展的整体状况，建立起一个开放复杂的人类知识体系："现代科学技术体系"（见图 1）。

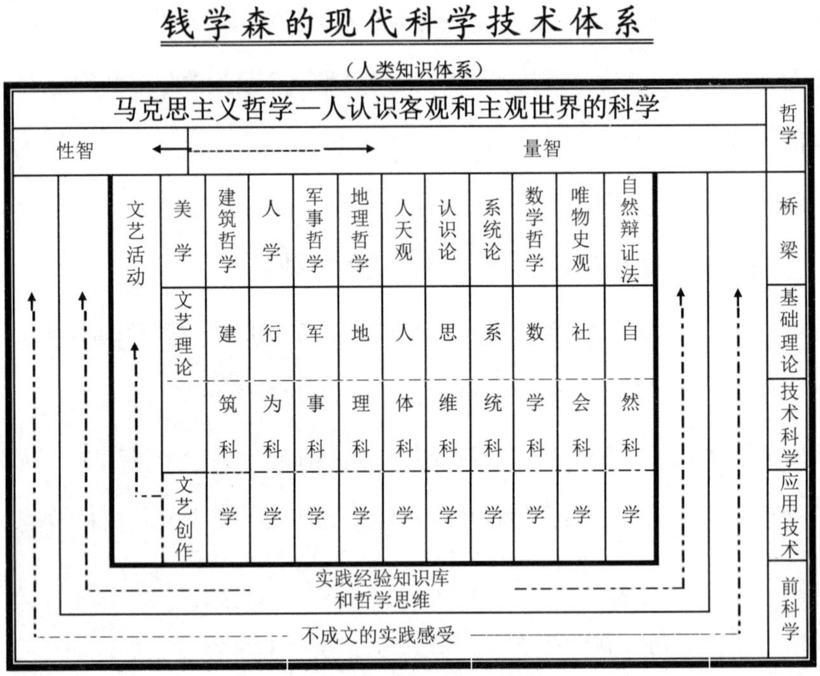

钱学森的现代科学技术体系

（人类知识体系）

马克思主义哲学—人认识客观和主观世界的科学											哲学
性智	← →				量智						桥梁
文艺活动	美学	建筑哲学	人学	军事哲学	地理哲学	人天观	认识论	系统论	数学哲学	唯物史观 自然辩证法	基础理论
文艺理论		建筑科学	行为科学	军事科学	地理科学	人体科学	思维科学	系统科学	数学科学	社会科学 自然科学	技术科学
文艺创作											应用技术
实践经验知识库和哲学思维											前科学
不成文的实践感受											

图 1 钱学森的现代科学技术体系

这个体系包括所有通过人类实践认知的学问。目前暂分为 11 个大部门：自然科学、社会科学、数学科学、系统科学、思维科学、人体科学、军事科学、行为科学、地理科学、建筑科学以及文艺理论等。"这是个活的体系，是在全人类不断认识并改造客观世界的活动中发展变化的体系"（钱学森：《社会主义现代化建设的科学和系统工程》，北京：中共中央党校出版社，1987 年版，第 135 页）。随着社会的发展、科学的进步，这个体系不仅结构在发展，内容也在充实，还会不断有新的科学部门涌现。因此，教育理念与教学内容以至教学方法，也需要不断充实、更新、与时俱进。

这种科学分类法是从人们研究问题的着眼点或看问题的角度之不同，来区分各科学门类的。而各门科学所研究的对象其实都是统一的、同一的，即整个客观世界（包括自然、社会、人和人化自然等），这是各门科学技术知识相互渗透、相互借鉴、相互统一的客观基础。这种科学分类法，从各学科的横向结构上拆除了以往各门科学技术之间那种仿佛不可逾越的鸿沟，显示出各门学科之间原本就相互贯通、相互促进、统一而又不可分割的动态网络关系，让科学与艺术不分家，数学、自然科学与哲学、社会科学互连手，为广开知识之源，进行大跨度的思维，敞开了无限广阔的天地。

钱学森曾在 1994 年 4 月 1 日对我说："大成智慧的核心就是要打通各行各业各学科的界限，大家都敞开思路互相交流、互相促进，整个知识体系各科学技术部门之间都是相互渗透、相互促进的，人的创造性成果往往出现在这些交叉点上，所有知识都在于此。所以，我们不能闭塞。"他也时常强调，我们掌握的学科"跨度越大，创新程度也越大。而这里的障碍是人们习惯中的部门分割、分隔、打不通。而"大成智慧学"却教我们总揽全局，洞察关系，所以促使我们突破障碍，从而做到大跨度的触类旁通，完成创新。"（ 钱学森 1994 年 02 月 13 日给钱学敏的信）

由此，学校的课程设置、教学内容、教学方法需要更自觉地将专业课、非专业课、实验课等有机地结合起来，打开过去各门科学技术之间隔行如隔山的狭隘界限，使学生易于触类旁通，获得广博的知识，逐步走近对世界的整体性认知和规律性认识，形成全新的观念，学会从总体上、大跨度地、综合性地理解和掌握科学技术的理论和规律，以便能够广开思路，系统地、创造性地解决各种复杂性问题。

四、大成智慧教育重在理论与实践相结合

荡漾于人类知识海洋里的学问，既有认识客观世界的，也有改造客观世界的。在现代科学技术体系，这个人类知识体系的纵向结构上，每一个科学技术部门都按照是直接改造客观世界，还是比较间接地联系改造客观世界的原则，区分为：基础科学、技术科学、应用技术三个层次（文艺理论的层次划分略有不同）。

科学技术三个层次之间的关系与影响是双向的、统一的。钱学森曾说："人首先要认识客观世界，才能进而改造客观世界。从这一基本观点出发认识客观世界的学问就是科学，包括自然科学、社会科学等等"，"改造客观世界的学问是技术"。而人们在认识世界和改造世界的过程中，主体与客体、认识与实践是相互作用、辩证统一的。

所以，钱学森赋予现代"科学"与"技术"的涵义，实际上体现了科学与技术原本就具有相互补充、相互促进的内在统一性。例如，在自然科学部门中，物理学、数学属基础科学；空气动力学、电子学属技术科学；航空航天工程、电力工程属应用技术。又如，在行为科学中包括教育、道德和法，其中教育学、伦理学、法理学等属行为科学的基础科学；教育、道德和法治的应用理论和系统工程等，有些内容属技术科学层次，有些具体的教学和实施方法，可能要属于应用技术层次。但这

三个层次的知识之间又是相互渗透、相互促进的，在理论研究和工程实践中谁也离不开谁。

科学技术三层次的区分，便于我们在进行大成智慧教育的过程中，自觉地把科学技术三个层次的专业和教学内容合理设置与安排，使理论易于联系实际，培养出有高度智慧又有实际能力的人才；也便于我们迅速明确某个学科在整个现代科学技术体系中的地位和作用，易于找到薄弱层次和新的科技生长点，打开局面，集中人力、物力，去研究、去探索、去创新，以促进经济的增长、社会的发展、科技的繁荣。

20 世纪 70 年代，钱学森调到中国人民解放军国防科学技术工业委员会，兼管中国人民解放军国防科技大学等工作，当时学校要进行教育改革，他根据自己当时熟悉的科技领域，建议在中国人民解放军国防科技大学所设置的 8 个系的专业就是把基础理论、技术科学、应用技术统一起来的考虑（见表 1）。

钱学森主张每一个专业都应是理与工的结合，课程设置既有基础科学、技术科学，又有应用技术、工程技术。专业不要分得太细，否则学生将来适应能力差。要想在"科教兴国"的战略实施过程中尽快出智慧、出成果、出人才，就不仅要教育学生学会多学科知识的综合集成，还要注意教育学生将理论与实践、知识与经验有机地、合理地结合起来。有条件的学校，有些专业还可采用产—学—研相结合的教学模式。

表 1 国防科大设置的 8 个系别专业

一系	力学与应用力学	五系	化学与应用化学
二系	核物理与物理工程	六系	计算机理论与工程
三系	控制论与控制工程	七系	数学与系统工程
四系	电子学与电子工程	八系	仪器与仪器设计

重视理论与实践相结合，还要特别尊重和提炼前科学知识库里的精神财富。在人类知识体系这个现代科学技术体系的外围，有大量一时还不能纳入体系中的古往今来人们对世界的探索、认知、初步的哲学思考以及点滴的实践经验、不成文的实际感受、直觉、顿悟、灵感、潜意识、能工巧匠的手艺、"只可意会，不可言传"的东西、甚至梦境等等，这些都是前科学知识库里的瑰宝。

这些瑰宝流动、变化很快，云蒸霞蔚，有的只是一闪念，转瞬即逝，仿佛没有什么逻辑，但在我们头脑中有，归根结底也是实践的产物，通过人们主动地、有目的地在实践中反复比较、鉴别、分析、综合，可以逐渐将其中有价值的初步的感性认识提升到理性认识，纳入到现代科学技术体系中，使人类的知识体系和智慧不断丰富与发展，这是人们认识与实践的历史长河，烟波浩荡，永不停息。它是科学知识和艺术创新的源泉。是我们终身都需要认真学习、积淀，注意汲取、历练的宝贵精神财富。

钱老说:"要进行社会主义建设,改造客观世界,就必须运用人类通过实践认识客观世界所积累的知识,而其中一个重要组成部分就是现代科学技术的整个体系。"

五、大成智慧教育要把哲学与科学技术结合起来

马克思主义哲学(辩证唯物主义)作为人认识客观和主观世界的科学,它的宇宙观(包括科学观、发展观)、人生观、方法论,对现代科学技术体系,这个人类知识体系的建构、发展以及对一个人的学习和成长历程的指导作用是很重要的。钱学森 50 年来一直强调科学家和年轻人要掌握科学的哲学。记得 1956 年初,他刚刚回到祖国不久,有记者访问他说:"您认为对于一个科学家来说,什么是最重要的?"钱学森略微沉思一下说:"一个科学家,他首先必须有一个科学的人生观、宇宙观,必须掌握一个研究科学的科学方法!这样,他才能在任何时候都不致迷失道路;这样,他在科学研究上的一切辛勤劳动,才不会白费,才能真正对人类、对自己的祖国做出有益的贡献。"(转引自洛翼:《一个有思想的科学家——钱学森博士访问记》,《中国新闻》,1956 年 03 月 02 日)当然,这个科学的人生观、宇宙观和方法论是要随着时代的发展、科学的进步而不断发展与丰富的。

后来,钱学森在参与组织领导"两弹一星"的研制、发射和探索时代精神的精华的过程中,逐渐从现代科学技术体系各科学技术部门三个层次之上,又揭示出了一个层次,就是各学科的哲学概括。这是通向整个体系的最高概括——马克思主义哲学(辩证唯物主义)的桥梁。它们是:自然科学的自然辩证法;社会科学的历史唯物论;数学科学的数学哲学;系统科学的系统论;思维科学的认识论;人体科学的人天观;军事科学的军事哲学;行为科学的人学;地理科学的地理哲学;建筑科学的建筑哲学;文艺理论的美学等等。

钱学森"把马克思主义哲学放在科学技术整个体系的最高层次,也说明了马克思主义哲学的实质:它绝不是独立于现代科学技术之外的,它是和现代科学技术紧密相连的。也可以说,马克思主义哲学就是全部科学技术的科学,马克思主义哲学的对象就是全部科学技术。"(钱学森等:《论系统工程》,长沙:湖南科技出版社,1988 年版,第 528 页)

钱学森又结合当今科技发展的现状提出: "马克思主义哲学,辩证唯物主义是人类一切知识的最高概括"(钱学森:《正确对待祖国历史文化传统认真学习马克思主义哲学》,北京:《自然辩证法》,1988 年第 2 期。),马克思主义哲学 "也是人的一切实践的概括。"(钱学森 1994 年 01 月 09 日给钱学敏的信)可见,它的内容更加丰富而科学,不再仅仅是自然科学与社会科学的概括和总结了。

早在 1978 年，钱学森就强调："哲学作为科学技术的最高概括，它是扎根于科学技术中的，是以人的社会实践为基础的；哲学不能反对、也不能否定科学技术的发展，只能因科学技术的发展而发展。"（钱学森：《科学学、科学技术体系学、马克思主义哲学》，北京：《哲学研究》，1979 年第 1 期，第 20~27 页）而发展深化马克思主义哲学应先着眼于那 11 架桥梁，然后再考虑上升到马克思主义哲学本身。

各门科学技术作为认识世界和改造世界的学问，其研究成果对马克思主义哲学（辩证唯物主义）也会有着深刻的影响，从钱学森的下列几例可见一斑：

他根据当前物理学、天文学、数学、化学、地质学、生物学等数学和自然科学发展的成就，在人们观察和研究宇宙时惯用的"宇观"、"宏观"、"微观"之外，又提出"胀观"与"渺观"。为从各个层次上研究和认识客观物质世界打开了通道。这个统一而多层次的宇宙观，为唯物主义的世界观作了更为深入的科学论证。

他关于科技革命必然引起产业革命与社会革命乃至真正的文化革命的社会历史观；关于现代中国的三次社会革命论；关于"世界社会形态"等理论；以及关于要特别重视研究国际间军事和政治的斗争、要特别重视研究如何运用金融手段来发展经济的"金融经济学"等思想观念。都是从社会科学的角度为唯物史观增添了新的内容。

他倡导的系统科学，是从普遍存在于客观世界的各种复杂系统的结构、层次、功能、性质等侧面去研究整个客观世界的；特别是开放复杂巨系统的观念和理论，强调整体论与还原论相结合，从整体上观察和解决问题，以及运用从定性到定量综合集成法、建立总体设计部等，都是进行高层次系统管理和科学民主决策的现代理念和最佳方法，这是对唯物辩证法的丰富与发展。

他倡导的思维科学，是研究人脑通过思维活动，怎样处理从客观世界获得的信息的科学。侧重于研究如何利用计算机、信息网络等设备与技术，通过人—机结合以得到正确的认识和改造世界的知识，自觉地把逻辑思维与形象思维结合起来，进行创造性思维的科学。因而，使得辩证唯物主义认识论具有了新时代的特征。

由此可见，我们不仅需要接受马克思主义哲学的指导，而且应看到，各门科学技术的发展对马克思主义哲学（辩证唯物主义）基本原理与方法的补充、更新、发展有着极为重要的作用。科学高峰离不开理论思维，在新的世纪里，科学技术与哲学将更加相互交融、相辅而行。

需教育年轻一代头脑不能僵化、机械、教条，或仅仅耽于虚无缥缈的幻想，要不断树立起反映 21 世纪的世界观、人生观、方法论，努力将经验—科学技术—哲学综合集成起来。使"大成智慧"不断集成出新，在哲学思想、领导艺术和科学决策上抢占制高点，赢得各国激烈竞争的胜利；让人类追求和平、发展、和谐、幸福的崇高理想影响全世界！

六、大成智慧教育要求熟悉信息网络

20 世纪中叶以来，飞速发展起来的这些微电子信息技术与设备的普及，使得人们在信息的获取、传输、存储、检索、处理以至利用信息技术进行组织、协调、控制、决策等方面都发生了效率空前的变化。通过互联网，人就与整个世界联在了一起，将来"数字化地球""全球综合电子大百科"（全人类的智慧宝库）等建设起来，利用全球和卫星上各种信息资源，将更加便捷。从而，人们的思维空间迅速大大拓展。

信息技术革命也使得人们对客观世界认识的深度前所未有，高速计算机和灵境技术等为进行高难度复杂性的科学研究提供了崭新的研究方法。使科学家有可能走进虚拟世界，"飞入"太空，巡游在宇宙天体之间；或"深入"微观世界，调动分子、原子；或"进入"人体，手术、远程会诊等等，皆如身临其境实际操作。

特别是大型高速计算机对于巨大而复杂的工程设计、控制试验进程、数据计算与处理等方面的大量工作，其运作的速度与精确度是人脑难以企及的。钱老早在 1979 年就说：因此，它能把人们从记忆、计算等繁重的脑力劳动中解放出来，"把智慧集中到整理全人类的知识。全面考察，融会贯通，从而能够创作更多更高的脑力劳动的成果，也就是人变得更聪明了，人类前进的步伐将会更快了。"（钱学森《情报资料、图书、文献和档案工作的现代化及其影响》，《科技情报工作》，1979 年第 7 期）到了 1996 年，钱老又强调："信息革命的一个与前几次产业革命不同之处似在于直接提高人的智能。"（钱学森 1996 年 5 月 12 日给黄顺基的信）

因此，大成智慧教育方式的一个显著特点，就是要充分利用计算机、信息网络，人—机结合优势互补的长处，使学生能够不断及时获得和集成广泛而新鲜的信息、知识与智慧，扩展思维的深度与广度。从而迅速提高人的智能，培养创新的能力。

充分利用人—机结合的信息技术，努力革新教学方法，例如，选用一些优秀教师的系列讲座和各种有关科研成果的 DVD、PPT 进行辅助教学，实现教育资源共享。

充分利用人—机结合的信息技术，设计各种复杂多变的虚拟情况，既机动灵活又贴近现实，借以锻炼学生认识问题和处理问题的实际能力，进行各种智能和体能的训练。教育学生努力通过计算机、卫星和互联网，时刻跟踪世界的经济社会和科技发展的前沿动态，汲取最先进的科研成果，站在时代洋流的潮头高瞻远瞩，进行战略性的思考与研究。

努力培养学生善于利用计算机、灵境技术、信息网络等现代信息技术和人工智能技术，组成人—机结合的智能系统，以人为主，人—机结合优势互补。运用从定性到定量综合集成法，进行数据挖掘、知识集成与处理数学计算等，以利于解决学习与科学研究中复杂深奥的问题等等。

从定性到定量综合集成法强调，将所需要的古今中外有关知识、信息、数据，予以检索、激活（information inspiritment）、快速调集出来，启迪心智，努力通过民主讨论，各抒己见，互相补充、互相激发，然后将各方面有关的理论、知识、经验、判断、建议等，综合集成起来，同时，可以用类似"作战模拟"的方法，将已获得的认识或解决方案模拟试行，反复修正，以便能对复杂性的问题和事物（开放的复杂巨系统）发展变化的各子系统、各层次、各因素、各功能及其相互关系等，从定性到定量都能认识清楚，逐步集智慧之大成，找到新的认识、新的途径或解决科研难题的最佳方案。

七、大成智慧教育要营造宽松而民主的学术环境

青少年就像新生的幼苗，要想培育它茁壮成长，除了阳光雨露，还需要有适合它生长的土壤。也就是要营造能够使它欣欣向荣的生态环境。一所大学要想成为新思想、新创意的诞生地，培养出有创新能力的杰出人才，就一定要营造一种宽松而民主的学术环境。

在我国尤其要注意清除封建思想的旧影响。学者、专家、师长应该受到学生的尊敬和爱戴，但在学术思想的讨论上，要"百花齐放 百家争鸣"讲道理，不能搞"一言堂"、权威说了算，或者互相封锁，互相保密。要发扬民主讨论的学风，鼓励学生敢于冲破传统观念和旧框框，提出新见解，挑战权威！没有这种宽松的学术环境，害得学生只会人云亦云，东拼西凑，老调重弹，怎么能大开眼界有所创新呢？

钱老晚年曾愉快地回忆说："我是在上个世纪 30 年代去美国的，开始在麻省理工学院学习。麻省理工学院在当时也算是鼎鼎大名了，但我觉得没什么，一年就把硕士学位拿下了，成绩还拔尖。其实这一年并没学到什么创新的东西，很一般化。后来我转到加州理工学院，一下子就感觉到它和麻省理工学院很不一样，创新的学风弥漫在整个校园，可以说，整个学校的一个精神就是创新。"

"在这里，你必须想别人没有想到的东西，说别人没有说过的话。拔尖的人才很多，我得和他们竞赛，才能跑在前沿。这里的创新还不能是一般的，迈小步可不行，你很快就会被别人超过。你所想的、做的，要比别人高出一大截才行。那里的学术气氛非常浓厚，学术讨论会十分活跃，互相启发，互相促进。"

"我们现在倒好，一些技术和学术讨论会还互相保密，互相封锁，这不是发展科学的学风。你真的有本事，就不怕别人赶上来。我记得在一次学术讨论会上，我的老师冯·卡门讲了一个非常好的学术思想，美国人叫'good idea'，这在科学工作中是很重要的。有没有创新，首先就取决于你有没有一个'good idea'。所以马上就有人说：'卡门教授，你把这么好的思想都讲出来了，就不怕别人超过你？'卡门说：'我不怕，等他赶上我这个想法，我又跑到前面老远去了。'所以我到加州理工学院，一下子脑子就开了窍，以前从来没想到的事，这里全讲到了，讲的内容都是科学发展最前沿的东西，让我大开眼界。"

八、大成智慧教育须加强情感、品德和文化艺术教育

大成智慧教育方式的一个显著特点，就是充分利用计算机、信息网络，人—机结合优势互补的长处，使人能够不断及时获得和集成广泛而新鲜的知识、信息与智慧，从而迅速提高人的智能，培养创新的能力。但是，人—机结合这种教学方式、思维方式，也不是对什么样的人都灵。关键还在于以人为主，培养学生的品德与素质，发挥人的主观能动性。

因为，一方面计算机、多媒体、灵境（Virtual reality）、信息网络等微电子信息技术，正逐步向智能化改进；纳米技术的出现，将使计算机的研制、开发进入到分子、原子层次上；人工智能，知识工程，计算机模拟等技术发展很快。它们对于可以形式化、数字化、或运用形式逻辑推理就能认识和解决的事物，处理起来比较擅长。通过计算机、信息网络，可以存贮、调集、检索、传递的信息数量浩如烟海，速度快如闪光。其计算和运转之快，比人脑强亿万倍，而且十分精确。这种惊人的高性能真是旷古未有，非常有利于人类智能的发展。

然而，另一方面计算机、多媒体、灵境（虚拟现实）、信息网络等技术，对于信息激活（information inspiritment）、对于"只可意会，不可言传"、难以形式化、数字化的复杂性事物，或者说，对于那些需要运用形象思维，或必须灵活地将形象思维与逻辑思维交织使用才能把握其关键和机理的事物，对于一些非理性的、经验性的，以致掺入人的精神、情感等因素的复杂性事物，计算机等信息技术和工具，目前尚难以十分准确地独自模仿、认清和解决。

而对复杂性事物有可能及时正确认识与决策的智慧与素质，是人脑所特有的。当然，谁也不是天生就有的，要靠科学的世界观、方法论；要靠崇高的品德和情感；要靠在社会实践中长期的锻炼；要靠人在与计算机优势互补中，对知识的有效集成与积累；也就是要靠掌握大成智慧。这是单独依靠计算机，所永远望尘莫及的。

20 世纪最具创造性才智的大科学家爱因斯坦曾说："感情和愿望是人类一切努力和创造背后的动力"（《爱因斯坦文集》第 1 卷，北京：商务印书馆，1977 年版，第 279 页）。马克思也说过："激情、热情是人强烈追求自己的对象的本质力量"（《马克思恩格斯全集》第 42 卷，北京：人民出版社，1979 年版，第 169 页）。钱学森说："科学就是追求真理"，科学精神的精髓就是创新。

人非草木，尤其是青少年，他们在进行学习、从事工作、努力奋斗的过程中，总会怀着各种各样的兴趣、情感、目的和梦想，构成其行为的动力。即便有计算机辅助，也会有成功，有失败，结果各异。这就为教育工作者——人类灵魂工程师，提出了担负起培养青少年具有高尚品德、爱国热忱和科学精神等的重要任务。

从认识上、心灵上，引领青少年走进崇高的思想、情感世界，使他们的身心都得到健康成长。以便日后面对各种艰难险阻和各种错综复杂的问题时，能够毫不畏惧，自觉地从爱国、自强、团结、奉献、求真、务实等的热情和愿望中，激发出无尽的才智和力量，逐渐磨砺成为庸中佼佼，铁中铮铮的栋梁之才。这是素质教育的核心，也是大成智慧教育要求把理、工、文、艺结合起来的重要目的。

钱学森晚年特别强调："一个有科学创新能力的人不但要有科学知识，还要有文化艺术修养……它开拓科学创新思维"（引自《亲切的交谈》，载北京：《人民日报》，2005 年 07 月 31 日）。他在回忆自己走过的成功之路时说："我父亲钱均夫很懂得现代教育，他一方面让我学理工，走技术强国的路；另一方面又送我去学音乐、绘画这些艺术课。我从小不仅对科学感兴趣，也对艺术有兴趣，读过许多艺术理论方面的书，像普列汉诺夫的《艺术论》，我在上海交通大学念书时就读过了。这些艺术上的修养不仅加深了我对艺术作品中那些诗情画意和人生哲理的深刻理解，也学会了艺术上大跨度的宏观形象思维。我认为，这些东西对启迪一个人在科学上的创新是很重要的。科学上的创新光靠严密的逻辑思维不行，创新的思想往往开始于形象思维，从大跨度的联想中得到启迪，然后再用严密的逻辑加以验证。"

可见，钱学森对"大成智慧学"硕士的具体要求体现了大成智慧教育的丰富内涵。"1) 熟悉科学技术的体系，熟悉马克思主义哲学；2) 理、工、文、艺结合，有智慧；3) 熟悉信息网络，善于用电子计算机处理知识。"这三点要求，或许可以这样理解，它是要求"大成智慧学"硕士在思维结构中应具备如下 3 个层次。

（1）知识层

它是由各种科学技术知识、信息、经验、感受（包括现代科学技术的体系结构及体系中已纳入和尚未纳入体系的知识与经验）等要素构成的，是思维结构中最重要、最基础的层次。离开了各种知识、信息、经验、感受等要素，也就无所谓思维。这些要素与从人—机结合的信息网络中检索出来的信息融通在一起，互相激发、碰撞、渗透、综合，是思维得以活跃与发展的前提和基础。是培育大成智慧的土壤。一般说来，知识层越深厚、越坚实、越丰富、越广阔，其思维的能力与品质就可能越高。

（2）情感层

它是由人们的价值观念、需要意识、精神、品德、意志、意向、情趣等等因素构成的，是思维结构中不可或缺的动力与调控层次。思维对象的选择、思维的动力、思维的效率与活力等，大体都受它们的影响与控制。钱老认为，"科学就是追求真理。"伟大的科学精神、崇高的品德、高度的爱国热忱、集体主义和严格的组织纪律性，往往是认识世界和改造世界的无穷力量。而理、工、文、艺结合起来，既具备渊博的学识又能汇通科学精神与人文精神，将会使人们迸发出巨大的热情和威力。

（3）智慧层

它是以知识层和情感层的整体融合为基础的，是由科学的世界观、人生观、方法论、思维方式、以及现代科学技术体系观、人—机结合的学习方法、工作方法等基本要素相互促进、相互交融、有机地建构在一起的。是思维结构中最深刻、最复杂、最富于哲理的层次。这个层次的构筑要求：主要是"把哲学和科学技术统一结合起来"，把科学与艺术结合起来（详见钱学敏：《钱学森论科学与艺术》，载北京大学现代科学与哲学研究中心编：《钱学森与现代科学技术》，北京：人民出版社，2001年12月版，第344~376页），把逻辑思维与形象思维结合起来（详见钱学敏：《钱学森关于思维科学体系的构想》，载赵光武主编：《思维科学研究》，北京：中国人民大学出版社，1999年版，第85~104页），把理论与实践结合起来，灵活有效地汲取、运用各种科学技术知识与经验。这样，才有可能真正集古今中外知识之大成，获得大成智慧与创造的灵感，有所开拓、有所创新。

九、大成智慧教育将是一场伟大的革命

钱学森要求办好大成智慧教育，采取多种教育方式，培养青年人具有大智、大德的思维结构和内涵，为青年人思想的奔放驰骋提供一个广阔而科学的天地。有了这样思想文化基础的学生，适应能力很强，进入任何一个专业工作都可以，改行也毫无困难，处处可以乘风破浪，他们既是全才，又是专家，是全与专辩证统一的人才；也将是全面发展的一代帅才、将才，新世纪的主人、"新的人类"。

揭开智慧之谜，是世界性的难题。如何培养有智慧、有创造性的人才，是当今世界关注的热点。钱学森多年来，一直主张逐步实行大成智慧教育，要理、工、文、艺相结合，使学生的德、智、体、美、劳五育齐发展。并强调利用高科技，特别是信息技术，促进教育制度、教育方法以至教学内容的改革，开展电化教育、网络教育，组成人—机结合的教育系统工程。让人们都能学得更多，学得更好，学得更轻松、学得更有效率。

他曾说："信息革命的一个与前几次产业革命不同之处似在于直接提高人的智能"（钱学森：1996年 05 月 12 日给黄顺基的信），后来他具体解释说："信息革命的主要影响在于，它把人脑记忆大量观察到的事实这一繁重的工作解放了。从前有个词，叫'皓首穷经'，就是说要读一辈子的书，来学习前人的知识和经验。现在不必了，都在计算机中存着，只要你学会操作办法，去查就是了。怎么查？那就用我们过去说的科学技术体系，按这个体系去找。这一套东西有两个方面的启发：

一是自古就有培养'神童'的说法，但在怎么培养的问题上，各说各的，并没有找到一个有效的办法。今天有了信息革命这套东西，在培养'神童'问题上就有了一个可操作的路线，这就是我说的大成智慧教育。

二是生产的社会变化问题。从前人类的社会生产，体力劳动是主要的，脑力劳动所占比重较少，就是到资本主义社会也如此。信息革命带来的一个变化是，体力劳动会逐渐减少，而脑力劳动会逐渐增加，所占比重会超过体力劳动。即使从事体力劳动的人，也要有脑力劳动。所以，人类的劳动将重点从体力劳动转向脑力劳动。由于社会的发展、人民生活的改善，也能够提供这样的社会条件。由此可见，我们今天搞的这种大成智慧，不但是一门学问，而且是一场伟大的革命。"（钱学森：1996年 10 月 30 日与王寿云等 3 人的谈话）

（2013 年 11 月 20 日修改于北京密云山中）

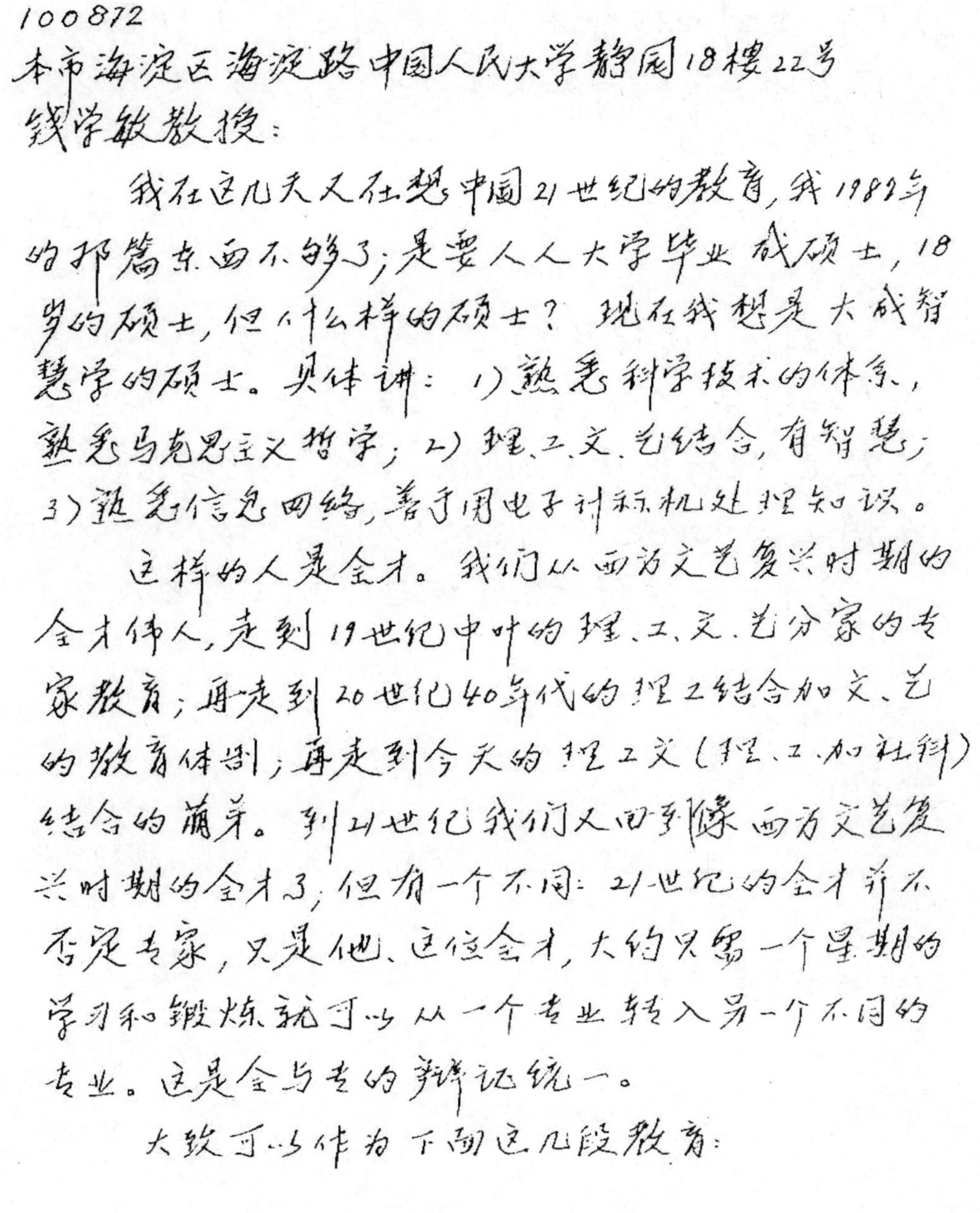

100872

本市海淀区海淀路中国人民大学静园18楼22号

钱学敏教授:

我在这几天又在想中国21世纪的教育,我1989年的那篇东西不够了;是要人人大学毕业成硕士,18岁的硕士,但什么样的硕士? 现在我想是大成智慧学的硕士。具体讲:1)熟悉科学技术的体系,熟悉马克思主义哲学;2)理、工、文、艺结合,有智慧;3)熟悉信息网络,善于用电子计算机处理知识。

这样的人是全才。我们从西方文艺复兴时期的全才伟人,走到19世纪中叶的理、工、文、艺分家的专家教育;再走到20世纪40年代的理工结合加文、艺的教育体制;再走到今天的理工文(理、工、加社科)结合的萌芽。到21世纪我们又回到像西方文艺复兴时期的全才了;但有一个不同:21世纪的全才并不否定专家,只是他、这位全才,大约只需一个星期的学习和锻炼就可以从一个专业转入另一个不同的专业。这是全与专的辩证统一。

大致可以作为下面这几段教育:

图 2 钱学森书信手稿一

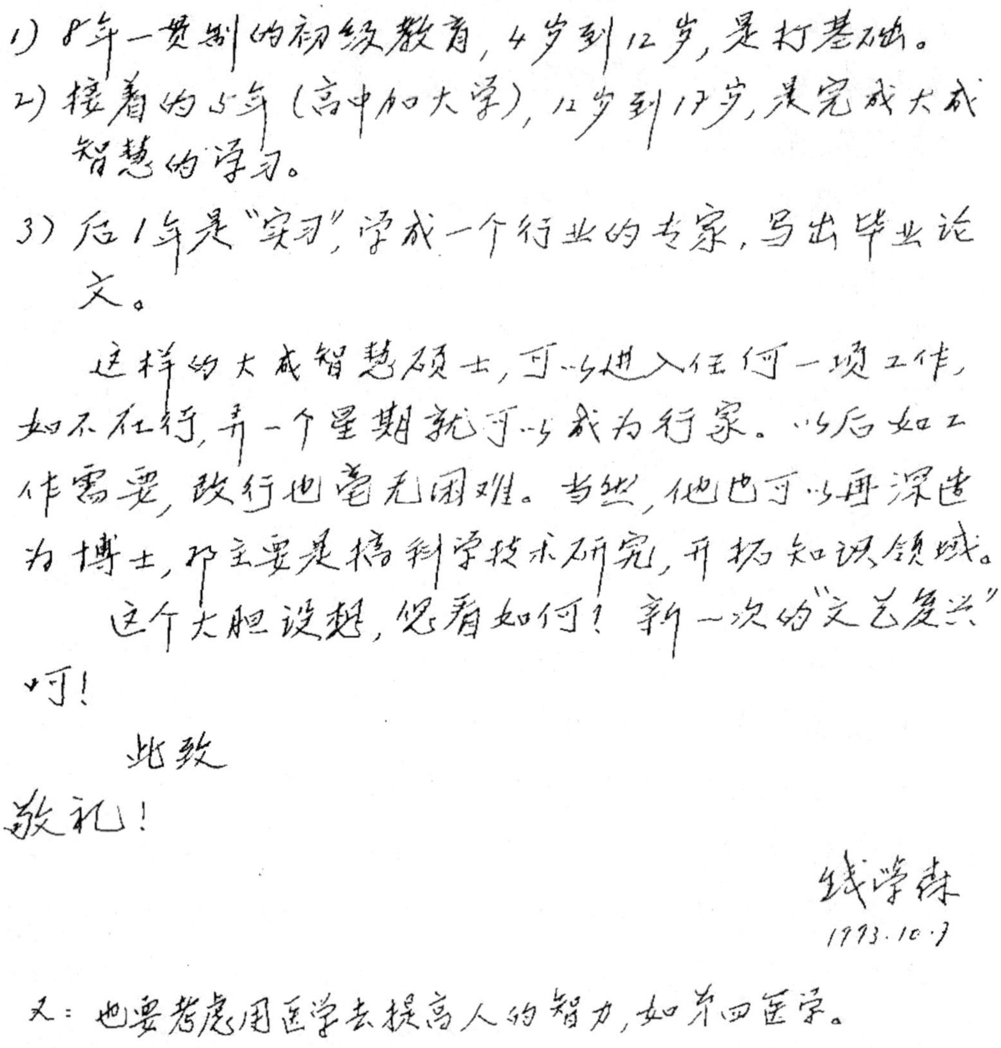

1) 8年一贯制的初级教育，4岁到12岁，是打基础。

2) 接着的5年（高中加大学），12岁到17岁，是完成大成智慧的学习。

3) 后1年是"实习"，学成一个行业的专家，写出毕业论文。

这样的大成智慧硕士，可以进入任何一项工作，如不在行，看一个星期就可以成为行家。以后如工作需要，改行也毫无困难。当然，他也可以再深造为博士，那主要是搞科学技术研究，开拓知识领域。

这个大胆设想，您看如何？新一次的"文艺复兴"呵！

此致
敬礼！

钱学森
1993.10.9

又：也要考虑用医学去提高人的智力，如开四医学。

图3 钱学森书信手稿二

图 4 钱学森与温家宝总理亲切交谈

图 5 钱学森与青少年在一起

图 6 油画《钱学森》 （郑毓敏 绘）

第 4 讲

钱学森系统理论思想形成的背景及应用

钱永刚

钱永刚，1948 年出生，中共党员。1969 年参加工作，历任助理工程师、工程师、高级工程师。1982 年毕业于国防科学技术大学计算机系，获工学学士学位。1988 年毕业于美国加州理工学院计算机科学系，获理学硕士学位。长期从事计算机应用软件系统的研制工作。自 2004 年起，相继被聘为上海交通大学、西安交通大学、清华大学、南京航空航天大学、内蒙古大学等高校兼职教授、客座教授。他先后当选为内蒙古沙产业草产业协会顾问、高级顾问，甘肃省沙草产业协会顾问，中国国土经济学会沙产业专业委员会副主任委员，中国行为法学会副会长。2012 年被聘任为上海交通大学"钱学森图书馆"馆长。他是我国享誉海内外的杰出科学家、我国航天事业奠基人钱学森之子。

一、钱学森学术生涯的三个重要阶段

从 1935 年钱学森去美国留学，到 2009 年钱学森去世的 74 年间，我们把它分为三个阶段，也是他科学历程中的三大创造高峰，这些构成了他追梦人生的华彩乐章。

（一）第一阶段：留学美国阶段

从 1935 年钱学森到美国留学，直到 1955 年在我国政府的帮助下回到祖国。这 20 年，称其为"留学美国"阶段。钱学森回国前向老师告别时，他的博士生导师、世界著名空气动力学权威冯·卡门送给他一句话："你在学术上超过了我。"我们用这句话概括钱学森在"留学美国"这个阶段。

（二）第二阶段：奉献航天阶段

从 1956 年钱学森回到祖国，到 1982 年他从国防科委副主任的岗位退下来的 27 年，称其为"奉献航天"阶段。钱学森完全投入到祖国的国防建设之中。在钱学森诞辰 100 周年之际，社会各界举办了纪念钱老诞辰活动。北京空间科技信息研究所（隶属于中国空间技术研究院）举办的"钱学森与中国航天"座谈会，会标是"幸好航天有了你"，我们用这句话概括钱学森"奉献航天"这个阶段。

（三）第三阶段：金色晚年阶段

从 1983 年钱学森从行政领导岗位退下来到 2009 年去世的 27 年时间，称其为"金色晚年"阶段。我们用钱学森对他的孙子说的一句话："21 世纪的爷爷将更伟大"概括这个阶段。

钱学森退下来之后，重新回到办公桌前，从事他擅长的学术理论研究工作。他大约用了 15 年的时间，在社会科学、系统科学、思维科学、人体科学、地理科学、军事科学、行为科学、建筑科学、文学艺术理论以及马克思主义哲学等领域开展一系列的探索，提出了许多新观点、新思想、新理论。这些观点、思想、理论说出了前人想说而没有说出来的话。他将其应用到实践之中，成功地做成了别人想做却没有做成的事情。我们称其为创新。面对这些创新并不能被所有人读懂、接受，难免有不同意的声音的情况。钱学森认为，他的这些思想一时不被接受很正常，相信随着时间的推移，接受他这些思想的人会越来越多。而这些新观点、新思想、新理论一旦被接受，运用到国家四化建设之中，一定会取得比他在 20 世纪更辉煌的成就。这就是钱学森说"21 世纪的爷爷将更伟大"的缘由，他对自己晚年的成就充满信心。

二、钱学森对中国航天的巨大贡献

提起钱学森，绝大部分人马上会想到他从事导弹、火箭研制工作。钱学森刚回国时，我们国家正处在百废待兴时期，钱学森领军研制我国自己的导弹、火箭，取得了巨大成功，对国家和民族做出了杰出的贡献，中华民族和世界华人应引以为豪。今年是我国首位航天员杨利伟飞向太空十周年，记得当时国内有报道称杨利伟飞向太空，实现了中华民族几千年来的飞天梦想，对此报道有人却不以为然，认为不过是重复实现外国人做的事，没啥。对这个问题，我有我自己的看法。

（一）中国航天是在缺人、缺技术、缺钱，"一穷二白"的基础上发展起来的

缺人。1956年国防部第五研究院成立时，整个航天系统只有三个人见过火箭，钱学森是唯一一位见过导弹和火箭的人，航天科研人才极度匮乏。在基础那么差的情况下，我们国家开始研制自己的导弹和火箭，是一件非常不容易的事情。

缺技术。我国工业基础非常薄弱。1955年，钱学森在哈尔滨参观时，提出要去哈尔滨军事工程学院见两位老熟人。在当时的特殊背景下，钱学森没有资格参观哈尔滨军事工程学院。此事得到了彭德怀的高度重视，除了满足钱先生探望老熟人的要求之外，还让时任哈尔滨军事工程学院院长的陈赓立即去哈尔滨。同时，让陈赓问钱学森："我们国家能不能造导弹？"彭德怀当时还叮嘱陈赓"如果钱先生说能，我们就造；如果钱先生说不能，那我们只能等将来了。"可见当时国家工业基础的薄弱程度。同时，也反映出当时国家对钱学森的重视程度及钱学森对国家发展的重要程度。

缺钱。从国防部五院成立以来至1990年，国家在航天方面的投资约180亿元人民币。大致上是同时期美国在航天方面的投资的五分之一。从中可以知道，由于国力所限，国家给航天的投资非常有限。

（二）中国航天起步越过航空的发展

世界各国历来发展航天都是基于航空发展的基础之上。而钱学森根据当时我国的实际情况，提出越过航空发展阶段直接发展航天的想法，这在当时是个突破和挑战。当时国家工业部门、军队将领当中，优先发展飞机，还是优先发展导弹？一场"机（飞机）弹（导弹）之争"不可避免。当时，导弹在人们心中还是个模糊概念，而各工业部门的领导和解放军将领对飞机在作战中的作用非常清楚，所以强调重点发展航空以巩固国防。尽管钱学森是沿着美国航空航天轨迹发展过来的，但他却主张我国应优先发展航天。他从我国国情分析，认为短时间内航空发展不能取得突破，因为航空上的突破取决于材料。在我国工业基础薄弱的情况下，材料问题不能短期得以解决。从我国目前发展的实际情况可以看出钱学森当时决策的正确性及超前性。

（三）突破小生产观念束缚，走出具有我国特色的管理之路

对于航天这么一个超大型国家科研工程，科研队伍几万人，十几万人，几十万人，如何进行有效的科研管理？航天起步的时候，我们国家"一穷二白"，工业基础薄弱产，基本没有大型企业，国

家工业部门的领导，对什么是大生产，什么是大生产的科研管理都缺乏认识。我国航天广大干部群众成功借鉴了解放军在解放战争后期大兵团作战的管理经验，把它移植到超大型国家科研工程中，走出中国航天自己的科研管理之路。并以此为基础进一步发展，提炼出系统工程的理论，使之成为社会各界为取得最佳整体效益而必须遵循的科学方法。

了解了上述三点，我想我们有充分的理由对中国航天取得成就感到由衷的自豪。因为面对相同条件，外国人也未必成。

三、钱学森的成功绝非偶然

钱学森之所以能够成功，究其原因有以下几个方面。

（一）一流教育奠定成才之基

钱学森接受了良好的教育，包括学校教育和家庭教育。钱学森的成长和求学过程得到了那个年代所能提供的最好的教育：在北京最好的小学和中学、国内最好的大学、世界最好的研究生院学习，读博士期间又有幸成为冯·卡门的学生。钱学森的父亲早年留学日本，接受了当时西方先进的教育理念和思想，并与中国传统的教育理念相结合，培养自己的孩子，对钱学森的成长和教育帮助很大。钱学森父亲不仅让他学习理工，还利用假期刻意安排他学习文科和艺术门类知识，这能够使他一方面在学校得到严格的逻辑思维的训练。另一方面使他在课外得到诗情画意形象思维的训练。钱学森接触各种乐器、学画画和摄影，爱好极其广泛，这些都使他的形象思维的能力得到充分的培养。

（二）哲学指导开启智慧之门

钱学森非常强调对哲学对科研的指导作用，这与其所受的一流教育密不可分。一流的教育在传授学识的同时，传授如何分析问题和解决问题的能力，以及如何做人，如何做事，如何与大家一起去做。冯·卡门要求钱学森在进行一个课题的研究时，除要找出课题里面带有规律性的东西；还要思考在这些带有特殊性规律背后，更带一般性的规律。如果我们仔细阅读钱学森在美国发表的论文会发现，1946 年以前的论文的行文风格基本上是直接求解。而 1946 年以后论文不只是找出问题的原因，还有问题背后与之相关的更深层次的论述。钱学森很关注哲学的论述，因为哲学是表述最一般性规律的学科。回国后，他有机会接触到马克思主义哲学，发现在美国搞科研积攒的如何进行科研的要领、窍门、经验。毛泽东的哲学著作中都概括了，所以他对哲学的指导作用特别强调，认为哲学对科研人员非常有用。

（三）艺术修养开拓创新思维

开始的时候是钱学森父亲安排他去接受艺术熏陶，后来他自己喜欢上艺术，就变成主动去学了。钱学森学习之余经常去听交响乐，当时的美国麻省理工学院（MIT）与波士顿交响乐团只有一墙之隔，所以在麻省理工学院期间，他经常去波士顿交响乐团的排练场听交响乐，这些艺术的影响对他的学术有很大帮助。直到钱学森晚年还非常喜欢音乐，通过音乐不断培养自己形象逻辑思维的能力。

（四）学无止境铸就学术高峰

钱学森一生与书为伴、博览群书。真正做到了活到老、学习到老、探索到老、奉献到老。这方面论述我们就从简了。他退下来后将几十年的航天实践上升到系统工程理论，就是不断学习的结果。

（五）祖国信任搭就奉献平台

钱学森的优秀品德使他赢得了党和国家的信任。我国航天是个大事业，是支几十万人的大队伍，如果没有政府的支持和党的信任，个人的抱负再大，你也将一事无成。一个人若能像钱学森那样终生赢得党和国家的信任，这也是非常不容易的。

四、系统科学的产生

（一）对科学技术的独到理解

钱学森在学术上所取得的成就，与他对科学技术独到的理解密不可分。钱学森对科学技术的看法是非传统的，他认为今天的科学技术是包括马克思主义哲学在内的人类认识客观世界和改造客观世界的整个知识体系（系统）。科学技术的研究对象，从根本上讲只有一个：那就是整个客观世界。而现在众多的学科部门只是人们观察问题的出发点和研究问题的着眼点不同而已。这与我们对科学技术的认识不同。而他自己认为这是从系统的角度来概括对科学技术的认识。

（二）钱学森研究系统科学的过程

（1）系统科学研究的第一个阶段

系统科学是钱学森涉足的一个领域，从系统科学的角度认识客观世界，是他一生最重视、最花心血的领域。系统科学是研究通过调整与系统相关联的各种关系，实现系统的整体最佳效果的科学。早在上个世纪 50 年代，钱学森运用控制论的思想，结合他研究导弹火箭的实践经验，创立工程控制论这门学科。1954 年他的专著《工程控制论》出版，该专著成为自动化技术的典型著作。

（2）提出了系统工程理论

当年钱学森回到祖国，根据国家的需要，放弃了自己擅长的学术理论研究工作，投身到中国的航天事业之中。上世纪 70 年代末期，钱学森对我国几十年航天成长的成功经验进行总结，并对国外定量化系统方法的应用进行了梳理，赋予了系统工程一词含义。系统工程一词在西方早已有应用，非钱学森所创。但他敏锐的感受到，在国外用定量化系统方法的应用，没有确切的含义。钱学森的功绩在于通过对国外定量系统方法的梳理，最终给予系统工程一词以严密的内涵，在此基础上提出了系统工程理论。这标志着钱学森在系统科学领域的研究进入第二个阶段。

（3）复杂巨系统概念的确立与系统学建立

在钱学森的大力宣传和推广下，系统工程正在成为社会各界在现代化建设中取得最佳效益的科学方法。钱学森在推广系统工程上做出了不懈的努力，同时他也敏锐地发现航天的实践总结出的系统工程理论，更确切地说属于工程系统工程，而社会各界所面对的客观对象远远比航天复杂得多。所以钱学森继续他对系统科学的探索，他觉得还需要构建系统科学基础理论层次的理论——系统学。这样系统科学才算完整。这就是钱老花了 7 年半的时间在 710 所参与"系统学讨论班"的原因。这也是中国航天系统科学与工程研究院值得自豪的地方，钱学森晚年的系统学理论源于在 710 所举办的"系统学讨论班"。标志着钱学森对系统科学的研究进入第三阶段，他提出的"复杂巨系统"概念为系统学的建立奠定了基础，而"复杂巨系统"概念成为钱老晚年最具亮点的两个学术创新之一。"复杂巨系统"概念的确立，又为系统工程理论从工程系统工程向社会系统工程的发展指明了方向。

与此同时，在进行思维科学的研究之中，他发现从 15 世纪末兴起的还原论，在观察问题、解决问题所显现的局限性越来越大。钱学森通过"系统学讨论班"，结合科研实践，提出客观世界从系统角度分为三类系统，即简单系统、简单巨系统和复杂巨系统。每个相应的系统必须遵循相应的方法论，才能对问题进行研究分析，取得真正的结果。其中，简单系统对应还原论，简单巨系统对应自组织理论，但对于复杂巨系统，用还原论或自组织理论的科学方法都不行。要寻找新的科学方法论，钱学森通过参加"系统学讨论班"，与于景元等 701 所的科研人员提出"从定性到定量综合集成方法"。例证就是当时 710 所的项目及所取得的辉煌成绩。钱学森对系统科学与思维科学的研究大大丰富了人们对客观世界的认识，而"从定性到定量综合集成方法"也成为钱老晚年另一个最具亮点的学术创新之一。

钱学森晚年两个最具亮点的学术创新都是在 710 所与大家一起讨论形成。 15 年来他提出了一系列的新观点、新思想、新理论都源于这两个最具亮点的学术创新。

当钱老离开我们的时候，关注钱学森的人们也许会有这样的问题，他为什么能够取得这么大的成就，他的思维是否有别于常人？钱学森对科学技术的独到理解、他的最具亮点的学术创新，使他的思维不仅有深度、广度、还有高度。高度指的是对科学发展的远见卓识，指的是创新和智慧。我们如果把深度、广度、高度看作一个三维结构，那么钱学森就是一位三维科学家，是科学大师或科学帅才。如果从更广阔的视野探索钱学森，他作为一名中国知识分子，所具有的精神境界也是他取得成就的原因。钱学森始终关心的是民族的振兴，始终追求的是科学的真理，始终献身的是祖国现代化事业。如果我们把他的政治信仰和信念，思想情操和品德，以及科学成就和贡献，看作另外一个三维结构，那么钱学森就是一位人民科学家，他是中国的骄傲，他的名字属于中国人民，属于中华民族！

第 5 讲

系统科学的发展与应用

于景元

于景元，男，1937 年生于黑龙江肇东市。我国著名的系统科学家、数学家。曾担任中国航天科技集团公司 710 研究所科技委主任、研究员、博士生导师，中国系统工程学会副理事长，中国社会经济系统分析研究会副理事长，中国软科学研究会副理事长，国家软科学研究指导委员会委员，国家人口和计划生育委员会人口专家委员会委员，国务院学位委员会"系统科学"学科评审组成员，国家自然科学基金委员会管理科学部评审组成员，还担任《科学决策》主编，《系统工程理论与实践》副主编，曾任国务院学位委员会委员（第四届）。长期跟随钱学森院士从事系统科学研究，在控制论、系统工程、系统科学的理论及其应用等领域进行了许多研究工作。与宋健院士等一道开辟了人口定量研究的新方向，与钱学森院士在创建系统学方面进行了许多创造性工作。主要著作有《当代中国人口与发展研究 》、《技术经济分析》、《人口控制论》（与宋健合著）等。其作品及研究成果先后获得过国家自然科学二等奖一项，国家科技进步一等奖一项，国家科技进步二等奖两项，国家科技进步三等奖两项以及部级科技进步一、二等奖多项，还获美国东西方中心"杰出贡献奖"、国际数学建模学会最高奖"艾伯特·爱因斯坦奖"（1987 年）、第 3 届中华人口奖科学技术奖（1998 年）。

现代科学技术的发展，呈现出既高度分化又高度综合的两种明显趋势。一方面是已有学科不断分化，越分越细，新学科、新领域不断产生；另一方面是不同学科、不同领域之间相互交叉、结合与融合，向综合性整体化的方向发展。这两者是相辅相成、相互促进的。系统科学就是这后一发展趋势中，最有代表性和基础性的科学技术。系统科学是从事物的整体与部分、局部与全局以及层次关系的角度来研究客观世界的。客观世界包括自然、社会和人自身，能反映事物这个特征最基本和最重要的概念就是系统。所谓系统是指由一些相互关联、相互作用、相互影响的组成部分所构成的具有某些功能的整体。这是国内外学术界普遍公认的科学概念，这样定义的系统在客观世界中是普遍存在的。所以，系统也就成为系统科学研究和应用的主要对象。系统科学与自然科学、社会科学等不同，但有内在联系，它能把这些科学领域研究的问题联系起来，作为系统进行综合性整体研究。这就是为什么系统科学具有交叉性、综合性、整体性与横断性的原因。也正是这些特点，使系统科学处在现代科学技术发展的综合性整体化方向上。

钱学森是大家公认的我国系统科学事业的开拓者和奠基者，20 世纪 70 年代末，钱学森就提出了系统科学的体系结构，这个体系包括基础理论层次上的系统学，技术科学层次上的运筹学、控制论、信息论等，以及应用技术或工程技术层次上的系统工程。在 1978 年的一篇文章中，钱老就已明确指出，系统工程是组织管理系统的工程技术。在大力推动系统工程应用的同时，又提出建立系统理论和创建系统学的问题。在创建系统学过程中，钱学森提出了开放的复杂巨系统及其方法论，由此开创了复杂巨系统的科学与技术这一新领域，从而使系统科学发展到了一个新的阶段。在上述发展过程中，系统工程也有了很大发展，现已发展到复杂巨系统工程和社会系统工程阶段。本文就是对这些进展做些介绍和讨论，以利于实践中的应用。

一、综合集成方法

对于系统科学来说，一个是要认识系统，另一个是在认识系统的基础上去设计、改造和运用系统，这就要有科学方法论的指导和科学方法的运用。系统科学的研究表明，系统的一个重要特点，就是系统在整体上具有其组成部分所没有的性质，这就是系统的整体性。系统整体性的外在表现就是系统功能。系统内部结构和系统外部环境以及它们之间的关联关系，决定了系统整体性和功能。从理论上来看，研究系统结构与环境如何决定系统整体性与功能，揭示系统存在、演化、协同、控制与发展的一般规律，就成为系统学，特别是复杂巨系统学的基本任务。国外关于复杂性研究，正如钱老指出的是开放复杂巨系统的动力学问题，实际上也属于系统理论范畴。另一方面，从应用角度来看，根据上述系统性质，为了使系统具有我们期望的功能，特别是最好的功能，我们可以通过改变和调整系统结构和系统环境以及它们之间关联关系来实现。但系统环境并不是我们想改变就能改变的，在不能改变的情况下，只能主动去适应。但系统结构却是我们能够改变、调整和设计的。这样，我们便可以通过改变、调整系统组成部分或组成部分之间、层次结构之间以及与系统环境的关联关系，使它们相互协调与协同，从而在整体上涌现出我们期望的和最好的功能，这就是系统控制和系统管理的基本内涵，也是系统工程所要实现的主要目标。

根据系统结构的复杂性，可将系统分为简单系统、简单巨系统、复杂系统和复杂巨系统以及特殊复杂巨系统——社会系统。对于简单系统、简单巨系统均已有了相应的方法，也有了相应的理论与技术并在继续发展中。但对复杂系统、复杂巨系统以及社会系统，却不是已有的科学方法所能处理的，需要有新的方法论和方法，正如钱老指出的，这是一个科学新领域。

从近代科学到现代科学的发展过程中，自然科学采用了从定性到定量的研究方法，所以自然科学被称为"精密科学"。而社会科学、人文科学等由于研究问题的复杂性，通常采用的是从定性到定性的思辨、描述方法，所以这些学问被称为"描述科学"。当然，这种趋势随着科学技术的发展也在变化，有些学科逐渐向精密化方向发展，如经济学等。

从方法论角度来看，在这个发展过程中，还原论方法发挥了重要作用，特别是在自然科学领域中取得了很大成功。还原论方法是把所研究的对象分解成部分，以为部分研究清楚了，整体也就清楚了。如果部分还研究不清楚，再继续分解下去进行研究，直到弄清楚为止。按照这个方法论，物理学对物质结构的研究已经到了夸克层次，生物学对生命的研究也到了基因层次。毫无疑问这是现代科学技术取得的巨大成就。但现实的情况却使我们看到，认识了基本粒子还不能解释大物质构造，知道了基因也回答不了生命是什么。这些事实使科学家认识到"还原论不足之处正日益明显"。这就是说，还原论方法由整体往下分解，研究得越来越细，这是它的优势方面，但由下往上回不来，回答不了高层次和整体问题，这又是它的不足一面。所以仅靠还原论方法还不够，还要解决由下往上的问题，也就是复杂性研究中的所谓涌现问题。著名物理学家李政道对于 21 世纪物理学的发展曾讲过："我猜想 21 世纪的方向要整体统一，微观的基本粒子要和宏观的真空构造、大型量子态结合起来，这些很可能是 21 世纪的研究目标。"这里所说的把宏观和微观结合起来，就是要研究微观如何决定宏观，解决由下往上的问题，打通从微观到宏观的通路，把宏观和微观统一起来。

同样的道理，还原论方法也处理不了系统整体性问题，特别是复杂系统和复杂巨系统以及社会系统的整体性问题。从系统角度来看，把系统分解为部分，单独研究一个部分，就把这个部分和其他部分的关联关系切断了。这样，就是把每个部分都研究清楚了，也回答不了系统整体性问题。意识到这一点更早的科学家是贝塔朗菲，他是一位分子生物学家，当生物学研究已经发展到分子生物学时，用他的话来说，对生物在分子层次上了解得越多，对生物整体反而认识得越模糊。在这种情况下，于 20 世纪 30 年代他提出了整体论方法，强调还是从生物体系统的整体上来研究问题。但限于当时的科学技术水平，支撑整体论方法的具体方法体系没有发展起来，还是从整体论整体、从定性到定性，论来论去解决不了问题。正如钱老所指出的"几十年来一般系统论基本上处于概念的阐发阶段，具体理论和定量结果还很少。"但整体论方法的提出，确是对现代科学技术发展的重大贡献。

20 世纪 80 年代中期，国外出现了复杂性研究。所谓复杂性其实都是系统复杂性，从这个角度来看，系统整体性，特别是复杂系统和复杂巨系统以及社会系统的整体性问题就是复杂性问题。所以对复杂性研究，他们后来也"采用了一个复杂系统的词，代表那些对组成部分的理解不能解释其全部性质的系统"。国外关于复杂性和复杂系统的研究，在研究方法上确实有许多创新之处，如他们提出的遗传算法、演化算法、开发的 swarm 软件平台、以 agent 为基础的系统建模、用数字技术描述的人工生命等等。在方法论上，虽然也意识到了还原论方法的局限性，但并没有提出新的方法论。方法论和方法是两个不同的层次的问题。方法论是关于研究问题所应遵循的途径和研究路线，在方法论指导下是具体方法问题，如果方法论不对，再好的方法也解决不了根本性问题。

20 世纪 70 年代末，钱学森明确指出："我们所提倡的系统论，既不是整体论，也非还原论，而是整体论与还原论的辩证统一。"钱老的这个系统论思想后来发展成为他的综合集成思想。根据这个思想，钱老又提出将还原论方法与整体论方法辩证统一起来，形成了系统论方法。在应用系统论方法时，也要从系统整体出发将系统进行分解，在分解后研究的基础上，再综合集成到系统整体，实现 1+1>2 的整体涌现，最终是从整体上研究和解决问题。

由此可见，系统论方法吸收了还原论方法和整体论方法各自的长处，同时也弥补了各自的局限性，既超越了还原论方法，又发展了整体论方法。这是钱学森在科学方法论上具有里程碑意义的贡献，它不仅大大促进了系统科学的发展，同时也必将对自然科学、社会科学等其他科学技术部门产生深刻的影响。

钱学森高度重视以计算机、网络和通信技术为核心的信息技术革命，并指出这场信息技术革命不仅对人类社会的发展将导致一场新的产业革命，而且对人自身，特别对人的思维会产生重要影响，将出现人—机结合的思维方式，人将变得更加聪明。我们知道，人类有史以来是通过人脑获得知识和智慧的，但现在由于以计算机为主的现代信息技术的发展，出现了人—机结合、人—网结合以人为主的思维方式、研究方式和工作方式，这在人类发展史上是具有重大意义的进步，对人类社会的发展必将产生深远的影响。正是在这种背景下，钱老提出了人—机结合以人为主的思维方式和研究方式。

从思维科学角度来看，人脑和计算机都能有效处理信息，但两者有极大差别。人脑思维一种是逻辑思维（抽象思维），它是定量、微观处理信息的方式；另一种是形象思维，它是定性、宏观处理信息的方式。而人的创造性主要来自创造思维，创造思维是逻辑思维与形象思维的结合，也就是定性与定量相结合，宏观与微观相结合，这是人脑创造性的源泉。今天的计算机在逻辑思维方面确实能做很多事情，甚至比人脑做的还好、还快，善于信息的精确处理。已有很多科学成就证明了这一点，如著名数学家吴文俊先生的定理机器证明就是这方面的一项杰出成就。而在形象思维方面，现在的计算机还不能给我们以任何帮助，也许今后这方面有了新的发展，情况将会变化。至于创造思维就只能依靠人脑了。但计算机在逻辑思维方面毕竟有其优势，如果把人脑和计算机结合起来以人为主，那就更有优势，人将变得更加聪明，它的智能比人高，比机器就更高，这也是 1+1>2 的道理。这种人—机结合以人为主的思维方式、研究方式和工作方式，具有更强的创造性，也具有更强的认识世界和改造世界的能力。

基于思维科学和信息技术的发展，20 世纪 80 年代末到 90 年代初，钱学森又先后提出"从定性到定量综合集成方法"以及它的实践形式"从定性到定量综合集成研讨厅体系"，并将运用这套方法的集体称为总体设计部。这就将系统论方法具体化了，形成了一套可以操作的行之有效的方法体系和实践方式。

从方法和技术层次上看，它是人—机结合、人—网结合以人为主的信息、知识和智慧的综合集成技术。

从应用和运用层次上看，是以总体设计部为实体进行的综合集成工程。这就将前面提到的人—机结合以人为主的思维方式和研究方式具体实现了。综合集成方法的实质是把专家体系、信息与知识体系以及计算机体系有机结合起来，构成一个高度智能化的人—机结合与融合体系，该体系具有综合优势、整体优势和智能优势。它能把人的思维及其成果、人的经验、知识、智慧以及各种情报、资料和信息统统集成起来，从多方面的定性认识上升到定量认识。综合集成方法就是人—机结合获得信息、知识和智慧的方法，它是人—机结合的信息处理系统，也是人—机结合的知识创新系统，还是人—机结合的智慧集成系统。按照我国传统文化有"集大成"的说法，即把一个非常复杂的事物的各个方面综合集成起来，达到对整体的认识，集大成得智慧，所以钱老又把这套方法称为"大成智慧工程"。将大成智慧工程进一步发展，在理论上提炼成一门学问，就是"大成智慧学"。

从实践论和认识论角度来看，与所有科学研究一样，无论是复杂系统、复杂巨系统（包括社会系统）的理论研究还是应用研究，通常是在已有的科学理论、经验知识基础上与专家判断力（专家的知识、智慧和创造力）相结合，对所研究的问题提出和形成经验性假设，如猜想、判断、思路、对策、方案等等。这种经验性假设一般是定性的，它所以是经验性假设，是因为其正确与否，能否成立还没有用严谨的科学方式加以证明。在自然科学和数学科学中，这类经验性假设是用严密逻辑推理和各种实验手段来证明的，这一过程体现了从定性到定量的研究特点。但对复杂系统、复杂巨系统（包括社会系统）由于其跨学科、跨领域、跨层次的特点，对所研究的问题能提出经验性假设，通常不是一个专家，甚至也不是一个领域的专家们所能提出来的，而是由不同领域、不同学科的专家构成的专家体系，依靠专家群体的知识和智慧，对所研究的复杂系统、复杂巨系统（包括社会系统）问题提出经验性假设。但要证明其正确与否，仅靠自然科学和数学中所用的各种方法就显得力所不及了。如社会系统、地理系统中的问题，既不是单纯的逻辑推理，也不能进行科学实验。但我们对经验性假设又不能只停留在思辨和从定性到定性的描述上，这是社会科学、人文科学中常用的方法。系统科学是要走"精密科学"之路的，那么出路在哪里？

这个出路就是人—机结合以人为主的思维方式和研究方式。采取"机帮人、人帮机"的合作方式，机器能做的尽量由机器去完成，极大扩展人脑逻辑思维处理信息的能力。通过人—机结合以人为主，实现信息、知识和智慧的综合集成。这里包括了不同学科、不同领域的科学理论和经验知识、定性和定量知识、理性和感性知识，通过人—机交互、反复比较、逐次逼近，实现从定性到定量的认识，从而对经验性假设的正确与否做出明确结论。无论是肯定还是否定了经验性假设，都是认识上的进步，然后再提出新的经验性假设，继续进行定量研究，这是一个循环往复、不断深化的螺旋式上升过程。

综合集成方法的运用是专家体系的合作以及专家体系与机器体系合作的研究方式与工作方式。具体来说，是通过从定性综合集成到定性、定量相结合综合集成再到从定性到定量综合集成这样三个步骤来实现的。这个过程不是截然分开，而是循环往复、逐次逼近的。应该指出的是，这个过程是综合集成研讨厅的研讨流程，也是研讨厅中的机器体系的设计思想和技术路线。

具体来说，总体设计部运用综合集成方法包括以下的内容和过程。

（1）定性综合集成

综合集成方法是面向问题的，既可以研究理论问题，也可以研究应用问题。无论是哪类问题，正如前面所述，对复杂巨系统（包括社会系统）能提出来问题形成经验性假设，需要有个专家体系。专家体系是由与所研究问题相关的不同学科、不同领域专家构成。每个专家都有自己掌握的科学理论、经验知识以至智慧。通过专家们的结合、磨合和融洽，相互启发与激活，从不同方面，不同角度去研究复杂巨系统（包括社会系统）的同一问题，就会获得全面认识。这个过程体现了不同学科、不同领域的交叉研究，是一种社会思维方式。

问题本身是个系统问题，它所涉及的各方面知识也是相互联系的。通过专家体系合作，就把多种学科知识用系统方法联系起来了，统一在系统整体框架内。通过研讨对所研究的问题形成定性判断、提出经验性假设。专家体系经过研讨所形成的问题和经验性假设也不止一种，可能有多种，在这种情况下就更需要精密论证。即使是一种共识，它仍然是经验性的，还不是科学结论，仍需要精密论证。这一步是很重要的，一些原始创新思想很多是从这里产生的。正如科学大师爱因斯坦所说，提出一个问题往往比解决一个问题更为重要。因为解决一个问题也许是数学上或实验上的技巧问题，而提出新的问题，新的可能性，从新的角度看旧的问题，却需要创造性的想象力，而且标志着科学的真正进步。

从思维科学角度来看，这个过程以形象思维为主，是信息、知识和智慧的定性综合集成。这个经验性假设与判断，只能由专家体系提出，机器体系是提不出来的，但机器体系可以帮助专家体系去提出，如现在的数据挖掘、知识发现等技术。所以这一步也需要人—机结合。

（2）定性定量相结合综合集成

对于定性综合集成所形成的问题和提出的经验性假设与判断，为了用严谨的科学方式去证明它的正确与否，我们需要把定性描述上升到整体定量描述。这种定量描述有多种方式。实现这一步的关键是定性定量相结合综合集成。专家体系利用机器体系的丰富资源和它定量处理信息的强大能力，通过建模、仿真和实验等方法与手段来完成这一步。

用模型的和模型体系描述系统是系统定量研究的有效方式。从建模方法来看，有基于机理的数学建模、基于规则的计算机建模、面向统计数据的统计建模以及智能建模等等。对复杂巨系统（包括社会系统），期望完全靠数学模型来描述，目前还有很大困难。一方面需要发展新的数学理论，另一方面也需要新的建模方法。计算机软件技术、知识工程、人工智能以及算法等的发展，使基于规则的计算机建模有了很大发展，这类计算机模型所能描述的系统更广泛，也更逼真。在这方面，美国圣菲研究所（SFI）和国际应用系统分析研究所（IIASA）的一些工作值得我们重视和借鉴。把数学模型和计算机模型结合起来的系统模型，则尽可能的逼近实际系统，其逼近的程度取决于所要研究问题的精度要求。如果满足了精度要求，那么这个系统模型是完全可以信赖的，就可以应用这个模型来研究我们想要研究的问题。

不同的系统，其模型精度要求也不一样，例如人口系统的模型精度要求在千分之一左右，而经济系统是百分之三左右。复杂巨系统（包括社会系统）的建模，一方面需要真实的统计数据，另一方面必须紧密结合系统实际，基于对系统的真实理解，建模过程是科学和经验相结合的过程。在机器体系支持下，根据数据与信息体系、指标体系、模型体系、方法体系和算法体系等，专家们对定性综合集成提出的经验性假设和判断进行系统仿真和实验。从系统结构、环境和功能之间的输入—输出关系，进行系统分析与综合。这就相当于用系统实验来验证和证明经验性假设与判断的正确与否。不过这个系统实验不是系统实体实验，而是在计算机上进行的仿真实验。这样的仿真实验有时比系统实体实验更有优越性。例如系统未来发展趋势预测，对系统实体来说是不能预测的，因为它还没有运动到那个时刻，但在计算机仿真中是可行的。这个过程中可能要反复多次，以便把专家们所能想到的各种因素，他们的知识和智慧，都能融进到系统仿真和实验之中，从而观测到更多定量结果，增强对问题的定量认识。通过系统仿真和实验，对经验性假设和判断给出整体的定量描述，如评价指标体系等，这就增加了新的信息，而且是定量信息。

（3）从定性到定量综合集成

通过定性定量相结合综合集成获得了问题的整体定量描述，专家体系再一次进行综合集成。在这一次综合集成中，由于有了新的定量信息，专家们有可能从定量描述中，得到了验证和证明经验性的假设和判断正确的定量结论。如果是这样，也就完成了从定性到定量综合集成。但这个过程通常不是一次就能完成的，往往要反复多次。如果定量描述还不足以证明或验证经验性假设和判断的正确性，专家们会提出新的修正意见和实验方案，再重复以上过程。这时专家们的知识、经验和智慧已融进到新的建议和方案中，通过人—机交互、反复比较、逐次逼近，直到专家们能从定量描述中证明和验证了经验性假设和判断的正确性，获得了满意的定量结论，这个过程也就结束了。这时的结论已从定性上升到了定量，不再是经验性假设和判断，而是经过严谨论证的科学结论。这个结论就是我们现阶段对客观事物认识的科学结论。如果定量描述否定了原来的经验性假设和判断，那也是一种新的认识，又会提出新的经验性假设与判断，再重复上述过程。

综合以上所述，从定性综合集成提出经验性假设和判断的定性描述，到定性定量相结合综合集成得到定量描述，再到从定性到定量综合集成获得定量的科学结论，这就实现了从经验性的定性认识上升到科学的定量认识。

复杂巨系统（包括社会系统）问题都是非结构化问题，但目前计算机只能处理结构化问题。从上述综合集成过程来看，虽然每循环一次都是结构化处理，但其中已融进了专家体系的科学理论、经验知识和智慧，如调整模型、修正参数等。实际上，这个过程我们是用一个结构化序列去逼近一个非结构化问题，逼近到专家们认为可信时为止。这一点也不能由机器体系去判断，机器体系可以帮助专家体系去判断，这也体现了人—机结合以人为主的技术路线。已有一些成功的案例说明了综合集成方法的有效性和科学性，这套方法的理论基础是思维科学，方法基础是系统科学与数学，技术基础是以计算机为主的现代信息技术和网络技术，哲学基础是实践论和认识论。

应该强调指出的是，应用这套方法必须有数据和信息体系的支持，这就为复杂巨系统（包括社会系统）的统计指标设计和系统观测方式提出了新的要求。以社会系统为例，有些社会系统问题用这个方法处理起来困难，往往不是方法本身的问题，而是缺少统计数据支持，机器体系中也不会有这部分资源。就我国统计指标来看，只有经济方面的统计指标比较多，其他方面统计指标很少，有些还没有统计指标。

在现代科学技术向综合性整体化方向发展过程中，我们始终面临着如何把不同科学技术部门、不同学科以及不同层次的知识综合集成起来的问题。对于这种矩阵式结构的知识综合集成，综合集成方法可以发挥重要的方法论和方法作用。从方法论和方法特点来看，综合集成方法本质上就是用来处理跨学科、跨领域和跨层次问题研究的方法论和方法。运用综合集成方法所形成的理论就是综合集成的系统理论，钱学森提出的系统学，特别是复杂巨系统学，就是要建立这套复杂巨系统理论。国外关于复杂性的研究，实际上也是属于这个范畴。同样，应用综合集成方法在技术层次上也可以发展复杂巨系统技术。在这方面比较典型的是系统工程技术的出现和发展，这也是钱老一直大力倡导和推动的。

系统工程是组织管理系统的技术。它根据系统总体目标的要求，从系统整体出发，运用综合集成方法把与系统有关的科学理论方法与技术综合集成起来，对系统结构、环境和功能进行总体分析、总体论证、总体设计和总体协调，其中包括系统建模、仿真、分析、优化、设计与评估，以求得可行的、满意的或最好的系统方案并付诸实施。由于实际系统不同，将系统工程用到哪类系统上，还要用与这个系统有关的科学理论方法与技术。例如，用到社会系统上，就需要社会科学与人文科学等面的知识。从这些特点来看，系统工程不同于其他技术，它是一类综合性的整体技术、一种综合集成的系统技术、一门整体优化的定量技术。它体现了从整体上研究和解决系统管理问题的技术方法。

系统工程的应用首先从工程系统开始的，用来组织管理工程系统的研究、规划、设计、制造、试验和使用。实践已证明了它的有效性，如航天系统工程。直接为这类工程系统工程提供理论方法的有运筹学、控制论、信息论等，当然还要用到自然科学等有关的理论方法与技术。所以，对工程系统工程来说，综合集成也是其基本特点，只不过处理起来相对容易一些。当我们把系统工程用来组织管理复杂巨系统和社会系统时，处理工程系统的方法已不够用了，它难以用来处理复杂巨系统的组织管理问题。在这种情况下，系统工程也要发展。由于有了综合集成方法，系统工程便可以用来组织管理复杂巨系统和社会系统了，这样，系统工程也就发展了，现已发展到复杂巨系统工程和社会系统工程阶段。

二、综合集成工程

从实践论观点来看，任何社会实践，特别是复杂的社会实践，都有明确的目的性和组织性。要清楚做什么，为什么要做，能不能做以及怎样做才能做的最好。从实践过程来看，包括实践前形成的思路、设想以及战略、规划、计划、方案、可行性等，都要进行科学论证，以使实践的目的性建立在科学的基础上；也包括实践过程中，要有科学的组织管理与协调，以保证实践的有效性，要有效益和效率，并取得最好的效果；还包括实践过程中和实践过程后的评估，以检验整个实践的科学性和合理性，以利于再实践。从微观、中观直到宏观的所有社会实践，都具有这些特点。社会实践要在理论指导下才有可能取得成功。这个理论就是现代科学技术体系和人类知识体系。处在这个体系最高端的是辩证唯物主义，所以社会实践首先应受辩证唯物主义的指导。但仅有哲学层次上的指导还不够，还需要有科学层次上各个科学技术部门、不同科学部门的科学理论方法和应用技术，以至前科学层次上的经验知识和感性知识的指导和帮助。即使这样，社会实践还会涌现出已有理论与技术无法处理的新问题，像我国改革开放和社会主义现代化建设这样伟大的社会实践，就有大量的问题需要创新来解决。如何把不同科学技术部门、不同层次的知识综合集成起来形成指导社会实践的理论方法和技术，以解决社会实践中问题，这就有个方法论和方法问题。从综合集成方法特点来看，它可以处理这类问题。运用综合集成方法形成的理论与技术，并用于改造客观世界的实践就是综合集成工程。我们所面临的大量社会实践，特别是复杂的社会实践其实都是综合集成工程，它不是一种理论和一种技术所能处理和解决的。

社会实践通常包括三个重要的组成部分：一个是实践对象，指的是实践中干什么，它体现了实践的目的性；第二个是实践主体，指的是由谁来干，如何来干，它体现了实践的组织性；第三个就是决策主体，它最终要决定干不干，由谁来干并干得最好。从系统科学观点来看，任何一项社会实践或工程，都是一个具体的实际系统，是有人参与的实际系统。实践对象是个系统，实践主体也是系统（人在其中），把两者结合起来还是个系统。因此，社会实践是系统的实践，也是系统的工程。这样一来，有关实践或工程的决策与组织管理等问题，也就成为系统的决策与组织管理问题。在这种情况下，系统论思想、系统科学的理论方法和技术应用到社会实践或工程的决策与管理之中，不仅是自然的，也是必然的。从这里也可以看出，系统论、系统科学对社会实践或工程的特殊重要性。

人们在遇到涉及的因素多而又难于处理的社会实践或工程问题时，往往脱口而出的一句话就是：这是系统工程问题。这句话是对的，其实它包含两层含义：一层含义是从实践或工程角度来看，这是系统的实践或系统的工程；另一层含义是从技术角度来看，既然是系统的工程或实践，它的组织管理就应该直接用系统工程技术去处理，因为工程技术是直接用来改造客观世界的。可惜的是，人们往往只注意到了前者，相对于没有系统观点的实践来说，这也是个进步，但却忽视和忘记了要用系统工程技术去解决问题。结果就造成了什么都是系统工程，但又什么也没有用系统工程技术去解决问题的局面。

要把系统工程技术应用到实践中，必须有个运用它的实体部门。我国航天事业的发展就是成功的应用了系统工程技术。航天系统中每种型号都是一个工程系统，对每种型号都有一个总体设计部，总体设计部由熟悉这个工程系统的各方面专业人员组成，并由知识面比较宽广的专家（称为总设计师）负责领导。根据系统总体目标要求，总体设计部设计的是系统总体方案，是实现整个系统的技术途径。总体设计部把系统作为它所从属的更大系统的组成部分进行研制，对它所有技术要求都首先从实现这个更大系统的技术协调来考虑；总体设计部又把系统作为若干分系统有机结合的整体来设计，对每个分系统的技术要求都首先从实现整个系统技术协调的角度来考虑，总体设计部对研制中分系统之间的矛盾，分系统与系统之间的矛盾，都首先从总体目标的需要来考虑。运用系统方法并综合运用有关学科的理论与方法，对型号工程系统结构、环境与功能进行总体分析、总体论证、总体设计、总体协调，包括使用计算机和数学为工具的系统建模、仿真、分析、优化、试验与评估，以求得满意的和最好的系统方案，并把这样的总体方案提供给决策部门作为决策的科学依据。一旦为决策者所采纳，再由有关部门付诸实施。航天型号总体设计部在实践中已被证明是非常有效的，在我国航天事业发展中，发挥了重要作用。

这个总体设计部所处理的对象还是个工程系统。但在实践中，研制这些工程系统所要投入的人、财、物、信息等也构成一个系统，即研制系统。对这个系统的要求是以较低的成本、在较短的时间内研制出可靠的、高质量的型号系统。对这个研制系统不仅有如何合理和优化配置资源问题，还涉及到体制机制、发展战略、规划计划、政策措施以及决策与管理等问题。这两个系统是紧密相关的，把两者结合起来又构成了一个新的系统。显然，这个系统要比工程系统复杂的多，属于社会系统范畴。如果说工程系统主要依靠自然科学技术的话，那么这个新的系统除了自然科学技术外，还需要社会科学与人文科学。如何组织管理好这个系统，也需要系统工程，但工程系统工程是处理不了这类系统的组织管理问题，而需要的是社会系统工程。

应用社会系统工程也需要有个实体部门，这个部门就是钱老提出的运用综合集成方法的总体设计部，这个总体设计部与航天型号的总体设计部比较起来已有很大的不同，有了实质性的发展，但从整体上研究与解决问题的系统科学思想还是一致的。总体设计部是运用综合集成方法，应用系统工程技术的实体部门，是实现综合集成工程的关键所在。没有这样的实体部门，应用系统工程技术也只能是一句空话。目前国内还没有这样的研究实体，有的部门有点像，但研究方法还是传统方法。总体设计部也不同于目前存在的各种专家委员会，它不仅是个常设的研究实体，而且以综合集成方法为其基本研究方法，并用其研究成果为决策机构服务，发挥决策支持作用。

从现代决策体制来看，在决策机构下面不仅有决策执行体系，还有决策支持体系。前者以权力为基础，力求决策和决策执行的高效率和低成本；后者则以科学为基础，力求决策科学化、民主化和制度化。这两个体系无论在结构、功能和作用上，还是体制、机制和运作上都是不同的，但又是相互联系的。两者优势互补，共同为决策机构服务。决策机构则把权力和科学结合起来，变成改造客观世界的力量和行动。从我国实际情况来看，多数部门是把两者合二而一了。一个部门既要做决策执行又要做决策支持，结果两者都可能做不好，而且还助长了部门利益。如果有了总体设计部和总体设计部体系，建立起一套决策支持体系，那将是我们在决策与管理上的体制机制创新和组织管理创新，其意义和影响将是重大而深远的。

钱学森一直大力推动系统工程特别是社会系统工程的应用，为了把社会系统工程应用到国家宏观层次上的组织管理，促进决策科学化、民主化和组织管理现代化，曾多次提出建立国家总体设计部的建议。1991 年 3 月 8 日，钱老向当时的中央政治局常委集体汇报了关于建立国家总体设计部的建议，受到中央领导的高度重视和充分肯定。十几年过去了，由于种种原因，至今钱老的这个建议并没有实现。但现实的情况却使我们看到，大量的事实越来越清楚地显示出这个建议的重要性和现实意义。

一个企业、一个部门甚至一个国家的管理，首要的问题是从整体上去研究和解决问题，这就是钱老一直大力倡导的"要从整体上考虑并解决问题"。只有这样才能把所管理系统的整体优势发挥出来，收到 1+1>2 的效果，这就是基于系统论的系统管理方式。但在现实中，从微观、中观直到宏观的不同层次上，都存在着部门分割条块分立，各自为政自行其是，只追求局部最优而置整体于不顾。这里有体制机制问题，也有部门利益问题，还有还原论思维方式的深刻影响。这种基于还原论的管理方式，使得系统的整体优势无法发挥出来，其最好的效果也就是 1+1=2，弄不好还会 1+1 < 2，而这种情况可能是多数。系统管理方式实际上是综合集成思想在实践层次上的体现。因此，总体设计部、综合集成方法、系统工程特别是社会系统工程技术紧密结合起来，就成为系统管理方式的核心内容。

我国正在进行国家创新体系建设，以增强自主创新能力，实现创新型国家的宏伟目标。在这个过程中，我们不仅需要科学理论创新、应用技术创新，也迫切需要组织管理创新，系统管理可以为此作出贡献。

第6讲

从定性到定量综合集成方法案例研究

于景元

一、综合集成方法论

（一）综述

20世纪80年代末到90年代初，钱学森先后提出"从定性到定量综合集成方法"以及"从定性到定量综合集成研讨厅体系"，并把运用这套方法的集体称为总体设计部，这是钱学森系统思维和系统思想在方法论上的具体体现。综合集成方法的实质是把专家体系、数据和信息体系以及计算机体系有机结合起来，构成一个高度智能化的人—机结合、人—网结合的体系。

1）综合集成方法的成功应用就在于发挥这个体系的综合优势、整体优势和智能优势，它能把人的思维、思维的成果、人的经验、知识、智慧以及各种情报、资料和信息统统集成起来，从多方面的定性认识上升到定量认识。

运用这个方法也需要系统分解，在分解后研究的基础上，再综合集成到整体，实现 1+1 > 2 的飞跃，达到从整体上研究和解决问题的目的。综合集成方法吸收了还原论方法和整体论方法的长处，同时也弥补了各自的局限性，它是还原论方法与整体论方法的辩证统一，既超越了还原论方法，又发展了整体论方法，是科学方法论上的重大进展，具有重要的科学意义和深远的学术影响。

2）综合集成方法作为科学方法论，其理论基础是思维科学，方法基础是系统科学与数学科学，技术基础是以计算机为主的现代信息技术，实践基础是系统工程应用，哲学基础是马克思主义认识论和实践论。

这里需要注意，方法论和方法是两个不同层次问题。方法论是关于研究事物所遵循的途径和路线，在方法论指导下是具体方法问题，而且方法也不止一种，可有多种方法，但如果方法论不对，具体方法再好，也解决不了根本问题。

从近代科学到现代科学，还原论方法发挥了重要作用，特别在自然科学领域中取得了巨大成功。但是，现代科学技术的发展，向这种方法论提出了挑战，许多事实使科学家们认识到"还原论的不足之处正日益明显"。我们正面临着这种方法论处理不了的问题。国外的复杂性研究或国内的开放的复杂巨系统研究，都是这类问题。处理这类问题首先遇到的是方法论问题，其次是方法问题。美国的 Santa Fe Institute（SFI）关于复杂性的研究，在方法上是有创新的，但在方法论上没有突破还原论方法的束缚，所以陷入了困惑的境地。

综合集成方法是方法论上的创新，它是研究复杂巨系统和复杂性问题的方法论。在应用中，将这套方法论结合到具体的复杂巨系统就可以开发出一套方法体系，不同的复杂巨系统，方法体系可能是不同的，但方法论却是同一的。从方法论层次来看，它对复杂巨系统和复杂性研究的指导作用主要体现在：研究路线、技术路线和实现信息、知识、智慧的综合集成。

（二）研究路线

1）综合集成方法论采取了从上而下和由下而上的路线，从整体到部分再由部分到整体，把宏观和微观研究统一起来，最终是从整体上研究和解决问题。

例如，在研究大型复杂课题时，从总体出发，可将课题分解成几个子课题，在对每个子课题研究的基础上，再综合集成到整体，这是很重要的一步，并不是简单地将每个子课题的研究结论拼凑起来，这样的"拼盘"是不会拼出新思想、新结果的，也回答不了整体问题，这就是综合集成与一般分析综合方法的实质区别。

2）综合集成方法论采取人—机结合，人—网结合，以人为主的信息、知识和智慧的综合集成，这个技术路线是以思维科学为基础的。

思维科学的研究表明，人脑和计算机都能有效处理信息，但两者有极大差别，从信息处理角度来看，人脑思维一种是逻辑思维（抽象思维），它是定量、微观处理信息方法；另一种是形象思维，它是定性、宏观处理信息方法，而人的创造性主要来自创造思维，创造思维是逻辑思维和形象思维的结合，也就是定性与定量相结合、宏观与微观相结合，这是人脑创造性的源泉。

今天的计算机在逻辑思维方面，确实能做很多事情，甚至比人脑做得还好，还快，并善于信息的精确处理，有很多科学成就已证明了这一点，如著名数学家吴文俊先生的定理机器证明等。但在形象思维方面，现在的计算机还不能给我们帮什么忙，至于创造思维，只能依靠人脑了，从这个角度来看，期望完全靠机器来解决复杂性问题，至少目前是行不通的，如果目前完全依靠机器能解决的问题，那肯定不是上述的复杂性问题，但计算机在逻辑思维方面毕竟有它的优势，机器能作的尽量由机器去完成，以最大限度地扩展人脑逻辑思维处理信息的能力。如果把人脑和电脑结合起来，就会比人脑更有优势，这也是 1+1 > 2 的道理。但人—机结合必须以人为主，美国 SFI 的科学家们，在复杂性研究中感到困惑，也与他们走了一条人—机结合以机器为主的技术路线有关。他们在复杂性研究中，很重视计算机的应用，在这方面也确实有一些创新，如遗传算法、演化算法、以 Agent 为基础的计算机建模、人工生命等等，这些都是属于方法层次上的创新，但如何把人和机器结合起来，更重要的是方法论层次上的问题。

3）综合集成方法论实现信息、知识、智慧的综合集成。信息、知识、智慧这是三个不同层次的问题。有了信息未必有知识，有了信息、知识也未必就有智慧，信息的综合集成可以获得知识、信息、知识的综合集成可以获得智慧，人类有史以来，是通过人脑获得知识和智慧的。现在由于计算机技术的发展，我们可以通过人—机结合的方法来获得知识和智慧，在人类发展史上，这是具有重大意义的进步。

（三）综合集成方法的内容和过程

图 1 综合集成方法的演变过程

（1）定性综合集成

由不同学科、不同领域专家组成专家体系，这个专家体系具有研究复杂巨系统所需要的合理知识结构。每个专家都有自己的科学理论知识、经验知识，这些知识都是对客观世界规律的认识，都能从一个方面或一个角度去研究复杂巨系统问题，把这些专家和专家们的科学理论、经验知识、智慧结合起来，通过结合、磨合以至融合，从不同层次（自然的、社会的、人文的）、不同方面和不同角度去研究同一个复杂巨系统，就会获得其全面的认识。这一过程体现了不同学科、不同领域知识的交叉研究。

系统本身就把多种学科的知识用系统方法联系起来，统一在系统框架内，明确系统结构、系统环境和系统功能，通过这种方法对所要研究的复杂巨系统问题（如社会系统中宏观经济问题），提出经验性假设，形成定性判断，如猜想、思路、对策、方案、设想等等，它所以是经验性判断，是因为其正确与否还没有经过严谨科学方式加以证明。但这一步是很重要的。许多原始创新思想都是从这里产生。从思维科学角度来看，这个过程是以形象思维为主，是信息、知识和智慧的定性综合集成。

在自然科学、数学科学等这些所谓"精密科学"中，是用严密的逻辑推理、精确的物理、化学和生物实验，来证明和验证经验性判断的正确与否，从而得出科学结论。但这种方法对研究复杂巨系统来说，就显得不够了，复杂巨系统问题，如社会系统中的问题既不是简单的逻辑推理能得出结论的，也不能直接进行社会实验。这就需要有新的方式来完成这个过程。

（2）定性定量相结合综合集成

为了用严谨科学方式去证明经验性判断的正确与否，我们需要拥有这个系统的有关数据和信息资料，建立数据和信息体系以及指标体系，包括描述性指标（如系统状态变量、观测变量、环境变量、调控变量）以及评价指标体系。指标体系是系统定量描述的一种方法，但还不是完整的描述方式。

用模型和模型体系来描述系统是系统定量研究的有效方式。这种方式在自然科学、系统科学中被广泛使用。在系统科学中，对简单系统、大系统、简单巨系统等的研究，几乎完全是基于数学模型的。但对复杂系统，特别是复杂巨系统，期望完全靠数学模型来描述，目前还有相当大的困难，一方面需要新的建模方法，另一方面也需要发展新的数学理论。但计算机技术、知识工程、软件技术、算法等的发展，使基于规则的计算机建模，得到了迅速发展，这类计算机模型所能描述的系统更为广泛，也更为逼真。在这方面，美国 SFI 的一些工作是值得我们重视的。

在数据与信息体系、指标体系、模型体系的支持下，对专家体系提出的经验性判断进行系统仿真和实验，从系统环境、系统结构、系统功能之间的输入—输出关系，进行系统分析与综合，这相当于用系统实验来验证经验性判断的正确与否，不过这个系统实验不是系统实体实验，而是在计算机上进行的仿真实验，这样的计算机仿真实验有时比实体实验更有优越性，例如系统未来发展趋势，对系统实体来讲是难以定量预测的，但在计算机仿真实验中却是可行的。通过系统仿真和实验，运用评价指标体系对经验性假设正确与否给出定量描述，这就增加了新的信息，这个过程可能要反复进行多次，以便把专家的经验，他们所想到的各种因素都能反映到仿真和实验之中，从而观察到可能的定量结果，增强对问题的定量认识。

把数学模型和计算机模型结合起来的系统模型，则尽可能地逼近实际系统。其逼近的程度取决于所要研究问题的精度要求。如果满足了所研究问题的精度要求，那么这个系统模型是可以信赖的，就可以应用这个模型来进行我们所要研究的问题，不同的系统，其模型精度要求是不一样的，对复杂系统，特别是复杂巨系统的建模，必须紧密结合系统实际，要基于对系统的真实理解。例如人口系统的精度要求在千分之一左右，经济系统是百分之三左右。

（3）从定性到定量综合集成

由专家体系对前一次系统仿真和实验的结果进行综合集成。这一次信息、知识的综合集成，较开始提出的经验性判断来说，毕竟增加了新的信息，而且是定量的，这是把原始的经验性判断上升到定量结论非常关键的一步。

综合集成的结果，无非是两种，即定量结论是可信的；或者是不可信的。如果是后者，那么需要进行那些改进，例如调整模型或者调整参数等，再重复上述过程，通过人—机交互、反复对比，逐次逼近，直到专家们都认为定量结果是可信的，也就完成了从定性到定量结合集成，这时的结论已不再是经验性判断，而是经过严谨论证的科学结论了。如果定量结果否定了原来的经验性判断，那也是一种新的认识，又会提出新的经验性判断。

从定性综合集成提出经验性判断，到人—机结合的定性定量相结合综合集成得到定量描述，再到从定性到定量综合集成获得科学结论，这就实现了从经验性的定性认识上升到科学的定量认识。

（四）综合集成方法的基本特点

1）按照系统结构，能把多种科学结合起来，真正实施和实现多学科交叉研究。

2）能把科学理论和经验知识结合起来，把人们对客观事物星星点点的知识，汇集成一个系统的整体结构，达到定量认识。

经验知识属于前科学范畴，它能回答是什么，但还不能回答为什么，尽管如此它对复杂系统和复杂巨系统的研究，仍然是很宝贵的。定性综合集成提出经验性判断，这是非常重要的一步，虽然是经验性判断，但其中蕴含着专家体系知识和智慧的结晶，如果说这一步需要大胆假设的话，那么后续两步就是严谨求证。没有前者难以创新，但没有后者，这个创新又缺少科学依据，难以确认，这个经验性假设只能由专家体系提出，机器体系是提不出来的。

3）人—机结合以人为主。这里的人是指专家体系，这个方法的应用，需要专家体系采用集体工作方式，而不是个体研究方式，当然，专家集体要有一位知识和经验宽广，视野和思维都更为开阔的科学家来领导。

4）这个方法可以处理具有层次结构的系统问题，能把微观研究和宏观研究统一起来，诸如涌现阶段（Emergence）这类问题的研究。

5）需要有数据和信息体系的支持。这就为统计指标设计和系统观测方式，提出了新的要求。

6）这个方法可以在线工作，也可以离线工作，在线工作时，对机器体系功能要求更高，它远不是 MIS、DSS 所能满足的。

7）这个方法体现了社会思维和辩证思维，把这个方法和计算机网络等现代信息技术结合起来，就更能发挥这个方法的优势。钱学森提出的"从定性到定量综合集成研讨厅体系"就是体现了这些特点，它是一个人—机结合、人—网结合的信息加工系统，知识生产系统，智慧集成系统，是知识生产力和精神生产力的实践形式。按照我国传统说法，把一个复杂事物的各个方面综合起来，达到对整体的认识，称为集大成。钱老进一步发展了古人这一集大成思想，提出集大成得智慧，这就是为什么钱老把这套方法论称为大成智慧工程（Meta-synthetic Engineering）以及由此产生的理论称为"大成智慧学"的原因。

二、成功案例解析

如同一切科学理论方法一样，综合集成方法的科学性和有效性必须经过实践的检验。

钱老在提出综合集成方法论的过程中，特别关注社会系统、地理系统、军事系统、人体系统中一些成功的研究。如在社会系统中，由几百个至几千个变量描述的，定性、定量相结合的系统工程方法对社会经济系统的研究；在地理系统中、用生态学、环境保护以及区域规划等综合探讨地理系统的研究；在人体系统中，把生物学、生理学、心理学、西医学、中医学和传统医学等综合起来的研究，在军事系统中，军事对阵系统和现代作战模拟的研究。钱老不仅高度重视这些实践中成功案例的研究。而且还具有从这些成功研究中提炼新概念、概括新理论的超人智慧，这些成功的研究也是他提出综合集成方法论的实践基础。

（一）财政补贴、价格、工资综合研究以及国民经济发展预测工作

（1）案例背景

我国的改革开放首先从农村开始，然后转向城市。1979 年以来，为了提高农民生产积极性，在

农村实行了农副产品收购提价和超购加价政策，其结果不仅促进了农业发展，也提高了农民收入水平，但当时的零售商品（如粮、油等）的销售价格并未作相应调整，而是由国家财政给以补贴的。随着农业生产连年丰收，超购加价部分迅速扩大，财政补贴也就越来越多，以至成为当时中央财政赤字的主要根源；同时也使财政收入增长速度明显低于国民收入增长速度，财政收入占国民收入的比例逐年下降。这就严重地影响了国家重点工程的投资，也制约了国民经济发展的增长速度。

财政补贴产生的这些问题，引起了中央领导的极大重视，它已是关系到经济改革与发展的全局问题，有关部门也曾提出通过调整零售商品价格来逐步减少以至取消财政补贴的建议。但提高零售商品价格，又必须同时提高职工工资，否则会影响到人民生活水平，影响到安定团结的大局。而这又涉及到财政负担能力、市场平衡、货币发行以及银行储蓄等等。这就是当时概括为"变暗补为明贴"的改革思路，这虽然是个价格、工资调整问题，但却涉及到了整个国民经济中的生产、消费、流通、分配各个领域。问题的复杂和困难还在于，究竟零售商品价格调整到什么水平，工资提高到什么水平，才能取消财政补贴又使人民实际收入水平至少不降低。对此，仅有一般思路显然是不够的，必须定量研究才有可能回答这些问题，从而为决策提供科学依据。

（2）研究过程

工作始于 20 世纪 80 年代初，即 1983 年至 1985 年间。当时的航天部七一〇所在经济学家马宾的具体指导下，完成了财政补贴、价格、工资综合研究以及国民经济发展预测工作。这是当时经济体制改革中提出的热点和难点问题。

马宾不仅是位经济学家，还是当时国务院经济研究中心的副干事长（干事长是经济学家薛暮桥）。他很清楚，仅靠经济学家难以回答这些问题。马宾非常赞赏钱学森大力倡导和推动的系统工程，并希望用系统工程方法来解决这个问题，但仅靠系统工程专业人员也解决不了。实践的需要，促使经济学家、各有关部门的管理专家、系统工程专业人员等走到一起，相互结合，"磨石"以至融合，从没有共同语言到相互"心领神会"，从实际的经济体制、运行机制、管理体制与机制等各个方面，进行研究和讨论，以明确问题的症结所在，找出解决问题的途径，从而形成对这个问题的定性判断。这种定性判断已综合集成了各方面专家的科学理论、经验知识和智慧，但它毕竟还是经验性判断，因为这种判断是否正确，能否可行，还没有用科学方式加以证明。即使如此，这一步也是非常关键的，它是准确把握问题的实质和定量研究的基础。

为了用系统工程方法处理这个问题，需要用系统科学来界定有关概念。在这个课题中，财政补贴、价格、工资以及直接或间接有关的各经济组成部分，是一个相互关联、相互影响并且有某种功能的系统。调整价格和工资实际上就是改变调整这个系统组成部分之间的关联关系，从而改变系统功能，特别要使它具有我们所希望的功能。这样就把问题纳入到了系统框架，进而界定系统边界，明确哪些是系统环境变量，哪些是状态变量、调控变量（政策变量）和输出变量（观测变量）等，为模型设计、确定模型功能提供定性基础。

系统建模既需要理论方法又需要经验知识，还需要真实的统计数据和有关信息资料。对结构化强的系统如工程系统，有自然科学提供的各种定量规律，系统建模较为容易处理。但对这类非结构化的复杂系统，并没有像工程系统那样的定量规律可循，只能从对系统的真实理解甚至经验知识出发，再借助于大量的实际统计数据，去提炼出系统内部的某些内在定量联系，然后据此，借助于数学或计算机手段，将系统描述出来。这个系统建模所需数据量近万个。而且还要克服数据口径不一，时间序列不完整的困难。所有这些都是这类复杂系统定量研究的难点所在。模型是对经济实体的近似描述。不可能也没必要把实体的所有因素都反映到模型中，只要抓住主要矛盾去建立模型并满足所研究问题的精度要求，那么这模型就是可以信赖的。

这个系统建模是以市场平衡为中心建立的。在结构上分为两大部分，一部分是国民收入分配和零售市场；另一部分是各产业部门的投入产出关系。前者由 115 个变量和方程所描述。其中有 44 个发展方程、7 个时序模式和 64 个关系模式。包括 14 项环境变量和 6 项调控变量，用来体现外部环境和调控政策。后者是 237 个部门的产业关联矩阵。

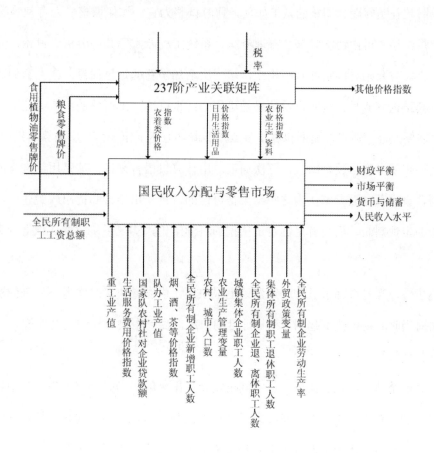

图 2 系统工程模型

14 项环境变量分别是：轻工业产值，重工业产值，生活服务费用价格指数，国家对农村社队企业贷款额，农业总产值中队办工业产值，烟、酒、茶类价格指数，全民所有制企业新增职工人数，农村和城市人口总数，农业生产管理变量，城镇集体企业职工人数，全民所有制企业退、离休职工人数，集体企业职工退休人数，外贸政策变量，全民所有制工业企业职工劳动生产率。

6 项政策变量为：粮食零售国营牌价，全民所有制职工工资总额，衣着类价格指数，日用生活用品价格指数，农业生产资料价格指数，食用植物油零售牌价。

4 项输出变量（观测变量）为：财政平衡；市场平衡；货币发行与储蓄；人民收入水平。

这个模型可以进行政策模拟，也可以作经济预测，其平均模拟误差和预测误差都在3%以内，满足经济研究中的精度要求。

运用建立起来的系统模型，按照不同的国力条件（环境变量），调控变量（价格与工资）不同的调整起始时间、不同的调整幅度、不同的调整方法（一次调整到位或多次性调整），在当时的大型数字计算机 B6810 上进行了 105 种政策模拟，并以市场平衡、货币流通与储蓄、职工与农民收入水平为度量标准（评价指标），寻求最优、次优、满意和可行的调整政策，从而定量回答同时调整价格与工资能否解决财政补贴问题、调整的效果如何，何时调整为宜、如何调整最为有利等问题。

这样的定量结果，再由经济学家、管理专家、系统工程专家等共同分析、讨论，充分发扬学术民主，畅所欲言，与开始时的定性判断相比，这一次增加了新的定量信息。在专家们进行新一轮的综合集成时，其结论可能是：这些定量结果是可信的；也可能是不可信的；或者还有什么地方需要改进的。如果需要改进，则修正模型和调整参数，再重复上述工作。第二次测算结果再请专家评议，这个过程可能要重复多次，反复比较，逐次逼近。用计算机语言来说，就是用结构化方法逼近一个非结构化问题，直到各方面专家认为这些结果是可信的，再作出结论和提出政策建议，这时的结论已不在是先验的定性判断，而是有足够定量依据的科学结论，实现了从定性认识上升到定量认识的过程。

通过上述步骤，当时选择了五种政策建议上报中央，供领导决策时参考。后来的实践也证明，这项研究成果对当时的物价改革起到了积极地推动作用，受到中央领导的高度评价。

（3）说明与强调

这套方法完全是基于实践的需要，从实际出发硬逼出来的，当时没有人想到其中还蕴含着什么深刻道理。但钱老却看出，这个方法能够把多学科理论和经验知识结合起来，把定性研究和定量研究有机结合起来，从多方面的定性认识上升到定量认识，解决了当时还没有办法处理的复杂巨系统问题。它体现了人—机结合，以人为主的特点，同时钱老也指出了该方法的某些不足，例如在综合集成专家意见时，还是手工作业式的，计算机的其他功能尚未发挥出来。

钱老对当前这场以计算机、网络和通讯技术为核心的信息技术革命，不仅指出了它对人类社会发展的影响将导致一场新的产业革命（第五次产业革命），而且对人自身，特别对人的思维会产生重要影响，将出现人—机结合的思维方式，人将变得更加聪明，从而不仅推动了思维科学的发展，而且信息革命的一些成果，如专家系统、知识工程、软件技术、网络技术、虚拟现实技术等等，如能引入到这类研究方法中，必将进一步完善和发展综合集成方法。

（二）宏观经济智能决策支持系统（MEIDSS）的研究与开发

在钱老提出"从定性到定量综合集成方法"和"从定性到定量综合集成研讨厅体系"后，我们这项工作进入了自觉阶段，不仅在应用上有了很大的进展，而且对这套方法的完善也上了一个新台阶。

从1992年到1996年间，受国务院研究室的委托，在国家863计划智能计算机组的支持下，由中国航天工业总公司七一〇所、中国科学院自动化所、华中理工大学系统工程所三方联合，进行了宏观经济智能决策支持系统（MEIDSS）的研究与开发。MEIDSS是用于支持宏观经济决策，为决策者或决策部门把握经济发展状态、预测经济发展趋势、监测经济系统运行和规划经济发展，为决策部门提供定量参考依据，因此，MEIDSS将宏观经济的预测、监测、规划和评价作为系统设计的主要指标，同时对一些特定经济问题，如通货膨胀、投资过热、养老保险等专题，也能灵活地建模、仿真与综合集成，给出定量的决策参考。

MEIDSS是根据"从定性到定量综合集成方法"进行设计的，它是一个人—机结合系统，人—机智能优势互补，形成"人帮机，机帮人"的智能决策支持系统，MEIDSS的机器体系功能大大加强了，更便于人—机结合，以人为主，进行知识的综合集成，机器体系有两个层次的结构，第一个层次是由模型体系、知识体系、信息体系、指标体系、方法体系所构成；第二个层次是支持这五个体系的软件工具。这个系统开发是成功的，受到有关方面的充分肯定和高度评价。

但随着信息技术的迅速发展，特别是网络技术的发展，很快就发现MEIDSS的机器体系设计还有局限性，没有考虑到网络环境下的系统设计问题。在网络环境下综合集成方法的实现，就更接近钱老提出的"从定性到定量综合集成研讨厅体系"。目前由戴汝为院士主持的国家自然科学基金重大项目"支持宏观经济决策的人—机结合综合集成体系研究会"，就是为了这个目标而进行的研究工作。

三、结语

综合集成方法论的提出到现在也不过 10 年多的时间，无论是方法论本身，还是它的应用，都取得了可喜的进展，但从长远来看，这些进展仅仅是开始，方法论的创新，将孕育着伟大的科学革命。培根创立的还原论方法，推动了 19 世纪 20 世纪的科学大发展。钱学森深谙西方科学哲学的精髓，又吸取中华民族古代哲学的营养，使他能把还原论与整体论结合起来，并运用辩证唯物主义，创立了综合集成方法论，它必将推动 21 世纪系统科学的大发展。

第 7 讲

钱学森系统科学思想和系统科学体系

于景元

钱学森的一生是科学的一生、创新的一生和辉煌的一生。在长达 70 多年丰富多彩的科学生涯中，钱学森建树了许多科学丰碑，对现代科学技术发展和我国社会主义现代化建设作出了巨大贡献。钱老对我国火箭、导弹和航天事业的开创性贡献，是众所周知的，人们称他为"中国航天之父"。

从钱学森的全部科学成就和贡献来看，这只是其中一部分。钱老的研究领域非常广泛，从工程、技术、科学直到哲学的不同层次上，在跨学科、跨领域和跨层次的研究中，特别是不同学科、不同领域、不同层次的相互交叉、结合与融合的综合集成研究方面，都作出了许多开创性贡献。

从现代科学技术发展来看，这些方面的科学成就与贡献，其意义和影响可能更大，也更深远。钱学森的系统科学成就与贡献就是其中的重要方面。

一、钱学森系统科学思想和系统科学体系的形成与发展

系统科学思想贯穿于钱老的整个科学历程中。大家知道，钱老在美国学习和工作了 20 多年（1935—1955 年），主要从事自然科学技术研究，特别是在应用力学、喷气推进以及火箭与导弹研究方面，取得了举世瞩目的成就，同时还创建了"物理力学"和"工程控制论"，成为国际上著名科学家。需要指出的是，工程控制论已超出了自然科学领域，而属于钱老后来所建立的系统科学体系，并为系统科学体系的建立提供了理论基础。

《工程控制论》一书的出版（1954 年英文版），在国际学术界引起了强烈反响，立即被译成多种文字出版发行。工程控制论所体现的系统科学思想、理论方法与应用，直到今天仍然深刻影响着系统科学、控制科学、管理科学以及其他相关学科的发展。

（一）系统工程方法在航天实践中萌芽

1955 年钱老回到了祖国，从这时起他的主要精力集中在开创我国火箭、导弹和航天事业上。在周恩来、聂荣臻等老一辈无产阶级革命家的直接领导下，钱老的科学才能和智慧得以充分发挥，并和广大科技人员一起，在当时十分艰难的条件下，研制出我国自己的导弹和卫星来，创造出了国内外公认的奇迹。

以导弹、卫星等航天科技为代表的大规模科学技术工程，如何把成千上万人组织起来，并以较少的投入在较短的时间内，研制出高质量高可靠的型号产品来，这就需要有一套科学的组织管理方法与技术。在当时这是一个十分突出的问题。钱老在开创我国航天事业过程中，同时也开创了一套既有普遍科学意义、又有中国特色的系统工程管理方法与技术。

当时，在研制体制上是研究、规划、设计、试制、生产和试验一体化；在组织管理上是总体设计部和两条指挥线的系统工程管理方式。实践已证明了这套组织管理方法是十分有效的。从今天来看，就是在当时条件下，把科学技术创新、组织管理创新与体制机制创新有机结合起来，实现了综合集成创新，从而走出了一条发展我国航天事业的自主创新和协同创新道路。我国航天事业一直在持续发展，其根本原因就在于自主创新和协同创新。

航天系统工程的成功实践，证明了系统工程技术的科学性和有效性，中国航天事业的成功也是系统工程的胜利，而且不仅适用于自然工程，其原理也同样适用于社会工程，从而开创了大规模科学技术工程的系统管理范例，同时也为钱老建立系统科学体系奠定了实践基础。系统工程的应用也是钱老对管理科学与工程的重大贡献。

（二）建立系统科学体系和创建系统学

20 世纪 80 年代初，钱老从科研一线领导岗位上退下来以后，就把全部精力投入到学术研究之中。这一时期，钱老学术思想之活跃，涉猎领域之广泛，原始创新性之强，在学术界是十分罕见的。在这个阶段上，钱老花费心血最多、也最有代表性的是建立系统科学体系和创建系统学的工作。在创建系统学过程中，提出了开放的复杂巨系统及其方法论，并由此开创了复杂巨系统科学与技术这一新的科学技术领域，又把系统科学体系推向了复杂巨系统科学体系。

这些成就标志着钱学森系统科学思想和系统方法有了新的发展，达到了新的高度，进入了新的阶段。特别是钱学森综合集成思想与综合集成方法，已贯穿于工程、技术、科学直到哲学的不同层次上，形成了一套综合集成体系。综合集成思想与综合集成方法的形成与提出，是一场科学思想与科学方法上的革命，其意义和影响将是广泛而深远的，就现实而言，也具有极为重要的现实意义和科学价值。

（三）关于系统科学与系统学

关于系统科学，钱老曾明确指出，系统科学是从事物的整体与部分、局部与全局以及层次关系的角度来研究客观世界的。客观世界包括自然、社会和人自身。能反映事物这个特征最基本和最重要的概念就是系统。所谓系统是指由一些相互关联、相互作用、相互影响的组织部分构成并具有某些功能的整体。系统在客观世界中是普遍存在的。

系统结构、系统环境和系统功能是系统的三个重要基本概念。系统的一个最重要特点，就是系统在整体上具有其组成部分所没有的性质，这就是系统的整体性。系统整体性的外在表现就是系统功能。系统的这个性质意味着，对系统组成部分都认识了，并不等于认识了系统整体，系统整体性不是它组成部分性质的简单"拼盘"。

系统研究表明，系统结构和系统环境以及它们之间的关联关系，决定了系统的整体性和功能，这是一条非常重要的系统原理。

从理论上来看，研究系统结构与环境如何决定系统整体性和功能，揭示系统存在、演化、协同、控制与发展的一般规律，就成为系统学，特别是复杂巨系统学的基本任务。国外关于复杂性的研究，正如钱老指出的，是开放的复杂巨系统动力学问题，实际上也属于系统理论方面的探索。

另一方面，从应用角度来看，根据上述系统原理，为了使系统具有我们期望的功能，特别是最好的功能，我们可以通过改变和调整系统结构或系统环境以及它们之间关联关系来实现。但系统环境并不是我们想改变就能改变的，在不能改变的情况下，只能主动去适应。而系统结构却是我们能够改变、调整、设计和组织的。这样，我们便可以通过改变、调整系统组成部分或组成部分之间、层次结构之间以及与系统环境之间的关联关系，使它们相互协调与协同，从而在整体上涌现出我们满意的和最好的功能，这就是系统控制、系统干预、系统组织管理的基本内涵，也是控制工程、系统工程等所要实现的主要目标。

系统是系统科学研究和应用的基本对象。这和自然科学、社会科学等不同，但有深刻的内在联系。系统科学能把自然科学、社会科学等领域研究的问题联系起来作为系统进行综合性和整体性研究，这就是为什么系统科学具有交叉性、综合性、整体性与横断性的原因，也是系统科学区别于其他科学技术领域的一个根本特点，正是这些特点使其处在现代科学技术发展的综合性整体化方向上。

系统科学和自然科学等类似，也有三个层次的知识结构。即工程技术或应用技术、技术科学和基础科学。在钱老建立的系统科学体系中：

1）处在工程技术或应用技术层次上的是系统工程，这是直接用来改造客观世界的工程技术，但和其他工程技术不同，它是组织管理系统的技术；

2）处在技术科学层次上直接为系统工程提供理论方法的有运筹学、控制论、信息论等；

3）处在基础科学层次上属于基础理论的便是系统学。

系统学是揭示客观世界中系统普遍规律的基础科学。这样三个层次结构的系统科学体系经过系统论通向辩证唯物主义。系统论属于哲学层次，是连接系统科学与辩证唯物主义哲学的桥梁。一方面，辩证唯物主义通过系统论去指导系统科学的研究；另一方面，系统科学的发展经系统论的提炼又丰富和发展了辩证唯物主义。

关于系统论，钱老曾明确指出，我们所提倡的系统论，既不是整体论，也非还原论，而是整体论与还原论的辩证统一。钱老关于系统论的这个思想后来发展成为他的综合集成思想，这也充分显示出钱老的辩证唯物主义哲学智慧。根据这个思想，钱老又提出了将还原论方法与整体论方法辩证统一起来的系统论方法。

客观事物普遍联系及其整体性思想就是系统思想，系统思想是辩证唯物主义哲学内容，系统科学体系的建立就使系统思想从一种哲学思维发展成为系统的科学体系，系统科学体系是系统科学思想在工程、技术、科学直到哲学不同层次上的体现。这就使系统思想建立在科学基础上，把哲学和科学统一起来了，系统科学思想是钱老对辩证唯物主义系统思想的重要发展和丰富。

在系统科学体系中，系统工程已应用到实践中并取得显著成就；运筹学、控制论、信息论等也有了各自理论方法并处在发展之中。但系统学却是需要建立的新兴学科，这也是钱老最早提出来的。20 世纪 80 年代中，钱老以"系统学讨论班"的方式开始了创建系统学的工作。从 1986 年到 1992 年的 7 年时间里，钱老参加了讨论班的全部学术活动。

在讨论班上，钱老首先提出了系统新的分类，将系统分为简单系统、简单巨系统、复杂巨系统和特殊复杂巨系统。如生物体系统、人体系统、人脑系统、地理系统、社会系统、星系系统等都是复杂巨系统。其中社会系统是最复杂的系统了，又称作特殊复杂巨系统。这些系统又都是开放的，与外部环境有物质、能量和信息的交换，所以又称作开放的复杂巨系统。

在讨论班的基础上，钱老明确界定系统学是研究系统结构与功能（系统演化、协同与控制）一般规律的科学。形成了以简单系统、简单巨系统、复杂巨系统和特殊复杂巨系统（社会系统）为主线的系统学基本框架，构成了系统学的主要内容，奠定了系统学的科学基础，指明了系统学的研究方向。

对于简单系统和简单巨系统都已有了相应的方法论和方法，但对复杂巨系统和社会系统却不是已有方法论和方法所能处理的，需要新的方法论和方法。所以，关于复杂巨系统的理论研究，钱老又称作复杂巨系统学。

从近代科学到现代科学的发展过程中，自然科学采用了从定性到定量的研究方法，所以自然科学被称为"精密科学"。而社会科学、人文科学等由于研究问题的复杂性，通常采用的是从定性到定性的思辨、描述方法，所以这些学问被称为"描述科学"。当然，这种趋势随着科学技术的发展也在变化，有些学科逐渐向精密化方向发展，如经济学、社会学等。

从方法论角度来看，在这个发展过程中，还原论方法发挥了重要作用，特别在自然科学领域中取得了很大成功。还原论方法是把所研究的对象分解成部分，以为部分研究清楚了，整体也就清楚了。如果部分还研究不清楚，再继续分解下去进行研究，直到弄清楚为止。按照这个方法论，物理学对物质结构的研究已经到了夸克层次，生物学对生命的研究也到了基因层次。毫无疑问这是现代科学技术取得的巨大成就。但现实的情况却使我们看到，认识了基本粒子还不能解释大物质构造，知道了基因也回答不了生命是什么。这些事实使科学家认识到"还原论不足之处正日益明显"。也就是说，还原论方法由整体往下分解，研究得越来越细，这是它的优势方面，但由下往上回不来，回答不了高层次和整体问题，又是它不足的一面。

所以仅靠还原论方法还不够，还要解决由下往上的问题，也就是复杂性研究中的所谓涌现问题。著名物理学家李政道对于21世纪物理学的发展曾讲过："我猜想21世纪的方向要整体统一，微观的基本粒子要和宏观的真空构造、大型量子态结合起来，这些很可能是21世纪的研究目标"。这里所说的把宏观和微观结合起来，就是要研究微观如何决定宏观，解决由下往上的问题，打通从微观到宏观的通路，把宏观和微观统一起来。

同样道理，还原论方法也处理不了系统整体性问题，特别是复杂系统和复杂巨系统（包括社会系统）的整体性问题。从系统角度来看，把系统分解为部分，单独研究一个部分，就把这个部分和其他部分的关联关系切断了。这样，就是把每个部分都研究清楚了，也回答不了系统整体性问题。

意识到这一点更早的科学家是贝塔朗菲，他是一位分子生物学家，当生物学研究已经发展到分子生物学时，用他的话来说，对生物在分子层次上了解得越多，对生物整体反而认识得越模糊。在这种情况下，于20世纪40年代他提出了整体论方法，强调还是从生物体系统的整体上来研究问题。但限于当时的科学技术水平，支撑整体论方法的具体方法体系没有发展起来，还是从整体论整体、从定性到定性，论来论去解决不了问题。正如钱老所指出的"几十年来一般系统论基本上处于概念的阐发阶段，具体理论和定量结果还很少"。但整体论方法的提出，确是对现代科学技术发展的重要贡献。

20 世纪 80 年代中期，国外出现了复杂性研究。关于复杂性，钱老指出："凡现在不能用还原论方法处理的，或不宜用还原论方法处理的问题，而要用或宜用新的科学方法处理的问题，都是复杂性问题，复杂巨系统就是这类问题。"

系统整体性，特别是复杂系统和复杂巨系统（包括社会系统）的整体性问题就是复杂性问题。所以对复杂性研究，他们后来也"采用了一个'复杂系统'的词，代表那些对组成部分的理解不能解释其全部性质的系统。"

国外关于复杂性和复杂系统的研究，在研究方法上确实有许多创新之处，如他们提出的遗传算法、演化算法、开发的 Swarm 软件平台、基于 Agent 的系统建模、用数字技术描述的人工生命、人工社会等等。在方法论上，虽然也意识到了还原论方法的局限性，但并没有提出新的方法论。方法论和方法是两个不同层次的问题。方法论是关于研究问题所应遵循的途径和研究路线，在方法论指导下是具体方法问题，如果方法论不对，再好的方法也解决不了根本性问题。所以方法论更为基础也更为重要。

如前所述，20 世纪 80 年代初，钱学森明确指出，系统论是整体论与还原论的辩证统一。根据这个思想，钱老又提出将还原论方法与整体论方法辩证统一起来，形成了系统论方法。在应用系统论方法时，也要从系统整体出发将系统进行分解，在分解后研究的基础上，再综合集成到系统整体，实现 1+1>2 的整体涌现，最终是从整体上研究和解决问题。由此可见，系统论方法吸收了还原论方法和整体论方法各自的长处，同时也弥补了各自的局限性，既超越了还原论方法，又发展了整体论方法，这是钱学森在科学方法论上具有里程碑意义的贡献，它不仅大大促进了系统科学的发展，同时也必将对自然科学、社会科学等其他科学技术部门产生深刻的影响。

20 世纪 80 年代末到 90 年代初，钱学森又先后提出"从定性到定量综合集成方法"（meta-synthesis）及其实践形式"从定性到定量综合集成研讨厅体系"（以下将两者合称为综合集成方法），并将运用这套方法的集体称为总体设计部。这就将系统论方法具体化了，形成了一套可以操作且行之有效的方法体系和实践方式。从方法和技术层次上看，它是人—机结合、人—网结合以人为主的信息、知识和智慧的综合集成技术。从应用和运用层次上看，是以总体设计部为实体进行的综合集成工程。

综合集成方法的实质是把专家体系、数据、信息与知识体系以及计算机体系有机结合起来，构成一个高度智能化的人—机结合与融合体系，这个体系具有综合优势、整体优势和智能优势。它能把人的思维、思维的成果、人的经验、知识、智慧以及各种情报、资料和信息统统集成起来，从多方面的定性认识上升到定量认识。

钱老提出的人—机结合以人为主的思维是综合集成方法的理论基础。从思维科学角度来看，人脑和计算机都能有效处理信息，但两者有极大差别。关于人脑思维，钱老指出"逻辑思维，微观法；形象思维，宏观法；创造思维，宏观与微观相结合。创造思维才是智慧的源泉，逻辑思维和形象思维都是手段"。今天的计算机在逻辑思维方面确实能做很多事情，甚至比人脑做得还好还快，善于信息的精确处理，已有许多科学成就证明了这一点，如著名数学家吴文俊的定理机器证明。但在形象思维方面，现在的计算机还不能给我们以很大的帮助。至于创造思维就只能依靠人脑了。

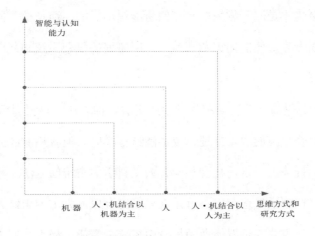

图 1 思维方式、研究方式与认知能力的关系

然而计算机在逻辑思维方面毕竟有其优势。如果把人脑和计算机结合起来以人为主的思维方式，那就更有优势，思维能力更强，人将变得更加聪明，它的智能和创造性比人要高，比机器就更高，这也是 1+1>2 的系统原理。

从上图可以看出，人—机结合以人为主的思维方式，它的智能和认知能力处在最高端。这种聪明人的出现，预示着将出现一个"新人类"，不只是人，是人—机结合的新人类。

信息、知识和智慧是三个不同层次的问题。有了信息未必有知识，有了信息和知识也未必就有智慧。信息的综合集成可以获得知识，信息和知识的综合集成可以获得智慧。人类有史以来是通过人脑获得知识和智慧的。现在由于以计算机为主的现代信息技术的发展，我们可以通过人—机结合以人为主的方法来获得信息、知识和智慧，在人类发展史上，这是具有重大意义的进步。综合集成方法就是这种人—机结合获得信息、知识和智慧的方法，它是人—机结合的信息处理系统、也是人—机结合的知识创新系统、还是人—机结合的智慧集成系统。按照我国传统文化有"集大成"的说法，即把一个非常复杂的事物的各个方面综合集成起来，达到对整体的认识，集大成得智慧，所以钱老又把这套方法称为"大成智慧工程"。将大成智慧工程进一步发展，在理论上提炼成一门学问，就是"大成智慧学"。

从认识论和实践论角度来看，与所有科学研究一样，无论是复杂系统和复杂巨系统（包括社会系统）的理论研究还是应用研究，通常是在已有的科学理论、经验知识基础上与专家判断力（专家的知识、智慧和创造力）相结合，对所研究的问题提出和形成经验性假设，如猜想、判断、思路、对策、方案等等。这种经验性假设一般是定性的，它所以是经验性假设，是因为其正确与否，能否成立还没有用严谨的科学方式加以证明。在自然科学和数学科学中，这类经验性假设是用严密逻辑推理和各种实验手段来证明的，这一过程体现了从定性到定量的研究特点。但对复杂系统和复杂巨系统（包括社会系统）由于其跨学科、跨领域、跨层次的特点，对所研究的问题能提出经验性假设，通常不是一个专家，甚至也不是一个领域的专家们所能提出来的，而是由不同领域、不同学科的专家构成的专家体系，依靠专家群体的知识和智慧，对所研究的复杂系统和复杂巨系统（包括社会系统）问题提出经验性假设。

但要证明其正确与否，仅靠自然科学和数学中所用的各种方法就显得力所不及了。如社会系统、地理系统中的问题，既不是单纯的逻辑推理，也不能进行实验。但我们对经验性假设又不能只停留在思辨和从定性到定性的描述上，这是社会科学、人文科学中常用的方法。系统科学是要走"精密科学"之路的，那么出路在哪里？这个出路就是人—机结合以人为主的思维方式和研究方式。采用"机帮人、人帮机"的合作方式，机器能做的尽量由机器去完成，极大扩展人脑逻辑思维处理信息的能力。通过人—机结合以人为主，实现信息、知识和智慧的综合集成。这里包括了不同学科、不同领域的科学理论和经验知识、定性和定量知识、理性和感性知识，通过人—机交互、反复比较、逐次逼近，实现从定性到定量的认识，从而对经验性假设正确与否做出科学结论。无论是肯定还是否定了经验性假设，都是认识上的进步，然后再提出新的经验性假设，继续进行定量研究，这是一个循环往复、不断深化的研究过程。

综合集成方法的运用是专家体系的合作以及专家体系与机器体系合作的研究方式与工作方式。具体来说，是通过定性综合集成到定性、定量相结合综合集成再到从定性到定量综合集成这样三个步骤来实现的。这个过程不是截然分开，而是循环往复、逐次逼近的。复杂系统与复杂巨系统（包括社会系统）问题，通常是非结构化问题，现在的计算机只能处理结构化问题。通过上述综合集成过程可以看出，在逐次逼近过程中，综合集成方法实际上是用结构化序列去逼近非结构化问题。

这套方法是目前处理复杂系统和复杂巨系统（包括社会系统）的有效方法，已有成功的案例证明了它的科学性和有效性。综合集成方法的理论基础是思维科学，方法基础是系统科学与数学科学，技术基础是以计算机为主的现代信息技术和网络技术，哲学基础是辩证唯物主义的实践论和认识论。

从方法论和方法特点来看，综合集成方法本质上是用来处理跨学科、跨领域和跨层次问题研究的方法论和方法，它必将对系统科学体系不同层次产生重要影响，从而推动了系统科学的整体发展。

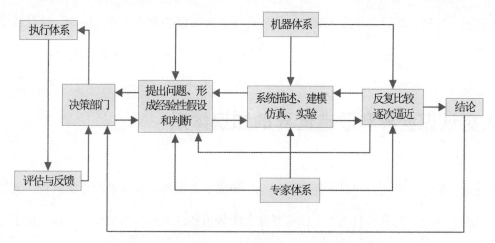

图 2 综合集成方法用于决策支持问题研究的示意图

20 世纪 90 年代中，钱老提出开创复杂巨系统的科学与技术。

由于有了综合集成方法，可以在科学层次上建立复杂巨系统理论，这就是综合集成的系统理论，它属于复杂巨系统学的内容。虽然这个理论目前尚未完全形成，但有了研究这类系统的方法论与方法，就可以逐步建立起这个理论来。

另一方面，应用综合集成方法在技术层次上可以发展复杂巨系统技术，也就是综合集成的系统技术，特别是复杂巨系统的组织管理技术，大大地推动了系统工程的发展。系统工程是组织管理系统的技术，包括组织管理系统规划、研究、设计、实现、试验和使用的技术和方法，以使系统在整体上具有我们期望的和最好的功能。它的应用首先是从工程系统开始的，如航天系统工程。

但当我们用工程系统工程来处理复杂巨系统和社会系统时，处理工程系统的方法已经不够用了，它难以用来处理复杂巨系统和社会系统的组织管理问题，在这种情况下，系统工程也要发展。由于有了综合集成方法，系统工程可以用来组织管理复杂巨系统和社会系统了。这样，系统工程也就从工程系统工程发展到了复杂巨系统工程和社会系统工程阶段。

由于实际系统不同，将系统工程用到哪类系统上，还要用到与这个系统有关的科学理论、方法与技术。例如，用到社会系统上，就需要社会科学与人文科学方面的知识。 从这些特点来看，系统工程不同于其他技术，它是一类综合性的整体技术、一种综合集成的系统技术、一门整体优化的定量技术。它体现了从整体上研究和解决系统管理问题的技术方法。

钱老开创复杂巨系统的科学与技术，实际上是由综合集成方法、综合集成理论、综合集成技术和综合集成工程所构成的综合集成体系，也就是复杂巨系统科学体系，在哲学层次上就是"大成智慧学"，这就把系统科学体系大大向前发展了，发展到了复杂巨系统科学体系。

从现代科学技术发展趋势来看，一方面呈现出高度分化的趋势；另一方面又呈现出高度综合的趋势。系统科学、复杂巨系统科学，就是后一发展趋势中最具有基础性和代表性的学问，它对现代科学技术发展，特别对现代科学技术向综合性整体化方向发展必将产生重大影响。这是钱学森对现代科学技术发展的重大贡献，也是中华民族乃至全人类的宝贵知识财富和思想财富。

二、人类认识世界和改造世界的知识体系

人类通过社会实践来认识客观世界这个体，形成了人类的知识体系和思想财富。系统科学只是这个体系的一部分，但从系统角度可以从整体上去认识和建立人类知识体系。钱老提出运用系统论来建立知识体系。正是从系统思想出发，从整体上去认识和把握人类认识世界和改造世界的知识结构，钱学森提出了现代科学技术体系和人类知识体系，这是钱老对现代科学技术发展的系统性和整体性贡献。

现代科学技术的发展，已经取得了巨大成就。钱老指出，今天人类正探索着从渺观、微观、宏观、宇观直到胀观五个层次时空范围的客观世界（见图3）。其中宏观层次就是我们所在的地球，在地球上又出现了生命和生物，产生了人类和人类社会。客观世界包括自然的和人工的，而人也是客观世界的一部分。客观世界是一个相互联系、相互作用、相互影响的整体，因而反映客观世界不同层次、不同领域的科学知识也是相互联系、相互影响的整体。

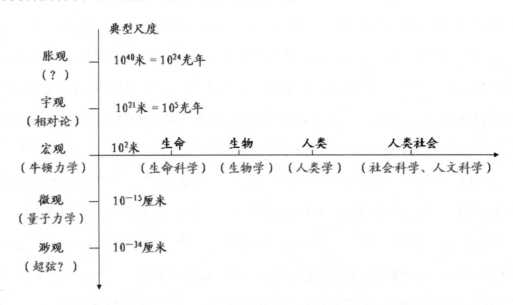

图 3 渺观、微观、宏观、宇观直到胀观五个层次时空范围的客观世界

钱学森从系统思想出发，提出了现代科学技术体系结构。从纵向上看有 11 个科学技术部门，从

横向看有三个层次的知识结构。这 11 个科学技术部门是自然科学、社会科学、数学科学、系统科学、思维科学、人体科学、地理科学、军事科学、行为科学、建筑科学、文艺理论。这是根据现代科学技术发展到目前水平所作的划分。随着科学技术发展，今后还会产生新的科学技术部门，所以这个体系是动态发展系统。

钱老指出，科学技术部门的划分不是研究对象的不同，研究对象都是整个客观世界，而是研究客观世界的着眼点、研究问题的角度不同。

在上述每个科学技术部门里，都包含着认识世界和改造世界的知识。科学是认识世界的学问，技术是改造世界的学问，而工程是改造客观世界的实践。从这个角度来看，自然科学经过几百年的发展已形成了三个层次的知识结构，这就是直接用来改造世界的工程技术或应用技术；为工程技术直接提供理论方法的是技术科学；再往上一个层次就是揭示客观世界规律的基础理论，也就是基础科学。

技术科学实际上是从基础理论到工程技术的过渡桥梁，如应用力学、电子学等。这三个层次的知识结构，对其他科学技术部门也是适用的，如社会科学的应用技术就是社会技术。唯一例外的是文艺，文艺只有理论层次，实践层次上的文艺创作，就不是科学问题，而属于艺术范畴了。

现代科学技术体系所包含的知识只是人类知识的一部分。实际上，我们从实践中所获得的知识远比现代科学技术所包含的科学知识丰富得多。人类从实践中直接获得了大量和丰富的感性知识和经验知识，以至不成文的实践感受。这部分知识的特点是知道是什么，但还回答不了为什么。所以这部分知识还进入不了现代科学技术体系之中。钱老把这部分知识称作前科学。尽管如此，这部分知识对于我们来说仍然是很有用的和宝贵的，我们也要同样珍惜。

前科学中的感性知识、经验知识，经过研究、提炼可以上升为科学知识，从而可以进入到现代科学技术体系之中，这就发展和深化了科学技术本身。人类不断的社会实践又会继续积累新的经验知识、感性知识，这又丰富了前科学。人类社会实践是永恒的，上述这个演化过程也就不会完结。由此可见，现代科学技术体系不仅是个动态发展系统，也是一个开放的演化系统。

辩证唯物主义是人类对客观世界认识的最高概括，反映了客观世界的普遍规律。它不仅是知识，还是见识，是智慧，而且是人类智慧的最高结晶。辩证唯物主义也是对科学技术的高度概括，它通过 11 座桥梁与 11 个科学技术部门相联系。

相应于前面 11 个科学技术部门，这 11 座桥梁分别是：自然辩证法、历史唯物主义、数学哲学、系统论、认识论、人天观、地理哲学、军事哲学、人学、建筑哲学、美学。这些都属于哲学范畴，是部门哲学。这就使辩证唯物主义建立在科学基础上，它既可指导科学技术研究，又随着科学技术进步而不断丰富和发展。这就把哲学和科学统一起来了，也把理论和实践统一起来了。

综上所述，从前科学到科学（即现代科学技术体系），再到哲学，这样五个层次的知识结构，就构成了人类的整个知识体系。这是非常宝贵的知识财富和思想财富。

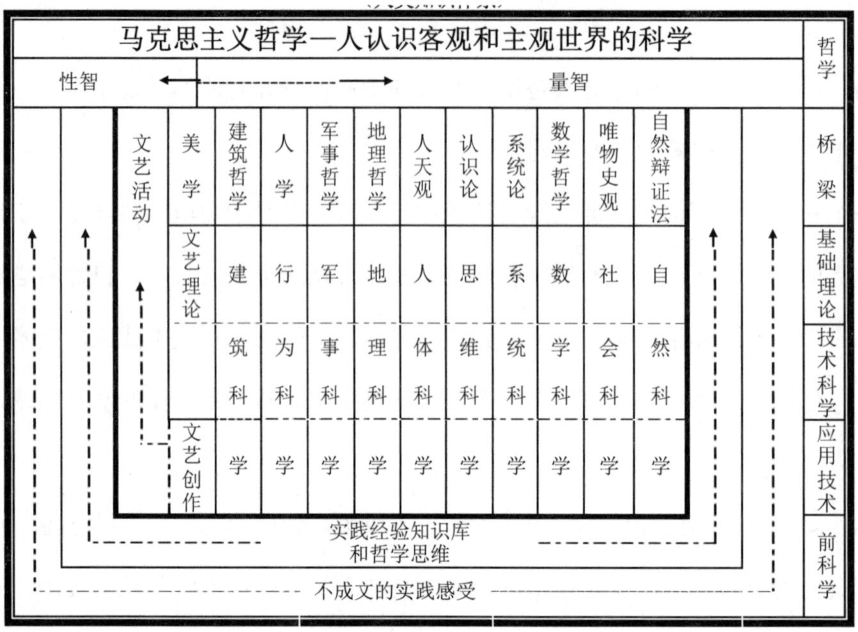

马克思主义哲学—人认识客观和主观世界的科学											哲学
性智 ← ---------- → 量智											
文艺活动	美学	建筑哲学	人学	军事哲学	地理哲学	人天观	认识论	系统论	数学哲学	唯物史观	自然辩证法	桥梁
	文艺理论	建筑科学	行为科学	军事科学	地理科学	人体科学	思维科学	系统科学	数学科学	社会科学	自然科学	基础理论 技术科学 应用技术
	文艺创作											
实践经验知识库 和哲学思维											前科学
不成文的实践感受											

图 4 现代科学知识体系

从钱老建立现代科学技术体系和人类知识体系可以看出，钱学森作为一位伟大的科学家和思想家，他的知识结构不仅有学科和领域的深度，又有跨学科、跨领域的广度，还有跨层次的高度。如果把深度、广度和高度看作三维结构的话，那么钱学森就是一位三维科学家。

三、科教兴国创新立国人才强国

理论和实践紧密结合是钱老科学研究的一贯特点。在进行系统科学理论研究的同时，钱老运用系统科学思想、理论、方法与技术研究社会问题，提出任一社会或国家是个开放的特殊复杂巨系统，即社会系统。这样来认识社会，一方面是对社会实际的科学概括；另一方面也为应用系统科学去研究和解决社会问题，开辟了一条新的途径和方法，并紧密结我国实际和国情。

钱老将社会形态和社会系统结合起来，从整体上研究社会和国家的组织管理问题。社会形态这个概念是马克思最早提出来的，它是一定历史时期社会经济制度、政治制度和思想文化体系的总称，是一定历史阶段上，生产力和生产关系、经济基础和上层建筑的具体的、历史的统一。

社会形态和社会系统结合起来，尽管社会系统很复杂，钱老说："但从宏观角度看，这样复杂的社会系统，其形态，即社会形态最基本的侧面有三个，这就是经济的社会形态、政治的社会形态和意识的社会形态"。社会形态三个侧面是相互联系、相互影响、相互作用的，从而构成了一个社会的有机整体，形成了社会系统结构。

从社会发展和进步来看，社会形态三个侧面都处在不断运动和变化之中，而飞跃性变化就是我们通常所说的革命。"经济的社会形态的飞跃是产业革命，政治的社会形态的飞跃是政治革命，意识的社会形态的飞跃是文化革命。社会形态的变化、飞跃就是社会革命，但社会革命可由不同侧面引起，而且具有不同性质。产业革命、政治革命和文化革命都是社会革命"。社会革命是社会系统的状态突变和新功能的涌现，它的动力学机制是什么？经济的社会形态的飞跃是产业革命，那么产业革命又是怎样引起的呢？钱老指出，是技术革命引起的产业革命，技术革命是人类改造客观世界的飞跃，但改造客观世界又必须先认识客观世界，认识客观世界的飞跃就是科学革命。

钱老又进一步指出：科学革命是人类认识客观世界的飞跃，技术革命是人类改造客观世界的飞跃，而科学革命，技术革命又会引起社会整个物质资料生产体系的变革，即产业革命。在今天，科学革命在先，然后导致技术革命，最后出现产业革命。需要指出的是，这里所说的科学革命不仅有如牛顿力学、相对论、量子力学等自然科学引起的科学革命，也有马克思所创立的历史唯物主义和剩余价值理论的社会科学革命。系统科学的出现也是科学革命。同样，技术革命除了历史上已出现过的蒸汽机、电力、核能技术、航天技术等技术革命外，特别是当前以微电子、信息技术为基础，以计算机、网络和通信为核心的信息技术革命。

如果说以前历次技术革命都是发生在物质和能量领域的话，那么信息技术革命则发生在信息领域。信息技术革命的影响，无论广度和深度都比历次技术革命的影响更加广泛也更加深刻。钱老指出，在这次技术革命中，出现了人—机结合，人—网结合的新人类和新社会，新人类更加聪明，新社会更加复杂，这个趋势方兴未艾还在继续发展。这就向我们提出了许多新的问题需要研究，如信息网络安全问题。钱老还指出，应从复杂巨系统及其方法论角度来研究这类问题。钱老还预见21世纪将出现两次新的产业革命，即以现代生物技术革命引发的产业革命和以医学与生命科学技术革命引发的产业革命。

此外，还要看到"系统工程在组织管理技术和方法上的革命作用，也属于技术革命"，并预见21世纪由于系统科学的发展将引起组织管理的革命。现代科学技术的发展以及对社会进步的巨大推动作用不仅证明了马克思说的"社会劳动生产力，首先是科学的力量"。同时也充分证明了邓小平提出的"科学技术是第一生产力"的科学论断。我国正在实施科教兴国战略，这是落实"科学技术是第一生产力"思想的重大战略举措，对我国现代化建设具有重大意义。

1991 年钱老发表了《我们要用现代科学技术建设有中国特色的社会主义》一文，这篇文章充分反映了钱老的科教兴国、创新立国、人才强国的科学思想。需要指出的是，这里的现代科学技术就不仅仅是自然科学技术，而是现代科学技术体系。无论科学技术是第一生产力，还是科教兴国战略，这里的"科"都不应单纯理解成自然科学技术，而应是现代科学技术体系。如果单纯理解成自然科学技术的话，大家知道，苏联的自然科学技术并不比美国差，有些方面还要超过美国，但结果不但没有兴国反而解体了。

对于我们来说，不仅要充分发挥自然科学技术的重要作用，同时更要充分发挥现代科学技术体系的重大作用，特别是把各个科学技术部门综合集成起来的综合优势和整体力量，正如钱老所说"如果我们掌握了认识世界和改造世界这么大的学问，可以相信，建设社会主义现代化强国的任务再艰巨也能完成。"

我国正在进行国家创新体系建设，以实现创新型国家的宏伟目标。从现代科学技术体系角度来看，国家创新体系不仅包括自然科学技术创新，也应包括社会科学技术等其他科学技术部门的科学技术创新。既有科学层次上的理论创新，也有技术层次上的技术创新，还有实践层次上的应用创新，特别是跨学科、跨领域、跨层次的综合集成创新，更能提高我们认识世界的水平和改造世界的能力。进行这类知识创新的创新主体就是运用综合集成方法的总体设计部。总体设计部对现代科学技术体系不同科学技术部门、不同层次知识的综合集成，既可以进行科学创新，也可以进行技术创新，还可以进行应用创新，我国正在实施的国家 973 计划、863 计划、科技支撑计划以及重大科技专项需要的就是综合集成创新。这也充分说明了钱老系统科学理论方法的重要现实意义。

无论哪类创新，归根到底都是人类创造性劳动的结果，所以人才是关键。晚年的钱学森非常关心我国人才的培养。温家宝同志多次看望钱老，钱老讲的都是人才问题，特别是科技帅才的培养尤为突出。关于科技帅才，钱老指出"所谓科技帅才，就不只是一个方面的专家，他要全面指挥，就必须有广博的知识，而且要能敏锐地看到未来的发展。"

关于如何培养帅才，钱老曾提出过具体建议：第一条就是要学习掌握马克思主义哲学；第二条就是要了解整个科学技术，即现代科学技术体系的发展，掌握世界科学技术发展的新动态。

钱老关于人才培养的许多思想对于实施人才强国战略具有重要意义。而钱老本人是大家公认的帅才，也为我们树立了光辉的学习榜样。

四、系统科学治国之方

钱学森系统科学思想和系统科学体系，不仅有重要的科学价值，还有重要的实践意义。

从实践论观点来看，任何社会实践，特别是复杂的社会实践，都有明确的目的性和组织性，并有高度的综合性、系统性和动态性。社会实践通常包括三个重要组成部分：

一是实践对象，就是干什么，它体现了实践的目的性；

二是实践主体，谁来干和怎么干，它体现了实践的组织性；

三是决策主体，它最终要决定干不干和如何干的问题。

从系统科学观点来看，任何一项社会实践，都是一个具体的实际系统，实践对象是个系统，实践主体也是系统且人在其中，把两者结合起来还是个系统。因此，社会实践是系统的实践，也是系统的工程。这样一来，有关实践或工程的组织管理与决策问题，也就成为系统的组织管理和决策问题。在这种情况下，系统科学思想、系统科学理论方法与技术应用到社会实践或工程的组织管理与决策之中，不仅是自然的，也是必然的。这就是为什么系统工程和系统科学具有广泛的应用性以及系统科学思想的指导性的原因。

人们在遇到涉及的因素多而又难于处理的社会实践或工程问题时，往往脱口而出的一句话就是：这是系统工程问题。这句话是对的，其实它包含两层含义：一层含义是从实践或工程角度来看，这是系统的实践或系统的工程；另一层含义是从技术角度来看，既然是系统的工程或实践，它的组织管理就应该直接用系统工程技术去处理，因为系统工程就是直接用来组织管理系统的技术。

可惜的是，人们往往只注意到了前者，相对于没有系统观点的实践来说，这也是个进步，但却忽视和忘记了要用系统工程技术去解决问题。结果就造成了什么都是系统工程，但又什么也没有用系统工程去解决问题的局面。

要把系统工程技术应用到实践中，必须有个运用它的实体部门。我国航天事业的发展就是成功的应用了系统工程技术。航天系统中每种型号都是一个工程系统，对每种型号都有一个总体设计部，总体设计部由熟悉这个工程系统的各方面专业人员组成，并由知识面比较宽广的专家（称为总设计师）负责领导。根据系统总体目标要求，总体设计部设计的是系统总体方案，是实现整个系统的技术途径。

总体设计部把系统作为它所从属的更大系统的组成部分进行研制（系统环境），对它所有技术要求都首先从实现这个更大系统的技术协调来考虑；总体设计部又把系统作为若干分系统有机结合的整体来设计（系统结构），对每个分系统的技术要求都首先从实现整个系统技术协调的角度来考虑，总体设计部对研制中分系统之间的矛盾，分系统与系统之间的矛盾，都首先从总体目标（系统功能）的要求来考虑和解决。

运用系统方法并综合集成有关学科的理论与技术，对型号工程系统结构、环境与功能进行总体分析、总体论证、总体设计、总体协调，包括使用计算机和数学为工具的系统建模、仿真、分析、优化、试验与评估，以求得满意的和最好的系统方案，并把这样的总体方案提供给决策部门作为决策的科学依据。一旦为决策者所采纳，再由有关部门付诸实施。航天型号总体设计部在实践中已被证明是非常有效的，在我国航天事业发展中，发挥了重要作用。

这个总体设计部所处理的对象还是个工程系统。但在实践中，研制这些工程系统所要投入的人、财、物、信息等也构成一个系统，即研制系统。对这个系统的要求是以较低的成本、在较短的时间内研制出可靠的、高质量的型号系统。对这个研制系统不仅有如何合理和优化配置资源问题，还涉及到体制机制、发展战略、规划计划、政策措施以及决策与管理等问题。这两个系统是紧密相关的，把两者结合起来又构成了一个新的系统。

显然，这个新系统要比工程系统复杂的多，属于社会系统范畴。如果说工程系统主要综合集成自然科学技术的话，那么这个新的系统除了自然科学技术外，还需要社会科学与人文科学等。

如何组织管理好这个系统，也需要系统工程，但工程系统工程是处理不了这类系统的组织管理问题，而需要的是社会系统工程。应用社会系统工程也需要有个实体部门，这个部门就是运用综合集成方法的总体设计部，这个总体设计部与航天型号的总体设计部比较起来已有很大的不同，有了实质性的发展，但从整体上研究与解决问题的系统科学思想还是一致的。总体设计部是运用综合集成方法，应用系统工程技术的实体部门，是实现综合集成工程的关键所在。没有这样的实体部门，应用系统工程技术也只能是一句空话。

1978年，钱学森、许国志、王寿云发表了《组织管理的技术——系统工程》一文，并大力推动系统工程在各个领域的应用，特别是致力于把社会系统工程应用到国家宏观层次上的组织管理，以促进决策科学化、民主化和组织管理现代化。

1991年10月，在国务院、中央军委授予钱学森"国家杰出贡献科学家"荣誉称号仪式上，钱老在讲话中说"我认为今天的科学技术不仅仅是自然科学工程技术，而是人类认识客观世界、改造客观世界的整个知识体系，这个体系的最高概括是马克思主义哲学。我们完全可以建立起一个科学体系，而且运用这个体系去解决我们中国社会主义建设中的问题。"

钱老这里所说的科学体系，就是上一节讲到的现代科学技术体系。现代科学技术体系为国家管理和建设提供了宝贵的知识资源和智慧源泉，我们应充分运用和挖掘这些知识和智慧，以达到集大成，得智慧。而系统科学中的综合集成方法和大成智慧工程又为我们提供了有效的科学方法和有力的技术手段，以实现综合集成，大成智慧。这些就是钱学森把系统科学和社会系统工程运用到国家宏观层次组织管理的科学技术基础。

如前所述，钱老在提出经济的社会形态、政治的社会形态和意识的社会形态构成了一个社会有机整体的基础上，又从社会发展和文明建设角度进一步提出，相应于社会形态三个侧面也有三种文明建设，这就是相应于经济的社会形态的经济建设，即物质文明建设；相应于政治的社会形态的政治建设，即政治文明建设；相应于意识的社会形态的思想文化建设，即精神文明建设。

根据我国实际情况，钱老提出了我国社会主义建设的系统结构：

1）社会主义物质文明建设，包括科技经济建设和人民体质建设；

2）社会主义政治文明建设，包括民主建设、法制建设和政体建设；

3）社会主义精神文明建设，包括思想建设和文化建设；

4）社会主义地理建设（生态文明建设），包括基础设施建设、环境保护和生态建设。

以上共四大领域九个方面。在九个方面中，科技经济建设是基础，也是中心。

由于社会形态三个侧面相互关联，也就决定了社会主义三个文明建设之间相互关联、相互影响、相互作用。社会系统外部环境即地理系统，它和社会系统也是相互关联、相互作用、相互影响的。从系统科学角度来看，只有当社会系统内部之间及其外部环境相互协调时，才能获得最好的整体功能。这就是说，社会主义三个文明建设以及与地理建设之间，必须协调发展，形成良性循环，才能使我国社会主义建设的速度更快、效率更高、效益更好。

四大领域建设是一场伟大的社会实践，是一项极其复杂的大规模工程。既然是工程，是改造客观世界的实践，既需要科学理论，还需要工程技术。钱老指出，"我们可以把完成上述组织管理社会主义建设的技术叫做社会工程，它是系统工程范围的技术，但范围和复杂程度是一般系统工程所没有的，这不只是大系统而是巨系统，是包括整个社会的系统。"这里所说的社会工程就是社会系统工程。社会系统工程是组织管理社会系统，使四大领域协调发展，以获得长期和最好整体效益的组织管理技术。

为了把社会系统工程应用到国家层次上的组织管理，钱老曾多次提出建立国家总体设计部的建议。1991年3月8日，钱老向当时的中央政治局常委集体，汇报了关于建立国家总体设计部的建议，受到中央领导的高度重视和充分肯定。

2008年1月19日，胡锦涛同志看望钱老时说：20世纪80年代初，我在中央党校学习时就读过您讲系统工程的报告，给我留下非常深的印象，我到现在还记得，您这个理论强调，在处理复杂问题时，一定要注意从整体上加以把握，统筹考虑各方面因素，理顺它们之间的关系，这很有创见。现在我们强调科学发展，就是注意统筹兼顾，注意全面协调发展。

目前国内还没有这样的研究实体，有的部门有点像，但研究方法还是传统的方法。总体设计部也不同于目前存在的各种专家委员会，它不仅是个常设的研究实体，而且以综合集成方法为其基本研究方法，并用其研究成果为决策机构服务，发挥决策支持作用。从现代决策体制来看，在决策机构下面不仅有决策执行体系，还有决策支持体系。前者以权力为基础，力求决策和决策执行的高效率和低成本；后者则以科学为基础，力求决策科学化、民主化和程序化。这两个体系无论在结构、功能和作用上，还是体制、机制和运作上都是不同的，但又是相互联系相互协调的，两者优势互补，共同为决策机构服务。决策机构则把权力和科学结合起来，变成改造客观世界的力量和行动。

从我国实际情况来看，多数部门是把两者合二而一了。一个部门既要做决策执行又要作决策支持，结果两者都可能做不好，而且还助长了部门利益。如果有了总体设计部和总体设计部体系，建立起一套决策支持体系，那将是我们在决策与管理上的体制机制创新和组织管理创新，其意义和影响将是重大而深远的。一个单位、一个部门甚至一个国家的管理，首要的问题是从整体上去研究和解决问题，这就是钱老一直大力倡导的"要从整体上考虑并解决问题"。只有这样才能统揽全局，把所管理的系统整体优势发挥出来，收到 1+1>2 的效果，这就是基于系统论的系统管理方式。

但在现实中，从微观、中观直到宏观的不同层次上，都存在着部门分割条块分立，各自为政自行其是，只追求局部最优而置整体于不顾。这里有体制机制问题，也有部门利益问题，还有还原论思维方式的深刻影响。这种基于还原论的分散管理方式，使得系统的整体优势无法发挥出来，其最好的效果也就是 1+1=2，弄不好还会 1+1<2，而后一种情况可能是多数。

综合以上所述，钱学森系统科学思想、系统科学体系特别是复杂巨系统科学体系为国家管理和社会主义建设提供了一套科学思想、理论方法和实践方式。朱镕基同志曾说，管理科学，兴国之道。那么从以上所述也可以说，系统科学，治国之方。

法国科学家安培在 1845 年发表了《论科学的哲学》一篇长文，曾给关于国务管理的科学取了一个名字——控制论，试图建立一门政治科学，但并没有实现。钱老说："20 世纪 50 年代，我还没有回到祖国的时候，发现了这篇东西，我和我在学校工作的同事笑话他。他说，政府管理的学问，恐怕不能建立像自然科学那样严密的科学。我那时想，像你们美国政府，那些政客们、官僚们，都是不说真话的，讲的是一套，干的又是一套。你们那些政客都是骗人的。骗人的东西，怎能建立科学呢？科学是老老实实的学问，骗人的科学是没有的。所以，当时我笑他。安培的设想是很高尚的，可惜是空的。但安培的理想在社会主义国家，尤其是在我们社会主义的中国是可以实现的。这是因为我们是讲科学的，是不搞鬼的。这段话表明了钱老研究和创立社会主义现代化建设科学的一些原始创新思想。钱老关于国家管理的系统科学思想、理论方法与技术以及实践方式，要比安培的理想深刻得多也丰富得多。

钱学森的系统科学成就与贡献，不仅充分反映出他的科学创新精神，同时也深刻体现出他的科学思想和科学方法。集大成，得智慧；综合集成，大成智慧。从科学视野来看，钱学森是一位名副其实的科学大师、科学帅才、科学泰斗和科学领袖，也是一位极富远见的战略科学家。

钱学森的科学成就与贡献，来自他具有坚定的信仰与信念，高尚的情操与品德。钱老曾说，我作为一名中国科技工作者，活着的目的就是为人民服务。钱老的一生就是为此而奋斗的一生。从人民视野来看，钱学森是一位名副其实的人民科学家。

一代宗师，百年难遇。钱学森是中国现代史上一位伟大的科学家和思想家，是中华民族的骄傲，也是中国人民的光荣。钱老虽然离开了我们，但他的科学创新精神、科学思想和科学功绩却永远活在我们心中。我们怀念他、纪念他，最重要的是把他所开创的科学事业继承下去并发扬光大！

第8讲

系统·生命·疾病·路线

俞梦孙

俞梦孙，男，1936 年生，浙江余姚人。中国工程院院士，博士生导师。中国生物医学工程学会副理事长，我国航空医学工程的创始人，航空医学专家、生物医学工程的开拓者和学术带头人。1954年毕业于空军军医学校。1958 年研制成功我国第一台航空医学遥测装置，首次对飞行于 3500 米高空的飞行员进行遥测，开创了我国航空生物医学工程研究事业。1999 年当选为中国工程院医药卫生学部院士。现任空军航空医学研究所航空医学工程研究中心主任、北京大学工学院教授。兼任中国人民解放军医学科学委员会常务委员，国家发明奖、科技进步奖评审委员会委员，第四军医大学教授、博士生导师，北京航空航天大学教授，中国生物医学工程学会名誉理事长。

俞梦孙院士致力于航空医学工程研究 50 余年，为我国航空生物医学工程事业的开拓、创新和发展做出了突出贡献。他的多项成果填补了国内空白，部分成果在国际上处于领先地位。

一、系统

创建系统学（Systematology）是 1979 年 10 月由钱学森先生提出的。

100 年前，恩格斯指出："仅仅停留在分析方法上是不够的，应该把客观世界看作一个统一的、在相互关联中的变化过程的集合体。"这个"集合体"用现代的名词讲就是"系统"。

提到系统，钱先生认为，美籍奥地利生物学家冯·贝塔朗菲（Von Bertalanffy, 1901—1972）是探索系统普遍规律的第一位科学家。

20 世纪 30 年代，贝塔朗菲感到生物学研究从整体到器官，器官到细胞，细胞到细胞核、细胞膜，一直下去到 DNA，还要往里钻，越钻越细。他觉得这样钻下去，越钻越不知道生物整体是怎么回事了。现代生物学已经进入分子生物学水平，但生物作为一个整体，我们对它的了解，好像越来越渺茫。所以他认为还原论这条路一直走下去不行，还要讲系统、讲整体。

经过 30 余年的研究，1968 年，贝塔朗菲在他的著作《一般系统论》中对系统作了如下概述：系统是由许多相互关联、制约的各个部分组成的具有特定功能的有机整体，并且具有时间维的动态性以及空间、时间、功能上的有序性，并且系统本身又是它所属的一个更大系统的组成部分。他特别指出，生物系统跟非生物系统不一样，非生物系统是越来越趋向于杂乱无章，但生命现象却相反，越来越趋向于有序；而生命一旦停止，这种有序也就被破坏了。

所以贝塔朗菲又提出，生命现象是有组织、有相互关联的，是有序的，有目的的。在他创立的"一般系统论"中，生命现象的有序性和目的性是同系统的结构稳定性联系起来的，即目的性是指系统要走向最稳定的系统结构，并且正因为系统有了有序性，才使系统结构稳定。

贝塔朗菲的上述观点，实际上已经在描述生物系统在向环境开放的前提下（系统与环境间存在物质、能量、信息交换）的"耗散结构性"与"协同性"，从而已经涉及到生命是自组织系统的性质。后来德国物理学家哈肯（Haken.H，1927—）等发展了"自组织系统"理论，并用物理模型揭示了自组织系统"目的点"和"目的环"规律。

但是钱学森先生多次指出，生命系统，特别是具有高级心理活动的人的系统，是开放的复杂巨系统。它和一般的物理、化学的巨系统不同，后者还有协同论之类的理论来处理，而对人体这类开放的复杂巨系统，现在还没有合适的理论。于是，在 1990 年，钱学森先生根据他始终贯穿在自己科学理论与实践中的综合集成思想和方法，提出了解决复杂巨系统的方法论，即定性定量相结合的综合集成方法。后来钱先生又根据"实践论"从感性到理性的认识客观世界的规律，进一步发展提出了从定性到定量综合集成方法。

实践已经证明，当前唯一能有效处理开放的复杂巨系统的方法就是从定性到定量综合集成法。从科学发展的过程来看，这个方法论是把还原论与整体论结合起来，既超越了还原论，也发展了整体论，是系统学的一种新的方法论。

二、生命是功能强大的自组织系统

人体作为开放的复杂巨系统的自组织系统的前提是开放。正因为人体系统与周围环境之间存在物质、能量、信息交换，从环境中吸取有序能，并向环境排出系统在代谢过程中产生的无序能，而系统内的无序能又可以用熵表达，因此尽管系统内部在生命过程中会不断地产生熵，但系统开放的前提使整体系统成为减熵和有序能增加的过程。在系统内有序能达到一定程度时系统就会自发地转变为在时间、空间和功能上的有序状态，产生一种新的稳定的有序结构。这就是生命的自组织性，学术界也称之为系统的耗散结构。

后来哈肯进一步证明，作为自组织系统，一定存在系统变化的"目的点"或"目的环"。在具有自组织行为的系统中，当系统从环境中获得有序能后，系统中相空间随时间变化的方向要走一种有序结构的点，即系统的"目的点"。不管从空间的哪一点开始，系统终归要走到这个代表有序结构的"目的点"上来。系统的"目的环"则是指在更复杂的情况下系统的有序结构不是固定不变的，而是随时间而往返重复振荡的，即在相空间有一个封闭的环，这就是系统的"目的环"。

哈肯认为，系统存在这种以有序结构为目的性行为的关键点，在于组成系统的各子系统，在一定条件下通过它们之间的非线性作用，互相协作，自发产生出有序结构，即自组织行为。具备这类行为的系统叫作自组织系统。而将机体中各子系统有条不紊地组织起来，走向协同的"目的点"，这"无形之手"，即是自组织系统中的"序参量"。认识这一点非常重要，因为我们如能真正地发现机体自组织系统中所存在的具体的"序参量"，并且恰当地运用"序参量"，将会在人类健康和祛除病痛上起关键作用。

奥地利物理学家薛定谔在他的名著"What is Life"中写道："生命以负熵为生"，"新陈代谢的本质就在于使有机体成功地消除了当它活着时不得不产生的全部熵"，"从而使它自身维持在一个稳定而又低熵的水平上"。将薛定谔的观点与人体自组织功能联系起来看，也可认为，机体的自组织功能是以机体的负熵状态为前提，只有当机体处在负状态（充足的有序能）情况下，机体才能处在自组织状态，才能充分发挥出机体自组织系统应有的功能。

从人一生的健康和疾病的角度看，人的自组织功能可概括成以下三方面：

（一）维持健康功能

在人生命的各个时段，使身体中各子系统协同地走向生命各时段应有的有序状态，体现为生命各时段结构和功能完善的健康状态。这就是自组织系统自发地走向"目的点"功能在维持健康方面的体现。

（二）对环境变异适应的自组织性

早在 19 世纪，著名生理学家 Bernard 就提出过生命存在的两个环境，一个是不断变化的外环境，另一个是相对稳定的内环境。这种内环境的相对恒定功能是机体生存的首要条件。这应该是生命适应环境最初的自组织性描述。Cannon 进一步拓展了 Bernard 的观点，提出了内稳态（homesstasis）理论。Cannon 的观点是当机体受到内、外环境因素干扰时，机体可通过复杂的负反馈调节机制使各器官、系统协调活动来维持相对稳定状态。这就是机体对环境变异适应的自组织性。我们自己的体会是：人体对环境变异的自组织性是分阶段和多层次的。从适应环境的阶段来说，先有为适应环境变异的功能自组织，然后进入结构的自组织阶段。这后面的组织结构自组织，实际上属于组织结构的重建（Remodeling）阶段。

本文在后面还将提到，人体对环境变异适应的自组织按机体反应程度不同，存在不同层次不同性质的自组织。粗略地可分成生理性、病理性两种自组织。生理性自组织是指适应环境所形成的组织结构上的重建，这种重建不会影响生命功能的其他方面，从而使机体有更高的内稳态水平，是促进健康性质的自组织，是我们应该充分运用的功能。病理性自组织是指机体虽然已经形成了为"适应"环境变异的组织结构上的重建，但它是以牺牲机体其他暂时"不重要"的功能为代价的重建。病理性重构的持续发展，会使暂时的次要矛盾逐渐转化为主要矛盾，进入疾病状态。所以，这是应该尽量避免的自组织功能。

（三）机体发生疾病时，自组织功能体现为祛除病痛的自修复力

除意外伤害外，疾病可分为急性和慢性两大类。

急性病可认为是环境变化的刺激强度超越内稳态范围所造成的反应，超出了机体原有的自组织状态的结果。这时如果患者原来的自组织功能在正常区间，机体就会自动地启动自修复功能，使机体回归健康。

机体发生各类慢性病实际上意味着机体自组织功能已经弱化。在这种情况下，如果通过各种渠道，增加机体的有序能（负熵流），使机体自组织功能回归常态，这时自组织功能体现为可祛除各类病痛的自修复能力，使患者恢复健康。

实际上机体对自身病痛的自修复力可看成自组织系统自发地走向"目的点"的一种表现形式。病痛可看成是机体功能结构上的无序化部分，机体到达有序化状态的过程本身就包涵着祛除病痛的含意。

三、认识慢性病

在上述生命自组织功能认识基础上，就能从系统论角度认识慢性病，从而提出符合慢性病规律

的解决方略。

总体上，包括癌症在内的所有慢性病起源于长期超负荷应激反应所造成的稳态失调、失稳所致，因而慢性病是整体失调状态的局部体现。

1946 年，Seyle 在 Cannon 内稳态理论基础上提出了应激反应概念。他认为，当应激源（机体内、外环境变异）作用于具有内稳态特征的生命系统时，系统会引发出普遍性适应综合征（General adaptation syndrome，GAS）。这就是机体的应激反应概念。

控制论创始人维纳进一步认识到 Cannon 的内稳态本质在于生命系统内不同层次的"负反馈调节机制"（可解读为机体多层次自组织功能——笔者），进而提出"人是一个维持稳态的机构，人的生命在于稳态的维持之中"，并给出了描述生命内稳态机制和具有负反馈调节环节的应激反应组成框图。

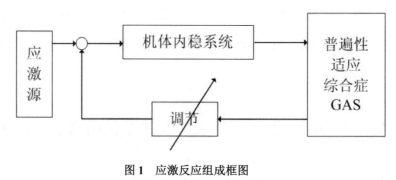

图 1　应激反应组成框图

后来的许多研究证明：应激反应初期表现出的一系列激素分泌反应（交感—肾上腺髓质系统兴奋，释放出儿茶酚胺，伴随下丘脑—垂体—肾上腺皮质轴的活化，促进激素分泌等）会随着 GAS 过程而逐步减弱，恢复到原来的稳态。

为更好地理解应激反应与疾病之间关系，应从进一步研究应激反应类型着手。

参考 Seyle 对应激反应的分类思想，结合系统学理论，联系健康与疾病间的界线，并且根据我们在低氧应激反应分类上已经运用过的分类原则（应激反应结果分类），把由机体内、外因素所致的应激反应分成以下三类。

（一）生理性应激反应

这里指由应激源对机体造成的刺激量处在机体内稳态调节范围之内（较表层的自组织层次）。这时机体虽然也会有应激反应，但机体同时会迅速地形成对应激源的适应机制，扩充其稳态调节范围，提升系统稳态水平。这种新形成的适应机制实际上已经为机体接受比当前的应激源更大的刺激量作了准备。可见这种生理性应激反应是一种有利于整体健康的应激反应，应该充分地运用它，使它为人类健康起作用。

（二）超负荷应激反应

这里指的超负荷应激反应是从反应的结果上来界定的，即其结果已经超出了机体内稳态可调节的范围，进入可代偿的深层次的自组织过程。这时机体必然会动员深层次的资源进行当前主要功能的补偿性调整，放弃某些当前较次要的功能，即所谓"拆东墙补西墙"性质的调整，进入到自组织的病理性重构阶段，是一种对整体已构成损伤的应激反应。这种损害，如果得不到及时纠正，一方面损害本身就是机体内环境的应激源，再加上日后不断发生的超负荷应激反应，机体的"次要"矛盾会逐步发展成主要矛盾，从而发展成整体自组织失控失稳状态，导致慢性病发生。

这里也有两种情况，一种是应激源的刺激强度已超出了机体内稳态可调范围，因而发生稳态系统失调；另一种是原本应激源的刺激强度所致应激反应属生理范围之内。

然而由于适应机制的形成是有一个过程的，所以原本是生理范围的应激源，如果刺激间隔过于频繁，则在适应机制尚未形成之际又要接受新的刺激，使应激反应居高不下，造成应激反应疲劳。这是生理性应激源刺激量累积所致的后果，已经脱离了生理性应激反应性质，转入超负荷应激反应类型。

以上分析说明超负荷应激反应是日后发生整体失调状态的启动因子，持续的超负荷应激反应是导致慢性病发生的直接原因，所以应避免发生长期的超负荷应激反应。

（三）衰竭性应激反应

当应激源刺激强度超出机体自组织可补偿性调整范围时，机体失去了动员深层次资源进行补偿的机会，使机体直接进入衰竭状态。这是一种有可能致命的应激反应。

通过以上分析可知，过强或过于频繁的应激源刺激，将会使机体适应能力耗竭（过度消耗机体内的有序能），表现为肾上腺皮质激素持续升高，机体内环境失衡，造成新的内部应激源，从而促进了稳态系统向整体失调、失稳方向发展。在这里，生活方式和生活态度的变化与生活理化环境恶化相当于持续发生的应激源（Stressor），而包括病理性重构在内的整体失调状态，则是机体过度应激反应的后果。

在持续应激反应所引发的整体失调基础上，再结合机体本身的"遗传因素"条件，于是机体便表达为各类慢性病。这就是呈现为井喷态势的现代文明病（慢性病）的发生过程，也说明各类慢性病的确就是机体整体失调状态的局部体现。

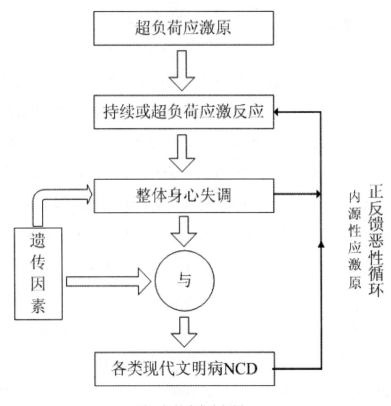

图 2 慢性病发生框图

以上对慢性病发生过程的分析可得以下结论。

1) 现代文明病是整体失调状态的局部体现，说明整体失调状态的形成是发生各类慢性病的根本原因，或称形成各类慢性病的必要条件；

2) 机体在整体失调状态下究竟会发生哪一类慢性病，则与多种因素，特别是"遗传因素"有关。因此"遗传因素"在各类慢性病的形成中起"充分条件"作用；

3) 从图 2 中可知，各类慢性病只有在"整体身心失调"与"遗传因素"两项条件同时存在时才能满足发生各类慢性病条件，即两个条件缺一不可。这其中"遗传因素"可以说是绝大多数人都会存在，是不可改变的，而"整体身心失调"状态是后天的，是可改变的。这说明，抓住"整体身心失调"状态的预防和调整是预防和祛除慢性病唯一可行的途径。

四、对待慢性病的两种途径——提出健康医学模式和人类健康工程

（一）两种对待慢性病的途径

从图 2 发生慢性病的逻辑框图中可以看出，为控制和治疗慢性病，大致上有两种途径：其一是以慢性病的诊断和治疗为主要努力方向的疾病医学模式；其二是以切断超负荷应激源、变身心失调状态为协调状态，重建自组织功能的健康医学模式（见图 3）。

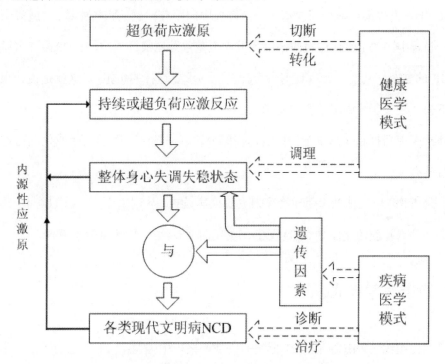

图 3 对待慢性病的两种途径

以疾病的诊断和治疗为主要目标的疾病医学模式实际上是现代西方医学模式，或称生物医学模式。这一模式在控制流传千余年的传染病方面是有贡献的，因此在 20 世纪上半叶，有了长足发展，成为主宰世界的主流医学。但自从 20 世纪下半叶以来，人们逐渐发现和质疑这种模式对现代文明病的实际效果。

当今对人类健康和生命的威胁主要来自诸如心、脑、肺、血管疾病、癌症，以及老年性退行性变化引起的非传染性慢性病（NCD）。以癌症为例，10 年来的全球癌症发病率和死亡率增长了 22%。近半世纪的实践表明，虽然生命科学已深入到分子、亚分子层次，人类基因组测序已完成，蛋白质组学、结构生物学、基因工程药物和基因治疗技术乃至系统生物学等正在迅速发展，投入更是空前巨大（尼克松的"向癌症宣战"计划，651 亿美元），但对 NCD 的控制和疗效，效果甚微。这一点

其实从图 3 的流程中就能体现出。

这种将解决 NCD 的希望完全寄托在"遗传因素"分子、基因层面上的先验假想在逻辑上存在问题。有人曾对 9 万个双胞胎进行过长期跟踪调查，结果表明，即使同卵双胞胎，同时患癌症的概率仅 3%。这表明，除了少数罕见的遗传病外，对 NCD 来说，基因组不是决定性因素，更不是唯一的要素，而整体失调、失稳状态才是发生各类 NCD 的基本条件。

疾病医学模式不仅在对待 NCD 的效果上存在逻辑问题，而且对整个社会、经济，以及医学本身带来巨大影响。

1996 年，世界银行副行长卡基在一份有关中国医疗问题的报告中称："展望未来，前景十分令人担忧。倘若中国的卫生保健模式不进行重大变革，世界银行预测，到 2030 年（医疗费用）有可能高达 GDP 的 25%。历史上没有任何一个社会能够承受这样的负担"。这就是说如果这种疾病模式继续发展下去，还会影响中国社会的稳定性。

此外，医疗器械越来越复杂、昂贵，临床分科越来越细，医学的商业化趋势都与疾病医学模式中的利益链有关。

以上分析说明，这种以诊断和治疗为主的疾病模式，从逻辑原理上看的确不可能对 NCD 控制产生效果，必须寻找新的能控制 NCD 发生、发展的新办法——健康医学模式。

（二）健康医学模式

世界卫生组织（WHO）在《21 世纪的挑战》报告中强调："21 世纪的医学，不应该继续以疾病为主要研究领域，应当以人的健康为医学的主要发展方向。"

WHO 的这一观点和我们在图 3 中给出的运用健康医学模式对待各类慢性病患者的思路是一致的。而健康医学模式强调的是发生各类慢性病的人，了解患者的状态以及存在的应激源，从而改变其状态，变失调、失稳为稳态。钱学森先生在怎样对待"人"的问题上多次强调要"从人的整体，从人体功能态和功能态的调节去研究人"。健康医学模式正符合钱先生怎样对待"人"的思想。

从图 3 中可看出，对待已呈现各类慢性病（包括癌症在内）患者，如果我们能设法切断可引起超负荷应激反应的应激源，或者将原本引起超负荷应激作用的应激源设法转化为生理性刺激，再加上设法去调理机体的失调失稳状态，使其回归为稳态，在这种情况下导致各类慢性病发生的根本条件已不复存在，各类慢性病就会被祛除。这就是在患者身上运用健康医学模式，能有效祛除各类慢性病的系统学原理。实际的运行效果也证明，这种健康医学模式是十分有效的。可见对各类慢性病患者而言，他们更需要的是回归健康，而不是专注于对付疾病本身。

提出健康医学模式的理论依据有以下两条：

1）健康人所具备的自组织功能之一 ——自修复力是祛除病痛最安全最有效的途径，是人体天然合理的自然力。

2）各类慢性病的生存条件是："状态失稳"与"遗传因素"同时存在，即二者相"与"的结果。

因此消除慢性病的唯一可行的途径是变"失稳状态"为"协调状态"，重塑自组织功能，充分运用恢复过来的自修复力，祛除各类慢性病。这就是健康医学模式理念。

健康医学模式实施流程可简述为以"人"为中心的 SIR 模式。即监（检）测与状态有关的信息，用 Sensing 表示；辨识状态的属性，用 Identifying 表示；调理状态的现状，使机体走向"稳态"，用 Regulating 表示。三个英文词的词头 SIR 就是健康医学模式简述。

图 4 健康医学模式实施流程——SIR 模式

在具体实施 SIR 模式时，其内容不仅指科技，也包括与人文结合，而且不排除能直接祛除病灶而又不损害整体的办法，具体的做法应权衡利弊。对于损伤不大，又有利于祛除病灶所引起的内源性应激源，并且可节省机体有序能消耗的直接祛除病灶办法，可考虑采用。

SIR 模式中的重点是"R"环节，即作用在机体自组织系统中"序参量"上的调理。作者所在的团队近几年已研究了一系列可作用在"序参量"上的调理项目，包括饮食、认知教育方面，也包括可工程化的生物反馈、红光辐照、多点同步振动、低频旋磁等设备。在对待癌症、银屑病、慢性高原病等慢性病调理试用中已经取得众多令人鼓舞的效果。

特别要提到的是 SIR 模式中每个环节的内容都可产业化、网络化，为应对井喷状的慢性病提供可行性。

（三）人类健康工程

在中国科协主编的《2011—2012生物医学工程学科发展报告》中指出，在21世纪，"生物医学工程转向人类健康工程是时代的需求，因而是历史的必然"。

什么是人类健康工程（Human Performance Engineering）？笔者认为它是建立在系统论思想基础上对待人类健康的态度（尊重人类自己）和方法，是以人为中心、维持提高人体系统稳态水平为目标的系统工程。其内涵不仅仅限于工程技术，而是一个人文和科技相融合的开放的综合体。可见人类健康工程是人类生活永恒的主题。从应对慢性病，维持和促进健康，适应环境，到发挥潜能等都属于它的范畴。而当前人类生活的主要矛盾是慢性病肆虐，人类健康工程当前的主要目标就是解决慢性病问题，为世界性医学变革作出贡献，而这就是前述健康医学模式要做的事情。可见人类健康工程范围更大，其中解决慢性病问题的内容就是健康医学模式。

从人类健康工程概念出发，解决呈井喷态势的慢性病有两个相互联系的内容：

1） 用健康医学模式对待慢性病；

2） 用物联网形式进行健康医学模式"下移"化，以应对井喷样慢性病发病态势，即健康物联网。

五、结语

本文以系统学原理为依据，详细分析了人所具有的多层次自组织功能以及现代文明病的发病原理和过程。据此提出了可简化为SIR流程的健康医学模式和人类健康工程概念，以及实施的可行性分析，并展望了它在未来全球性医学变革与社会稳定方面的重大意义。

在这里中国传统文化思想和钱学森先生所创建的系统学理论的结合，将是实现健康医学模式和人类健康工程的强大理论依托，也是中国有可能在全球性医学变革问题上昂首屹立于世界的得天独厚的条件。我们应抓住这一机会，在人类健康工程这一伟大事业中实现中华民族伟大复兴。

第 9 讲（上）

专家（意见、知识、思想、智慧）挖掘（上）

顾基发

顾基发，1935 年出生，院士。1953—1956 年在复旦大学数学系学习，1957 年北京大学计算数学专业毕业，毕业后在中科院力学研究所工作。1959—1963 年在苏联科学院列宁格勒数学研究所学习，取得数理科学副博士学位，回国后在中科院数学所工作，1980 年在系统科学所工作（曾任系统科学所副所长），1999 年在数学与系统科学研究院工作。先后担任过中国系统工程学会理事长、国际系统研究联合会主席等职务。1999—2003 年，曾任日本北陆先端科技大学院大学知识科学学院教授。是系统工程及运筹学领域的知名专家，最早提出运用多目标决策理论处理实际问题。他提出的关于"物理、事理、人理"思想得到十几个国家同行们的认可，许多学者在著述中引用此观点。先后主编、参编学术专著 20 余部，发表论文近 200 篇。钱学森等提出从定性到定量综合集成方法要求整合数据、信息、模型、知识、专家经验和智慧。其中，前三个是一般系统工程常用的定量模型和逻辑思考，通常需要应用计算机的帮助；而后三个中知识分为显知识和隐知识。隐知识与人的经验累积及应用有关，而智慧是人类所具有的创新和妙用知识的来源。如果说从大量的数据、信息中去挖掘知识主要是数据挖掘、文本挖掘和网上挖掘的任务，利用人们的理性和逻辑思考经过多种模型计算同样能推出很多新的合乎逻辑的知识，这个也可以叫做模型挖掘。知识存在于二类载体之中，一是物质的载体，如书籍、期刊、磁性与光学媒体（磁盘、光盘）等；另一类则是生命载体，也就是掌握知识的人，特别是拥有丰富领域理论和实践经验的专家。数据挖掘、文本挖掘和网上挖掘以至模型挖掘方法都是通过对存在于物质载体中可编码的数据作为研究对象，运用适当的挖掘算法以发现潜在知识的发现过程。而后三个整合对象（隐知识、经验和智慧）与人特别是专家密切有关。近年来，国内外虽然有人从不同角度利用数据挖掘、文本挖掘、网上挖掘和模型挖掘的各种变形和改进开始研究专家挖掘，但都还比较粗浅。因此，要在综合集成方法论指导下较系统地研究专家挖掘，挖掘专家个人的意见、知识、思想、智慧，并进而挖掘一群专家的集体意见、知识、思想、智慧，这也是专家挖掘的任务。

一、综合集成方法

综合集成方法是由钱学森等为了解决开放复杂巨系统面临的问题，于 20 世纪 90 年代正式提出。这个方法要求将数据、信息、模型、知识、经验和专家智慧综合起来，并将各种先进计算机、通讯和虚拟现实等技术集成起来。关于这方面的理论、方法和应用，已有相关文章涉及，这里不再赘述。本讲的专家挖掘是具体实现综合集成方法时所需要的一些具体而有用的技术。顾基发近年来从事社会和谐问题的研究，对网上信息的开发特别是对社会舆论的调查更为关注，因此需要对网民的各种意见加以挖掘。尽管网民有的意见仅仅是简单的意见表达，但其群体规律仍然值得重视，尤其需要从中挖出少数有真知灼见的专家意见，甚至找出隐藏在一般网民中的恐怖分子。在社会问题的处理中，通过数据和网上挖掘，可以找出一些统计规律和知识规则。但是，所挖掘出来的知识是否真有意义或真正能用却是另一回事。因此，要请一些行家里手、各种专业的专家对它们进行重新整合、评估以创造新的知识，这正是专家挖掘研究的重点。

（一）什么是综合集成？

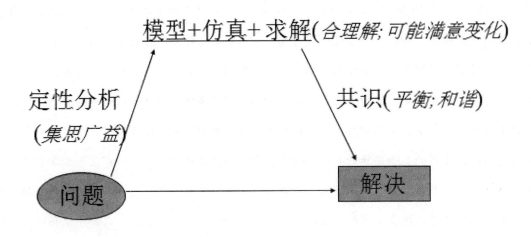

图 1 综合集成框架

（二）综合集成方法

从近代科学到现代科学的发展过程中，自然科学采用了从定性到定量的研究方法，所以自然科学被称为"精密科学"。而社会科学、人文科学由于研究对象复杂，通常采用的是从定性到定性的思辨、描述的方法，所以这些学问被称为"描述科学"。但这种趋势随着科学技术的发展也在变化，有些学科逐渐向精密化方向发展，例如经济学、社会学等。综合集成方法的实质是把专家体系、信息与知识体系以及计算机体系有机结合起来，构成一个高度智能化的人—机结合体系，这个体系具有综合优势、整体优势和智能优势。它把人的思维、经验、知识、智慧以及各种情报、资料和信息、人—机结合统统集成起来，从多方面的定性认识上升到定量认识。

综合集成方法以思维科学为基础。从思维科学角度来看，人脑和计算机都能有效处理信息，但两者却有极大差别。人脑思维的一种是逻辑思维（抽象思维），它是定量、微观处理信息的方法；另一种是形象思维，它是定性、宏观处理信息的方法。而人的创造性主要还来自创造思维，创造思维是逻辑思维和形象思维的结合，也就是定性与定量相结合、宏观与微观相结合，这是人脑创造性的源泉。计算机在逻辑思维方面确实能做很多事情，甚至比人脑做得还好、还快，善于信息的精确处理。但在形象思维方面，现在的计算机不能给我们帮助，至于创造思维就只能依靠人脑了。如果把人脑和计算机结合起来以人为主，将更有优势，人将变得更加聪明，它的智能比人要高，比机器更高，遵循 1+1 > 2 的道理。这种人—机结合以人为主的思维方式和研究方式具有更强的创造性和认识客观事物的能力。

信息、知识和智慧是三个不同层次的问题。有了信息未必有知识，有了信息和知识也未必就有智慧。信息的综合集成可以获得知识，信息、知识的综合集成可以获得智慧。人类通过人脑获得知识和智慧。由于以计算机为主的现代信息技术的发展，人可以通过人—机结合以人为主的方法来获得知识和智慧，这是具有重大意义的进步。综合集成方法就是这种人—机结合获得知识和智慧的方法。

从认识论角度来看，通常是在已有的科学理论、经验知识的基础上与专家判断力（专家的知识、智慧和创造力）相结合，对所研究的问题提出和形成经验性假设，如猜想、判断、思路、对策、方案等等，这种经验性假设一般是定性的。之所以是经验性假设，因为其正确与否、能否成立还没有用严谨的科学方式加以证明。在自然科学和数学中，这类经验性假设是用严密的逻辑推理和各种实验手段来证明的，这一过程体现了从定性到定量的特点。

复杂系统对所研究的问题能否提出经验性的假设，通常不是一个专家，或是一个领域的专家们所能提出的，它是由不同领域、不同学科专家构成的专家体系，依靠群体的知识和智慧提出。对提出的经验性假设与判断，证明其正确与否，仅靠自然科学中所用的各种方法显得力所不及，如社会系统、地理系统中的问题，既不是简单的逻辑推理，也不能进行实验。但我们对经验性假设不能只停留在思辨和从定性到定性的描述上，这是社会科学中常用的方法。系统科学是要走"精密科学"之路的，出路在哪里？这就是人—机结合以人为主的思维方式和研究方式。机器能做的尽量由机器去完成，极大扩展人脑逻辑思维处理信息的能力（也包括了各种能用的数学方法和工具）。通过人—机结合以人为主，实现信息、知识和智慧的综合集成。这里包括了不同领域的科学理论和经验知识、定性知识和定量知识、理性知识和感性知识，通过人—机交互、反复比较、逐次逼近，实现从定性到定量认识，对经验性假设的正确与否做出明确结论，无论是肯定还是否定经验性假设，都是认识上的进步；再提出新的经验性假设，继续进行定量研究，这是一个循环往复不断深化的认识过程。

综合集成方法的运用是专家体系的合作以及专家体系与机器体系合作的研究方式与工作方式。具体地说，是通过定性综合集成，定性、定量相结合综合集成，从定性到定量综合集成三个步骤来实现的。这个过程不是截然分开，而是循环往复、逐次逼近的。复杂系统与复杂巨系统问题，通常是非结构化问题。通过上述综合集成过程如图 2 所示，可以看出，在逐次逼近过程中，综合集成方法实际上是用结构化序列去逼近非结构化问题。

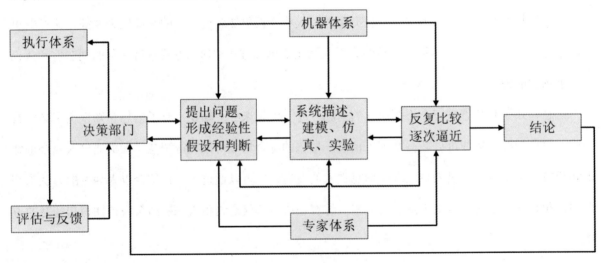

图 2 综合集成过程

这套方法是目前处理复杂系统、复杂巨系统（包括社会系统）的有效方法。已有成功的案例证明了它的有效性。综合集成方法的理论基础是思维科学，方法基础是系统科学与数学，技术基础是以计算机为主的现代信息技术，哲学基础是马克思主义的实践论与认识论。

（三）国家重大基金项目的知识挖掘和综合案例

国家自然科学基金委员会 1999 年 7 月 9 日正式批准"支持宏观经济决策的人—机结合综合集成体系研究"重大项目，至 2003 年 12 月结题。包含四个子课题：

1）人—机结合综合集成体系雏形及其支撑环境的研制；

2）宏观经济信息、模型及其功能研究；

3）支持宏观经济决策综合集成方法体系与系统学研究；

4）与宏观经济决策有关的认知与知识发现技术（KDD）研究。

在这个项目中运用了各种知识提取，汇总的方法和工具，例如从大量数据中提取知识的 KDD（Knowledge discovery based on Data）；从过去大量经济案例经验中形成案例库；从专家们开会中提取有用的意见和知识的 GAE；电子公共大脑；从大量模型知识中形成模型集成（Model Integration）后的知识。最后利用系统重构方法将数据、信息、模型和专家知识集成起来等等。综合集成的主要集成要素及其常用工具如下：

数据→数据库，数据融合，数据挖掘；

信息→管理信息系统，Internet，Web mining，Text miming；

模型→模型集成；

知识→知识库，知识转化，案例库经验，专家意见→意见综合，达成共识，综合集成研讨厅，专家挖掘。

图 3 和图 4 分别为综合集成和综合思维演化过程。

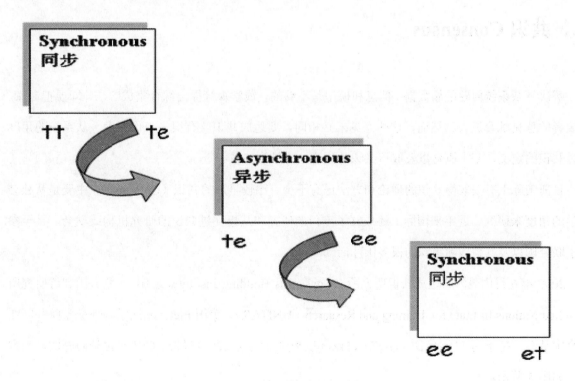

图 3 综合集成演化过程

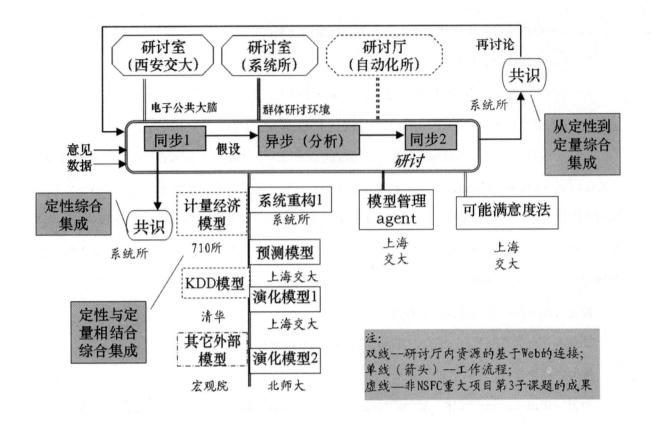

图 4 思维演化过程

二、共识 Consensus

解决复杂系统问题单靠数据、信息和模型是不够的，钱学森等提出综合集成方法，即要把专家、决策者的意见综合进去。然而，这些意见未必相同，要达成共识就有很多工作要做。从系统的角度探讨共识的定义、基本概念以及取得共识的过程、方法和工具。

目前国际上有关取得共识的理论和方法已有不少。比较早期的共识（Consensus）主要是从社会科学的角度来研究。近年来国际上还成立了专门的研究和从事促进共识的研究机构或学会，甚至参加了联合国以及其他国际组织的很多国际活动。

2000 年 6 月由美国的达成共识研究所（Consensus Building Institute，CBI）、联合国训练研究所（United Nations Institute for Training and Research，UNITAR）、美国 Fletcher 法学与外交学院共同在联合国基金支持下为 77 国集团（G-77）讨论环境和可持续发展起草报告。CBI 对讨论问题的分类方法，如图 5 所示。

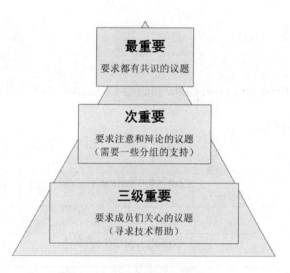

图 5 CBI 对讨论问题分类法

（一）共识的内容和定义

（1） 一般定义

共识（Consensus），牛津大学字典也叫做意见一致。美国大百科全书，侧重从社会科学的角度来解释，把共识看成一个政治实体对某一个议题表现出来的一致的状态，也可以用来表示某个社会的一致程度，从共识的形式来看有三种：

1）自发的共识（spontaneous），一般是在类似原始部落或某种变化慢的社会中出现问题时达成的。

2）涌现的共识（emergent），出现在一些彼此有很多不同意见时，经过对意见的深化讨论，证据的收集，最后在权重利弊后形成的新的共识。

3）运作的共识（manipulated），是指有可能出现涌现的共识，允许自由表达意见，再经过一些很好的信息沟通，将意见传到广大群众中，最后取得的共识。

达成共识可看成意见的综合或意见的收敛，也叫做寻求一致的过程。这个过程有时很短，有时很长，甚至一代人或者几代人的反复议论最后才达成共识。有些少数人提出的新学说要被大多数人接受是这样，而有的社会和政治问题要达成共识，中间还夹杂政治暴力。当然即使已经达成的共识，往往由于出现了新的情况又会引起新的一轮达成共识的过程。

（2）共识的数量的定义

专家共识的定义，最直观的说法是意见的一致。但是实际中要求所有人意见都一样是不可能的，所以只是某些专家在某些问题取得共识。我们可以形成共识的几种较为数量的定义，包括投票共识、优化中的共识、多目标优化中的共识（Pareto 共识）、排序共识、模糊共识 、统计共识、竞争共识。

（二）共识的过程

（1）C3 型过程（Communication-Collaboration-Consensus ）。

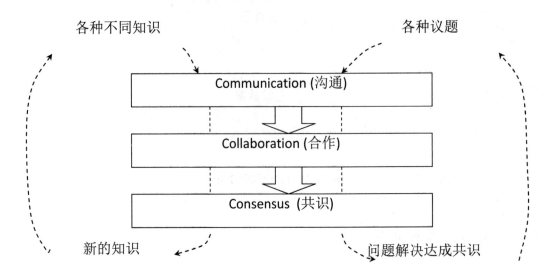

图 6 C3 型过程

（2）一般共识过程

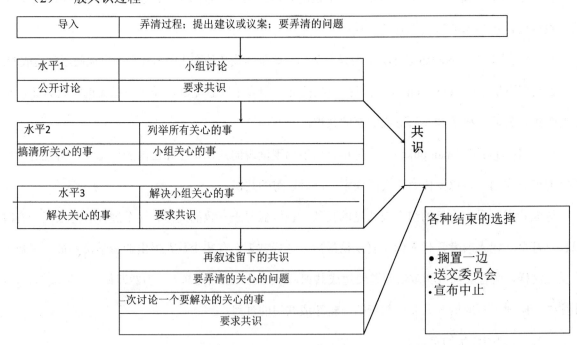

图 7 一般共识过程

（三）取得共识的若干方法和工具

（1）会议支持工具

为了开好会议，现在提供多种高技术来支持会议的进行。最常用的工具如下：电子邮件、互联网、组件（TeamWare）、群件（Groupware）、协作系统（Cooperative System）、协调系统（Coordination System）、合作系统（Collaborative System）、电子布告栏（Bulletin Board Systems: BBS）、远距离会议系统（Teleconferencing Systems）、计算机化会议（Computerized Conferencing）、电子信件系统（EMS）、电子会议系统、群决策支持系统（GDSS）、计算机支持协同工作（CSCW）、决策室、研讨厅、虚拟现实(Virtual Reality)、一批软件，如：Pathmaker；SPSS；SWARM；Mediator；Brainstorming Toolbox。

（2）会议中有助于取得共识的方法

Delphi+智暴（Brainstorming）+名义小组方法（NGT）+层次分析法（AHP）；各种投票表决方法（Voting）+群决策+多目标决策方法 +对策论；D-S 证据理论；模糊数学+粗糙集理论（Rough Set Thcory）；数理统计；系统重构（System Reconstructability）；战略假设表面化验证（SAST）。

第9讲（下）

专家（意见、知识、思想、智慧）挖掘（下）

顾基发

一、专家意见的综合

（一）专家研讨的形式

专家研讨的目的无外乎通过交流意见，集思广益、取得共识、发现新思想、提出新对策等。对于不同的研讨目的，研讨的方式、方法和工具也会不同。专家研讨既可以面对面进行，又可以在不见面的情况下进行。

（1）面对面的研讨

这种研讨可以是智暴型，也可以是利用 PathMaker 等会议软件开会的有组织型，还可以是充分发动小组成员协同力量的小组协同集成型（Syntegration）。具体采用哪种形式，要根据实际需要而定。

（2）不见面的研讨

不见面情况下的研讨，可以采用如下四种形式：

1）主要通过设计好的调查表，让一些专家回答调查表中问题，然后加以汇总。

2）通过设计好的调查表，让一些专家回答调查表中问题，然后加以统计汇总，一般通过多轮调查和汇总，使专家意见逐渐收敛。

3）由于因特网的发展，人们可以在网上参加会议，由专门的知识管理小组负责收集和整理意见再反馈给与会者，最后由会议软件 WebScope 整理大家讨论的主要意见。

4）由不见面的一群人组成"名义小组"，并对一批要讨论的问题或项目发表意见，每次发表意见后会经过专门的统计检验处理，对一些未解决的问题可以多次表决。

（二）研讨会议注意内容

为了开好研讨会议，应该事先明确会议议程，确定会议主题，定好日程、地点，要选择好邀请人员（要注意知识搭配和利益代表），请好会议主席。如有可能，还要请建导者参与。同时，要布置好会议环境，启用电子会议系统，包括研讨软件（GAE，电子大脑）和研讨工具（投票计票规则、共识规则等）。尤其重要的是，要注意营造会议软环境。例如，我国香山科学会议要求与会者平等相处，一般不用官职称呼，发言时间有严格限制，特别不许扣帽子、打棍子，允许批评和反批评等，为富有成效的学术讨论创造了良好氛围。

（三）介绍 3 种研讨方式

（1）小组协同集成 Syntegration

比尔（Beer，1994）提出小组协同集成（Team Syntegrity）作为一种指导社会活动的知识共识与共享的民主方法的方法论，这种方法论是基于一种非层次、系统的协议，可以促进在持有多样的但都是合法的观点的人之间进行参与和平等的对话。它也可帮助人们集成分开的知识以达到互相理解。它通过结构化的对话将他们对某些有趣的特殊议题的知识和经验经过不断合作而有效地组织而集成起来。它利用正二十面的多面体（有 12 个顶点、20 个面及 30 条边）这种结构，通过组织几个自由民主的讨论会最后形成 12 个专题并邀请 30 个经过适当挑选的专家组成专题小组再组织多次（一般 3 次）讨论。每个专家可以以正面的角色参加 2 个专题，以批评者的角色参加另外 2 个专题的讨论。经过这样反复讨论最后形成决策或者某些共识，如图 1 所示。

（2）网上会议—群体寻找知识 CogniScopeTM

CogniScopeTM 是由美国的 CWA 公司提出的一种促进群体解决问题的方法，它由 5 个部分组成：股东团体（Community）、CogniScopeTM 组、共识方法（Consensus）、CogniScopeTM 软件及合作设备（Collaborative）。取每个部分英文字首正好都是 C 因此也称 5C。这个方法论工作步骤如下。

①定义阶段：我们做什么（What）

Step 1 形成初始问题→Step 2 产生思想→Step 3 将同类的聚在一起→Step 4 通过民主投票选举→Step 5 利用逻辑关系对所有思想结构化→Step 6 形成一个杠杆图。

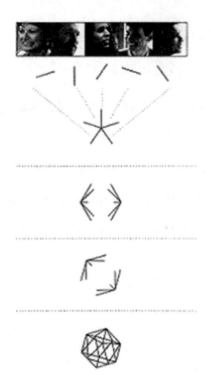

开始有5个人5
种不同意见

有2个5人组

另外2个5人组

全部6个5人
组成有12个议
题的讨论

图1　小组协议集成过程

②设计阶段：我们该怎样做（How）

Step 1 形成和弄清行动方案→Step 2 将行动方案按照大家共同理解的内容加以结构化。

③决策阶段：选什么方案好（Which）

Step 1 将行动方案进一步合成一组供选择的行动计划→Step 2 将这组行动计划收敛到一个比较喜欢的方案。

④行动阶段：何时做（When），能做什么

Step 1 将行动计划形成一个时间序列→Step 2 建立一个让大家共同拥有的完整的行动计划。

为了在网上能够应用并提出一个电子修订版（WebScopeTM.），在网上可以把身处不同地方的专家或股东们进行异步会议，即不必在同一时间同步地开会，在一个叫知识管理小组（KMT）帮助下发表意见，意见整理和分类，然后利用网上投票确定优先数，形成结构以及方案等等。这套方法目前在欧、美不少政府部门和地方、企业等应用，例如塞浦路斯交通部曾用它来挽救它的港口，并使股东们能够达成共识。会议进行了 5 天，开始股东们不相信港口有什么问题，后来明白了，提出了97 条意见，经过分类、合并成 13 条，最后在这 13 条基础上提出了实施计划。作者也曾应邀参加为2003 年国际系统科学学会确定会议主题讨论会，应用了 WebScopeTM。

（2）名义小组会议（NG）

名义小组技术（Nominal Group Technique，NGT）是一种提高会议效率的会议组织方式。其目

的在于平衡并促进参与，减少在汇集个体判断形成决策时的错误，NG 特别适用于问题确认、解决问题和程序规划。

在群决策中，经常会有一些成员被排除在外。少数成员会垄断讨论以致会议的结果并非群体的意见。在开会时，每个人或者发言或者聆听，没有时间思考手边的所有议题。为克服这些问题，戴尔贝克（Delbecq）和冯狄文（Van De Ven）提出了名义小组即 NG 方法（1971）。一群人组成一个只有名义的小组，方法的目的是为了消除群体行为中的社会和心理的复杂因素。因遵从程序而获得机会，个体成员能够更有创造性，也有助于克服一般旨在发现思想、计划与规划和解决问题的会议中普遍存在的问题。

NG 法是一种行为辅助决策方法（Mandakovic，Sounder，1990）。在实施过程中可以采用统计处理，通过对目标追求全过程的关注，实行公开的信息交换和群体间的交互，将得到结论由仅仅是选择一组最优的方案演变为追求取得有效计划的组织实践过程而满意的决策方案是计划的一致性过程的副产品。NG 的简单工作过程如下。

1）列举备择方案或项目。

2）决策者组成一个名义小组，小组中的每个成员匿名单独对备择项目表态，将所有备择方案分为 5 个优先等级；将所议论的一批项目（或一组问题），用一组卡片将问题的关键信息写上进行 QS（Q——分类）过程，即将每张卡片最终分类到优（很重要），良（重要），中（中间），可（不重要），劣（很不重要）5 个优先等级中。

3）将每个成员对不同项目的表态列入按项目和优先级的记数表。

4）利用 K－S 检验法检验这群人的意见一致性。

5）集中小组中所有成员，公布记数结果和一致性程度等统计数据并进行公开讨论，直到小组成员已经充分研究了所有成员的意见和记数结果，或者时间已经超过 45 分钟。

6）对备择项目进行第 2 次投票，并重复 3）～5）的步骤。

NG 方法有助于完全的信息共享、消除偏见、鼓励形成分离的意见不同的群体小组并且鼓励对项目进行公开、公正的评价。经验表明至少需要 2 到 3 轮以便达到完全的信息交换，但超过 4 轮容易分散主题。曾经开发过一个软件，在软件中要求输入投票人数，优先等级数，或分类数，备择项目数，记数表，一致性检验结果返回（若达成共识或存在倾向性，则为优先等级）。

二、Expert Mining 专家意见挖掘

（一）专家挖掘的概念

专家挖掘是最近十年左右才出现的。在 1999—2003 年间，顾基发在参加国家自然科学基金重大项目"支持宏观经济决策的综合集成体系研究"时，该项目负责人戴汝为曾经向笔者负责的分课题组提出一个问题：吸取专家的意见和经验固然很重要，但是如果几个专家的意见不完全一致，又该如何去综合它们？带着这个问题，课题组当时在两方面下了功夫，一方面是对如何达成共识的理论、方法进行深入探索；另一方面对如何利用计算机为专家们的研讨提供一个好的环境进行深入研究。为此，课题组成员唐锡晋及其学生们开发了 GAE（Group Argumentation Environment），而张朋柱和他的学生们则开发了"电子公共大脑"，目的都是帮助专家们在讨论问题时理清他们的思路，这些研究已经触及专家挖掘的思想。但是，比较系统地将专家挖掘提出来，却是在从事 "社情统计预报模型系统研究"课题的时候。因为课题组认识到，社会系统问题的解决不单与自然环境和社会经济条件有关，而且与人们的行为、感觉、偏好和主观判断有很大关系，因此需要仔细挖掘。此后，一方面受数据挖掘思路的影响，另一方面有来自社会实际课题的需要，对专家挖掘展开深入研究。2006年，顾基发参加了"十五"国家科技攻关计划课题"名老中医学术思想群体规律分析挖掘方法的研究"，有针对性地对名老中医个人学术思想及其群体规律挖掘方法加以研究。此项课题的研究对象是由国家有关部门精选出来的 100 位老中医专家，因此，为了区别于一般的专家挖掘（Expert Mining），甚至用了名家挖掘（Master Mining）的提法。

专家挖掘思想有以下特点。

1）研究对象：少量（一个或几个）专家（Expert）和名老专家（Master）的思想、智慧。

2）数据量：小样本数据。

3）研究深度：深入挖掘、全面挖掘、智慧挖掘。

4）数据格式：格式化（数据）、半格式化（Web）、非格式化（文本）、甚至未用文字而是姿势以至某种感觉和直觉。

5）适用对象：领域专家（Expert）。

6）挖掘目的：领悟、顿悟、经验传承。

7）研究手段：数据挖掘、文本挖掘、web 挖掘。

（1）什么是专家

能为解决某些问题而提供其意见、知识和智慧的就是专家。但可进一步按不同要求加以区分，如图2所示。例如，对解决问题有关的专家个数，教育程度，职称，知识领域，专业水平。

图2 专家特征

（2）什么是专家挖掘

专家挖掘的名词是最近5～10年出现的，是去收集、挖掘、分析和应用专家的意见、经验、思想、知识和智慧，为了继承他们有用的知识以解决现实的复杂问题。尽管数据挖掘、文本挖掘和网上挖掘已经帮我们从书本、各种介质和媒体中挖掘出不少知识，但是如何从专家脑中挖出活的、隐含的和无结构的思想、主意、知识和智慧将成为更富挑战和重要的事。为了促进专家挖掘需要研究新的理论和方法，还需要开发更多的计算机软件和信息工具。

（3）数据挖掘与专家挖掘的区别

尽管专家挖掘受数据挖掘影响，但又有自己明显的特色。例如，对象是具体的人，样本数一般不大，与环境和文化的关系较密切等。两者的详细比较可参看表1。

表1 专家挖掘与数据挖掘的比较

序号	比较项目	数据挖掘	专家挖掘
1	挖掘对象	数据和信息	专家、专家经验和知识
2	数量	海量样本	少量样本甚至孤样
3	人—机结合	以机为主	以人为主
4	思维方式	逻辑思维、形象思维	逻辑思维、形象思维、灵感
5	分析方式	定量分析为主	定性、定量结合
6	知识形式	显性知识为主	隐性知识为主
7	与人的主观性	基本无关	有关
8	挖掘结果	知识和有用信息	成系统的知识、新思想
9	世界观、文化、哲学	不考虑	需要考虑

（4）专家意见的表示

专家意见的表达方式大致有以下几种。

1）用语言、文字、图画明白地说出来，这时比较容易对之进行处理，在计算机中也较容易规范化地保存、传送和加工。

2）隐含地说出来，也即话里有话，要有懂得内情的人琢磨出来，或启发他们说出本意。

3）用姿势表示，例如用眼神、手势、音调表示出来，有时就需要借助录音、录像设备或者在场人员的描述才能理解有关专家要强调的重点和感情趋向。

4）在网上通过博客、评论或邮件表达，但大多以匿名形式，或者三言二语甚至只一个字"顶"，但其传播快而广，对掌握舆情很重要。

5）有些人言不由衷说假话，甚至故意放出来假情报，制造谣言。

针对不同的表达方式，要用不同的手段去获取，对谣言等还要加以揭露，对敌人有时还要给以假情报。

（二）几个挖掘思想的基本思路

挖掘思想的基本思路主要包括以下几个方面：大范围撒网，小范围优选；6 mining（Data mining，Text mining，Web mining，Psychology mining，Model mining，Expert mining）；从隐知识转化成显知识（SECI model）；人—机结合；空间信息分析；利用马克思主义和社会物理寻找社会系统运动的机理；利用综合集成方法将各种数据、信息、模型、知识、经验、智慧和计算机能力集成起来。

（三）专家意见的综合集成

（1）利用文本将几种意见综合集成

1）简单调查总结（Narrative）。这是人们常用的整理文献和报告的叙事性方法，但有时会陷于对一些观点的简单罗列。

2）荟萃分析，也叫整合分析（Meta-analysis）。这是医学部门常用的整理文献和医案的方法，它是比前一种更为深入的定量统计方法，需要引入影响因子，这种方法按影响因子大小可以定量地区别出一些影响大的观点。

3）定性综合集成（Qualitative Meta-synthesis）。这是对荟萃分析方法的改进。荟萃分析过分偏重定量，本方法则对某些影响因子不高但却很有学术价值的文献也加以综合。

（2）利用会议将几种意见综合集成

①会议的种类

通常有三类专家会议，其参加者、日程安排和要达到的目的各不相同：

1）智暴型：收集各种生动的，坦率的意见。也可称为"科协型"；

2）研究型：在深入研究的基础上再收集和研究各种意见，也可称为"科委型"；

3）决策型：在集中各方意见后，最后从更高的利益层次提出决策意见。

②会议的场（Ba）、建导（Facilitation）和中介（Mediation）的应用。

（3）利用心理学方法对几种意见的综合集成

这种方法有两个基本环节：首先，利用深度访谈、行为事件访谈以及有关心理测试题和测试仪器获取个人心理信息；其次，对群体心理进行综合分析，对一些社会舆论和群体活动进行深入分析。

三、名老中医学术思想群体规律分析挖掘方法的研究

2006 年，顾基发参加"十五"国家科技攻关计划"名老中医学术思想、经验传承研究"子课题"名老中医学术思想群体规律分析挖掘方法的研究"，第一次参加了名老中医学术思想群体规律分析挖掘方法的研究。当时由于时间短，与合作方北京西苑医院初步沟通，同时探索了各种挖掘方法。2007 年，又参与该医院共同参加类似的课题。目前课题正在进行中，已经有了一些初步成果。这次我们遇到的每一个专家都是名老中医，都是大师级的老专家，每一个专家都有一个专门小组记录他们的思想、医案，尽可能做到忠实。而我们能做的，一是如何将他们一些隐的思想变成明显的知识；二是如何寻找他们的群体规律。

四、解决社会问题的 6 个挖掘

（一）数据挖掘 Data Mining，文本挖掘 Text Mining，网上挖掘 Web Mining

我们可以用 Data mining 分析海量数据从中发现有用的知识；可以用 Text mining 分析大量数据从中发现有用的信息和知识；还可以用 Web mining 从 internet，intranet 等去发现有用的信息和知识。

（二）模型挖掘 Model Mining，心理挖掘 Psychology Mining

我们可以用 Model mining 去得到一些人们仅用简单心算而难以从一组复杂的方程或预测模型得到的一些新的结果；可以用 Psychology mining 去得到一些人们隐藏在心理的一些思想。

（三）Expert mining 专家意见挖掘

除了上面提到的 5 个 mining，我们会要求专家去分析这些结果，特别有些互相矛盾的结果，还要求有丰富的经验的专家就去创造一些新的思想、方法、理论和新的决策，即用智慧去创造原先没有的东西，这就是专家意见挖掘（Expert mining）。

（四）几个社会和谐问题的科学研讨实验案例

2006 年夏，中国科学院研究生院 MBA 班讲知识科学课的时候进行了一次课间试验："如何运用科学研讨方法讨论社会和谐问题"。实验目的是探索如何集成关于社会和谐问题的各种意见。这个试验参加者近 40 人，课题组还请了 7 个研究人员作建导者和小组主席，共分成六个组就社会上六个热点问题（腐败问题、住房问题、医疗保险、就业问题、农民工问题、社会安全问题）进行讨论。例如，为了住房问题的讨论，建导者会前设计出整个研讨会议的流程图，会议中和会议后要进行科学分析。小组成员会前分头准备分组讨论的内容，写出 10～20 分钟的介绍稿，建导员为计算机输入相应软件，形成相应的想定。研讨中各个组以专家意见挖掘为主，同时分别运用了网上挖掘、模型挖掘、心理挖掘，还运用了包括 PathMaker、GAE、 网络分析、博弈论、心理调查和 GIS 等多种工具和方法。真正讨论的时间其实只有半天，可是前后准备、整理和总结等共延续了 18 天，如图 3 所示。

这里以住房问题讨论小组为例。会上先进行面对面自由讨论并形成对目前房价的三种看法：看涨、看平、看跌。有 54% 认为未来房价会"平稳上涨"，有两成左右看跌，其中认为房价会"微幅下跌"的占 20%，认为会"大幅下跌"的占 2%。接着使用 PathMaker 工具分析，利用因果图进行因果分析。接着采用 GAE 借助计算机进行群体讨论。采用的方法有智暴法，先激励大家深入思考提出新的观点、新的思路，找到目前大家感兴趣的想法等。然后利用计算机直观显示大家的共同观点和个人观点以及讨论过程中观点的演变。也可以去追溯前面讨论过的历史，还可以显示挑出来的几个人的观点的情况。计算机还可以帮助将讨论中的观点加以分类，以利集中意见。最后计算机还能定量地计算出讨论者意见一致度和分散度以及谁最先提出某个观点等。在机器帮助分析和显示结果的过程中始终有人去参与。这个例子体现了"深挖专家个人思想，发挥集体智慧互补，人—机结合，以人为主"的专家挖掘过程。

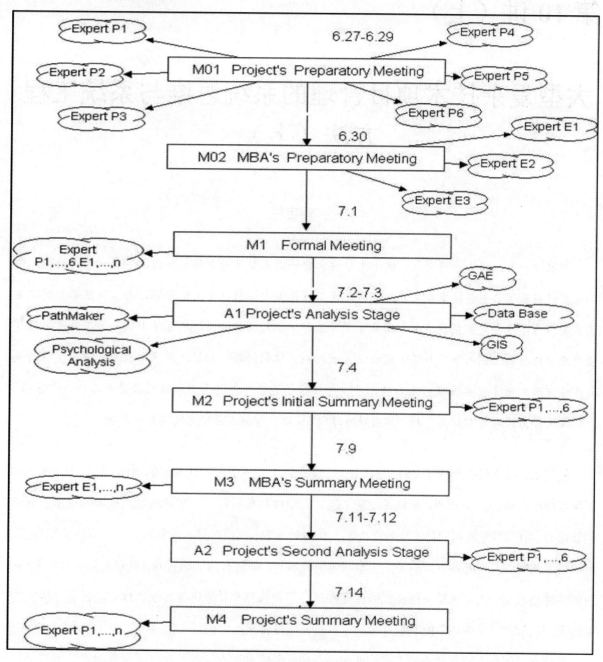

图 3　案例分析

第10讲（上）

大型复杂技术项目管理的系统思维与系统工程方法（上）

郭宝柱

郭宝柱，男，博士、研究员、博士生导师，曾任国家航天局副局长、国际宇航科学院院士，中国航天科技集团公司科技委副主任，中国航天工程咨询中心科技委主任等职。郭宝柱在航天科技集团主要负责环境和灾害监视卫星和项目管理等工作，参与制定并组织实施了中国航天工业总公司各项质量管理措施，深入研究科研管理的深层次机制、体制问题，积极提出深化改革意见，为推动航天质量发展做出了重要贡献。先后被授予"部级科技进步一等奖"，"部级科技进步二等奖"3项，"部级优秀出国人员贡献奖"和"政府特殊津贴"（北京控制工程研究所时）等奖项。

航天系统技术综合集成了多种学科、技术，其中许多技术处于时代发展的前沿。进入21世纪后，不断涌现出新概念、新原理、新技术、新工艺、新器件和新材料，正在挑战组织机构的技术基础和创新能力。航天型号研制的技术复杂性决定了其研制周期长、经费投入多和技术协作规模大的特点，而战略性的特点又引起各方面的关注和不同角色的参与。如何有效协调资源，处理复杂的合作关系，控制各种技术和非技术风险，保证按照性能指标、经费预算和计划进度要求完成研制任务，特别是实现飞行试验"一次成功"的质量目标，是对航天项目管理能力的巨大挑战。

在总结多年航天型号和系统工程管理的心得和经验的基础上，郭教授广泛深入地研究国内外先进的管理思想，特别是美国DOD、NASA以及ESA在项目管理和系统工程方面的理论和实践。在学习继承钱学森先生系统工程思想的基础上，探讨系统科学领域许多重要的理论和实践问题，形成了"航天工程是管理领域的系统工程"的观点以及相应的技术和方法，并在航天工程的管理工作中推广应用，已取得初步成果。

一、中国航天九十年代失利的启示—— 大型复杂技术项目管理的复杂性

（一）90 年代的接连失利以及原因分析

20 世纪 80 年代，经过 30 多年的发展，我国航天工业体系已初具规模，型号院体制稳定运转，基础设施已经具备一定规模。在科研实践当中中国航天形成了型号设计师系统和行政指挥系统两条指挥线。型号总体设计部强化系统总体和技术协调，保证了系统工程方法的实施。

同时，中国航天在 80 年代已人才荟萃。在完成了"三抓"任务以后，聂荣臻曾经评价说，"我素知这支队伍是一支坚强的攻关队伍，从指挥员到战斗员都身经百战，百炼千锤，基础扎实，善打硬仗。" 1986 年总结出航天精神是"自力更生、艰苦奋斗、大力协同、严谨务实、无私奉献、勇于攀登"。

航天技术在 80 年代也取得很多重大突破。导弹武器可以为国家安全服务；长征二号，长征三号、长征四号运载火箭为发射不同轨道各类卫星提供运载平台；还诞生了东方红二号通信卫星、风云一号气象卫星、返回式卫星、实践实验卫星等卫星型号。中国航天逐渐形成"弹、箭、星"三条产品体系，中国航天技术开始从实验阶段走向应用阶段。

然而到了 90 年代，中国航天却遭遇了连续失利。1992 年 3 月，CZ—2E 紧急关机；1992 年 4 月、11 月，连续两次自毁；1992 年 12 月，CZ—2E 爆炸；1993 年 10 月，返回舱未返回；1994 年 4 月，气象卫星起火燃烧；1994 年 12 月，通信卫星未定点；1995 年 1 月，CZ—2E 爆炸；1995 年 5 月，再次自毁；1995 年 11 月，CZ—3A 未入轨；1996 年 2 月，CZ—3B 坠毁；1996 年 8 月，CZ—3 未入轨……

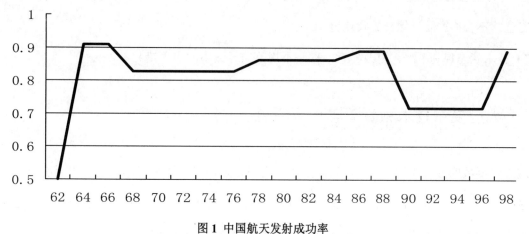

图 1 中国航天发射成功率

从图 1 中可以看出，进入 90 年代，发射成功率迅速跌至 70%。这一连串的失利给航天人以沉重的打击。然而经过事后严密的排查和分析，事故原因没有一例是因为技术不成熟造成，全部是由一点小的失误或者疏忽导致。这里面主要可以分类两大类：发射场质量问题和管理问题。

在发射场质量问题上主要存在以下几点：低水平、重复性故障（漏电、漏气、漏油，多余物），人为责任事故，小改出大错，器件失效等。

表 1 1996 年在发射场质量问题统计

型号名称	器件材料	技术	管理	其它	总数
A	6	11	49		66
B	4	1	13		18
C	6	5	16	4	31
D	10	9	21	4	44
合计	26	26	99	8	159
比例	16.4%	16.4%	62.2%	5%	100%

而在管理上，主要存在以下几点。

1）产品"三漏"久治不愈，几次重大飞行试验失利，都与泄漏有关。在星、箭、弹上电器设备漏电，密封接口漏气、漏油成为一种久治不愈的质量"常见病"。

2）多余物问题反复发生。密封面上有多余物，导致开关漏率超差。螺纹涂覆层脱落，造成电阻对地导通。管腔内经常能够发现机油以及金属碎屑等多余物。

3）无章可循，军品生产失控，质量检验形同虚设，不合格产品一路过关。

4）违章操作屡禁不止，不按规程操作，导致产品挤压，器件烧毁。

5）玩忽职守，蒙混过关，钻头断在销孔中，而居然又以此断钻头代替销钉交付。

6）外协配套管理松懈，配套单位对产品疏于管理，没有专门的技术和质量控制要求；单位擅自改变工艺，不合格产品仍然被验收使用。

7）技术状态控制不严，更改随意，程序不规范，导致小改出大错。

（二）大型复杂技术项目管理的复杂性

透过对事故的分析和学习，大家逐渐发现，造成诸多质量问题和管理问题的深层次原因是由于对大系统中的人、设备、器件材料、管理、任务、环境、技术、外协等众多要素以及他们之间的复杂关系没有清晰的认识和把握，更无法驾驭。这体现出在大型项目的实施和管理中存在各方面的复杂性需要我们清醒认识。事故原因见（图2）。

> 新经济环境下分配不平衡，影响人的事业心，责任感和积极性；
> 评职称、评成果、评奖励等政策过分强调技术进步增长点和科技成果；
> 片面地追求成果，难以继承成熟技术，推进标准化，系列化，模块化；
> 航天人才世代交替，年轻的一代在技术上和作风上锻炼不足；
> 从单一型号研制到多型号并举，管理模式不适应；
> 按型号组织队伍造成资源浪费，特别是人力资源浪费；
> 型号队伍之间技术隔离，难以发挥和发展专业技术综合优势；
> 鉴于利益关系，总体和分系统在技术上相互封锁，使总体作用减弱；
> 计划脱离实际，难以按研制程序办事，不同阶段研制交叉进行；
> 质量是软指标。在质量和进度矛盾时，质量服从进度；
> 许多质量规章制度形同虚设，质量体系流于形式，工作随意性强，规范不健全或者没有工作规范；
> 质量工作应从源头抓起，贯穿于研制，生产全过程中，不能过分依靠研制阶段后期层层评审把关；
> 评审走形式，有效性差，不能起到重大节点的把关作用；
> 对可靠性、安全性、工艺性等支撑性专业工作不重视；
> 政府、军方管理职责和权限不清楚，打乱了工作程序；
> 基础研究薄弱。预先研究与型号关键技术脱节，型号研制阶段还需要组织力量技术攻关，影响质量和进度；
> 航天科研生产实质上仍是指令性计划，而多数外购外协件却要按市场机制运作，执行经济合同，计划和市场之间存在冲突，合同执行不力，质量难以控制。

图 2 航天事故频发的原因

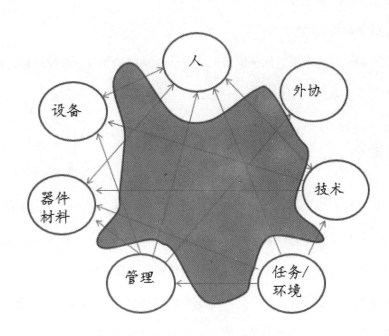

图 3 造成问题的各要素

1）环境复杂性。主要有世界政治、经济、军事形势的动荡；科学技术迅速发展；国内政治和经济体制改革逐步深入，社会文化、政策、法规、任务需求、物质条件、技术保障的变化；上层机构的管理模式、指令要求、资源配置的改变。

2）技术复杂性。怎样才能综合集成多种专业技术，精细协调界面关系，获得一个整体性能优化的产品？如何控制那些处于时代前沿新技术的风险，保证产品满足使用要求？

3）管理复杂性。怎样合理利用资源，降低管理风险，在满足指标、缩短周期、降低成本、保证质量完成当前任务的基础上，同时保持未来的可持续发展能力？怎样适应人的价值观多元化变化，凝聚群体创造力？遇到问题，怎样避免"头痛医头"、"顾此失彼"的应付式处理方式？

这就要求我们必须将大型复杂技术项目当作复杂系统看待，并采用系统的观点和方法对其复杂性进行管理。

二、系统、系统思维与系统工程

（一）系统

（1）贝塔朗菲：《一般系统论》

A system can be defined as a set of elements standing in interrelations.系统是相互关联的元素组成的整体。即：系统=元素 + 关系

（2）许国志：《系统科学》

系统是由相互制约的各个组成部分组成的具有一定功能的整体。系统功能由结构（元素、关系）和环境共同决定。即：系统功能= 元素 + 关系 + 环境

（二）系统理论

系统理论是以系统思想为基础发展形成的综合性科学理论，例如，一般系统论，控制论，信息论；自组织理论：耗散结构理论，协同学，超循环理论；非线性科学：混沌理论；系统复杂性理论等。系统理论的发展是对近代科学中还原论和机械论观点质疑的结果。

近代科学由伽利略、笛卡儿、牛顿等科学家开创的近代科学体系奠定了现代科学技术发展的基础，带来了人类社会的空前文明和繁荣。同时用还原方法揭示出来原子、中子、质子、电子，以至

基本粒子结构的"夸克模型"帮助我们对物质世界的组成有了非常清澈的认识。牛顿运动定律看起来是如此完美，以至于可以对极其广泛的自然现象，从天体运行到物体运动，做出准确、圆满的解释。

（1）还原论（Reductionism）

Reductionism ：a complex system is nothing but the sum of its parts，and that an account of it can be reduced to accounts of individual constituents.整体等于部分之和。事物高层次的行为规律完全决定于低层次的特征，只要把研究对象还原到某个基本层次，就能够认识事物的整体功能。或者说，部分决定整体。

（2）机械论（Mechanism）

Mechanism：natural wholes （principally living things） are like complicated machines or artifacts，composed of parts lacking any intrinsic relationship to each other.大自然的内在联系机制是简单的，一切运动都可以描述为机械运动的线性组合;生命和社会发展的各种运动形式也可以用机械运动的法则去解释； 但对事物微观层次部分的认识不等于对组成高层次时所涌现出来的整体特性的认识。生物和人类社会表现出的自组织和整体"涌现"的现象是复杂的，是不能用机械运动理论描述和解释的。

（3）贝塔朗菲:《一般系统论》

"The whole is more than the sum of parts"is simply that constitutive characteristics are not explainable from the characteristics of isolated parts.任何系统都是一个有机的整体，它不是各个部分的机械组合或简单相加。通过系统各组成部分之间以及与环境之间的相互作用，系统可以涌现出各组分在孤立状态下所没有的新质，从而保持不断的进化。

（4）许国志:《系统科学》

"系统科学的基本思想以这样一个基本命题为前提：系统是一切事物的存在方式之一，因而都可以用系统的观点来考察，用系统的方法来描述"。系统科学是通过揭露和克服还原论的片面性和局限性而发展起来的；是关于整体性的科学；是研究演化的科学。涌现、自组织、自适应、演化等系统复杂性特征，特别是宏观演化规律的微观机制是系统科学研究的核心。 系统的观点和方法有以下两点：

1）系统观点是整体和演化的观点。系统是由相互关联的部分组成的整体，在适应环境中发展演化。

2）系统方法是实现整体能力的方法。从整体出发，分解集成，实现整体能力优化。

（三）系统思维

系统思维（Systems thinking）是"对事物如何在整体中相互影响的认识过程"，"系统思维是一种解决问题的方式，它将问题视为整个系统的组成部分并考虑到问题的潜在影响，而不仅是对特定部分、结果或事件做出反应"。系统思维是关于整体性的思维，是用系统的观点和方法认识事物和处理问题的一种方式。应用于对系统的元素、关系和环境的分析是系统分析（Systems Analysis）；应用于工程领域是系统工程（Systems Engineering）。

系统思维应用于管理——从"关注细节"到"后退一步审视大画面"。系统思维帮助管理者以整体的视野去认识事物的复杂性，避免"片面"和"近视"的思维方式。

（四）Systems Engineering 与"系统工程"

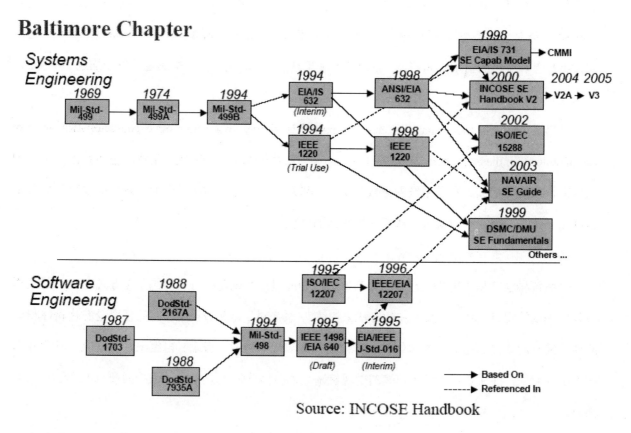

图 4 国外 Systems Engineering 标准

（1）MIL-STD-499A（1974）

Systems Engineering：A logical sequence of activities and decisions that transforms an operational need into a description of system performance parameters and a preferred system configuration.（一系列逻

辑相关的活动和决策，它把使用要求变为一组系统性能参数和一个适当的系统配置）。

（2）EIA Standard IS-632（1994）

An interdisciplinary approach that encompasses the entire technical effort, and evolves into and verifies an integrated and life cycle balanced set of system people, products, and process solutions that satisfy customer needs.（一个的跨学科方法，经过这个包含全部技术工作方法，可以演化和验证出一个集成化的、在生存周期内协调平衡的，由人、产品和过程组成，满足用户的需求的解决结论）。

（3）INCOSE（国际系统工程协会，2006）

1）Systems Engineering is an interdisciplinary approach and means to enable the realization of successful systems.

2）Systems Engineering focuses on defining customer needs and required functionality，integrates all the disciplines and specialty groups into a team effort forming a structured development process that proceeds from concept to production to operation，with the goal of providing a quality product that meets the user needs.

（4）NASA Systems Engineering Handbook

Systems engineering is a methodical，disciplined approach for the design，realization，technical management，operations，and retirement of a system.

（5）ESA

System Engineering Integration and Control ensures the integration of the various disciplines and participants throughout all the project phases in order to optimize the total definition and realization of the system.

系统工程可以翻译为 Systems Engineering；Systems Analysis；Systems Thinking 也可以是 Systems Science 或者 Systematic Project。

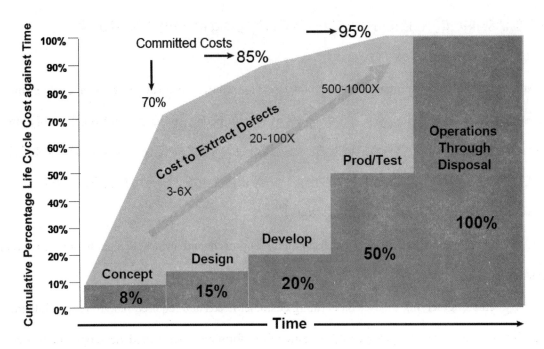

图 5 Committed Life Cycle Cost against Time

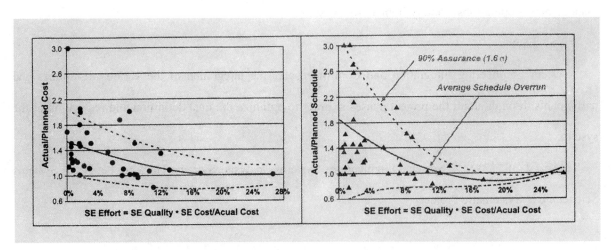

图 6 Cost and schedule overruns correlated with systems engineering effort

表 2 NASA Systems Engineering Handbook & University Systems Engineering Textbook

NASA Systems Engineering Handbook, 1995	Textbook: 《Systems Engineering Principle and Practice》, 2003	Textbook: 《Systems Engineering Management》
Systems Engineering fundamentals	Systems Engineering Foundations	Introduction to Systems Engineering
	The System Process	Systems Engineering Process
Systems Engineering Management	Systems Engineering Management	Systems Engineering Management
The Project Cycle for Major NASA Systems	Needs Analysis	System Design requirements
	Concept Exploration and Definition	Design Methods and tools
	Advanced Development	Design Review and Evaluation
	Engineering Design	
	Integration and Evaluation	
	Production	
	Operation and Support	
Integrating Engineering Specialties	Software Systems Engineering	Organization For SE
Systems Analysis and Modeling	SE Decision Tools	Supplier selection and Control

1. Introduction
2. The Systems Engineering Process
3. Requirements Analysis
4. Functional Analysis and Allocation
5. Design Synthesis
6. Verification
7. Systems Engineering Process Outputs

图 7 《Systems Engineering Fundaments》Defense Acquisition University

表3 国内大学典型系统工程教材内容

研究生教材： 系统工程学，2007 （Systems Engineering）	大学教材：系统工程 方法与应用，2005	大学教材： 系统工程方法论，2004
复杂系统与系统科学	系统科学概述	系统与系统论
系统工程理论	系统工程思想	系统科学
系统工程方法论	层次分析法	系统科学方法论
系统模型化原理	灰色理论及应用	系统工程方法：hall结构、运筹学、系统分析、网络分析
投入产出分析	系统辨识方法	系统优化
Petri 网	系统动态优化	开放的复杂巨系统及其方法论
系统动力学		研讨厅体系方法论
系统仿真及管理实验		系统复杂性科学
系统评价		
决策理论		
系统工程在人口领域应用		

（五）系统工程方法

系统工程方法（Systems Engineering）从需求出发，综合多种专业技术，通过分析—综合—试验的反复迭代过程，开发出一个整体性能优化的系统。系统工程方法既应用于技术过程也应用于管理过程。系统工程方法应用于管理过程称为系统工程管理。总体设计部的实践，体现"系统工程"方法。"系统工程"是一种对所有'系统'都具有普遍意义的科学方法"。"系统工程是广义的系统分析"。"系统工程学—包括系统科学、理论、方法和应用"。

三、科技工业项目管理的基本层次

（一）航天项目管理紧抓两条指挥线

1）航天型号管理的组织结构是在型号院领导下的型号指挥系统和型号设计师系统"两条指挥线"，以及一支独立的型号研制队伍。

2）型号指挥系统是航天型号任务的指挥体系，跨建制、跨部门对型号本研制生产实施组织、协调和指挥。型号总指挥是型号研制任务的总负责人，是资源保障方面的组织者、指挥者。

3）型号设计师系统是技术指挥线，对所负责的型号任务进行跨建制、跨部门的技术决策、指挥和协调。型号总设计师是研制任务的技术总负责人，在型号总指挥的领导下对型号的技术工作负全责。

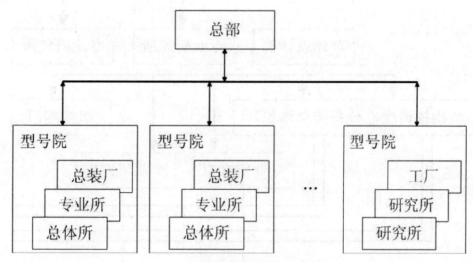

图8 航天型号院组织模式

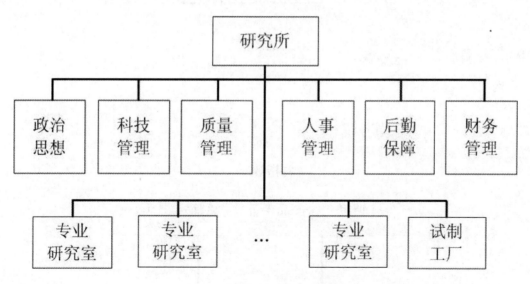

图9 研究所组织模式

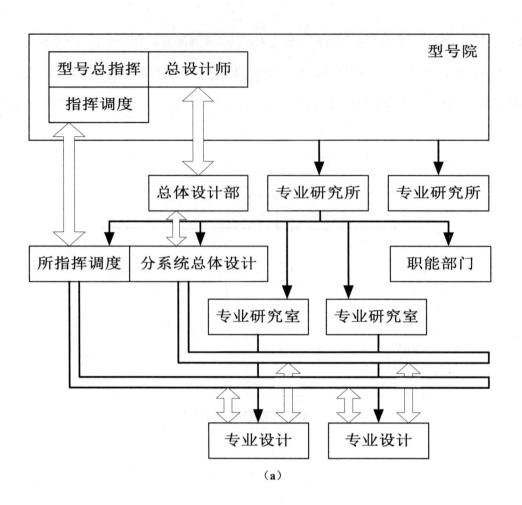

（a）

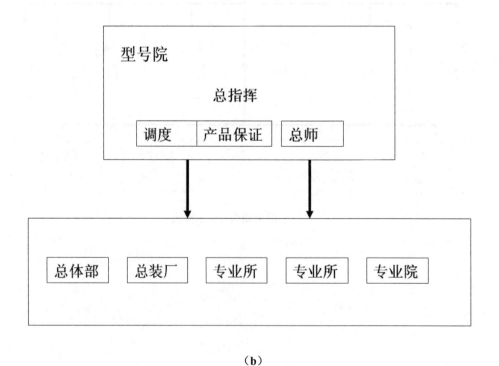

（b）

图 10 中国航天型号管理组织

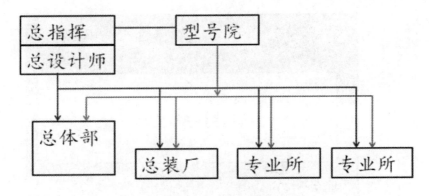

图 11　中国航天系统工程组织

（二）科技工业项目的管理层次

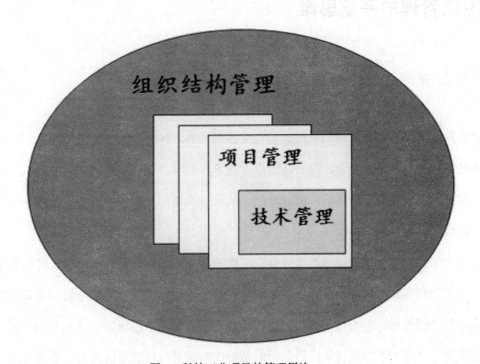

图 12　科技工业项目的管理层次

科技工业项目管理的系统观点和方法包括：组织机构管理需要系统思维；工程系统开发和管理采用系统工程方法；项目管理需要系统思维和系统工程方法。

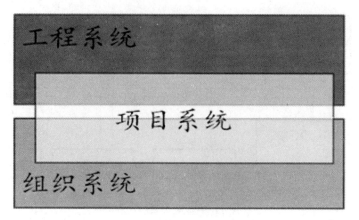

图 13 科技工业项目管理的基本系统

四、组织管理的系统思维

（一）组织管理提升面临的困境

组织机构是一个小型社会组织系统。以完成各项任务，保持持续发展为组织系统目标。其基本要素包括任务、人、设施、资金、物资、信息、技术、管理。有直线职能式、矩阵式、事业部式三种组织模式。组织机构的环境包括：国际政治、经济、军事环境；国内政策、法规和经济、技术基础；上级管理部门的指令和要求。

在一个考察某单位"新形势下管理提升"工作的活动中，单位领导安排各个部门作了关于"管理提升"的策划和实施报告，却没有任何关于提升本单位整体管理水平的分析和对策。因此，这个单位很难达到"管理提升"的目的。当工作任务变得繁重导致产品质量问题频发的时候，领导的第一反应往往会是"进一步加强质量控制"。 但是潜在的结果却可能是因为进一步增加了工作负担而使质量形势进一步恶化。

（二）科研生产需要系统思维

科研生产单位一种新产品研制成功，开始投入生产。此时强调产品化工作，对于提高生产效率，降低生产成本，保证产品质量，满足应用的需求是很必要的。但是由此提出本单位的发展要"向产品化转型"，用产品化"引领未来"，难免造成偏颇。 任何一个科研生产单位的发展，应当是创新与产品化两条腿走路，创新的同时要考虑成果的产品化，产品化的同时考虑新技术的研发。在产品成熟的阶段只强调产品化、市场化而放松研发创新，可能会影响未来的竞争能力。

著名系统动力学专家彼得·圣吉说过："系统思维将引导一条新路，使人由看片段到看整体，从对现状作被动反应，转为创造未来；从迷失在复杂的细节中，到掌握动态的均衡搭配。它将让我们看见小而效果集中的高杠杆点，产生以小博大的力量"。

局部甚至细节问题可能对整体产生重大的影响。但是局部问题的根源可能是在其他部分，或者受到相互之间、与外部环境之间复杂关系的影响。"只见树木，不见森林"，致力于解决局部或者细节的问题，可能失去了"退后一步审视大画面"的视野，从而既难以理解问题的复杂性，也难以找到解决问题的根本途径。 提升组织机构"方方面面"的管理水平是必要的。但是部门的优势不等于整体的优势。部门的工作目标是否符合组织机构的目标，组织机构的结构方式是否合理，界面关系是否协调，工作流程是否明确，整体管理能力是否能够持续适应形势的发展等问题，都不是部门所能够解决的问题。

"见招拆招"的应对式处理方式，可以针对当前急需解决的问题做出迅速响应，局部上看起来也能起到了一定的作用，但是整体上却可能是"按下葫芦起来瓢"的结果，对未来造成潜在的负面影响。不同阶段针对所关注的问题提出的各项管理规定不断累积"加和"，所形成的庞大文件体系可能掩盖了那些整体上有效的关键要求，而且也难免冗余繁杂，概念相悖，缺乏系统性，从而成为影响工作质量和效率的某种负面因素。

为了深入理解管理过程，寻找解决问题的有效途径，学者们想到了建模和仿真的方法。牛顿力学对物体运动的精准描述，工程系统建模方法的高度科学性使得系统学者热衷于对管理系统建立数学模型，用来定量的分析和理解对象的行为特性，寻找解决问题的对策。基于机械原理或者有机体概念建立数学模型的方法就是其中的一种趋向。

系统动力学是以一阶反馈回路作为系统的基本结构，以计算机技术为手段建立数学模型，用来描述和解决企业管理和社会系统的问题。

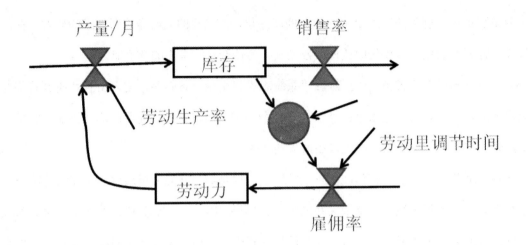

产量=劳动力*生产率

图 14 库存—劳动力模型

（三）充分发挥人的作用来实现管理提升

因为忽略人的动机和行为对管理和社会系统的影响，所以系统动力学"在对这方面的处理能力还十分有限"。

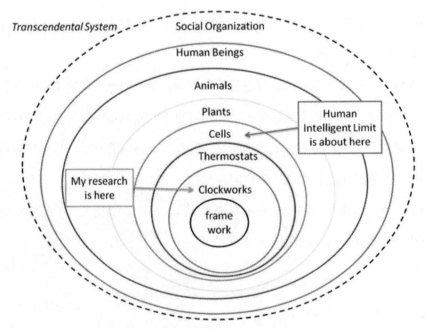

图 15 世界复杂性的九层次结构

今天，管理者也普遍相信系统复杂性也是观察管理的一种方式。人的复杂心理现象和不确定的行为成为管理复杂性的主要根源。高智能群体的合作可以是"三个臭皮匠等于诸葛亮"，产生巨大的创造力量，也可能是"三个和尚没水吃"，导致涣散的被动局面。简单的精神激励方式，命令—服从式的管理办法，难以得到预期的效果。激励和保持群体创造力，是今天管理的核心的问题。

管理复杂性问题既难以用确定性方法，也难以用概率论方法定量描述。如果把复杂性当作简单性来处理，把非线性当作线性来处理，例如基于一个线性化的模型：

$$E = \sum_{i=1}^{n} e_i$$

进行群体效能分析，那么丢掉的可能是最能反映本质特征的东西。

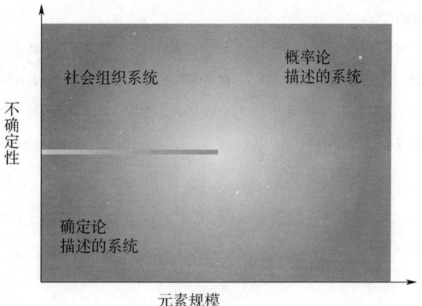

图 16 元素规模与不确定性的关系

许国志同志说"随着系统研究对象越来越复杂，定量化描述的困难越来越严重。系统科学要求重新评价定性方法，反对在系统研究中片面追求精确化，数量化的呼声越来越强烈。就是说，那种不能反映对象真实特性的定量描述不是科学的描述，必须放弃。"

彼得·圣吉以"系统思维"和"学习型组织"的概念来强调人和组织的自我修炼能力。"在过去，低廉的天然资源是一个国家经济发展的关键，传统的管理系统也是被设计用来开发这些资源，然而这样的时代正离我们而去，发挥人的创造力现在已经成为管理努力的重心"。从《第五项修炼》中我们得到了一些启示：系统思维关注整体；发挥人的创造力是管理的核心；系统基模"帮助我们观察藏于事件和细节之下的深层模式"。

"软系统方法（Soft Systems Methodology）将系统性从世界转移到对世界的调查过程。承认具有不同价值观、信仰、哲学和兴趣多个相关方、顾客或者课题提出方。注意力转到保证不同的、有时矛盾的世界观有充分的容纳空间，以便联合面对变更"。各级管理者是组织管理的实践者和决策者。他们在管理过程中身临其境，既了解组织机构元素、关系、环境的基本状况，也熟悉员工的动机、兴趣和价值观等个性倾向性以及他们的基本行为方式。他们既要积极引进新的管理理念，提升管理水平，又要及时响应和处理各种突发事件。在长期管理实践中，他们积累了丰富的经验和教训。

面对那些不能用简单方法处理的复杂性问题，他们掌握着第一手的数据和资料，仍然是最有知识和发言权的人。如果管理者和相关人员：具有系统思维能力；丰富的实践经验；客观、不受权力因素影响；代表着不同目标或利益的相关方面。那么这些人从不同视角提出的见解就是有价值的。经过反复讨论，甚至争论，最终综合集成并达成一致的观点和意见可能就是解决复杂管理问题最接近实际、最有效的途径。

钱老曾说"唯一能有效处理开放的复杂巨系统（包括社会系统）的方法，就是定性定量相结合的综合集成方法"。"我们是要把人的思维，思维的成果，人的知识、智慧以及各种情报、资料、信息统统集成起来，我看可以叫做大成智慧工程。这个方法，实际上是系统工程的一个发展，目的是为了解决开放的复杂巨系统的问题"。

第10讲（下）

大型复杂技术项目管理的系统思维与系统工程方法（下）

郭宝柱

一、中国航天系统工程方法

中国航天复杂技术项目管理体制历经调整变化，研制任务不断更新换代，而以强调总体为核心的系统工程方法一直是中国航天项目研制与管理实践不变的主旋律，是航天弹、箭、星、船研制成功的保证。

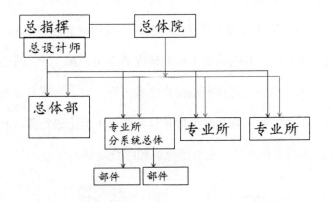

图1 中国航天系统工程组织

中国航天系统工程方法源于依靠自己的力量进行型号研制和管理的实践。从第一次自行设计的型号开始，中国航天的科技和管理人员就一直在进行着系统工程方法的探索。1978年钱学森在文汇报上发表的文章《组织管理的技术——系统工程》是第一次在媒体上宣传系统工程这门科学技术，也是对中国航天创建和发展时期系统工程实践的总结和理论上的升华。今天在中国航天，按研制程序开展工作，明确制定型号技术和计划流程，充分进行地面试验，控制技术状态，重视设计评审，对于技术人员和管理人员已经是一种自觉的行动。重视总体的作用和型号研制中的两条指挥线是根据中国特点而总结出的合理做法。

（一）总体设计：把需求变为工程系统

　　总体设计部是中国航天系统工程方法的体现。总体设计的基本任务是从用户任务的需求和上层的系统要求出发，在预算、进度和其他限制条件下，设计一个整体性能优化的系统。用户的要求，或者技术发展的要求，以及各种约束条件，是总体设计工作的出发点。总体首先确定系统在更大的系统环境下的位置和环境关系，再从整体优化的角度权衡分析和确定系统的功能及性能；然后将它们分解到各个分系统，又从整体优化的角度协调分系统与总体、分系统与分系统之间的接口关系，设计并组织系统试验和验证，最终完成系统的整体集成。

　　总体工作面对高水平的使用或技术要求，各种限制条件甚至苛刻的使用环境，参差不齐的技术基础，复杂的界面关系，利用原有的经验，发挥聪明才智，最终产生满足要求、整体性能优化的系统，实现的是整体功能的涌现和优化。按照系统论的观点，即在整体上实现了"1+1>2"，这就是总体设计工作的成果。中国航天总体设计的主体是总体设计部，根据组织结构的特点，总体设计工作也常有主要分系统总体人员参与，他们的工作也是系统工程工作的一部分。

　　钱学森认为，研制这样一个复杂系统所面临的问题是："怎样把比较笼统的初始研制要求逐步地变为成千上万个研制任务参加者的具体工作，以及怎样把这些工作最终综合成为一个技术上合理、经济上合算、研制周期短、能协调运转的实际系统，并使这个系统成为它所从属的更大系统的有效组成部分。"钱老以这种方式描述问题本身就已经在提示我们应当以系统的观点来分析问题，而解决问题的方法就是系统工程方法。有些系统工程的研究者常用一种"V"图的方式来描述系统工程工作的范围和基本方法。"V"图的左侧代表从用户需求出发，自上而下从系统、分系统到部件的层层定义和分解活动；"V"图的右侧，则代表部件和分系统自下而上进行集成和试验，最后得到经过验证的系统。由此可见，系统工程方法正是系统分解和综合集成的核心。

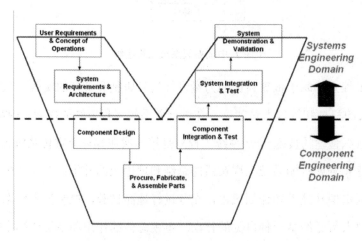

图 2　系统工程工作的范围和基本方法

（二）研制程序：有序逐步递进的研制过程

整体观点应用于过程系统，就是从全过程出发协调阶段或子过程的关系，使全过程运行优化。

复杂系统从任务需求到系统验证是一个很长的研制过程。研制程序的划定使得系统研制从需求出发，设计逐步细化，最终演化形成一个整体性能优化的系统。这是一个有序的逐步递进的研制过程。它保证了一个复杂系统的设计从开始就考虑到了所有专业和使用环境的要求，不会最后出现方案性的失败，同时也保证了一个长周期的研制过程能够分阶段来实施对目标的跟踪和控制。

系统生命周期包括从概念探索到系统退役的整个过程。研制程序是承包方从立项到交付的研制过程，是一个技术上循序渐进，管理上分阶段控制的过程。各个国家航天项目的研制都遵循预定的程序。一般来说，在论证阶段进行概念性探索和研究，方案阶段完成系统的方案设计，研制阶段完成系统的详细设计及相应的实验，生产出产品后进入部署、使用及维护、保障阶段。

1）概念探索阶段的目的是根据新形势下的应用需求或者技术发展机遇，探索新原理、新概念、新技术，提出符合发展战略并与能力水平相适应的新系统或新项目。

2）可行性论证阶段对于技术尚不成熟，存在技术风险的重大研究结果，特别是已经列入战略发展规划的项目，组织开展关键技术开发活动。对于符合战略发展方向并且在技术上已经达到适当成熟度的项目，进行深入的经济、技术可行性论证，形成《可行性论证报告》，提出新项目和新系统的使用要求和技术指标。

图 3 研制过程

3）方案阶段进行任务和技术指标分析，确定系统级功能、性能要求，建立功能基线。进一步将系统级要求分解和传递到分系统，完成系统方案设计，确定完整的系统和分系统设计规范，建立研制基线。

4）初样设计阶段进行工程样机的设计和研制，进行电性能试验、电磁兼容性试验以及力学、热等环境试验，完成大系统接口匹配试验。

5）正样设计阶段完成系统详细设计。经过自下而上各级的正样设计评审，建立生产基线，然后进行飞行产品的生产和验收试验。

在使用阶段进行发射场测试与发射。经过在轨测试，系统交付，投入使用，寿命末期进行处置。

表1 航天卫星研制程序（1995）

导弹	论证阶段	方案阶段	工程研制阶段		定型阶段
			初样阶段	试样阶段	

表2 航天导弹研制程序（1995）

卫星	论证阶段	方案阶段	初样阶段	正样阶段	在轨测试、交付，使用改进阶段

（三）系统工程过程：循序渐进的认识过程

在各个不同的研制阶段里，基本的系统工程活动可以概括为是一个分析—设计—验证反复进行，结构化的系统要求—体系结构转化过程。这些活动是系统工程工作的核心，称为系统工程过程。系统工程过程在整个系统研制过程中重复使用，它提供了一个结构化的方法，把要求逐步转化为系统规范和一个相应的体系结构。

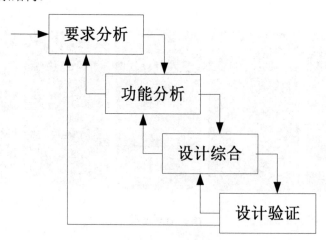

图4 系统工程过程

系统工程过程的第一步是任务分析。任务分析活动是为了澄清和确认用户需求和工作目标，明确限制条件，然后依此提出对系统的功能和性能要求。通过任务分析得到的共识是后续成功的功能和物理设计的基础。经过任务分析得到的系统级功能和性能，通过功能分析和分配活动进一步分解成为低层次功能。结果得到的是对一个系统功能的全面描述，即系统的功能结构。这个功能结构不仅描述了必须具有的全部功能，还反映了各种功能和性能要求之间的逻辑关系。

设计综合就是系统设计。系统设计按照从功能分析与分配过程中得到的系统功能和性能描述，在综合考虑各种相关工程技术影响的基础上发挥工程创造力，研制出一个能够满足要求且优化的系统物理结构。

验证活动的目的是确认所设计的各个层次的系统物理结构满足系统要求，保证能够在预定的性能指标下实现所要求的功能。验证方法包括分析（建模和仿真），演示验证和试验。充分的地面试验是航天型号成功的重要保证。

系统工程过程的每一个步骤都可以包括一个循环过程，对前一个步骤进行重新访问。系统工程过程的输出是一套明确定义系统设计、研制和试验的文件。

（四）系统工程管理

系统工程管理保证系统的分析、定义、集成和验证等工作有序进行，必要的工程专业并行展开。同时保证性能指标、进度和成本三要素的均衡进展。系统工程管理的内容主要包括技术方面的计划与控制，工作分解结构，评审与审查，风险管理以及技术状态管理等。

（1）技术工作分解结构（WBS）

可以把 WBS 看作两个部分：系统产品部分和保障实现部分。

工作分解结构的作用主要包括：便于合同双方理解全部工作内容，是协商的基础；便于明确每个子项的任务；便于理解子项之间以及他们与最终产品之间的关系；便于明确管理和技术责任；便于评估成本，制定预算；便于制订计划，跟踪工作进展、资源分配、经费开支情况。

（2）技术状态控制的基准

1）技术状态管理。或称配置管理是系统工程管理的重要手段，用于保持技术开发活动有序进行，控制更改，保证系统研制的完整性和跟踪性。在任何时候都可以确切描述已经做的是什么，要做的是什么，什么地方做了修改。

2）技术状态基线。基线概念是技术状态控制的基础。基线是在一个技术开发层次完成以后对系统状态的描述。后一个开发层次的重要研制活动应当在上一级基线建立，稳定和受控之后才能开始进行。在系统工程管理中通常使用的是功能基线、分配基线和产品基线。

在系统级要求确定以后，形成了系统级规范文件，同时系统级的基线（功能基线）也随之建立。系统级要求传递到低层次子项，形成子项的初步设计要求，子项的性能规范确定以后，就构成了系统的分配基线。然后，系统向详细设计进展，生产基线也开始随之建立。

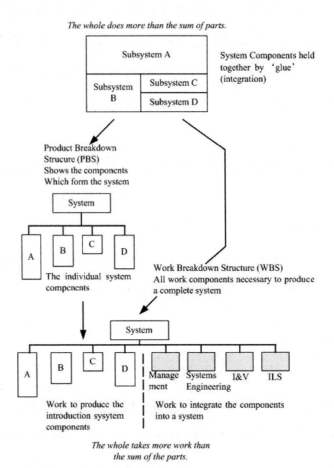

图 5 技术工作分解结构（WBS）

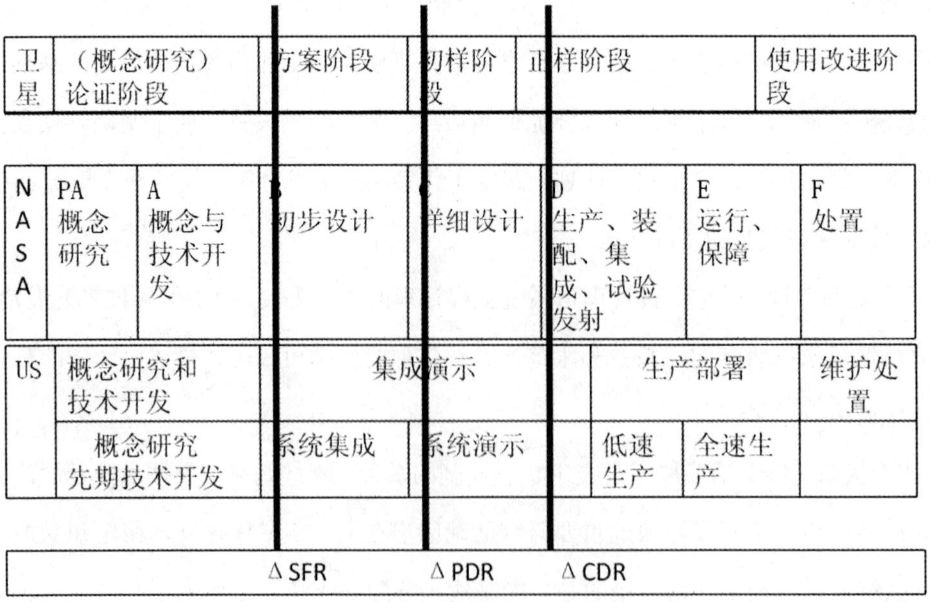

卫星	（概念研究）论证阶段		方案阶段	初样阶段	正样阶段		使用改进阶段
NASA	PA 概念研究	A 概念与技术开发	B 初步设计	C 详细设计	D 生产、装配、集成、试验发射	E 运行、保障	F 处置
US	概念研究和技术开发		集成演示		生产部署		维护处置
	概念研究先期技术开发		系统集成	系统演示	低速生产	全速生产	

△ SFR   △ PDR   △ CDR

图 6 技术状态控制

a）总体设计确定系统顶层规范，通过系统功能评审（SFR）建立功能基线，是方案设计的基础。

b）初步设计（方案设计）确定系统规范，通过初步设计评审（PDR）建立分配基线，是详细设计的基础。

c）详细设计确定生产规范，通过关键设计评审（CDR）建立生产基线，是正样生产的基础。

3）技术状态控制。是对更改过程的管理，是在基线建立以后对系统或子项目更改时所履行的申请、评估、批准等一系列工作程序。这个程序审定更改的必要性是保证更改对所有相关环节的影响都得到认识。

二、项目管理

二战以来国外的重大国防和航天计划不但是系统工程方法的典范，同时也是项目管理的源头之一。有人说，对于一个大型、复杂技术项目，项目管理和系统工程是"一个硬币的两个面"。

项目是有明确目标，需要在一定周期内完成的独特性工作任务。项目管理的目标是在计划进度和预算范围内，按照性能指标要求完成工作任务。在一般情况下，项目管理的模式是任命一位责权明确的项目经理，组织一个由不同职能部门人员和专业人员组成的集成化项目团队，并通过合同规定其他相关方面的技术经济责任。为了最终实现项目整体的经济效益目标，项目管理必须关注从项目启动到交付的全部工作内容。项目的范围管理保证对项目的全部工作有一个明确的认识、界定和控制；时间管理要求制定详细的项目工作计划，利用计划网络图等调度工具跟踪进展，对偏差进行控制；成本管理需要进行成本预算，有效地利用资源，控制在预算范围内完成项目任务；质量管理要实现全过程的质量控制，保证第一时间做好任何工作；人员管理保证组建项目团队，合理使用人力资源，激励积极性，协调相互关系，增强团队的凝聚力；沟通管理保证信息及时、准确的产生、收集、分发和存储，避免信息流的冗余、混乱和畸变；采办管理需要制定采办计划，选择供货单位，进行合同管理，保证从外部采办产品和服务及时到位；项目管理必须注意识别、分析和控制风险，包括制定风险管理计划，进行风险评估，分析风险发生的概率及危害的程度，并为控制风险做出合理的安排。

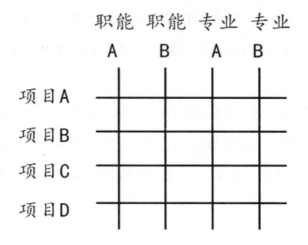

图 7 大型复杂技术项目的矩阵管理

大型复杂技术项目涉及复杂系统的开发和研制。这些系统需要融合许多处于时代前沿的科学知识和专业技术，经历很长的周期，投入很大的经费，从而导致很高的风险。因此项目中的技术开发成为最核心、最关键的工作内容。如果说项目管理是商务或经营管理，系统工程就是一个大型复杂技术项目中的技术管理或工程管理方法（图 8），其实施者是项目团队中的系统工程师，在中国航天是总体设计部。

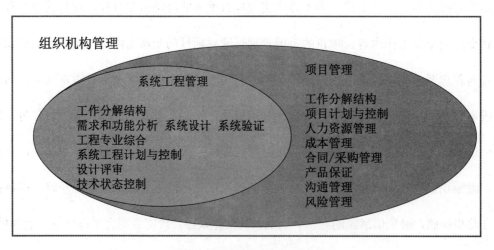

图 8 项目管理与系统工程

（一）中国航天项目管理

两条指挥线：航天项目管理的组织结构是在总体院领导下的项目指挥系统和项目设计师系统"两条指挥线"，以及一支独立的项目研制队伍。

项目指挥系统是航天项目任务的指挥体系，跨建制、跨部门对项目本研制生产实施组织、协调和指挥。项目总指挥是项目研制任务的总负责人，是资源保障方面的组织者、指挥者。

项目设计师系统是技术指挥线，对所负责的项目任务进行跨建制、跨部门的技术决策、指挥和协调。项目总设计师是研制任务的技术总负责人，在项目总指挥的领导下对项目的技术工作负全责。

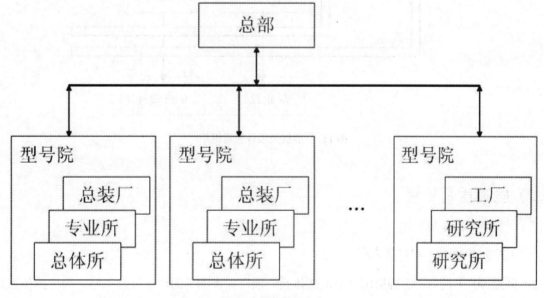

图 9 总体院管理组织

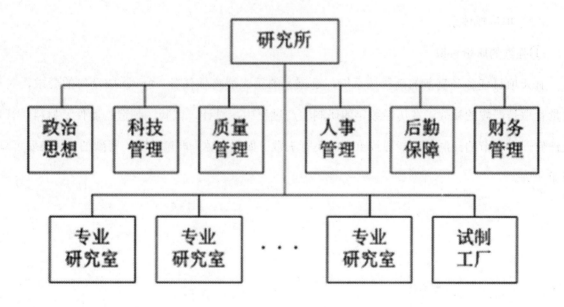

图 10 项目管理组织

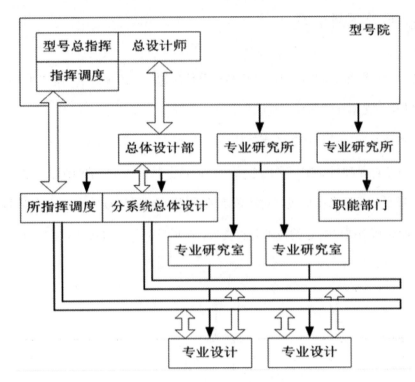

图 11 中国航天项目管理组织

（二）航天质量管理

（1）单位抓体系、项目抓大纲

20 世纪 90 年代中期明确提出"单位抓体系、项目抓大纲"的质量管理思路。单位抓体系是指单位建立质量保证体系；项目抓大纲是指项目实施产品保证大纲

（2）单位抓体系

①强烈的质量意识

航天项目任务是复杂的高科技系统，是国家的重大战略性任务。"一次成功"的要求，对于质量管理是严峻的挑战。在历经数年的研制生产过程中，设计、试验、制造、器件、材料、管理上任何一个环节的漏洞都可能导致重大的飞行失败。如履薄冰：严肃认真、周到细致、稳妥可靠、万无一失。

总指挥
总设计师
调度
产品保证
总体部
总装厂
专业所
专业所
专业院

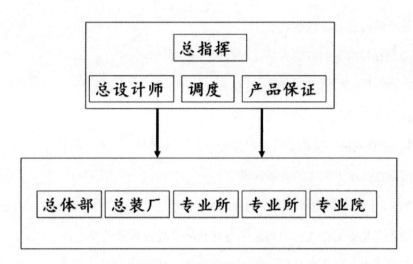

图 12 管理职责

②明确的管理职责

③质量规章制度

质量保证——增强用户对产品质量的信心

过程：采购、设计、试验、生产

质量控制——控制产品质量，满足质量要求

产品：材料元器件、工艺、软件、问题归零、

持续改进：不断增加新的管理要求

（2）项目：产品保证大纲

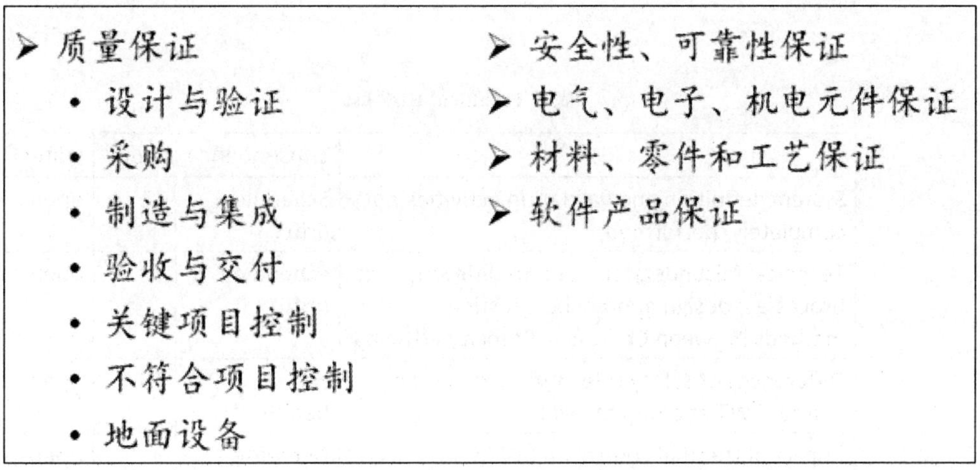

➢ 质量保证
• 设计与验证
• 采购
• 制造与集成
• 验收与交付
• 关键项目控制
• 不符合项目控制
• 地面设备
➢ 安全性、可靠性保证
➢ 电气、电子、机电元件保证
➢ 材料、零件和工艺保证
➢ 软件产品保证

图 13 产品保证大纲

①双五条质量问题归零标准

1）质量问题在技术上归零的五条标准：

定位准确、机理清楚、问题复现、措施有效、举一反三

2）质量问题在管理上归零的五条标准：

过程清楚、责任明确、措施落实、严肃处理、完善规章

②质量问题在技术上归零的五条标准

1）定位准确是指必须确定故障所在的分系统、部件、电路、器件，必要时应确定器件的内部缺陷；

2）机理清楚是指必须令人信服地说明是什么故障导致现象的发现；

3）故障复现是在实验室条件下，根据故障条件，使故障重现；

4）措施有效是指所采取的措施必须彻底解决问题；

5）举一反三是查一查同样的故障在同类产品上会不会发生。

③质量问题在管理上归零的五条标准

1）"过程清楚"，就是要查明质量问题发生、发展的全过程和原因；

2）"责任明确"，就是要分清导致问题发生各环节上单位及各类人员的责任；

3）"处理严肃"，对于管理问题应当采取严肃的态度；对于那些玩忽职守、有章不循、弄虚作假，给国家或单位造成重大政治、经济损失的责任者，应当进行严肃的处罚；

4）"措施落实"，就是针对出现的问题，落实有效的管理措施，举一反三，堵塞管理漏洞，杜绝类似问题重复发生；

5）"完善规章"，就是健全规章制度，经细化分解后，落实到每个岗位和管理工作的每个环节上。

（三）航天风险管理

表 3 Technical Risk list

Risk	consequence	index	status
System definition and validation activities not completely performed	Schedule drift	12	open
Technical misunderstand due to differences in processes, design approaches, testing methods between Chinese & French partners	Schedule drift	12	open
Differences of safety rule during radiation test for TWT at antenna level	Human health	10	open
Impact of thermal control on SWIM performance	Decrease performance	9	open
Incompatibility of satellite to ground interfaces	Schedule drift	9	open

（1）风险管理的基本理念

1）风险。是指对成功的威胁，用发生概率和后果严重性评估，一般伴随着目标出现。风险思维是顶层思维。

2）风险管理。风险管理属于前瞻性管理，按照风险程度投入资源，有识别、评估、处理和监督的过程。

（2）风险管理过程

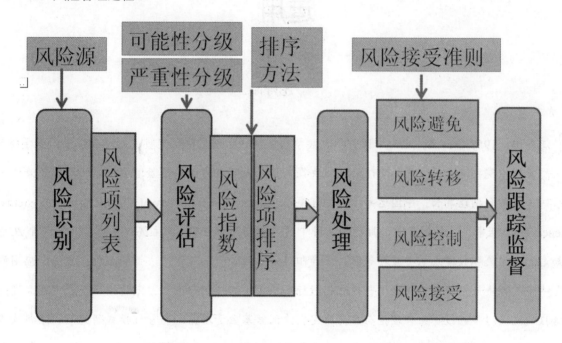

图 14　风险管理过程

三、结论

面对复杂性，科技工业组织管理要采用系统思维和系统工程方法。组织机构管理要采用系统思维。系统思维是关于整体性的思维，是从关注细节到"后退一步审视大画面"的思维方式。人的复杂性、群体创造力是管理的核心问题。工程系统研制采用系统工程方法，即从需求出发，强调总体设计，通过分解—集成过程，开发出整体性能优化的系统。科技工程项目管理中，工程系统开发管理采用系统工程方法。项目团队管理是复杂性管理，采用系统思维方式。

第 11 讲

TEL@I 方法论及其在经济分析与金融预测中的运用

汪寿阳

汪寿阳，1958 年出生，现为中国科学院数学与系统科学研究院研究员、副院长，中国科学院研究生院管理学院副院长，中国科学院管理、决策与信息系统重点研究实验室主任。汪寿阳还兼任中国系统工程学会副理事长，中国运筹学会副理事长，International Society of Knowledge and Systems Sciences 执行理事，10 种国际学术期刊和 8 种中国学术期刊的主编、副主编或编委以及海内外 20 余所知名大学的兼职教授或名誉教授等职。汪寿阳目前承担着"不确定性决策的理论、方法与应用研究"、"多属性决策框架及其在香港与内地招投标和拍卖中的应用研究"、"期货市场与大宗商品国际话语权研究"、"多期投资组合理论与应用研究"、"国家基金资助格局与管理模式研究"、"学科战略与优先资助领域研究"等多项国家自然科学基金项目以及"宏观经济预警系统研究"等部委合作项目。他在金融管理、物流管理、供应链管理、冲突分析与对策论、预测技术等领域做出了许多得到国际同行高度好评和政府有关决策部门高度重视的研究工作。研究成果先后获得省部委科技进步奖（自然科学奖）一等奖 2 次、二等奖 3 次及三等奖 3 次；获得中国科学院青年科学家奖、中国青年科技奖、中国科学院优秀导师奖、国家杰出青年基金等；在 1996 年入选中国科学院"百人计划"和第一批入选国家人事部"百千万人才计划"第一、二层次。

在复杂系统中，由于各种组成要素交互作用以及外部因素的相互影响，复杂系统具有突显性和非线性等特征，使得传统的线性研究范式很难处理复杂系统的相关问题。因此，众多学者被吸引投入此领域的研究，形成了一个新的交叉性学科——复杂性科学，并涌现出了许多新的理论、方法和模型。

原油是世界上最重要的能源之一，对于石油出口国来说，石油价格的上涨能够推动 GDP 的增长，因此，很难预测和分析原油价格。原油期货价格主要由供给和需求决定，但受许多过去、现在及未来不规则的事件的强烈影响。同时，随着资本涌入等情况的出现，油价预测不能过于依赖传统方法，应探索新的方法成为一种必然。我的研究方法既基于前人又有所突破，主要介绍 EMD（经验模态分解）方法。经验模态分解（Empirical Mode Decomposition，EMD）方法是美国 NASA 的黄锷博士提出的一种信号分析方法。EMD 依据数据自身的时间尺度特征进行信号分解，无须预先设定任何基函数。运用经验模态分解一般非线性及非平稳数据的分解方法对原油价格进行分析，得出油价主要受到三个方面的影响：长期供求关系、商品基金、大事件的冲击。EMD 研究原油价格趋势的精确度很高，它与实际原油价格的误差很小。精确地预测原油价格对于国家的战略调整以及经济发展都起着重要的作用。

TEI@I 方法论的理论基础和基于 TEI@I 预测模型的理论框架。TEI@I 方法论是一种结合传统统计技术与新兴人工智能技术的方法论。它是基于"文本挖掘（Text mining）+经济计量（Econometrics）+智能技术（Intelligence）@集成技术（Integration）"所形成的。这里用"@"而不用"+"，主要目的在于强调是一种非叠加性的集成，也就是说，强调集成的中心作用。在这个方法论中，系统地融合了文本挖掘技术、经济计量模型、人工智能技术及系统集成技术。在复杂系统的分析与研究中，TEI@I 方法论是基于一种"先分解后集成"的思想，首先将复杂系统分解，利用经济计量模型来分析对复杂系统呈现的主要趋势，利用人工智能技术来分析复杂系统的非线性与不确定性；然后利用文本挖掘等技术来分析复杂系统的突显性与不稳定性；最后基于集成的思想，把以上分解的复杂系统的各个部分集成起来，形成对复杂系统整体的认识，最终实现分析复杂系统的目的。

以处理复杂系统的 TEI@I 方法论为理论基础，我和我的学生针对经济分析与金融预测问题构建了一个基于 TEI@I 方法论的预测模型的理论框架。具体理论框架结构如图 1 所示。

与 TEI@I 方法论基本思想类似，基于 TEI@I 的预测模型是以集成技术为核心，以人工神经网络技术为集成工具，将文本挖掘技术、传统的计量经济模型和人工智能技术（如神经网络、专家系统和粗集理论等）综合集成起来。从图 1 可以看出，这个基于 TEI@I 方法论的预测模型总体框架包括六个主要的模块：人—机界面模块、基于 Web 的文本挖掘模块、经济计量模块、基于规则的专家系统模块、基于神经网络的误差校正模块以及库与库管理模块。

（1）人—机界面模块

在 TEI@I 方法论中，人—机界面（Man-Machine Interface，MMI）是一个用户与 TEI@I 预测系统人—机交互信息的图形化窗口。它的主要功能是处理用户与系统之间的信息输入/输出。同时，它也是库与库管理模块构建过程中计算机与知识工程师或领域专家交流信息的平台。人—机界面模块也可以与其他 4 个主要模块（即基于 Web 的文本挖掘模块、经济计量模块、基于规则的专家系统模块、基于神经网络的误差校正模块）进行交互。因此在某种意义上，人—机界面模块是用户与 TEI@I

预测系统其他模块进行交互的开放平台。

（2）基于 Web 的文本挖掘模块

这个模块是 TEI@I 方法论的主要组件之一。金融预测的不稳定性与波动性经常是由一些突发的重要事件所引发的，而在预测中，这些重要事件产生的影响往往是不能忽略的。为了提高预测精度，一些相关的重要事件必须纳入预测系统之中。因此有必要收集各种重要事件，并将其影响予以量化。

（3）基于规则的专家系统模块

专家系统的核心在于知识库，我所讲的知识库主要由各种类型的规则组成，是由知识工程师从各个渠道（如历史知识推理或咨询领域专家）收集和总结出来的知识，专家系统主要用来提取规则和获取知识。在外汇汇率预测中，专家系统模块的主要任务是通过推理来提取价格波动与重要突发事件的关系，从而判断价格的变动情况。

在基于规则的专家系统模块中，推理机制（inference engine，IE）和解释机制（explanationmechanism，EM）通过用户界面与用户进行交互。推理机制和解释机制主要是提供自动的规则对比与规则解释。这样，通过文本挖掘模块与专家系统模块，就可以捕捉到不规则事件对价格波动的影响。这部分不规则突发事件对价格的影响被当作判断性调整成为集成预测的一部分。通过文本挖掘与专家系统，可以量化一些不规则因素和重要事件对外汇汇率的影响。

（4）经济计量模块

经济计量模块包括大量的建模技术与模型。究其根源，是基于回归的思想。因此，经济计量模块大部分方法都是使用回归技术来预测，分为普通回归分析和多层递阶回归分析两类。

普通回归分析法是一种应用广泛、理论性较强的定量预测方法。它的基本思路是分析预测对象与有关因素的相互联系，用适当的回归预测模型（即回归方程）表达，然后再根据数学模型预测其未来状态。多层递阶回归分析法是运用现代控制理论中的系统辨识方法提出的一种预测理论，它打破了一般统计预测方法中所使用的固定参数预测模型，而是将预测对象看成是随机动态的时变系统，其基本思想是把时变系统的状态预测分离成对时变参数的预测及在此基础上对系统的状态预测两部分，对时变参数的预测使得状态预测误差减小。多层递阶方法把动态系统看成是一个一维或多维的时间序列，从系统的外部特征着手，建立其输入、输出模型。它依据大量的历史资料进行序列的多层分析，使预测模型的建模过程所依据的信息量大大增加，使所得的模型能较好地反映系统的历史演变规律，从而有利于提高模型对预测的适应性。

在本讲中，经济计量模块主要用来捕捉价格波动中的主要趋势部分，对于非线性部分则用非线性技术来拟合，这里采用人工神经网络。

（5）基于神经网络的误差校正模块

由于外汇汇率的随机性、多样性、时变性同时存在，而传统预测方法的数学模型往往无法精确地描述价格波动与影响因素之间错综复杂的关系，解决这方面的问题，人工神经网络中的多层前向网络模型（BP 神经网络模型）具有独到的优势。

（6）库与库管理模块

库与库管理模块是 TEI@I 方法论的重要组成部分，包括模型库（Model Base，MB）、知识库（Knowledge Base，KB）和数据库（DataBase，DB）。TEI@I 方法论的每一个模块都与这个模块有着密切的联系。例如，经济计量模块与神经网络模块需要利用模型库和数据库，而基于规则的专家系统则需要使用知识库和数据库，如图 1 所示。

在库与库管理模块中，知识库是知识工程师或领域专家知识的集聚和历史经验的推理，如从数据库中的历史数据可以抽取有用的信息。从某种意义上讲，知识库的好坏决定了方法论的预测能力。数据库是由一些相关的数据组成的，这个数据库相对较易形成。而模型库是由方法论的模型、方法与技术组成，这里主要支持神经网络模块和文本挖掘模块。

在库与库管理模块中，知识库有上千条代表领域专家的启发式规则和经验性规则。知识管理与验证利用知识获取工具可以为知识库增加新规则、修改和删除旧规则；同时，知识管理与验证还能检查知识库的一致性、完备性和冗余性。利用知识获取工具，领域专家可以抽取规则，使之成为"IF…THEN…"的格式，并自动转化为内部编码形式。当新规则增加之后，知识库验证器就要检查新规则增加后所引发的不一致性、不完备性和冗余性，保证知识库的正常运行。此外，调整引擎（Tuning Engine，TE）通过分析最新的事件和相应的规则变化，从而调整知识库的知识。在动态环境下，由于信息更新的加快，持续的知识调整变得非常必要。

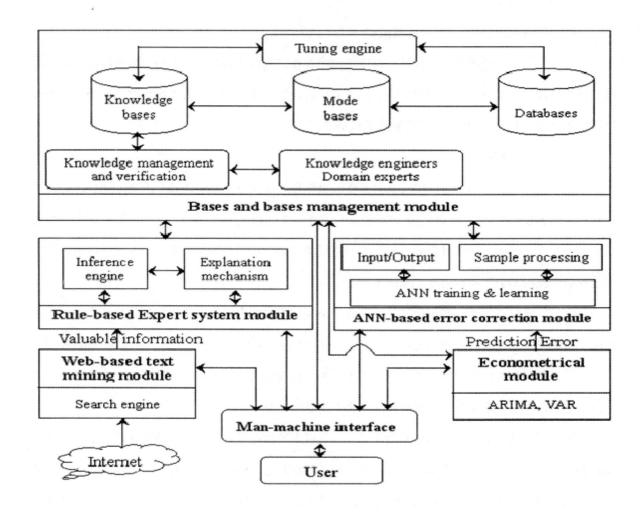

图 1 基于 TEI@I 方法论的总体框架架构

第 12 讲（上）

产业成熟度的系统构建（上）

王崑声　葛宏志

王崑声，中国航天系统科学与工程研究院院长，中国航天社会系统工程实验室（CALSSE）理事，中国宇航学会计算机专业委员会主任委员，中国系统工程学会、中国自动化学会、中国数量经济学会、中国信息协会理事、中国社会经济系统分析研究会副理事长、中国计算机用户协会仿真应用分会理事会副理事长，中国航天工程科技发展战略研究院秘书长、副院长。

1982 年 8 月毕业于北京航空航天大学自动控制专业，1985 年 6 月天津大学系统工程专业研究生毕业，获硕士学位。历任航天七一〇所研究部副主任、主任、副所长、所长、中国航天工程咨询中心主任。

长期从事系统工程、信息化技术和工程研究，参与并负责研究课题 70 多项。撰写专题报告和发表学术论文 50 多篇。曾获国家科技进步奖 3 项；获国防科技进步奖 5 项；获其他省部级科技进步奖 3 项。2000 年享受政府特殊津贴；2002 年被授予"集团公司跨世纪青年学术带头人"、"部级有突出贡献专家"；2004 年被授予"首批新世纪百千万人才工程国家级人选"和"集团公司 2518 核心人才工程人选"；优秀高级管理人才、优秀硕士生导师和航天奖获得者。

成熟度模型是用于描述和评估事物处于能达到某种期望能力的状态或程度的框架与方法。这个定义有两个方面需要强调：首先，成熟度是一种评价方法，其评价基准是以成熟与否来刻画的；其次，这种评估是动态的，就像果实从不成熟到成熟需要不断变化一样，被评估对象也要求随时间不断改进和提高，包含了"以评促建"的内涵。

一、产业成熟度

（一）产业成熟度评价模型

在产业范畴内，成熟度评价对象可以是形成新兴产业、产品、市场、重大技术突破或颠覆性技术、人才队伍、以及制造能力，可以将这些成熟度评价综合到产业成熟度模型中，如图1所示。根据产业成熟度框架模型，首先分别依据标准评价技术成熟度、队伍成熟度和制造成熟度，再以技术成熟度、队伍成熟度和制造成熟度为基础综合集成出产品成熟度。依据标准评价市场成熟度，最后以产品成熟度和市场成熟度评价为基础综合集成出产业成熟度。

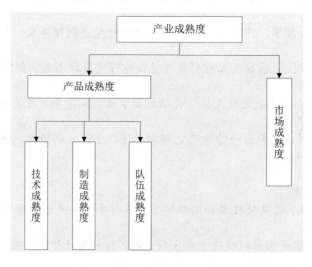

图1 产业成熟度评价模型

通过对产业成熟度评价（从定性到定量）和对未来发展趋势的预测（可以结合发展规划和路线图，从静态到动态），能够客观地掌握产业现状，科学的安排和调整新兴产业培育与发展的时序和力度。另外，根据成熟度评价结果提出的建议，结合体系的评价指标体系理论方法，进一步对新兴产业培育和发展的重大技术进行排序，为管理和科研人员提供有价值的决策依据。产业成熟度处于培育期或发展期的重大技术突破或颠覆性技术，人才队伍、制造能力、市场要进行优先培育和发展。

（二）产业成熟度评价要素

按照系统评价的一般原理，产业成熟度评价的要素包括：评价组织机构、评价对象、评价方法和评价结果四个方面的要素，如图2所示。

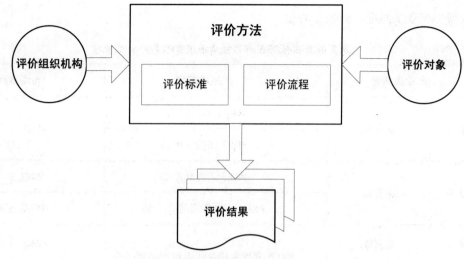

图 2 成熟度评价要素框架图

评价组织机构：各产业领域组专家自评价。

评价对象：按照指标体系选择出的有可能成为新兴产业的重大技术突破或颠覆性技术。

评价方法：包括成熟度评价标准、评价流程和评价表单，其中成熟度评价标准包括技术成熟度、队伍成熟度、制造成熟度、市场成熟度等评价标准。

评价结果：各领域成熟度现状与趋势汇总表。

此外，成熟度评价要坚持客观公正的原则，主要依据信息包括国内外技术、制造和市场方面的最新发展现状和趋势等。

（三）产业成熟度等级定义及采集方法

将产业发展成熟过程划分为 4 个阶段，用来表示产业成熟的不同程度，如表 1 所示。

表 1 产业成熟度等级说明

IML	定义	说明
1	萌芽期	技术、产品和市场处于萌芽期
2	培育期	技术和产品处于研发期，市场期望值很高，一般需要国家政策扶持或市场培育
3	发展期	技术和产品不断成熟，市场还有较大提升空间
4	成熟期	生产力成熟，市场供需稳定，产业规模达到顶峰

对于一项重大技术突破或颠覆性技术，在分别评价出产品成熟度和市场成熟度之后，可以通过

综合集成得出产业成熟度，如表 2 所示。

表 2 由产品成熟度和市场成熟度集成为产业成熟度

产业成熟度		产品成熟度	市场成熟度
IML 1	萌芽期	PRL1 概念产品	MML 1 萌芽
		PRL2 实验室产品	
IML 2	培育期	PRL3 工程化产品	MML 2 导入
		PRL4 小批量市场化产品	MML 3 成长
IML 3	发展期	PRL5 大批量精益化市场产品或高质量细分市场产品	MML 4 整合
IML 4	成熟期		MML 5 成熟

二、技术成熟度

（一）技术成熟度等级定义

技术成熟度的概念起源于美国国家航空航天局（NASA），20 世纪 90 年代基本趋于成熟，进入 21 世纪之后被美国国防部（DOD）广泛用于国防采办项目管理。目前，已经成为美国国防部采办的强制性程序，在降低装备研制技术风险和解决装备研制"拖进度、降指标、涨费用"等问题方面发挥了重要作用，成为推动国防技术发展和装备研制的重要手段。此外，技术成熟度评价还被美国国家审计署（或问责局，GAO）、美国能源部（DOE）、美国国土安全部（DHS）、英国国防部、欧空局（ESA）等机构或组织广泛采用。

技术成熟度等级（Technology Readiness Level，TRL），是对技术发展状态的成熟程度进行度量和评价的一种标准。遵循技术成熟过程符合循序渐进、螺旋上升的一般发展规律，技术成熟度将技术发展成熟过程划分为 9 个级别或阶段，其中 TRL1 级最低，TRL9 级最高。

明确定义和准确把握技术成熟度等级定义及各级内涵，是做好技术成熟度评价工作的基础。我们课题组在严格遵照国外经典技术成熟度定义的前提下，按照以下两个原则制定新兴产业成熟度评价中的技术成熟度等级定义：一是具有普适性，就是要适用于不同的领域和技术；二是容易理解，就是要采用我国科技人员比较容易理解的术语来描述。

技术成熟度的等级定义见表3。

表3 技术成熟度等级定义

TRL	定义
1	基本原理清晰
2	技术概念和应用设想明确
3	技术概念和应用设想通过可行性验证
4	以原理样机为载体通过实验室环境验证
5	以原理样机为载体通过典型模拟使用环境验证
6	以演示样机为载体通过典型模拟使用环境验证
7	以工程样机为载体通过典型使用环境验证
8	以生产样机为载体通过使用环境验证和试用
9	以产品为载体通过实际使用

技术成熟的起点和终点：起点是发现了可以作为关键技术发展基础的科学原理或者技术原理，终点是应用该项关键技术的产品得到实际使用。

技术成熟度与技术可行性的对应关系：

TRL 1～3级：对该技术在科学意义上的可行性进行演示。

TRL 4～6级：对该技术在工程意义上的可行性进行演示。

TRL 7～8级：对该技术在使用意义上的可行性进行演示。

TRL 9级：对该技术符合用户使用要求进行演示。

技术成熟度等级、技术研发阶段和典型科研项目的一般关系见表4。

技术成熟度等级划分中使用的术语包括两类：一类是技术载体，一类是试验环境。技术成熟过程也是技术的两个属性（技术载体、试验环境）逐步接近最终产品和最终使用环境的过程。为帮助评价人员更好地理解技术成熟度，下面分别解释说明有关术语。

技术载体，即技术成果的物化形式，例如原理样机、演示样机、工程样机、生产样机和最终产品。技术成熟过程是技术载体的逼真度相对于最终产品的逼真度逐步提高的过程，因此技术载体的逼真度是判断技术成熟度的重要特征之一。

表 4 技术成熟度等级、技术研发阶段和典型科研项目的一般关系

TRL	技术研发阶段	典型科研项目
1	原理探索阶段	自然科学基金项目、973 项目、基础科研项目
2		
3		
4	技术开发阶段	863 项目、背景型号技术预先研究项目
5		
6		
7	产品开发阶段	工程研制项目、产品开发项目
8		
9	批产与改进阶段	

（1）原理样机

原理样机，主要用于演示技术原理和功能的试验品。通常技术参数是按照预先研究之初的设想而确定的，没有十分明确的工程产品要求，在功能上接近或达到使用要求，在性能方面存在较大折扣，内部组成通常包括一些替代件，也不考虑产品的最终形式，一般只适合在实验室内试验。原理样机一般出现在 TRL4~5 级。

（2）演示样机

演示样机，为演示验证技术的主要功能和性能是否具备进入工程产品研制阶段的条件而研制的样机，全面考核技术的功能和性能，它适合对技术在外场等典型模拟使用环境中进行试验考核。演示样机一般出现在 TRL6 级。演示验证通过以后，标志着可以由技术开发阶段进入工程产品开发阶段。

（3）工程样机

工程样机，是指在工程产品研制过程中，以明确的工程产品需求规格要求为目标（例如有严格的性能、结构、成本和质量要求）进行试验验证而研制的样机。演示样机一般出现在 TRL7 级。

（4）生产样机

生产样机，是指在批量生产和交付用户使用之前，为完成产品的设计定型和生产定型，而在实际使用环境下进行考核而研制的样机。演示样机一般出现在 TRL8 级。

（5）产品

产品，是指研制单位交付用户使用或推向市场销售的系统。

试验环境，即对技术载体的功能和性能进行考核的环境，例如实验室环境、模拟使用环境、典型使用环境、使用环境。技术成熟过程中，技术考核环境相对于真实使用环境的逼真度逐步提高，因此试验环境的逼真度也是判断技术成熟度的重要特征之一。对于环境敏感类技术而言，试验环境的逼真度是判断其技术成熟度的重要因素。

（1）使用环境

使用环境，是指实际产品被使用时的真实环境，包括物理环境、逻辑环境、数据环境。

例如，就火箭氢氧发动机而言，其使用环境应该是火箭飞行试验的空间环境；就舵机系统的弹翼而言，其使用环境是导弹在一定马赫数下的飞行环境；就卫星而言，其使用环境是高度为几百千米至几万千米的空间环境。

（2）模拟使用环境

模拟使用环境，是使用环境的一个特殊的子集，它模拟了使用环境中某些关键因素，能够对技术的验证提供一定的压力。

不同技术的模拟使用环境不同，可以是实验室环境、外场环境。实验室环境，如各类风洞、高低温罐、真空罐、振动台；外场环境，如大型试车台、高寒地带公路运输、挂飞、搭载、抛射。

例如，氢氧火箭发动机的低逼真度模拟使用环境可以是地面环境（因为，非吸气的特点使其工作条件不受大气压影响，发动机性能受大气压的影响很小），高逼真度的模拟使用环境应该是高空模拟环境；与气动有关的弹体的模拟使用环境应该是空间环境。控制系统的模拟使用环境可以是仿真的外部数据加上闭合回路的实验室环境。即使是空间环境，它对于最终的使用环境的逼真度也要根据验证关键技术的需要来确定。

（3）实验室环境

实验室环境，仅用于演示验证技术原理和功能的试验环境，该环境不能代表该技术在实际使用中遇到的真实环境。

下面以生物医药技术中的疫苗技术为例，简要说明技术成熟度的有关概念，重点是试验环境和技术载体。

（二）技术成熟度各级内涵及示例

为帮助科研人员深入理解和掌握技术成熟度评价方法，以便顺利开展技术成熟度评价工作，本节选取我国自主研制的国内首台氢氧火箭发动机作为评价对象进行案例剖析。本案例涵盖了从发现基本原理、提出应用设想、技术预研、型号开发，最终走向工程应用的整个生命周期，阐释了技术成熟度各级内涵的同时，也充分体现了技术从 TRL1 到 TRL9 的成熟过程，。

（1）TRL 1

定义：基本原理清晰。

解释：

①技术成熟过程中的最低级别。

②通过探索研究，发现了与该项技术有关的基本原理。

③或者，对已有的原理和理论开展了深入研究，提出了新理论，为后续研究提出技术概念和应用设想提供了理论基础。

举例：发现了氢氧燃烧、氢氧低温液化特性、热力与气动计算理论、流速增大器原理（燃气通过拉瓦尔喷管成为超声速流排出后产生推力）等与推力室有关的基本原理。

（2）TRL 2

定义：技术概念和应用设想明确。

解释：

①应用创新活动开始，提出了（在系统或产品中）实际应用该基本原理的设想。

③这种应用设想还是推测性的，没有证据或者详细的分析来支持这一设想。

举例：我国航天研发单位提出了研制以液氢为燃料的高比冲火箭发动机推力室（技术概念）的设想（应用设想），并对液氢液氧推力室所能达到的性能进行了初步估计，预计比冲能达到 4000N•S/Kg 左右，比冲能够提高 30% 左右。

（3）TRL 3

定义：技术概念和应用设想通过可行性验证。

解释：

①积极的技术研发活动开始，技术概念和应用设想通过可行性论证或验证。

②针对应用设想，进行了分析研究，对技术所支持的基本功能和性能进行了计算、分析和预测。

③实验室演示以及分析验证了分析预测的正确性，表明了达到应用目标是可行的。

举例：基于经典的火箭发动机热力和气动计算理论，建立了获得高比冲的氢氧流量的质量比分析计算模型，完成热力气动计算。建立了简易的气氢气氧推力室的试验装置（样品或装置），通过试验初步验证了计算分析的正确性，能够初步表明研发高比冲液氢液氧推力室的技术概念和应用设想可行（可行性验证）。

（4）TRL 4

定义：以原理样机为载体通过实验室环境验证。

解释：

①基本技术部件开始进行集成。

②通过集成形成的原理样机相对于最终系统是低配置逼真度的。

③该原理样机是部件或分系统级的。

④实验室环境的逼真度比较低，但相对于 TRL3 级有所提高。

举例：依据推力室的技术方案和途径，研制出了小推力（800 公斤）但功能基本齐备（推力室身部使用液氢再生冷却）的液氢液氧推力室原理样件（由头部、身部和喷管组成），并在地面环境（挤压式试车台）进行了试验，达到了验证技术方案和途径可行的适当性能。

（5）TRL 5

定义：以原理样机为载体通过典型模拟使用环境验证。

解释：

①该级别的典型状态是：部件或分系统的演示样机在中逼真度的模拟使用环境中进行验证。

②演示样机相对于最终系统是中等配置逼真度的。

③该演示样机是部件、分系统级的。

④试验环境是中或高逼真度的模拟使用环境。

举例：研制推力为 1100 公斤的单个小氢氧推力室，一次启动、结构可摇摆，单个小氢氧推力室已经基本达到产品的要求。采用 4 个 1100 公斤的小氢氧推力室并联形成 4400 公斤推力（演示样机），在发动机整机试车台（地面环境）对单个小氢氧推力室的功能和性能指标进行了试验。

（6）TRL 6

定义：以演示样机为载体通过典型模拟使用环境验证。

解释：

①该级别的典型状态是：分系统或系统的原型样机在高逼真度的模拟使用环境中进行验证。

②演示样机相对于最终系统是高配置逼真度的。

③该演示样机是分系统或者系统级的。

④试验环境是高逼真度的模拟使用环境。

举例：采用四个小推力室（推力 1100 公斤）并联的设计方案，研制氢氧发动机演示样机（模样），形成火箭第三子级主发动机；推力室的功能和性能基本满足总体任务书要求（例如，多推力室、二次启动、可摇摆、推力 4400 公斤），推力室与发动机其他各部分能协调工作；在地面环境和高空模拟环境中进行了试验，证明氢氧推力室的工程应用可行。

（7）TRL 7

定义：以工程样机为载体通过典型使用环境验证。

解释：

①该级别的典型状态是：系统的工程样机在典型使用环境中进行验证。

②工程样机与最终系统的配置基本相同。

③该工程样机是系统级的。

④试验环境是典型使用环境。

举例：泵压式液氢液氧发动机试样研制成功，通过了发动机地面鉴定试验、火箭动力系统试车和全箭试车，进行了极限工况的各种试验，推力室的功能和性能完全满足任务书和技术规格说明书的要求，达到了工程总体提出的首飞要求，进行了火箭飞行试验获得成功。

（8）TRL 8

定义：以生产样机为载体通过使用环境验证和试用。

解释：

①该级别的主要任务是：开发方的测试与评估。通过测试表明指标全部满足实际使用要求，性能稳定、可靠，可以交付用户使用。

②实际系统开发结束，系统达到最终的配置。

③测试平台是预期使用环境和平台。

举例：氢氧火箭发动机的各种鉴定试验和验收试验。

（9）TRL 9

定义：以产品为载体通过实际使用。

解释：

①该级别的典型状态是：实际系统通过了实际使用验证，指标全部满足要求。

②实际系统达到了最终产品的配置要求。

③具备批量稳定生产能力和使用保障能力。

举例：CZ—3 火箭多次成功执行商业发射任务，表明氢氧发动机推力室的 TRL 达到了 9 级。

（三）国内外技术成熟度应用情况

（1）广泛应用技术成熟度的背景

20 世纪 90 年代，美国许多武器型号的研制过程出现经费严重超支、研制工期严重延误、甚至中途下马的现象。1999 年美国审计署（或问责局，GAO）在对大量成功的项目和出现严重问题的项目进行分析后，认为一些重要技术尚未成熟到一定程度（TRL<6 级）就进入工程研制阶段是导致一些项目出现严重问题的重要原因。经统计：采用欠成熟技术的项目的研发成本平均要超支 34.9%。而采用成熟技术的项目的研发成本平均超支只有 4.8%。关键技术尚未成熟就进入工程研制阶段的项目达到 52%（2003 年数据）。美国审计署建议国防部，对重大国防采办项目，在项目研制的关键节点，采用美国国家航空航天局（NASA）的 TRL 对其关键技术的成熟度进行评价，避免不够成熟的关键技术转入下一阶段，从而达到控制风险的目的。2001 年美国国防部下令在重要项目的国防采办中使用 TRL，作为项目研制转阶段的基本要求。

（2）国外应用具体情况

①美国国防部

美国国防部先后制定并发布了 2003、2005、2009 和 2011 版的国防部技术成熟度评价手册或指南。

美国国防部先后在 2001 年、2004 年和 2008 年，通过《国防部采办指南》和采办条例进一步规范 TRL 评价要求。

美国国防部将 TRL 作为武器装备采办过程的重要控制手段。在装备采办过程的里程碑 A 之前达到 TRL 4 级（建议性要求）；里程碑 B 之前达到 TRL 6 级（强制性要求）；里程碑 C 之前达到 TRL 7 级（建议性要求），如图 3 所示。

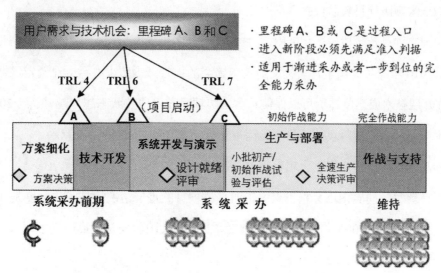

图 3 美国国防采办项目研制阶段与 TRL 等级要求

②美国审计署（GAO）

美国审计署将技术成熟度作为评价国防项目的三个准则之一，定期对重大国防采办项目进行评价，每年向美国国会报告重大国防采办项目的进展情况。自 2003 年开始，美国审计署将技术成熟度评价作为重要的审计工具。2003 年评价了 26 个国防项目，此后实施技术成熟度评价的采办项目逐年增长，2008 年已增至 72 个。其中，2007 年评价的 62 个武器系统项目涉及投资额超过 9500 亿美元，占国防部武器采办计划 15000 亿美元的三分之二。

③美国其他机构

美国国家航空航天局（NASA）、美国国土安全部（DHS）、美国能源部（DOE）等机构均制定了应用 TRL 的政策和方法。2005 年，美国国会立法要求 NASA 进入重大系统开发合同的技术应达到 TRL6 级。

④其他国家和机构

英国国防部、欧洲空间局、法国航天局、北大西洋公约组织等机构也都制定了应用 TRL 的政策和方法。此外，国际标准化组织（ISO）正在制定 TRL 的国际标准，该标准以航天技术为背景，主要协调美国和欧洲空间标准委员会的意见，计划于 2012 年发布，我们正在动态跟踪。

（3）应用模式及应用效果举例

①作为制定技术发展路线图和安排经费的重要依据

技术成熟度的状态及其相对于目标级别的差距可以作为经费安排的一个重要参考。例如，2003 年美国波音公司采用技术成熟度制定 2004—2019 年高超声速技术的发展路线图，并根据评价结果调整经费预算以及制定技术发展路线。

②作为重大国防项目转阶段把关的手段之一

在重大国防项目转阶段时采用 TRL，主要是为防止在技术尚未成熟的情况下提前进入下一个阶段。例如，2010 年 3 月美国审计署提交给美国国会的报告《国防采办——对选定武器项目的评估》表明，通过开展技术成熟度评价可以促使重大国防项目技术成熟状态越来越好。到 2006 年已经基本避免了技术尚未成熟就转阶段的现象。美国审计署的统计数据如下。

③作为高层管理机构掌握重大项目进展情况的手段之一

美国审计署每年向美国国会报告重大国防采办项目的进展情况，技术成熟度是评价国防项目的三个准则之一。例如，2006 年，美国审计署对 52 个重大国防采办项目进行了技术成熟度评价，部分项目评价情况见表 6。

表 5 美国审计署统计的部分国防采办项目技术成熟度状态

序号	时间	成熟的比例	接近成熟的比例
1	2003 年之前	14%	32%
2	2004—2005 年	14.29%	40%
3	2006—2009 年	78.26%	21.7%

④作为控制整个项目风险的手段之一

通过技术成熟度评价，发现技术成熟方面存在严重问题的项目，然后采取相应的措施。例如，2010 年美国审计署通过对包括技术成熟度在内的三个方面的审计，9 个国防重大工程项目建议取消或者改变拨款方式。

表 6 美国审计署对部分重要的国防武器系统的技术成熟度评价汇总表

序号	项目名称	关键技术总数	技术成熟情况		
			成熟	接近成熟	不成熟
1	机载激光武器	7 个	1 个	6 个	
2	弹道导弹防御	3 个	3 个		
3	先进的精确杀伤武器系统	1 个	1 个		
4	导弹预警系统	9 个	5 个		4 个
5	地基中段防御	10 个	6 个	4 个	
6	陆地巡航导弹	5 个	2 个	1 个	2 个
7	动能拦截器	7 个			7 个
8	爱国者 CAP 火力单元	6 个	2 个	3 个	1 个
9	天基红外系统	3 个	3 个		
10	天基雷达	5 个		5 个	
11	空间跟踪与侦察系统	5 个	3 个	2 个	

表 7　2010 年美国审计署建议取消或改变拨款方式的项目

序号	项目
1	VH—71 总统直升机
2	战争搜寻和营救直升机
3	下一代轰炸机
4	未来作战系统（有人驾驶地面交通工具）
5	转换卫星
6	弹道导弹防御—多目标运载工具
7	C—17（战略军用运输机）
8	DDG 1000（新一代驱逐舰）
9	F—22（隐形战斗机）

三、队伍成熟度

（一）队伍成熟度发展

队伍成熟度的发展可以追溯到软件能力成熟度模型（Capability Maturity Model for Software，SW—CMM）。1987 年，软件能力成熟度被卡内基·梅隆大学的软件工程研究所提出以后，成为在全世界推广实施的一种软件评估标准。美国航空业于 20 世纪 90 年代初开始采用能力成熟度模型，无数对如波音、爱立信、摩托罗拉等公司的案例研究表明，以能力成熟度模型为指导进行的改进活动提高了项目团队的能力、改进了产品质量和缩短了生产周期。

基于软件能力成熟度模型，科兹纳博士 2001 年提出了项目管理成熟度模型（Project Management Maturity Model，PMMM），分为 5 个层次：通用术语、通用过程、单一方法、基准比较、持续改进。其中每一个层次代表项目管理成熟度的不同等级。该模型的测量采用的是问卷调查法，通过这些问题的回答，可以汇总评估企业项目管理的成熟度，进而分析、整理、判断出存在的问题，分析不足和制订改进措施，为改善和提高企业的项目管理水平提供了依据。

卡内基·梅隆大学的软件工程研究所在 SW—CMM 成功的基础上，于 2001 年提出了专门针对企业的人力资源管理的 CMM 模型，即人力资源能力成熟度模型（People Capability Maturity Model，P—CMM）。人力资源能力成熟度模型是在软件工程能力成熟度模型的基础上发展起来的，与项目管理与项目团队的建设直接相关。

也是在 2001 年，Morgan 在团队进化和成熟（Team Evolution And Maturation，TEAM）模型中提出：团队发展的阶段顺序就是团队成熟的过程，TEAM 理论在 Gersick 以及 Tuckman 等研究者关于团队发展阶段的基础之上，提出了新形成的以任务为导向的团队发展进化的 9 阶段模型。

在航天领域，为了结合航天工程的特点，我们提出队伍成熟度的明确概念，将其置于产业成熟度模型的大框架中，队伍成熟度与技术、制造成熟度综合集成为产品成熟度，产品成熟度再和市场成熟度综合集成为产业成熟度。将人视为整个航天产业最核心的部分之一，使用队伍成熟度来对人进行全面的评价，在人才队伍充分建设的基础上，进行其他成熟度的提升，最后形成较高的产业成熟度。

（二）队伍成熟度指标体系

20 世纪 90 年代后期，研究者们形成了一个潜在的共识：人才队伍是复杂的、适应性的、动态的系统。该系统具有自我创造、自我组织能力，一旦个体开始同步协作，整体就会自发地发展。整体作为系统，接收来自环境的信息，处理信息并生产产品、做出反应，在群体系统内，成员间信息的交流起到了核心的作用。基于系统理论，形成了下图所示 IMOI（Input Mediator Output Input）模型。

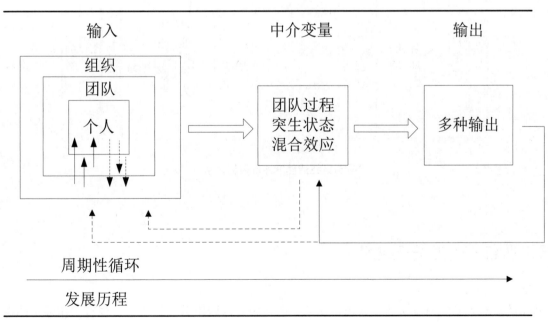

图 4 IMOI 模型

在该模型中，个人嵌套于团队，团队嵌套于组织，组织嵌套于环境，同时该模型提出了与群体过程并行的群体认知、动机和情绪等突生状态，并明确提出了团队周期性循环和发展历程的系统发展规律。基于此模型，我们提出了如图 5 所示的队伍成熟度评价指标体系。

队伍成熟度评价在定性分析的基础上实现了量化评估，通过对各个关键指标的定量分析，有利于发现人才队伍发展过程中的短板和瓶颈，客观的反映出人才队伍目前发展水平与优秀团队之间的差距，从而有方向的、聚焦的进行队伍提升。

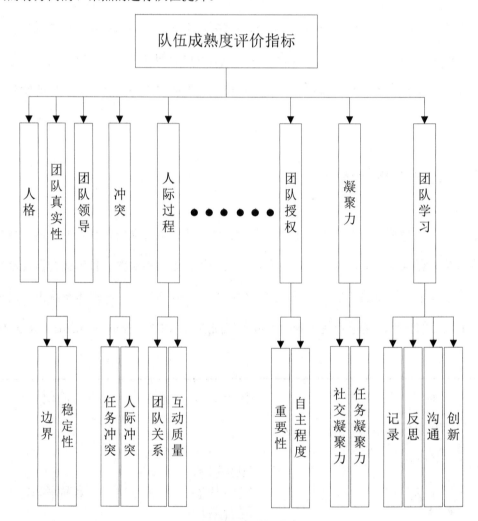

图 5 队伍成熟度评价指标体系

（三）队伍成熟度提升应用

某团队是航天系统内真实的十人项目团队，团队中有入职不久的新员工，也有工作多年的老员工。团队拥有明确的主流业务方向和稳定的业务收入，为了能在巩固已有业务的基础上进一步提高团队绩效，同时增强团队凝聚力，满足团队成员个人成长需求，团队邀请了掌握教练技术的内训师对团队进行基于 4D 卓越团队和人际沟通分析体系的教练过程。十人均完成了团队测评和个人测评，参加了以工作坊形式举行的团队教练，并在此过程中接受了一对一的个人教练。具体过程见图 6。

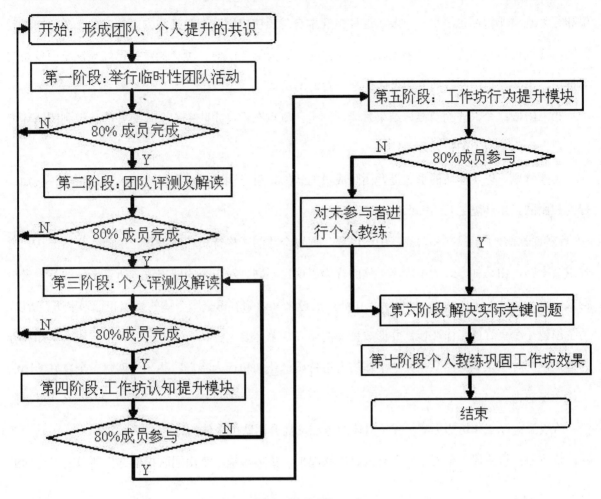

图 6 教练流程

团队领导提出教练的需求后，对团队中多数个体进行访谈，形成了团队、个人提升的共识后，进入具体的教练过程。

第一阶段，举行临时性活动，活动过程中，采用行为清单法和互动过程分析（interaction process analysis, IPA）从教练的角度对团队进行评价，目的分别在于分析团队互动过程中的关键性行为，和团队语言沟通中不同语言行为所占的比例，从而反映出团队行为和沟通中可能存在的问题。只有 80% 的团队成员参与并完成了临时性任务，教练过程才会进入下一阶段，否则，返回开始阶段，深度访谈和沟通拒绝完成任务的个体，直到满足 80% 的要求进入下一阶段，否则，由于团队阻抗过大，将不宜进行教练，就此停止。

第二阶段：团队评测及测评结果解读。在本阶段，采用自评的方式，获取团队成员对团队整体行为表现的认可程度。随后，对问卷结果在团队中进行解读，主要目的在于形成团队成员对团队表现的共识，引导对行为短板的关注和自省。这样的主观评价虽然可能会由于社会赞许性，导致结果有时候不完全符合现实情况，但是行为观察法并不能完全取代自评方式。一方面，只有团队内的个体最清楚团队的实际情况，行为观察法无法观察到短期行为表现下隐含的深层问题；另一方面，如果和行为观察所得结论严重不一致，这种情况本身就感应出团队存在某些方面的问题，需要在以后的团队建设过程特别关注。当未完成团队测评的人数大于 20%时，测评的结果已经无法全面反映实际情况，需要对拒绝回答问卷的个体进行一对一的访谈。

第三阶段：个人评测及测评结果解读，同上，重点在于使团队中的个体更好的认识到团队环境下，自己行为表现上的长处和短处。

第四阶段：以工作坊的形式提升团队成员的认知，引导团队成员了解自己的人格特质、认知、行为和团队工作环境之间的关系。

该阶段综合了阶段二和阶段三中的内容，假设个体的人格特质存在差异，由此，个体的认知方式也会不同，由认知方式的不同，个体的行为表现也不同。对一个团队来说，所有个体的行为表现构成了整个团队的工作环境，团队的工作环境反过来又影响着每一个个体的认知和行为水平。所以，为了创建一个良好的工作环境，并形成良好的循环，个体要充分认识到自己的人格特质、认知和行为特点，同时也认识到团队中其他个体的人格特质，认知和行为特点，共同为创建一个良好的团队工作环境努力。

阶段五：以工作坊的形式，授予具体的方法，提升团队中个体的行为水平。

阶段六：将阶段一至五中的所有内容串联起来，集体解决一个由团队投票选出的目前最迫切的问题。

阶段七：个人教练阶段。由于个体的认知、行为习惯是长期形成的，所以，通过工作坊，个体形成了改善的意愿，也初步掌握了一些方法，但是仍然需要教练在后期进行定时的跟踪反馈。

至此，本阶段的教练过程完成。

第 12 讲（下）

产业成熟度的系统构建（下）

王崑声　葛宏志

一、制造成熟度

（一）制造成熟度等级定义

在技术成熟度得到广泛应用的背景下，美国国防部针对在采办项目中如何评价制造能力和管理制造风险，尤其提前识别和规避进入批生产阶段以后的制造风险，制定了制造成熟度评价指南，并且在国防采办项目管理中推行。

国外提出制造成熟度的概念主要有两个背景。一是在美国众多出现严重问题的航天和国防采办项目中，制造问题和制造风险成为重要原因之一。例如，美国 NASA 对 1960 至 2000 年间，50 个太空系统的失败原因进行了统计分析，发现在众多导致系统失败的原因中，生产制造以及对生产制造的实验验证是仅次于设计的第二大失败要素；此外，根据美国审计署的报告，在国防采办项目的关键决策点，缺乏制造知识是导致项目"涨经费"和"拖进度"的重要原因。二是过去国防采办项目一般采用生产就绪评审和制造能力评审等方法对制造状态和风险进行评价，但是这种评审缺乏统一的评价标准，而且通常在项目研制的后期开展，在项目研发前期缺少对制造的评价。美国国防部将制造成熟度 MRL 划分为 10 个等级，对 MRL 各级的定义如表 1（参照美国国防部 2011 年 7 月发布的《制造成熟度等级指南》2.01 版本）。

（二）　制造成熟度各级内涵

MRL1：确定制造的基本含义

这是最低的制造成熟度等级，重点是确定实现计划目标所需要解决的制造缺陷和时机的问题，将以学习研究的形式开始基础研究。

- 基本制造问题得到识别。

- 完成制造材料的特性描述和评估。

表 1 制造成熟度等级定义

MRL	定义
1	确定制造的基本含义
2	识别制造的概念
3	制造概念得到验证
4	具备在实验室环境下的制造技术能力
5	具备在相关生产环境下制造零部件原型的能力
6	具备在相关生产环境下生产原型系统或子系统的能力
7	具备在典型生产环境下生产系统、子系统或部件的能力
8	试生产线能力得到验证，准备开始小批量生产
9	小批量生产得到验证，开始大批量生产的能力到位
10	大批量生产得到验证和转向精益生产

MRL2：识别制造的概念

该级别的特点是描述新制造概念的应用，通过开展应用研究将基础研究转换为具有军事需求的解决方案。通常情况下该等级包括：鉴定、论文研究和材料及工艺方法分析，体现了对制造可行性和风险的认识。

- 确定了制造的概念和可行性，且过程（步骤）得到识别。

- 正在进行可生产能力的评估，包括面向制造的先进设计。

MRL3：制造概念得到验证

该级别开始通过分析或实验室试验验证制造概念。应用研究和预先研制技术是该级别成熟度的典型技术。该级别已描述材料和/或工艺的可制造性及可行性，但需要进一步的评价和验证，已经在实验室环境中完成了可能具有有限功能的试验性硬件模型。

- 完成制造概念验证。

- 通过分析实验或实验室实验验证了论文研究。

- 已经形成实验性的硬件和工序，但尚未进行集成或不具备代表性。

- 材料和/或工艺特征得到描述，具备可生产性和可得性。

- 进行了初始成本的预测。

- 确定了供应链需求。

MRL4：具备在实验室环境下的制造技术能力

该级别的制造成熟度作为输出标准，促进装备方案分析（MSA）阶段逐步形成里程碑 A 决策。技术成熟度应至少达到 TRL 4 级。在该级别，确定了主要设计性能参数，以及所有必要的特殊工具、设施、材料处理和技能；完成设计概念可生产性的评估；确保制造、产能和质量的工艺已经到位，并足够制造技术样品；已经设立了目标的成本指标并识别制造成本的来源。

- 具备实验室环境或典型环境中的制造技术能力。

- 连续生产需求，如制造技术发展，得到识别。

- 保障可制造性、可生产性和质量的工序已经到位，并满足样品生产。

- 建造样机的制造风险得到识别。

- 成本因素得到确认。

- 设计概念进行了生产性优化。

- 初步形成产品质量先期策划（APQP）过程。

MRL5：具备在相关生产环境下制造零部件原型的能力

该级别是采办技术发展阶段典型的中间点，或者是关键技术先期技术演示（ATD）项目的中间点。技术成熟度应至少达到 TRL5。在该级别，完成了关键技术部件的识别；在相关生产环境下验证了零部件级原型样品的材料、工具和测试设备，以及人员技能，但许多生产工艺和步骤仍在开发过程中；已经启动或正在进行制造技术的研发工作；正在进行关键技术和部件的可生产性评估；已构建成本模型用于评估规划的制造成本。

- 具备在相关生产环境中制造典型部件的能力。

- 关键技术和部件得到识别。

- 样机的材料、加工和测试设备、以及个人技术已经通过生产相关环境中的部件演示验证。

- 开始 FMEA（失效模式与影响分析）和 DFMA（面向制造和装配的设计）。

MRL 6：具备在相关生产环境下生产原型系统或子系统的能力

该级别与里程碑 B 决策相关，将启动采办计划，进入采办的工程与制造发展（EMD）阶段。技术成熟度应至少达到 TRL6，通常意味着初步系统设计获得认可。在该级别，初始制造方法已经产生，并完成关键技术和零部件的产能评估和转换研究；在相关生产环境下验证了系统和/或分系统原型样品的生产工艺等；执行成本、产量和比率分析；已经完成里程碑 B 的工业能力的评估（ICA）；长周期和关键的供应链要素已经确定。

- 具备在相关生产环境中制造集成系统或分系统的能力。

- 主要制造工序得到确定和描述。

- 完成关键部件的初步设计。

- 样机的材料、加工和测试设备、以及个人技术已经通过生产相关环境中的分系统/系统演示验证。

- 详细成本分析包含设计转换。

- 成本目标得到分配并证实可行。

- 从可生产性角度调整系统发展计划。

- 长线和关键供应链元素得到识别。

MRL7：具备在典型生产环境下生产系统、子系统或部件的能力

该级别是工程和制造发展（EMD）阶段典型的中间点，开始关键设计审查后（Post-CDR）评估。技术应该在达到 TRL7 的过程中。在该级别，系统的详细设计活动已接近尾声，材料规范书已批准；在典型生产环境下验证了制造工艺和程序；完成详细的可生产性转换研究；材料满足所计划的试生产线建设时间表；降低单位成本的工作已经优先开展并正在进行；长周期采购计划到位；已经制定生产计划和质量目标；生产工具和测试设备的设计和开发已经启动。

- 具备在生产相关环境中制造系统、分系统或部件的能力。

- 材料明细表获得批准。

- 材料满足所计划的试生产线建设时间表。

- 试生产线能力得到演示验证。

- 开展单位成本削减工作。

- 对供应链和供应商的质量保证进行了评估。

- 完成长期采购计划。

- 开始生产工具和测试设备的设计和发展。

- 完成 FMEA（失效模式与影响分析）和 DFMA（面向制造和装配的设计）。

MRL8：试生产线能力得到验证，准备开始小批量生产

该级别与里程碑 C 决策相关，并进入小批量生产（LRIP）。技术成熟度应至少达到 TRL7。在该级别，系统的详细设计已经完成并足够稳定，可进入小批量生产；在试产线环境下验证了所有的材料、人力、加工、测试设备和设施，可满足计划的低速率生产进度；制造和质量控制工艺和步骤在

试产线环境得到验证和控制，为小批量生产作好准备；供应商的资格测试和首件检查已经完成；里程碑 C 的工业能力评估已经完成，并表明供应链已建立可支持 LRIP。

- 正在进行初始生产。

- 在生产环境中验证了制造和质量工序及步骤。

- 一个早期的供应链已经建立并稳定。

- 制造过程得到确认。

MRL9：小批量生产得到验证，开始大批量生产的能力到位

在该级别，系统、部件或产品已实现制造、正在制造或成功地实现了小批量生产。技术成熟度应达到 TRL9。该级别与进入大批量生产（FRP）的成熟度相关，所有系统的工程/设计要求应已得到满足；主要的系统设计的特征是稳定的，并在测试和评估中得到证明；在小批量生产环境中的制造工艺能力达到适当的质量水平，满足设计关键特性的公差范围；LRIP 成本目标已经实现；已为大批量生产建立费用模型，反映出不断改进的影响。

- 全速率/批量生产能力得到演示验证。

- 主要系统设计特征稳定，并通过试验与评价得到验证。

- 材料满足所计划的生产进度。

- 制造工艺和步骤应经确立并控制到西格玛（质量管理方法）或其他适当的质量水平，以满足低速率生产环境下的设计特性公差。

- 制造控制过程得到验证。

- 构建了全速率制造的实际费用模型。

MRL10：大批量生产得到验证和转向精益生产

这是制造成熟度最高等级。技术成熟度应已达到 TRL9。该级别通常与使用和保障阶段相关，工程/设计变更很少，一般仅限于质量和成本的改进；系统，部件或产品全速率生产，满足所有的工程、性能、质量和可靠性要求；所有材料、加工、检验和测试设备、设施和人力到位，并已达到全速率生产的要求；批量生产的单位成本达到目标，资金满足生产所需的比率。

- 全速率生产得到演示验证。

- 完成精益生产的实践，并正在进行持续过程改进。

- 工程/设计的变动被限制在质量和成本的改进方面。

- 系统、部件或其他项目在全速生产，并满足所有工程、性能、质量和可靠性要求。

- 所有材料、制造工艺和步骤、检查和测试设备都在生产中应用，并控制到六西格玛或其他

适当的质量水平。

- 单位成本达到目标级别并适用于多种市场。
- 制造能力可在全球进行部署。

二、市场成熟度

（一）市场成熟度等级定义

市场成熟度（Market Maturity Level，MML），是评价和度量市场相对于完全成熟而言所处状态的标准。它反映了新技术研发出的产品导入市场后，综合考核产品状态、市场供需关系和竞争有序性相对于预期成熟目标的满足程度。市场成熟度是成熟度理论和市场周期理论的结晶，是量化市场发展规律的标杆。

市场的形成也起始于技术的成熟，产品的成熟，直到市场自身的稳定这一系列的过程。基于市场不同生命周期划分，在不考虑衰退阶段的前提下，将市场从无到成熟过程分为 5 个时期，分别是萌生期、导入期、成长期、整合期、成熟期。

针对 5 个等级中刻画市场相关的要素，确定市场成熟度 5 级定义，如表 2 所示。

表 2 市场成熟度的定义和内涵

MML	定义
1	新技术研发出产品，市场待培育
2	产品导入市场，新技术突破形成了较强竞争力
3	产品市场确立，供需增长带动市场规模扩大
4	市场进行整合，产品创新和差异化，市场进一步扩大规模
5	分工明确，供需稳定，竞争有序的市场

（二）市场成熟度各级内涵

MML 1：新技术研发出产品，市场待培育

新技术产品处于研发阶段。存在对产品的潜在需求或市场预期。新技术产品市场尚待培育，或已存在替代品市场。研究单位投入了大量的先驱成本。政策环境注重培育、规划引导的作用。

MML 2：产品导入市场，新技术突破形成了较强竞争力

新技术（包括重大技术突破）使得产品具有较强的竞争力，进而促使产品成功导入市场。开始出现销量，以供给带动需求，需求增长缓慢，市场规模相对较小。这个阶段企业数量较少，集中程度较高，市场竞争程度较弱，商业模式尚未成型。

MML 3：产品市场确立，供需增长带动市场规模扩大

技术和产品进一步成熟，提高了市场份额。市场供需迅速增长，市场规模持续扩大。产品市场确立，开始有较多的厂商进入，市场竞争压力大，市场内部集中度不高。经济规模的增长使得生产成本降低，市场利润增长迅速。

MML 4：市场进行整合，产品创新和差异化，市场进一步扩大规模

市场供需双方增长旺盛，出现供给大于需求的情况。不同商业规模的市场结构和规范协调环境初步形成。具有约束力的规范环境对市场协调规范作用显现，市场进入整合时期，生产企业优胜劣汰。产品在品牌内涵差异化，进一步提升产品竞争力，保持或扩大市场份额。

MML 5：分工明确，供需稳定，竞争有序的市场

市场竞争环境相对有序，集中程度相对比较高，准入的规模壁垒高。市场供需趋于平衡，资源得到合理的配置，形成了成熟稳定的商业模式，市场政策完备。

三、产品成熟度

（一）产品成熟度等级定义

采用新技术研发一种新产品，从研发新产品的概念开始到发展为投放市场的产品，将产品研发过程划分 5 个不同的阶段，每个阶段表示产品成熟的不同程度，即产品成熟度（表3）。

（二）产品成熟度集成方法

对于一项重大技术突破或颠覆性技术，在分别评价出技术成熟度和制造成熟度之后，可以通过综合集成的方法评价出产品成熟度。具体方法见表4。

表3 产品成熟度等级定义

PRL	定义	说明
1	概念产品	概念层面的虚拟产品，例如产品的概念模型、仿真模型
2	实验室产品	在实验室条件下研发的、以验证原理和技术概念是否可行的试验产品，一般功能简陋、性能较低，质量和可靠性不是该阶段关注的重点
3	工程化产品	按照工程化开发的要求所研发出的产品，产品的功能、性能满足用户使用要求，产品的成本、质量和可靠性距离市场化产品还有一定差距
4	小批量市场化产品	具备小批量重复稳定生产能力，对产品的成本、质量和可靠性有比较严格要求
5	大批量精益化市场产品或高质量细分市场产品	具备大批量生产能力，产品研发进入技术不断改进、成本不断降低、质量与可靠性不断提高、可用性不断提升的良性循环，面向不同用户向系列化产品方向发展

表4 由技术成熟度和制造成熟度集成为产品成熟度

产品成熟度		技术成熟度	制造成熟度
PRL 1	概念产品	TRL 1	MRL 1
		TRL 2	MRL 2
		TRL 3	MRL 3
PRL 2	实验室产品	TRL 4	MRL 4
		TRL 5	MRL 5
		TRL 6	MRL 6
PRL 3	工程化产品	TRL 7	MRL 7
			MRL 8
PRL 4	小批量市场化产品	TRL 8	MRL 9
PRL 5	大批量精益化市场产品或高质量细分市场产品	TRL 9	MRL 10

第 13 讲

现代系统工程讲义

薛惠锋

薛惠锋，山西省运城市万荣县人，博士（后），系统工程与管理科学专家。现任中国航天系统科学与工程研究院副院长兼科技委主任，长期钻研系统科学/系统工程及现代管理科学的先进思想方法与技术，学以致用，在地市级、省级、国家级的经济社会发展/社会系统工程等广阔领域（包括军事、工业、农业、交通运输、资源、党务、政务、法务、教育等）进行文理交叉的理论探索与实践运用，并取得了较好的社会效益和经济效益，得到了有关党政领导及钱学森等老一辈科学家的充分肯定与良好评价。曾任职：西安理工大学水文与水资源研究所副所长，西北工业大学资源与环境信息化研究所所长，中共西安市委组织部研究室副主任，西安市计划委员会规划科技处处长，中共西安市委副秘书长（正局级），中共中央办公厅法规室副主任，全国人民代表大会环境与资源保护委员会调研室副主任，法案室主任，中国航天社会系统工程实验室主任等职。兼任中国航天系统科学与工程研究院教授、博士生导师；中国环境科学研究院研究员；西北工业大学自动化学院教授、博士生导师，西北工业大学资源与环境信息化工程研究所学术委员会主任；西安理工大学经济与管理学院教授、博士生导师；中国社会系统工程专家组（EGSSE）成员，全国人民代表大会环境与资源保护委员会"G8+5"立法者论坛工作组成员，水利部世界银行项目"生态补偿机制系统研究"首席专家，亚洲银行水污染处理首席专家，国家发展和改革委员会能源研究所专家组成员，中国生态文明研究与促进会常务理事，陕西省信息化领导小组特聘专家等。

系统工程作为一门学科众说纷纭、观点纷陈，百家争鸣、百花齐放。同时，这也给理论学习和实践应用带来了困惑和困难，十分有必要解决这个问题。本人长期以来一直从事系统科学与系统工程研究，学习钱学森有关系统工程论述著作，在多年研究和实践的基础上，融合各家学术之所长，试图提出一个科学的系统工程学科体系。

我认为，系统工程学科体系强调系统工程是一个包含从思想、理论、方法论到方法——技术——应用的完整的学科体系。系统工程学科体系框架包含"认知系统工程学——理论系统工程学——技术系统工程学——应用系统工程学"。首先，从历史发展的角度论述对系统工程的认知；其次，从哲学方法论的层面来论述系统工程的深层基石；再次，从技术支撑方面来论述系统工程的一般方法；最后，论述系统在纵横两个方面（即所谓的"条条块块"）的应用。这是一个"从历史到现实（从古到今）"、"从理论到技术再到应用"的双重逻辑交汇的科学体系。

下面，分别介绍系统工程学科体系框架及其主要内容。

第一篇　认知系统工程学

"认知系统工程"包括"系统工程思想史"、"系统工程学科发展史"和"发展系统工程学"，主要梳理系统思想的萌芽、发展到系统工程学科正式建立的历史，给出系统工程发展的规律，从认知的角度对系统工程学作了深入解剖。

一、系统思想发展史

（一）西方系统思想发展史

从时间序列上看，系统思想是系统工程之父；从地位层次上看，系统思想是系统工程之魂。没有系统思想，就没有系统工程，但即便是系统工程日渐成熟的今天，它依然不能取代系统思想的向导地位。

系统（system）是由相互联系、相互作用的要素（部分）组成的具有一定结构和功能的有机整体。英文中系统一词（system）来源于古代希腊文（systεmα），意为部分组成的整体。古希腊哲学家德谟克利特所著《世界大系统》是最早采用此词的书。

（1）亚里士多德

系统论的创始人贝塔朗菲把亚里士多德看成是系统思想的始祖，并指出："亚里士多德的论点'整体大于它的各个部分的总和'是基本的系统问题的一种表述，至今仍然正确"，这一点在学界已得到公认。亚里士多德的整体论是古希腊自然哲学的杰出典范，即便从整个西方自然哲学的发展来看，它也并没有因其古朴的风格而失去自身的影响。

（2）黑格尔

也有人认为，系统思想始于19世纪黑格尔的理论：世界是一个过程，为对立面的矛盾所控制。二者之间经历的矛盾会通过双方的综合而解决。综合本身就是一个新现象，是从平衡中由新的对立面再次带来的，由此而重新开始这一过程。黑格尔认为："全体的概念必定包含部分。但如果按照全体的概念所包含的部分来理解全体，将全体分裂为许多部分，则全体就会停止其为全体"。也就是说，对事物的认识，不能只看该事物的本身，必须先认清与该事物有关系的周围一切其他事物，才能对该事物具备真的认识。这就是黑格尔的"认识论"。

（3）贝塔朗菲

贝塔朗菲在 1924—1928 年曾多次发表文章阐述系统论的思想。他反对生物学中机械论的思想，强调生物学中有机体概念，主张把有机体当作一个整体或系统来考虑。贝塔朗菲的主要观点：一是系统观点，认为有机体都是一个系统，并把系统定义为相互作用的诸要素的复合体；二是动态观点，认为一切生命现象本身都处于积极的活动状态，活的东西的基本特征是组织：主张从生物体和环境的相互作用中说明生命的本质，并把生命机体看成是一个能保持动态稳定的系统；三是等级观念，认为各种有机体都是按严格的等级组织起来的，生物系统是分等级的，从活的分子到多细胞个体，再到超个体的聚合体，可谓层次分明，等级森严。贝塔朗菲的主要思想既受到一些科学家的赞赏，又受到一些科学家的责难，几经波折，直到第二次世界大战以后，他的系统论思想才逐渐得到承认，系统论作为一问新学科才得以成立，并不断发展。

（4）拉兹洛

拉兹洛是美国系统学家、哲学家，是当代系统哲学的创始人之一及主要代表，与贝塔朗菲志同道合。继贝塔朗菲之后拉兹洛成为推动"系统运动"最强有力的人物。首先他自己对系统哲学进行了深入的、系统的研究并出版了大量的著作。例如《系统哲学导论》、《从系统论的观点看世界》、《系统、结构和经验》、《人类价值的系统哲学》等著作；其次，他是"系统运动"中是一个有影响的组织者，曾经荣任"系统论和系统哲学国际丛书"的总编辑，创建了国际性的跨学科组织——一般进化论小组（编有机关刊物《世界未来》）；还参加了著名的"罗马俱乐部"，成为主要撰稿人之一，运用系统思想研究国际问题，在更广泛的领域中产生了积极的影响。

拉兹洛在思想上与贝塔朗菲不可分割。贝塔朗菲于 1968 年完成《一般系统论》，拉兹洛于 1972 年出版《系统哲学导论》。1973 年贝塔朗菲在《一般系统论》的再版前言中，强调了"系统哲学"是一般系统论的组成部分。系统哲学主要可以划分为三个部分，即"系统本体论"、"系统认识论"、"系统价值论"，并且肯定了"拉兹洛的《系统哲学导论》研究了系统哲学"。而拉兹洛的系统哲学著作明显也是围绕着这三个方面而展开的；除了《系统哲学导论》之外，《从系统论的观点看世界》属于"系统本体论"；《系统、结构和经验》属于"系统认识论"；《人类价值的系统哲学》属于"系统价值论"。这样，拉兹洛初步提供了一个系统哲学的完整体系。

关于系统哲学与科学的关系包括两个方面：第一，拉兹洛认为经验科学为系统哲学提供具体材料，而系统哲学则对这些材料加以整合。第二，拉兹洛认为系统科学为系统哲学提供科学概念，而系统哲学则进一步把这些概念加以推广。

关于系统哲学与一般哲学的关系也包括两个方面：第一，拉兹洛认为系统哲学是一种新的形而上学。第二，拉兹洛认为系统哲学是辩证法的一种新的形式。

（二）中国系统思想发展史

中国古代朴素的系统思想早在公元前一千多年前就已经形成了。公元前五百多年，以老子为创始人的道家对系统提出了精辟的看法。他们认为道是事物之本原，又是事物的法则。道家的系统思想尤其是关于系统自发自组织思想受到国际上系统科学家的重视；当代著名系统科学家普里戈金非常欣赏庄子的一些观点，认为庄子提出的问题今天依然存在。

（1）阴阳五行学说

最能代表中国古代系统思想的数"阴阳五行"学说。自"阴阳五行"产生以来，古代中国关于系统思想的论说不能出其范围。阴阳五行学说主要说明事物对立双方的互相依存、互相消长和互相转化的关系；五行学说是用事物属性的五行归类及生克乘侮规律，以说明事物的属性和事物之间的相互关系。

阴阳五行学说，是中国古代朴素的唯物论和自发的辩证法思想，它认为世界是物质的，物质世界是在阴阳二气作用的推动下孳生、发展和变化；并认为木、火、土、金、水五种最基本的物质是构成世界不可缺少的元素。这五种物质相互兹生、相互制约，处于不断的运动变化之中。这种学说对后来古代唯物主义哲学有着深远的影响，如古代的天文学、气象学、化学、算学、音乐和医学，都是在阴阳五行学说的协助下发展起来的。

（2）在以"实用理性"为特色的中国，其古代的系统思想更多地体现在运用中。中国古代的系统思想，必须理论和实践相结合。范例：

军事上：《孙子兵法》中的田忌赛马，从全局上把握战机，协调各种因素，寻找取胜最佳的见解；

政治上：秦始皇郡县制，体现在图论中的树构，树干是中央政府，主枝是郡（省），次枝是县，末枝相当于保甲，叶子相当于家庭；

医学上：黄帝内经，把人体作为一个复杂的体系，并和环境联系起来统筹考虑，人、病、症三结合辩症施治；

工程上：都江堰、赵州桥、丁渭修宫，把每一项工作或所研究的事物看成一个有机的"系统"的整体，设法找出使这个系统变得最好、最佳、最优的方法与途径。

（3）当代中国系统思想

当代中国系统思想除了从现代系统科学中汲取丰富的营养，还得益于马克思主义系统思想、中国传统系统思想的影响。马克思对资本主义社会机体作了典型的系统研究，是运用系统思想、系统方法对世界上最复杂的系统——社会系统进行研究的典范。中国系统哲学深受马克思主义系统思想的影响，中国的许多系统哲学家在进行他们的理论工作时，自觉地以马克思主义系统思想为指导，力图将辩证唯物主义关于一切事物、现象和过程都是系统的观点、世界是一个有机的整体、存在普遍联系和相互作用的观点、一切系统都是有序的、物质与运动分层次的观点、整体与部分、系统与环境辩证关系的观点、因果交互作用观点、必然性与偶然性相互统一的观点、对立统一的观点整合到自己的系统哲学理论的体系中。

中国系统哲学也深受中国传统系统思想的滋润。中国古代系统思维是一个巨大的文化宝藏，蕴含的许多有关系统的观念。古代自然观关于天人合一的思想等，都对现代中国系统思想的发展有很大影响，给人们以极大的启迪。

从总体上讲，系统哲学是对系统科学和系统技术进行的哲学概括和总结，按照系统观点、系统思想对现实做出整体性的解释，是各种系统哲学的共同课题。但在不同国家、不同科学共同体中，常常会按照非常不同的传统来进行，从而形成不同特点的系统哲学。中国系统哲学由于在指导思想、文化背景、发展目标等方面与西方系统哲学有很大差异，因而在研究内容上、在理论的侧重点方面也有所不同。

中国钱学森、于景元、戴汝为等在 1990 年提出开放复杂巨系统的概念，对这类系统问题，提出了"从定性到定量综合集成方法论"。这个方法论是钱老等总结了国内外系统理论的发展以及中国自己的实践经验而形成的一套可以说是 20 世纪 90 年代初中国系统方法论发展过程中一个重要里程碑。

二、系统工程学科发展史

任何事物的发展都不是一帆风顺的，系统工程也不例外。通过对系统工程曲折的发展历程的考察，不但能使我们对系统工程有更深入地了解，而且可以使我们把握住系统工程未来的发展趋势。

（一）系统工程的正式建立

系统工程的思想和应用在古代世界各地纷纷涌现，但系统工程正式建立，是 20 世纪 40 年代的事。第一次提出"系统工程"这一名词是 1940 年在美国贝尔电话公司试验室工作的 E.C.莫利纳（E.C.Molina）和在丹麦哥本哈根电话公司工作的 A.K.厄朗（A.K.Erlang），在研制电话自动交换机时，意识到不能只注意电话机和交换台设备技术的研究，还要从通信网络的总体上进行研究。他们把研制工作分为规划、研究、开发、应用和通用工程等五个阶段，把这种方法称为"系统工程"。

20 世纪 50 年代在美国的一些大型工程项目和军事装备系统的开发中，系统工程在解决复杂大型工程问题上发挥了重要作用，随后在美国的导弹研制、阿波罗登月计划中得到了迅速发展。阿波罗登月计划的成功，证实了系统科学的一个重要命题——"综合即创造"。负责阿波罗计划实施的总指挥韦伯先生说过："阿波罗计划中没有一项新发明的自然科学理论和技术，全部工作都是现有技术的运用。关键在于综合。"

20 世纪 60 年代中国在进行导弹研制的过程中也开始应用系统工程技术。到了 70、80 年代系统工程技术开始渗透到社会、经济、自然等各个领域，逐步分解为工程系统工程、企业系统工程、经济系统工程、区域规划系统工程、环境生态系统工程、能源系统工程、水资源系统工程、农业系统工程、人口系统工程等，成为研究复杂系统的一种行之有效的技术手段。

（二）系统工程的蓬勃发展

第二次世界大战后，系统科学迅速发展，出现了"系统论运动"。任何科学的发展都是从对实际应用的研究开始的，系统科学的发展也首先进行的是实际应用的研究。学者对系统工程的发展做了考察，认为第二次世界大战前后是系统科学应用层次迅速发展时期，并在第二次世界大战以后逐渐形成了系统科学在应用学科层次上的理论——控制论、运筹学、信息论。第二次世界大战以前人们对系统科学应用的研究已经开始，并取得了一定的成效，但那时的研究是孤立的、分散的、局部的。最突出的例子有两个：一个是 A.K.Erlarg 提出的电话平衡模型理论；另一个例子是美国科学家 W.Leontief 提出的投入产出模型。

第二次世界大战提出了各式各样的实际问题需要解决，大大促进了对实际问题的研究，各种运筹方法、控制方法、博弈方法都得到了很大的发展。第二次世界大战结束后，科学工作者将战时研究的实际问题进行了理论上的提高和升华，建立起了运筹学、管理科学、控制论及信息论等系统科学在应用基础层次上的学科群体。

中国的系统工程研究可追溯到 20 世纪 50 年代。1956 年，中科院在钱学森、许国志教授的倡导下，建立了第一个运筹学小组；60 年代，数学家华罗庚推广了统筹法、优选法。与此同时，在著名科学家钱学森领导下，在导弹等现代化武器的总体设计组织方面，取得了新局面。1980年成立了中国系统工程学会，与国际系统工程界进行了广泛的学术交流。

（三）系统工程面临的问题

（1）社会经济技术环境的变迁

西方战后开始的大规模国有化倾向到20世纪70年代末已基本结束，很多原公共事业部门引入市场机制。运筹在公共和政府部门生存的空间大大减少，运筹学的需求量衰减，传统的运筹学方法和导向很难适应市场环境。

（2）企业管理方式和文化的转向

社会技术条件和经济气候促使企业管理方式和文化作出相应的调整和变化，进一步影响到运筹界的地位和作用。复杂快速多变的市场迫使企业从多部门、多层次结构向扁平化结构转型，其控制方式也从严密的中央控制转为以基层单位为决策主体的决策机制。在新的企业结构和协调机制之下，企业管理更加强调企业家的素质，员工们的团队精神，以及整个企业的学习能力和更生能力。在新的企业管理需求之下，传统运筹学的地位逐步被人事管理、信息管理和新产品开发所取代。新的理论和技术日益受到企业界和企业家的重视，进一步削减了运筹学在企业中的比重和地位。

（3）运筹学界自身素质问题

运筹学工作者的推销能力、人际关系、对企业经营的理解、对非规范性问题的应变能力和对多种处理问题手段的掌握，不能满足社会经济技术环境和企业管理文化的变化要求。

三、发展系统工程学

从贝特朗菲提出一般系统理论，到1957古德（H. Good）与麦克尔（R.E. Machol）出版《系统工程学》，特别是阿波罗计划的成功，促使系统工程思想被广泛接受并运用于社会实践的各个方面。霍尔（A.D. Hall）提出的系统工程方法的三维结构（1969），普里高津（I. Prigogine）提出的系统耗散结构理论，哈肯（Herman Haken）70年代提出的协同学理论，艾根（M. Eigen）提出的超循环理论（1971），都大大丰富了系统科学和系统工程学的理论内容。阿波罗计划的成功，掀起了将系统工程广泛应用于社会生产、生活各个领域的热潮。

20世纪70年代以后系统工程学的发展有两个明显的趋势：一方面，随着社会生产和经济的不断发展，人们认识水平和科研工具手段的不断提高，其应用领域更加广泛，方法更加丰富，发展了许多分支。另一方面，系统工程学的发展并不是一帆风顺的，在实践当中，主要是在社会系统应用方面也遇到一些问题。但在处理复杂性问题方面，系统工程是一种较好的科学理论和方法。

展望未来，系统工程的发展有三个方面最值得关注：软化、跨学科融合、多文明交汇。

（1）软化

系统工程的软化是沿两条线展开的，一条是方法论线，另一条是建模与计算机技术线。

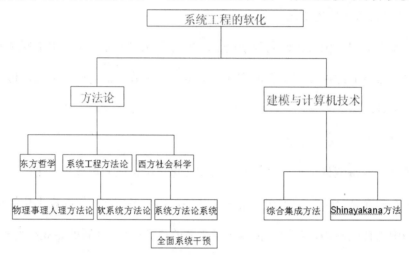

图1 系统工程的软化

（2）跨学科融合

系统工程本身就是跨学科研究的成果，学科交叉是系统工程之母，目前的系统科学理论大都依托于另外一门科学。对于未来系统工程的发展，必须发扬系统工程的跨学科、交叉性优势。

（3）多文明交汇

钱学森、于景元、戴汝为等在1990年提出开放复杂巨系统的概念，对这类系统问题，提出了"从定性到定量综合集成方法论"。这个方法论是钱老等总结了国内外系统理论的发展以及中国自己的实践经验而形成的一套可以说是90年代初中国系统方法论发展过程中一个重要里程碑。

第二篇　理论系统工程学

"理论系统工程学"包括"理论系统工程基础"、"系统工程学科框架体系"、"现代系统工程一般理论"，从理论视角和层次阐明系统工程地位，构建系统工程学科框架体系，提出系统工程处理一般超领域系统问题的原理和方法，并指导系统工程学科的科学发展。

一、理论系统工程基础

系统工程是不是一门科学，能不能作为一门独立的学问和学科？能不能作为一种指导人类社会实践的理论，或者一种指导思想？如果对以上的回答是"是"，那么这个学科如何发展，其发展脉络、发展趋势和基本内涵应该怎么把握，这门学科是昙花一现还是永恒的存在？如果有可行性，如何用人类的智慧和实践指导这门学科，使之得以健康发展，总结它的科学性和有效性，使其发展少走弯路，在实践中螺旋上升、不断完善；一门学科有待于实践的无限检验，是不断进行科学化纯正的过程，研究整个系统工程研究传统和学派的汇总和整理，为后人进行服务。以上这些都是作为系统工程的研究者必须回答的问题。

（一）理论系统工程概述

（1）理论系统工程定义

理论系统工程是指用人类社会所积累的思想、理论、方法和技术以及社会实践中所产生的已有成果的集成和智慧，构建系统工程这一学说和学问，指导它沿着科学轨道发展，并用它来指导人类实践活动的系统工程。在此说明以下几个问题：

1）理论系统工程是一门研究系统工程发展历史和规律，探索系统工程发展趋势并指导学科科学发展的学问。

2）理论系统工程所涉及的范围是整个人类可以借鉴的一切文明成果，而不再局限于某一种或几种具体学科和领域。这种集人类大成智慧的方式，要从思想、理论、方法（论）、技术等各个层面去研究贡献于整个人类社会的系统工程。

3）理论系统工程将系统工程作为研究对象，研究其发展规律，并保证其发展沿着可持续和科学的轨道进行。之所以专门研究系统工程的科学发展问题，是因为人们越来越认识到，系统工程作为一门集大成智慧的学问，对人类整个社会的发展将会起到越来越大的作用，同时系统工程的发展正处于需要攻难克坚，扫清障碍，指明方向的关键阶段。

4）理论系统工程是系统工程的分支，是系统工程这一个大类中专门研究、指导系统工程发展的系统工程。理论系统工程在梳理系统工程的起源、发展历程的基础上研究其演变规律和发展趋势；系统工程的思想、理论、方法（论）和技术以及领域系统工程基础等。需要特别说明的是，从这一观点出发，理论系统工程和系统工程理论，二者不可混为一谈，理论系统工程研究对象是系统工程，包括系统工程理论，具体来说理论系统工程会研究系统工程理论的发展历史，现状，人类认识论突破对系统工程尤其是系统工程理论发展的支撑作用，并在科学评价系统工程理论体系的基础上，指明系统工程理论未来发展的方向和重点等。

（2）理论系统工程提出背景

1）系统工程作为一门还在发展中的重要学科，其学科体系需要完备。在此过程中，工程系统工程、技术系统工程以及领域系统工程等已经有相当程度发展，而系统工程在理论层次发展不足，基本上大多还是借用别的学科或具体领域的理论，而没有形成系统的，用系统工程本身的角度和视野来认识世界、解决问题的理论体系。

2）系统工程发展的速度和广度已经超出了具体学科领域，上升到超领域，涉及到学说和哲学思想层次,成为处理世界最复杂的人与环境组成的大系统的思想与学说。亟需在思想理论层次上提炼出一般性的、处理最复杂的大系统的基本原则、理论和方法论。

3）钱学森曾经发表过一篇文章《组织管理的技术——系统工程》，此文中，钱学森将系统,工程定位为组织管理的技术，因此有人认为系统工程只是一门技术，而不是一门学科，也不是一门科学。本人认为，系统工程本身是一门学科，更是一门科学，虽然它曾经参考过其他学科的理论，但它有别的学科无法替代的理论体系，有其内在的整体性和综合性。

4）有必要从理论上搭建这门学科的框架，包括系统工程的起源，来龙去脉，现实和历史背景，以及这门学科研究问题的复杂性。

5）在信息化时代，互联网高度发展，思想巨变和知识爆炸，使得用人类知识、智慧来探索新的发展模式，对人类国家的发展进步进行规范，变得极其必要。现代学科的分化，已经无法解决现在的复杂问题，需要系统思想、系统思维、系统方法和技术从整体上加以综合解决，这一套解决社会复杂系统问题的一般性理论体系即为理论系统工程。

6）理论系统工程从十个方面去解决超领域的问题，也就是用人类知识阅历储备去解决复杂问题的十个方法，探索的是人与世界组成的复杂系统的交互演变规律。

因此，系统工程是一门学科，更是一门科学，虽然它曾经参考过并仍然在参考借鉴其他学科的理论，但它有别的学科无法替代的理论体系，有其内在的整体性和综合性。

由于系统工程发展的速度和广度已经超出了具体学科领域，上升到超领域，涉及到学说和哲学层次，成为处理世界最复杂的人与环境组成的大系统的思想与学说。但由于它毕竟是一门相对年轻的学科，在其学科体系（纵向）完备化过程中，技术系统工程和领域系统工程已经有相当程度发展，而理论层次则发展不足，大多还是借用别的学科理论，没有形成系统的、从系统工程本身的角度和视野来认识世界、解决问题的完整理论体系。对此，亟需研究者在理论层次上提炼出一般性的、处理最复杂系统的基本原则、理论和方法论。

解决这一问题，有必要从理论上搭建这门学科的框架，研究系统工程的起源，历史和现实背景，以及这门学科研究问题的复杂性、规律性。

从更高层次来看，在当今信息化时代，互联网高度发展，思想巨变和知识爆炸，使得用人类知识、智慧来探索新的发展模式显得尤为迫切。科学指导系统工程发展，科学运用系统工程对国家甚至人类的发展进步规律进行研究和把握，显得极其必要。现代学科的分化，即使是利用系统工程在各个领域进行实践的领域系统工程也已经无法解决许多重大而复杂的社会问题。

系统工程本身定位是否已足够清晰？有无自身发展演变规律？若有，学科发展已到了何种程度？要往哪里去？对于包括社会系统在内的复杂系统产生的问题，需要探讨如何从系统思想、系统思维、系统方法和技术上整体加以解决，这一系列关于"系统工程学科"的理论体系即为理论系统工程。

（二）理论系统工程思想基础

理论系统工程思想基础是在整个人类文明史和思想史梳理基础上，探讨人类文明和思想进步对系统工程发展的支撑作用。人类文明的进步和演化，在思想上为系统工程的建立、发展、突破和成熟提供了保证和催化剂的作用，并在某些特定阶段决定了系统工程的发展方向和发展层次。

（1）人类文明史概述

大概在 150 亿年前的宇宙大爆炸形成了太阳，大约在 46 亿年前，围绕太阳形成了一系列天体，地球就是其中之一。有了地球，世界就奇妙无比了，因为它孕育了生命，尤其是两三百万年前宇宙的精灵——人类的产生，使地球变得生机勃勃，轰轰烈烈，令其他天体黯然失色。人类社会经历了原始文明时代、农业文明时代和工业文明时代，正在进入后工业文明向生态文明过渡时期。

①原始文明是完全接受外在自然环境控制的发展系统

人类生活完全依靠大自然赐予，猎狩采集是发展系统的主要活动，也是最重要的生产劳动，经验累积的成果：石器、弓箭、火是原始文明的重要的发明。原始社会的物质生产活动是直接利用自然物作为人的生活资料，对自然环境系统的开发和支配能力极其有限。

②农业文明是人类对外在环境进行探索的发展系统

人对自然进行初步开发（大约距今一万年前），由原始文明进入到农业文明，开始出现科技成果：青铜器、铁器、陶器、文字、造纸、印刷术等。主要的生产活动是农耕和畜牧，人类通过创造适当的条件，使自己所需要的物种得到生长和繁衍，不再依赖自然界提供的现成食物。对自然力的利用已经扩大到若干可再生能源（畜力、水力等），铁器农具使人类劳动产品由"赐予接受"变成"主动索取"，经济活动开始主动转向生产力发展的领域，开始探索获取最大劳动成果的途径和方法。

③工业文明是人类对外在环境进行征服的发展系统

随着科技和社会生产力空前发展，从农业文明转向工业文明。人类开始以自然的"征服者"自居，对自然的超限度开发又造成深刻的环境危机。特别是科学探索活动中分析和实验方法兴起，开始对自然进行"审讯"与"拷问"，此时的科技和教育突出对经济的促进和发展上，资本主义国家大力推行教育和科技，形成空前的经济生产力。

工业文明是人类运用科学技术的武器以控制和改造自然取得空前胜利的时代。蒸汽机、电动机、电脑和原子核反应堆，每一次科技革命都建立了"人化自然"的新丰碑，并以工业武装农业。工业文明的可持续发展活动主要表现在征服大自然的物质活动，此时，生态、资源、人口等问题也出现了前所未有的危机，成为可持续发展系统的重要功能因子。

④生态文明是人类与外在环境将实现协调发展的社会系统

生态文明是"社会记忆"中第四阶段的文明，是建筑在知识、教育和科技高度发达基础上的文明，强调自然界是人类生存与发展的基石，明确人类社会必须在生态基础上与自然界发生相互作用、共同发展，人类的经济社会才能持续发展。因而，人类与生存环境的共同进化就是生态文明，生态文明不再是纯粹的发展系统，而是一个和谐发展的社会系统。

由于可持续发展系统是一个普遍的复杂复合系统，而且是进化的开放系统，其进化的基础是继承先前文明的一切积极因素，所以生态文明也就涵括人类以前一切文明成果，其理论与实践基础直接建立在工业文明之上，是对工业文明以牺牲环境为代价获取经济效益进行反思的结果，是传统工业文明发展观向现代生态文明发展观的深刻变革。

（2）人类思想史概述

自从人类从洪荒的史前时代进入文明时代，人类的对大自然的认识和改造便加快了速度，在这个过程中，作为对客观世界反映的主观世界，人们的思想和智慧也得到了大发展。

在采集渔猎的原始农业时代，人类对自然界这个最大的外在生存环境的影响还比较小，人的生存状态取决于自然环境，因此人们思想意识里会出现对自然的原始崇拜。在人们的思想里，自然界是一个充满奥妙的庞然大物，人与自然也处于原始的平衡关系中。在东西方分别出现了早期的文明群落，他们在繁衍生存中，逐渐形成了具有种群特征的思想，并出现一些杰出的代表。

到了农业时代，人们开始逐渐学会改造自然，人与自然环境间也出现变化，有了更多精力和机会思考人与人、人与环境、人与社会的关系。在这个过程中，人类文明和思想开始迸发出耀眼的火花。

早在在公元前约 500 年，人类思想的曙光就显现了，其中更是早在公元前 770 年，中国春秋时代就拉开了帷幕，中国灿烂的春秋文化是东方思想蓬勃生长的沃土；同时在约公元 624 年，悉达多出生了，爱琴海畔的雅典学院为代表的雅典文化为人类贡献了苏格拉底、柏拉图和亚里士多德等一批耀眼的明星，他们的思想光辉穿越时光，历经久弥新。在同一时期的犹太国灭亡，孔子周游列国以及苏格拉底之死等，都是影响人类思想发展的重大文化现象。

稍后的中国春秋时期，百家争鸣又为人类贡献了诸子百家与先秦文化，东方中国的孔子与儒家文化开始昌盛，从此开始深刻地影响中国人两千多年的思想。

在这个时代中国的封建统一王朝秦汉先后更替，雅典的孔雀王朝也建立了，宗教开始出现。政治制度变化和宗教的出现，让东西方此前的文化思想发展打上了大一统和宗教化的烙印。

在公元纪年的开始，耶稣之死是西方文化和思想方面的一个巨大标志，中东的古兰经则代表了这个时代伊斯兰文明的灿烂。而中国在秦汉大一统之后的"独尊儒术"也让儒家文化和儒家思想开始正式占据中国人文化的主导地位，并和政治统治的合法性结合，结束了"百家争鸣"的春秋战国时期的文化局面。

此后，影响东西方文化和思想的较大事件是约公元 645 年中国玄奘取经返回长安和公元 630 年穆罕默德进军麦加。无论是处于盛唐时代友好交流、锲而不舍的东方思想，还是虔诚澄澈的西方宗教思想，都是人类思想史上耀眼的火花。

此后到公元 756 年，罗马教皇国的成立将欧洲带入了黑暗漫长的教廷时代。这个时代的万马齐暗，人性的压抑让欧洲的文明和思想黯然无光，这种情况直到公元 1500 年的文艺复兴才又给欧洲思想史添上了浓墨重彩的一笔。

在此之前，从公元 1300 年《神曲》面世开始，以但丁为代表的诗人的觉醒，以伽利略为代表的科学的觉醒和以马基雅维利为代表的政治的觉醒打破了欧洲思想领域的漫漫长夜，代表着亚平宁半岛的人性觉醒。

差不多同时期的中国，代表着东方文化和思想的巅峰，先后经历了蒙古的第二次西征和南宋的灭亡。分别代表着跨地区的文明冲突和东方文明内部的更替和融合。彪悍的草原铁骑不仅扫荡了相对理性柔和的汉文化统治中心，还横跨欧亚大陆，让遥远的欧洲大陆面临着狂扫而过的心理冲击。

1347 年黑死病大爆发是人类文明史上首次巨大规模的瘟疫灾难。这对人类思想领域带来的冲击可想而知，对瘟疫的恐惧让人不得不审视大自然的和人类的关系，感慨人的渺小和无助。

接着拜占庭的灭亡和哥伦布 1492 年到达美洲，是影响欧洲的重大历史事件。尤其是哥伦布到达美洲，将掀开历史新的一页，既有开拓进取的世界交流融合积极的一面，也将给整个人类带来血腥、殖民和奴役的肮脏记录。

人类思想简史大致有如下几个特点。

①哲学家的思考

大概归纳为科学并未发展的年代，严格来说应称之为现代科学未成为改变人类生活的主流学术的年代。数学，尚停留在日常统计、圆周、测星、历法制成阶段。哲学家成为古代思想主流。哲学与宗教又有不可分割的关系，但无论如何，哲理的基本逻辑已经成形。这些逻辑影响着当代世界观，乃至几千年后的现代，见证着人类复杂而又富创造性的思想起源。宗教借着哲学的世界观念，应运而生。统治者借着尝试分析人性的哲理，初步制造律法，然而律法不公，剥夺奴隶阶层。大量奴隶死亡流失，独立个体思想凋零。统治者与教宗相互抗衡，同时又为确保绝对权力，不欲个体思想有所偏离其所控制的"主流"发展与交流，文字与艺术同时被钳制，社会整体学术水平与创造力极低。

②政治家的思考

随着文明发展，人口膨胀，国度形成。国度需要君主城邦，订立国法、历法、文字、礼法，乃至社会伦理观念以确保国民价值观相等，避免社会出现动荡。哲学大幅应用在政治行为。政治思维系统成立。法律同时成立，然而存在严重阶级观念，民间不过问，亦无所涉猎。科学，或古代科技形成，主要功用为农耕水利、运输、资源分布，乃至人口统计、税收检地、攻城利器等。社会运作逐渐以科技发展为依归。宗教初步与当权者达到共识，所得捐献，划地建宗庙礼堂，订立规条，束缚社会伦理和个体思想。文字使用特权从政治团体顺应传到宗教团体手中。奴隶制度随着科技发展，产生了技工，而技工成为社会基础建设不可缺少的群体。艺术如建筑、雕塑，亦随社会建设得到较大发挥，开始得到统治阶级赏识；民间则一知半解。社会整体创造力得到适量发展，以维护统治者为依归。人类思想交流仍以口述为主，效率仍然非常低。

③宗教与印刷术的特点

宗教赢得政治角力，脱离政治、律法，成为一个统治者认可的"信仰"。教条需要得以散播，印刷术需求大增，人类史上第一次大规模思想交流从此而起。医术、诗词歌赋，较具文艺色彩的"文学"，亦随着印刷术的盛行流传开去。国家档案，民间生活，得以纸张形式记录下来，意识形态初步形成。民间除却律法告示、宗教条文，开始接触文学和艺术，透过印刷术得以准确传递、相互影响。人类思想交流得到初步扩散，然而范围不广，存在消息谬误。个体思想、学术水平、社会整体创造力，初次得到发展，当然，尚在统治者控制之下。

④大规模的战争特点

随着印刷术不断演化，教育的提倡，人类得到文明丰厚的果实，如科学、商学和文化艺术。民间媒体如报章、电报、收音机、乃至电视机相继产生，其所带来的资讯，直接影响着国家社会。

（3）人类文明史和思想史突破对系统工程发展的支撑作用

综合人类文明简史和思想简史，可以发现，从文明的低级阶段向高级阶段发展的过程中，无论是社会形态人们的思想，都受到生产力水平约束。人作为由人—外在环境组成复杂系统的主体地位得到越来越明显的体现，逐步占据主要和主导地位。思想广度和深度随着人类活动范围的加大和实践能力的提升而发展，对信息交流的需求也越来越大。不同个体、不同系统的信息和能量的交互也越来越复杂。

人类文明发展思想活跃程度越高，其中闪现的人性光辉和多样性也就越明显；反之，低级阶段的文明和压抑个性，奴役思想的时代，思想交流越少，社会个体和人—社会系统工程更加封闭孤立和脆弱，更少出现群体智慧迸发的可能。明显的例子就是春秋战国的百家争鸣和欧洲黑暗的中世纪对比。从系统工程的观点来看，开放的社会系统机制、健康活跃的要素会让社会这个系统涌现出更多个体无法展现出的繁荣和智慧；而封闭僵化的系统，出现精彩智慧火花的可能性要小得多。

人类社会实践范围从时间和空间两方面得到拓展，越来越庞大复杂的实践对象、实践环境才会需要更复杂、更有整体性的解决方案，在这个过程中，系统思想、系统思维和系统技术便得到了极好的发展机会。比如，在农业时代，治水和兴修水利的需要才让都江堰工程成为聪明智慧的知识分子、技师和匠人得以施展所长，呈现杰作的机会。

人类文明史和思想史的发展程度越高，其积累的历史越久，也让实践领域的交叉成为可能和必须，由实践和问题倒逼产生的解决方案就可能综合更多跨领域、跨空间、跨时间的因素，而这些绝妙的实践过程会得到总结、传承和发扬。比如"丁渭造宫"是在社会发展到一定程度，当时建造宫殿的约束条件比较苛刻的情况下，建造设计者个人的智慧和学习各种经验等的条件下，才会产生绝妙的建造方案，方案的成功执行必然会得到推崇、赞赏和总结。如此螺旋上升发展过程中，系统思想、工程思想和由此结合的系统工程思想得到了发展，具有了坚实的思想基础，系统工程在思想层面也不是凭空产生，由此可见一斑。

东西方独特的发展史和思想史影响了各自在系统思想的侧重点。从传统来说，以儒家为代表的思想，一开始就强调"大同"、"天下一家"、"四海之内，皆兄弟也"，这种思想教化下的人们，自然在考虑问题时候潜意识里把处理对象"归纳"、"统筹"到一起，这就萌生了最简单朴素的整体和运筹的系统思想；而西方从雅典学派开始，就强调辩论、思辨，注重数学形式和精确表达，自然带有精细化、量化的烙印，这和当代系统思想在西方更多是以形式化表达，定义和规则化表述并率先出现关于系统的哲学讨论相符合。

但无论东方还是西方，都有早期系统思想萌芽，西方是先走过精细化的"分析"的重点研究自然物质的科学阶段，在遇到困境后，转而求助于"综合"和整体；而东方，尤其是中国文化和思想观念中，一直都注重对"人"而非物质的关注，相反却几乎很少有特别精细的研究和划分物质对象并研究其内在组成。从这一点上来说，似乎在"系统思想"方面，中国人更具有集成智慧和整体概念的优势。

（三）理论系统工程理论基础

除了人类文明史和思想史的奠基性作用，人类认识论的发展，对系统工程的发展，在理论层面上起到了决定性作用。

系统工程在认识论层面上是如何看待认识的本质、结构，认识与客观实在的关系等，实际是由整个人类认识论发展的阶段和层次决定的。也就是说，系统工程的理论，是建立在人类在认识论发展到某个阶段的基础上的。因此，理论系统工程的基础，就是人类认识论发展和突破对系统工程发展的支撑作用。

（四）理论系统工程方法论和方法基础

（1）人类改造世界方法论发展概述

方法论是一种以解决问题为目标的体系或系统，通常涉及对问题阶段、任务、工具、方法技巧的论述。方法论会对一系列具体的方法进行分析研究、系统总结并最终提出较为一般性的原则。

人类在认识和改造世界的过程中，方法论也在不断发展中。按照方法论发展的不同阶段，分为古代方法论、近代方法论、马克思论、现代方法论和知识方法论等。

1）古代方法论。中国哲学史上对求职的方法论有过许多论述，从不同角度表述了有关认识方法的各种见解，形成了具有中国文化传统的认识方法的原理。比如孔子对求知方法的阐发，强调学思并重，明确提出"学而不思则罔，思而不学则殆"。同时还主张博学、多闻、多见，但反对满足于获得杂乱无章的知识，要求用"一以贯之"的原则把所有知识贯穿起来。"一以贯之"是通过思的功夫达到，也是思的方法论原则，并根据这一原则，提出"举一隅而以三隅反"、"叩其两端而竭"等方法。又比如老子、庄子不重经验而主张直觉的方法，要求冥思以直接领会宇宙根本；孟子讲尽心，主张反省内求；荀子主张观物与体道结合，要求在对实物的观察中认识规律即"道"，并根据道进行类推，以求得宇宙万物的普遍知识。从宋到明清，哲学家们也比较重视方法论的讨论，程朱学派主张"道学问"，注重"格物致知"的综合方法，认为知为人所固有，但必须格物以致之；陆王学派则主张"尊德性"，即重内心，认为一切真知都来源于内心，只要在内心上下功夫就行了。

2）近代方法论。在古代中国哲学和古希腊罗马哲学中，还没有专门自觉的方法论学科分支。方法论的发展与近代大工业和自然科学的发展是不可分的。资本主义的萌芽和工商业的发展促使了近代自然科学的兴起和发展，产生了探索正确认识自然的科学方法论的迫切需要。这时，哲学作为方法论的意义才被突出出来。近代方法论的奠基人是英国哲学家 F.培根。他推崇科学，反对遏制科学的宗教神学和经院哲学。培根在《新工具论》中，总结了科学实验的经验，提出了新的认识方法即经验归纳法。培根用他的方法体系武装了科学，推动了科学的发展。

法国哲学家 R.笛卡尔提出了理性演绎方法论。他同培根一样，反对经院哲学，主张发展科学。笛卡尔不满意经院哲学从圣经教义出发的演绎法，认为从中得不出任何可靠的知识。他重视理性，在《论方法》一书中提出 4 条方法：

①普遍怀疑，把一切可疑的知识都剔出去，剩下决不能怀疑的东西；

②把复杂的东西化为最简单的东西，例如把精神实体简化为思维，把物质实体简化为广延；

③用综合法从简单的东西得出复杂的东西，他说过："给我广延和运动，就能造出一个世界来"；

④累计越全面、复查越周到越好，以便确信什么都没有遗漏。他曾用这种理性演绎法从分析上帝的完满性的概念推论上帝的存在性。他主张清楚明白性，并称之为"自然的光明"，即理性。笛卡尔特别强调数学，主张一切知识都应该像几何学那样，从几条"不证自明的""天赋的"公理中推演出来，认为只有这种知识才是最可靠的知识。

英国的 J.洛克和 D.休谟进一步发展了经验主义方法论。洛克提出了感觉论的认识论。休谟提出了批判理性知识的怀疑论。欧洲大陆的 B.斯宾诺莎和 G.W.莱布尼茨进一步发展了唯理论的方法论。特别是斯宾诺莎用理性演绎法，效法几何学的方式即公理方法，建立了自己的哲学体系。这时方法论已经作为认识过程的哲学根据。由于 19 世纪以前，整个自然科学还处于搜集材料的阶段，只有数学和力学得到较充分的发展，故机械论和形而上学思维方法占着统治的地位。

I.康德第一个打破了形而上学思维方法的缺口。他从物质微粒之间的吸引和排斥的矛盾统一运动来说明太阳系的形成和发展，促使了机械唯物主义方法的破产。与此同时，他建立了庞大的先验唯心主义体系，力图把整个哲学变成方法论。康德批判地考察理性思维的方法以及它认识世界的可能性，形成了先验唯心主义的批判的方法论。康德批判莱布尼茨的唯理论，说他盲目地相信理性的可靠性，全盘否认感觉经验的必要性；也批判了休谟的经验论，说他排斥理性在认识中的作用，否定普遍性和必然性，否定了科学知识。康德把莱布尼茨的唯理论和休谟的经验论结合起来，认为没有感性直观材料，理性思维是空洞的；没有逻辑范畴、概念，感性直观就是盲目的。但是，在康德看来，逻辑概念范畴不是来自感性经验，而是人类认识能力自身固有的，从而实际上否认了逻辑的客观性。

G.W.F.黑格尔摧毁了康德的批判的方法论。他指明逻辑的客观性，但把整个世界的历史发展看作是绝对理念的辩证的逻辑的发展。黑格尔在《逻辑学》中，强调了理念辩证法作为普遍的认识方法和一般精神活动方法的作用，因而他的逻辑学也就是其辩证唯心主义的方法论。黑格尔的客观唯心主义辩证法，是马克思以前有关方法论研究的最高成果。

3）马克思方法论。唯物辩证法是马克思和恩格斯在唯物主义基础上改造黑格尔唯心主义辩证法，所创立的唯一科学的方法论。它是在概括总结各门具体科学积极成果的基础上，根据自然、社会、思维的最一般的规律引出的最具普遍意义的方法论。唯物辩证法是对客观规律的正确反映，它要求人们在认识和实践活动中一切从实际出发，实事求是，自觉地运用客观世界发展的辩证规律，严格地按客观规律办事。

唯物辩证法认为，世界上的一切现象都处于普遍联系和永恒运动之中，事物普遍联系的最本质的形式和运动发展的最深刻的原因是矛盾着的对立方面的统一。因此，孤立地、静止地看问题的形而上学思维方法是错误的，而矛盾分析法是最重要的认识方法。唯物辩证法认为，实践是主观和客观对立统一的基础，脱离实践必然会导致主客观的背离，产生主观主义，所以必须坚持实践以保持主观和客观的一致性。在认识过程中，要用实践检验人们的认识，要善于正确地运用多种多样的科学实验和典型试验的方法。唯物辩证法认为，整个客观物质世界以及其中的每一个事物、现象都是多样性的统一。各自都有自身的结构，包含有不同的层次、要素，组成一个个系统；各个事物、现象、系统都有自身的个性；同时，它们之间又有着某种共性，共性存在于个性之中。多样性与统一性、共性与个性都是对立的统一。由此产生了认识中的归纳法和演绎法、分析法和综合法、由感性具体到思维抽象和由思维抽象到思维具体的方法等等。这些不同的方法也都是对立的统一，因而不能片面地抬高其中一种方法而贬低另一种方法，而要把它们各自放在适当的地位。既要反对片面强调归纳法的经验论，又要反对片面强调演绎法的唯理论、独断论和教条主义，而应当把归纳和演绎辩证地结合起来。世界中每个事物、现象都有其自身产生、发展、灭亡的历史规律，在认识中还必须贯彻历史方法和逻辑方法的统一。列宁曾对认识事物的基本逻辑方法作了概括：①力求全面性，必须把握、研究事物的一切方面、联系和中介；②从事物的发展、运动、变化中观察事物；③必须把人的全部实践包括到事物的完满的"定义"中去；④必须注意真理的具体性。随着人们对客观规律的认识不断丰富和发展，马克思主义方法论也将不断地丰富和发展。

4）现代方法论。自19世纪末20世纪初物理学革命以后，各门科学都有了突飞猛进的发展。方法论在科学知识中的比重日益提高，方法论对科学发展的作用也日益显著。这是和科学发展的时代特点密不可分的。具体表现在：①科学对自然和社会的研究越来越广泛、深入，使科学研究中直观性的程度减少，抽象化的程度提高，产生了逻辑思维方法高度发展的必要性。②科学的进一步分化和综合产生了一些新兴学科和边缘学科，促使科学研究的整体性和综合性增强，产生了系统理论等具有方法论意义的新学科。③现代科学发现了一系列原有科学理论体系不能解释和说明的新的事实，出现了一些佯谬，破坏了科学体系原有的原则和思维前后一贯的逻辑严密性，产生了现代科学范畴体系的许多根本性的变化，同时也促使逻辑方法向前发展。④科学研究课题的复杂性、综合性在日益加强，随之而来的科学研究手段日益复杂、精密，科学研究日益成为集体的、综合的事业。由此产生了科学研究课题的各个不同方面、不同层次的相互配合、相互协调的必要，从而也产生了协调科学研究不同方面和不同层次的方法论。

科学发展的特点给哲学方法论提出了一系列需要解决的问题，例如：观察和实验的关系、科学事实和因果性解释的关系、归纳和演绎的关系、类推和概括的关系、假说和理论的关系、确定性和不确定性的关系、想象和科学发现的关系、系统和结构的关系、结构和功能的关系、系统和要素的关系、控制和信息的关系、规律和预测的关系，以及理论和实践的关系等等；科学的发展对方法论的形式也提出了一系列问题，例如科学语言的分析、科学理论的形式结构的分析、科学理论的形成发展和它们的逻辑有效性的条件等等。逻辑经验主义哲学十分重视对方法论形式方面的研究，而且做出了一些有益的贡献。但是，逻辑经验主义哲学否认关于世界观科学存在的必要性和可能性，把一切关于哲学世界观的问题统统斥之为"形而上学"的虚妄问题。逻辑经验主义者片面夸大方法论的形式方面，往往局限于对科学理论进行静态的逻辑分析，忽视和贬低经验的客观内容，抹杀科学知识发展中的革命变革问题。自20世纪20年代以来，大多数科学哲学家都把自己的纲领建立在"任何自然科学的知识内容都具有确定的逻辑结构，可以用一个形式命题系统来表示"这样一个设想的基础之上，这种形式化的方法和公理化的方法，在科学的发展中有一定的积极作用，但是如果忽略有关事物的客观本质和真实内容，把对事物的研究仅仅归结为关系的方法和追溯到某种设定的公理的方法则是错误的。

20世纪50年代以来，西方科学哲学出现了一个新的发展趋势，主要表现在冲破了对科学理论的静态的逻辑分析，而把对方法论的研究同科学发展的历史联系了起来。如英国的 K.R.波普尔、美国的 T.S.库恩及以后的拉卡托斯和 P.K.费耶尔阿本德等都试图从方法论的角度来说明科学理论的革命和发展。波普尔把科学的发展看成是一系列的证伪过程。他强调演绎，否定归纳，推崇证伪，贬低证实。他甚至说："我们并不能认识，我们只能猜测。"库恩提出科学发展是通过常规科学和科学革命的交替发展来实现的。科学革命则是"范式"的取代。他认为，"新理论如果没有关于自然界的信念的破坏性的变化是很难兴起的"。他所说的"破坏性的变化"是一种非理性活动的产物。他否认科学革命变革中的继承性。拉卡托斯在吸收波普尔和库恩思想的长处，克服波普尔朴素证伪主义的基础上，提出只有在科学研究纲领的一定秩序的提出和实现的基础上才能发展科学。费耶尔阿本德则认为，一切方法论都有自己的限度。他通过对科学历史实例的分析，力图说明在某种理论统治下的科学是停滞不前的，并提出了推翻一个既定理论的方法，这就是"什么都行"，即科学家可以自由地尝试他所喜欢的任何一种程序。他们都批判逻辑经验主义把科学发展看作单纯知识积累过程的观点。但是，他们共同的特点都是片面夸大知识的相对性，而否认知识中的绝对的客观内容，从而走向怀疑论。

哲学方法论是适用于一切具体科学的具有普遍意义的方法论。现代自然科学的发展不仅发展了各门具体科学自身的特殊的方法论，而且孕育产生了一些只是反映世界某个侧面但带有普遍意义的科学方法论，如数学方法。从历史上看，数学几乎同哲学一样古老，数学一开始就具有科学方法论的意义。虽然，数学最初仅仅在如天象、历法、土地测量、机械等少数几门科学中起着方法论的作用，但是，世界上一切事物都具有质和量两个方面，量又规定着质，质量互变规律是普遍的辩证规律。因此，数学及其方法应该普遍适用于任何一门科学。马克思认为，一门科学只有成功地运用数学时，才算达到真正完善的地步。现代科学的发展日益表明了这一点。数学方法已日益成为包括自然科学、社会科学、思维科学等一切科学部门不可缺少的方法。但是，数学方法仅仅涉及事物的量的侧面，因此仅靠数学的方法不能揭示事物的一切方面，达到对事物的全面的、完整的认识。同时数学方法的正确运用和数学方法本身的健康发展离不开正确的哲学方法论的指导，因而数学方法不能取代哲学方法论。

认知世界的方法论。关于认识世界和改造世界的方法的理论。方法论在不同层次上有哲学方法论、一般科学方法论、具体科学方法论之分。科学方法论，包括培根阐述的实验方法与归纳逻辑、笛卡儿论述的数学方法与演绎逻辑，以及贝塔朗菲的一般系统论方法与中国曾邦哲的系统逻辑《结构论》。

关于认识世界、改造世界、探索实现主观世界与客观世界相一致的最一般的方法理论是哲学方法论；研究各门具体学科，带有一定普遍意义，适用于许多有关领域的方法理论是一般科学方法论；研究某一具体学科，涉及某一具体领域的方法理论是具体科学方法论。三者之间的关系是互相依存、互相影响、互相补充的对立统一关系；而哲学方法论在一定意义上说带有决定性作用，它是各门科学方法论的概括和总结，是最一般的方法论，对一般科学方法论、具体科学方法论有着指导意义。

（五）理论系统工程技术基础

（1）人类科技革命与重大技术突破

科技革命是科学革命和技术革命的合称。科学革命是技术革命的基础和出发点，科学革命引起技术进步；而技术革命是科学革命的结果，先进的技术及其应用反过来又为科学研究提供了有力的工具。在此将不对科学革命和技术革命做特别区分。

第一次科技革命（18世纪60年代—19世纪中期）又称工业革命，是以英国在18世纪60年代机器的使用为开始标志，以1840年前后大机器成为工业生产的主要方式作为结束标志。

工业革命首先发生在英国并以英国为主，以轻工业为主导，以蒸汽动力为主要标志，其技术发明主要源于工人和技师的实践经验。工业革命创造的巨大生产力，使社会面貌发生了翻天覆地的变化。工业革命以后，资本主义最终战胜了封建主义。

第二次科技革命（19世纪70年代）资本主义制度在世界范围内确立，电力得到广泛应用，内燃机和新交通工具创新为标志，特点是科学同技术开始紧密结合，新技术发明几乎同时发生在几个国家，有些国家两次工业革命交叉进行。

第三次科技革命（20世纪四五十年代）二战后，资本主义推行福利制度与国家垄断资本主义，20世纪初科学理论的重大突破和一定的物质、技术基础的形成，并在二战及战后各国对高科技迫切的需要的背景下发生的。特点是，科学技术推动生产力的发展，转化为直接生产力的速度加快，科学技术密切结合，相互促进，而且科学技术在各个领域相互渗透。

第四次科技革命（20世纪后期）以系统科学的兴起到系统生物科学的形成为标志，系统科学、计算机科学、纳米科学与生命科学的理论与技术整合，形成系统生物科学与技术体系，包括系统生物学与合成生物学、系统遗传学与系统生物工程、系统医学与系统生物技术等学科体系，将导致的是转化医学、生物工业的产业革命。

发展新能源被看成是第四次科技革命的核心任务。从战略的眼光来看，新能源本身就是一个经济发展方向，促进新能源经济的发展，可以推进能源结构乃至经济结构的转变，对国民经济产生深远影响，也是未来世界各国的竞争重点，能源工业未来的方向将是从能源资源型走向能源科技型。

第四次科技革命特点是，细胞与分子的系统科学与工程研究，形成的是生物能源、生物信息与生物材料的全方位生物产业革命，将带来的是生物太阳能、生物计算机与生物反应器的技术突破与产业化。

第五次科技革命。大约开始于25年前，电子和信息技术普及应用开启了第五次科技革命之门，而随着互联网技术的普及和移动互联网的发展，全球正处于半个世纪以来的又一次重大技术周期之中，不久的将来，移动宽带会覆盖到所有人群，而如今正处于从导入期到拓展期的转折点。

第五次技术革命，是以信息通信技术为标志的。历史上每一次技术变革其实都分两个阶段。第一个阶段是导入期，即头 20～30 年，这是技术的引入阶段，新技术得到快速发展，并在主要领域得到广泛应用。继而进入第二个阶段，拓展期，在这个阶段，人们会在这个技术的基础上，部署很多创新应用，新技术的潜力得到充分发掘。

事实上，我们经历了不同阶段的互联，最开始的时候我们是靠固定电话把固定的各种地点连接在一起，随后连接的是人，如今因为有了移动通信，每一个人之间都可以互联互通。随后，我们的目标是把所有的东西连接在一起，这也就是中国所讲的物联网。如今我们就在一个创新应用的部署阶段。

可能的第六次科技革命。正在酝酿中的第六次科技革命，从科学角度看，可能是一次"新生物学革命"，从技术角度看，可能是一次"创生和再生革命"；有科学家预期第六次科技革命很可能在生命科学、物质科学以及它们交叉的领域出现。

（2）科技革命与重大技术突破对系统工程发展的支撑作用

科学革命和重大技术突破对人们认识和改造客观世界具有重大的理论与实践作用，它能够推动新的科学理论体系的诞生；其应用成果反过来也能够为科学研究提供有力支撑。系统工程作为一门新兴科学，已经在各领域、各行业发挥了举足轻重的作用，对科学革命和重大技术突破也产生了重要的智力支持。理论与实践是螺旋上升的逻辑关系，科学革命和重大科技突破的实践必然会对系统工程的发展起到支撑的作用。两者是一个良性互动的循环支撑提升的关系，相形益彰、协同发展。

二、系统工程学科框架体系

（一）理论系统工程学科性质和定位

系统工程是一门学科，也是一门科学，它不再仅仅是系统科学的应用层次。现代系统工程应当努力跳出具体的领域，提炼处理超领域一般性或者复杂的人与外部环境构成的社会系统难题的原理、方法等；同时从现代系统科学研究重点的变化和系统工程本身需要解决的问题以及当下中国国情来看，应当将系统工程研究重点转向社会系统工程，在破解最复杂的社会系统难题的过程中，把系统工程本身的发展也提升到新层次，并努力有所突破和创新。

同时，由于当代学术研究的进步，科学技术工程三元论等观点得到逐步确立，系统工程作为产生于实践的工程学科，它与科学（理论）学科和技术学科是相互独立的，甚至于钱学森也曾专门探讨过科学、工程和工程科学之间的联系与区别。在结合上述学科方向和重点的种种变化，日益发展壮大的系统工程应该从系统科学的应用层次转变成一门有自己的思想理论、方法技术和工程实践知识的完整学科体系，这个转变是必要的、适时的，是学科发展的自然规律。

在这个基础上提出来的"理论系统工程"并不同于"系统工程理论"。前者是后者相关研究的哲学提升，具体来说，理论系统工程是解决系统工程学科定位、历史发展规律、一般性理论和科学发展等问题，研究对象是系统工程；而后者是系统工程基础理论和专门理论的总和（钱学森分类），包括基本理论、关联理论、支撑理论等，很多是各系统工程专门领域已有的理论。

之所以提出理论系统工程并区别于系统工程理论，重在强调对系统工程整个学科体系科学发展的研究，对系统工程理论研究的哲学提升，而不再是强调某种具体领域或技术的理论——尽管这些系统工程的具体理论是重要的。只有如此，才能清晰地提出系统工程学科被忽略的一面：理论体系构建和哲学提升以及学科本身科学发展等问题，二者并不在同一个研究层面上。

（二）系统工程学科框架体系发展

系统工程是一门正处于发展阶段的新学科，其定义、内涵和学科框架等都众说纷纭。综合国内外典型研究机构、学派或学者的观点，大概有技术工具、方法（论）、要素集合、学科、横向技术和科学等。

这些典型定义不仅反映了对发展中的系统工程的渐进认识过程，更揭示了系统工程由单一到体系、由工具到方法（论）、由简单整合到系统整合、由学科边缘简单重叠到横断交叉自成体系的演进脉络。作为学科和学科体系的系统工程，其总体发展趋势是，更加整体化、系统化、体系化和完备化。

（1）系统工程过程和框架

系统工程的核心是系统工程过程，在系统工程学科体系发展过程中，对系统工程过程的讨论和对系统工程框架的讨论是两个非常重要的阶段。系统工程注重面向过程的思想，一种典型的系统工程过程框图如图2。

系统工程过程描述了系统研制和管理的逻辑顺序和步骤，主要包括一系列的流程和若干活动，是系统工程的主要描述方式，也是其面向过程特点的体现。但是，面向过程的描述，本质上是系统工程作用对象的流程反映和优化，并不能准确展现"系统工程"本身的构成要素，无法为系统工程能力提升提供直观依据，毕竟系统工程能力的提升才是将其独立出来进行研究的主要目的。

系统工程框架的提出超越了系统工程技术、工具论，体现了系统工程"要素集合论"的思想，解决了系统工程能力由哪些元素构成、如何构成的问题。图3是一种典型的系统工程框架图。

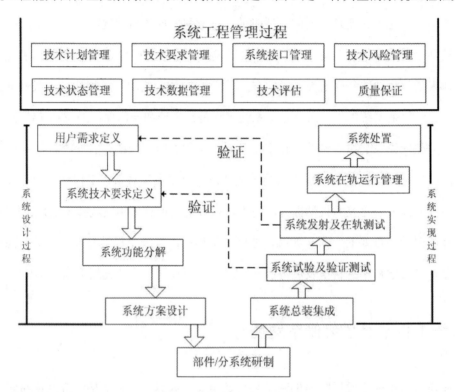

图2 系统工程过程图

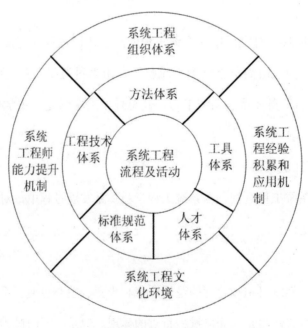

图3 系统工程框架

系统工程框架由三个层次构成：核心要素层、关键要素层和支撑环境层。核心要素是系统工程的流程及其活动，核心之外的关键支撑要素包括方法体系、工具体系、人才体系、标准规范体系和工程技术体系；而促进组织内系统工程核心要素和关键支撑要素持续发展还需要系统工程的支撑环境，包括组织体系、工程师能力提升机制、文化环境、经验积累和应用机制等。

系统工程框架是面向能力提升的，它将系统工程能力分解为不同重要程度的要素集合，超越了描述系统流程过程的观点，可为系统工程整体能力的提升提供方向。

（2）学科框架体系构建

随着国际上系统科学的研究重点转向复杂性和复杂性科学之后，仅将系统工程视为系统科学在应用层次的表现，已不能准确概括其正在发生和将要发生的种种变化。

另一方面，不仅科学不同于工程科学的观点成为学界共识，而且科学、技术、工程三元论逐渐成为被接受的主流观点，工程不再仅仅是被看作是科学或者技术的工具，来源于工程但又高于工程的"工程科学"成为独立于基础（理论）科学和技术科学的科学领域。

因此，作为脱胎于工程技术的系统工程，在其当前研究重点转向社会系统工程的背景下，与系统科学之间的区别及其自身的独立性也在不断加大，与系统科学相对独立的系统工程学科体系的构建成为可能。

以"系统工程科学"这一概念来构建系统工程学科体系的学术努力和学术思想的流行，使得"系统工程不仅是一门学科，也是一门科学"的观点逐步确立。这类观点中，最典型的是提出了作为科学的系统工程的学科体系结构。

（3）框架体系的合理性

该体系结构是按照人类认识世界的完整逻辑思维过程即"是什么—为什么—怎么做—何处用"的四维逻辑叙事结构建立的。该体系结构认为作为学科体系或者科学概念的系统工程，应当包括认知系统工程学、理论系统工程学、技术系统工程学和实践系统工程学等。

显然，该结构体系不仅仅将系统工程从学科扩展到学科体系也即科学的更高层次上，而且跳出了系统工程面向能力和面向发展的认识论层次，包含了对系统工程本身的认识、理论体系的建立、技术能力体系的搭建和工程实践的指导等。

由于理论系统工程关注整个学科理论体系的框架而不是具体领域或方向，其研究内容就应该是适用于一般系统工程问题而不是领域系统工程的问题。这会涉及到现代系统工程在处理一般系统，或者人和所在外部环境组成的复杂系统问题时的一般性认识、原则、方法等问题。比如说，系统工程的核心是系统工程过程，也就是系统工程生命周期，那么抛开某一种具体的系统工程过程来说，系统工程生命周期相关理论应当包括系统的构成理论、运转理论、交互理论、优化理论等。

上述理论分类是对应系统工程过程的，具体每一类理论会有若干个理论或者学说，比如强调系统工程整体性的全局学说观点，构成理论类别中的系统结构学说观点等。

相比于传统具体领域理论知识，这种一定程度上的抽象，和系统工程当前研究重点转向社会系统是契合的。它们更多是在传输一种理念而非技术，一种处理复杂和难以量化的社会系统问题甚至社会成员修身养性的方法，而非机械的具体领域或模型化的问题解决办法。

第三篇　技术系统工程学

系统工程的实际应用不仅需要深厚的理论基础和广泛的方法论，而且需要各种技术来具体实现。"技术系统工程学"包括"时间流程技术"、"空间定位技术"、"系统动力技术"和"管理决策技术"，从时空、内部动力和外部应用四个方面论述系统工程的技术支撑。

一、时间流程技术

将系统工程处理问题的时间流程划分为建模、仿真、控制、评价等几个阶段，详细阐述上述各阶段所用到的技术。

（一）系统建模

建模是一种研究系统的方法，基于系统建模可以开展对系统仿真、预测以及控制等。系统模型的性质度直接影响研究结果的可信度。因此，对真实系统进行建模很重要。

根据钱学森的定义，系统模型是对现实世界中真实系统的某些属性的抽象。从定义中可看出：系统模型具有很强的针对性，对于大多数研究目的而言，研究人员没有必要考虑系统的全部属性，系统模型只是系统某一方面本质属性的描述，本质属性的选取完全取决于系统工程研究的目的。所以，对同一个系统根据不同的研究目的，可以建立不同的系统模型。

系统模型是针对系统的本质特征建立起来的，它反映了实际系统的主要特征，但又不局限于某一个特定的实际系统，系统模型具有通用性。高于实际系统而具有同类问题的共性。因此，一个适用的系统模型具有针对性、通用性、整体性等特点。

系统种类繁多，作为系统属性描述的系统模型的种类也是很多的。按照不同的原则可以对系统模型做不同分类，见表1。

表1 系统模型分类表

依据	分类		
按模型描述系统的层次	概念模型		
	数学模型		
按模型实现的功能	结构分析模型		
	系统评价模型		
	性能优化模型		
	状态预测模型等		
按模型要素与时间的关系	静态模型		
	动态模型	连续模型	
		离散模型	
按对建模机理的了解程度	白箱模型		
	灰箱模型		
	黑箱模型		
按模型的应用领域	交通模型		
	生态模型		
	金融模型		
	企业管理模型等		

建模方法主要包括概念模型、数学模型和仿生模型。其中，概念模型是对系统定性描述的技术，而数学模型是在定性描述基础上对系统定量描述的技术。仿生模型是基于对生物界某些现象的模仿而形成的一类模型。仿生模型属于系统机理层次描述的模型。

概念模型是采用文字、图表和图像从系统的要素定义、过程描述以及框架结构的角度对系统某些属性进行定性描述。对一些复杂的机理不完全被认识的系统构筑概念模型是很必要的，而且系统的概念模型为系统数学模型的建立提供了对系统属性的定性分析。这种建模方法主要包括文字模型、逻辑模型。

数学模型是一类基于定性分析的定量系统模型。它采用线性和非线性代数、图论、概率论、矩阵论、数值计算等数学工具对系统要素之间的关系进行分析，然后用数学表达式来描述系统属性。这种建模方法主要包括确定性数学模型、随机性数学模型、模糊性数学模型。

（二）系统仿真

仿真技术是建立仿真模型并对其进行实验的一种技术，通过对系统模型的实验去研究一个已经存在的或正在设计中的系统。系统仿真本质上是针对所建立的仿真模型进行试验的一种技术。按照不同的划分标准，系统仿真分为不同的类型。

表 2　系统仿真分类表

依据	仿真类型
仿真模型的不同	物理仿真
	数学仿真
	半实物仿真
计算机类型的不同	模拟机仿真
	数字机仿真
	混合机仿真
模型状态特性	连续变量动态系统仿真
	离散事件动态系统仿真
仿真时钟与实际时钟的关系	亚实时仿真
	实时仿真
	超实时仿真

系统仿真的三要素是系统、模型和计算机。对于仿真来讲，系统是基础，模型是对象，计算机是工具。系统仿真的三个步骤是系统模型建立、仿真模型建立和实施仿真实验。

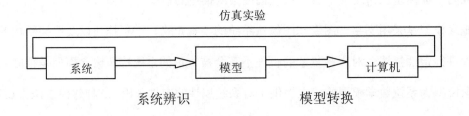

图 4　系统仿真步骤图

计算机是计算机仿真中最重要的仿真工具。计算机仿真是指以计算机为主要工具，以真实系统或预研系统的仿真模型为依据，通过运行具体仿真模型和对计算机输出信息的分析，实现对实际系统运行状态和变化规律的综合评估与预测，进而实现对真实系统设计与结构的改善或优化。通常根据仿真计算机类型的不同，将系统仿真技术划分为模拟机仿真、数字机仿真和混合机仿真。

（三）系统预测

系统预测是对事物发展的未来趋势做出的推测、估计和分析。预测通常要以系统发展变化的实际数据和历史资料为依据，并且借助现代的科学理论和方法以及各种经验、判断和知识。

系统预测的实质就是充分分析、理解系统发展变化的规律，根据系统的过去和现在估计未来，根据已知预测未知，从而减少对未来事物认识的不确定性，以指导我们的决策行动，减少决策的盲目性。

预测的前提就是对系统规律的正确认识，只有对系统进行全面系统的分析，才能实现对系统的有效预测。而预测不止增加了人们对系统规律的认识，还为系统管理和决策提供科学依据。

根据不同的划分标准，系统预测有不同的分类。具体如表3所示。

预测技术分很多种，主要从定性预测技术、经典定量预测技术、现代预测技术三大类。

定性预测通常是在缺乏对象历史统计数据的情况下，以人的逻辑判断为主，利用专家的经验和专业技能并结合对象相关的资料信息和背景环境，对系统发展的前景进行定性的判断。定性预测主要应用于宏观的、战略的、长期的、总体的和综合的预测，往往是对系统的发展趋势和发展方向的预测。此类技术有：特尔菲法（专家会议调查法的一种改进与发展）、主观概率法、领先指标法（多用于经济预测和市场预测）。

表 3 系统预测分类表

依据	分类
按照量化程度	定性预测
	定量预测
按照基本步骤	序列分析预测
	因果关系预测
按照预测时间	长期预测
	中期预测
	短期预测
按照预测机理	时间驱动预测
	数据驱动预测
	规则驱动预测

定量预测的最大特点是要依靠大量的历史数据资料作为预测的根据。经典的定量预测技术是基

于数理统计的预测方法，是建立在统计学、数学、系统论、控制论、信息论、运筹学、计量经济学等学科基础上，运用数学模型进行预测的方法。此类技术有：移动平均法、指数平滑法、趋势外推法、回归分析法、Markov 法。

现代预测技术包括灰色系统模型法（已成功应用于社会经济领域的预测、评估和控制中）、人工神经网络法（应用于各个领域的预测）、遗传算法预测法（已经广泛应用于系统仿真和系统规划以及资源配置、模式识别等领域）等。

（四）系统控制

控制技术的发展经历了三个阶段。第一阶段是以 20 世纪 40 年代兴起的调节原理为标志，称为经典控制理论阶段；第二阶段以 60 年代兴起的状态空间法为标志，称为现代控制理论阶段；第三阶段是以 80 年代兴起的智能控制理论阶段。本节从控制理论发展的三个阶段展开来阐述系统控制技术。

（1）经典控制

经典控制理论与传统控制理论统称为传统的控制理论。传统控制理论的共同特点是：传统控制理论的前提条件是必须能够在常规控制理论指定的框架下，用数学公式严格地描述出被控制对象的动态行为，对象的数学模型可以是基于微积分理论、线性代数或矢量分析。

20 世纪 40～50 年代，以传递函数为工具，以时域法、频率法和根轨迹法为代表的单变量控制系统和伺服控制系统理论逐步发展起来，形成了经典控制理论。经典控制的基本方式有：开环控制和闭环控制以及复合控制。经典控制技术对系统的研究着眼于系统的动态性、稳定性和稳态性方面的性能。

（2）现代控制

到了 20 世纪 60 年代，随着导弹、人造卫星、航天工程、高能物理、电子计算机等科学技术的迅猛发展，控制技术逐步从经典控制发展成为现代控制。20 世纪 60～70 年代，现代控制技术着眼于系统的能控性、能观性和稳定性，形成了以状态空间法为代表的"现代控制理论"。

（3）大系统控制

所谓大系统一般是指规模庞大，结构复杂、目标多样、影响因素众多，且带有随机性的系统。随着变量众多且结构庞大的系统控制对象的出现，经典控制技术和现代控制技术已经日益不能够满足系统分析和研究的需求。在这样的背景下，大系统控制技术于 20 世纪 70 年代中期被提出并得到逐步发展。

处理大系统的方法主要有：分解—协调原理，向量李雅普诺夫稳定性原理，分散最优控制以及系统模型降阶原理等。

（4）智能控制

智能控制技术的主要思想是采用机器模仿工程技术人员的操作经验，从而实现对复杂系统和系统过程的有效控制。传统控制理论解决系统问题时所遇到的最大困难是系统的不确定性问题，由于系统的非线性、复杂性和高维度等特征，导致面对很多复杂系统时，要建立其精确的数学模型是一件非常困难的事情，甚至根本无法建立数学模型。智能控制避免了单纯依靠系统分析方法对系统建立数学模型，而是通过让机器模拟人类的成功工作经验来达到控制的目的。

二、空间定位技术

（一）空间定位技术概述

空间定位技术作为系统工程的分支，主要是指对空间数据（即空间信息）的处理技术。主要是指包括地理信息系统（Geographical Information System，GIS）、遥感技术（Remote Sensing，RS）、全球定位系统（Global Positioning System，GPS）在内的"3S"技术。其中 GPS 和 RS 分别用于获取点、面空间信息或监测其变化，GIS 用于空间数据的存贮、分析和处理。由于三者功能上存在明显的互补性，在实践中人们渐渐认识到只有将它们集成在一个统一的平台中，其各自的优势才能得到充分发挥。

（1）地理信息系统

地理信息系统简称 GIS。关于 GIS 国内外有许多定义，不同的应用领域，不同的专业，对它的理解是不一样的，目前还没有一个完全统一的被普遍接受的定义。地理信息系统的定义是由两个部分组成的。一方面，地理信息系统是一门学科，是描述、存储、分析和输出空间信息的理论和方法的一间新兴的交叉学科；另一方面地理信息系统是一个技术系统，是以地理空间数据库（Geospstial Database）为基础，采用地理模型分析方法，适时提供多种空间的和动态的地理信息，为地理研究和地理决策服务的计算机技术系统。

地理信息系统具有以下三个方面的特征；

第一，具有采集、管理、分析和输出多种地理信息的能力，具有空间性和动态性；

第二，由计算机系统支持进行空间地理数据管理，并由计算机程序模拟常规的或专门的地理分析方法．作用于空间数据，产生有用信息，完成人类难以完成的任务；

第三，计算机系统的支持是地理信息系统的重要特征，因而使得地理信息系统能以快速、精确、综合地对复杂的地理系统进行空间定位和过程动态分析。

地理信息系统按其内容可以分为三大类：

1）专题地理信息系统（Thematic GIS）是具有有限目标和专业特点的地理信息系统，为特定的专门目的服务。例如，森林动态监测信息系统、水资源管理信息系统、矿业资源信息系统、农作物估产信息系统、草场资源管理信息系统、水土流失信息系统等。

2）区域信息系统〔Regional GIS〕主要以区域综合研究和全面的信息服务为目标，可以有不同的规模，如国家级的、地区或者省级的、市级和县级等为各不同级别行政区服务的区域信息系统，也可以按自然分区或流域为单位的区域信息系统。区域信息系统如加拿大国家信息系统、中国黄河流域信息系统等。许多实际的地理信息系统是介于上述二者之间的区域性专题信息系统，如北京市水土流失信息系统、海南岛土地评价信息系统、河南省冬小麦估产信息系统等。

3）地理信息系统工具或地理信息系统外壳（GIS Tools）是一组具有图形图像数字化、存储管理。查询检索、分析运算和多种输出等地理信息系统基本功能的软件包。它们或者是专门设计研制的，或者是在完成了实用地理信息系统后抽取掉具体区域或专题的地理系空间数据后得到的，具有对计算机硬件适应性强、数据管理和操作效率高、功能强的特点，是具有普遍性的实用性信息系统．也可以用作 GIS 教学软件。

（2）遥感技术

从狭义上将，遥感技术是指在远距离、高空和外层空间的各种平台上，运用各种传感器（如摄影仪、扫描仪和雷达等等）获取地表信息，通过数据传输和处理，从而实现研究地面物体形状、大小、位置、性质及其环境的相互关系的一门现代化的应用技术科学。

遥感技术有许多特点：视域宽、信息多、速度快、限制少、用途广。

（3）全球定位技术

全球定位系统简称 GPS，是以卫星为基础的无线电测时定位、导航系统，由分布在地球上空的卫星群为基础，可以为航天、航空、陆地、海洋等方面的用户提供不同精度的在线或离线的空间定位数据。所谓 GPS 定位是指运动载体实时测出接受天线所在的位置，而导航则是指 GPS 接收机在测得运动载体实时位置的同时，还测得运动载体的速度，时间和方位等状态参数，进而可"引导"运动载体驶向预定的目标位置。作为从军方发展起来的产品，根据其用途不同（民用和军用两种），

GPS 定位分为标准定位服务 SPS（Standard Positioning Service）和精确定位服务 PPS（Precise Positioning Service）。

GPS 系统包括三大部分：空间部分——GPS 卫星星座；地面控制部分——地面监控系统；用户设备部分——GPS 信号接收机。

（4）"3S" 集成

3S 的结合应用，取长补短是一个自然的发展趋势，三者之间的相互作用形成了"一个大脑，两只眼睛"的框架，即 RS 和 GPS 向 GIS 提供或更新区域信息以及空间定位，GIS 进行相应的空间分析，以从 RS 和 GPS 提供的浩如烟海的数据中提取有用信息. 并进行综合集成，使之成为决策的科学依据。

（二）空间数据

空间信息又可以称为空间数据或者空间特征，是指以地球表面空间位置为参照的自然、社会和人文景观数据，可以是图形、图像、文字、表格和数字等，由系统的建立者通过数字化仪、扫描仪、键盘、磁带机或其他通信系统输入 GIS，是系统程序作用的对象，是 GIS 所表达的现实世界经过模型抽象的实质性内容。

在地理信息系统中，按照其特征，数据可分为三种类型：空间特征数据（定位数据）、时间数据（尺度数据）和专题属性数据（非定位数据）。

空间数据的类型主要有：地图数据、影像数据、地形数据、属性数据、元数据。

（三）空间数据模型和结构

空间数据模型和空间数据结构是任何空间信息系统设计的核心，也是推动地理信息系统发展，使之不断更新的关键。能够在空间数据结构和空间数据模型基础上建立起高效优良的空间数据库，已经成为当前地理信息系统领域的研究特点。

（1）空间数据模型

一个空间数据模型可以被定义为一组有相关关系联系在一起的实体集。空间数据模型主要分为三种类型：向量模型、镶嵌模型、混合模型。

（2）空间数据结构

空间数据结构是通过对空间数据进行合理的组织，以便于进行计算机处理。数据结构是数据模型和文件格式之间的中间媒介。数据模型和数据结构之间的区别很模糊，实事上，数据模型是数据表达的概念模型，数据结构是数据表达的物理实现。前者是后者的基础，后者是前者的具体实现。

（四）空间分析

空间分析是地理信息系统科学内容的重要组成部分，也是评价一个地理信息系统功能的主要指标之一。空间分析的根本目的，在于通过对空间的深加工或分析获取新的信息。空间分析可以这样定义：空间分析是基于空间的分析技术，它以地学原理为依托，通过分析算法，从空间数据中获取有关地理对象的空间位置、空间布局、空间形态、空间形成、空间演变等信息。

（五）空间决策

决策支持系统（Decision Support System，DSS）是辅助决策者通过数据、模型、知识以人机交互方式进行半结构化或非结构化决策的计算机应用系统。它是在管理信息系统（Management Information System，MIS）基础上发展起来的，在 MIS 的基础上增加了非结构化问题处理；模型计算和各种方法为解决结构化、非结构化和半结构化的问题提供了更广泛的方法、它为决策者提供分析问题、建立模型、模拟决策过程和方案的环境，调用各种信息资源和分析工具，帮助决策者提高决策水平和质量。决策支持系统是辅助管理者对半结构化问题的决策过程支持而不是代替管理者的判断．提高决策的有效性而不是效率的计算机应用系统。DSS 的基本结构主要由四个部分组成，即数据部分、模型部分、推理机部分、人机交互部分。

GIS 可以看作是用于空间决策的空间信息系统。GIS 与 MIS 的不同之处在于其数据模型和数据结构的复杂性。空间决策支持系统与一般的决策支持系统性质相同，只是更注重空间数据和空间问题的获取和解决。

（1）数据仓库

数据仓库是指面向主题的、集成的、稳定的、随着时间变化的数据集合，用以支持管理决策。根据定义，数据仓库的目标是为了制定管理的决策提供支持信息。数据仓库是一种把收集的数据转变成有意义的信息技术。数据可以来源于许多不同的数据源，包括不同的数据库系统，甚至来源于不同的操作系统。

（2）数据挖掘

随着大量的大规模的数据库迅速不断地增长，人们对数据库的应用已不满足于仅对数据库进行查询和检索。仅用查询检索不能帮助用户从数据中提取带有结论性的有用信息。因此，有必要考虑从数据库中发现新的知识．被称为数据库知识发现（Knowledge Discovery in Databases，KDD），也叫数据挖掘（Data Mining）。数据库知识发现或数据挖掘的定义为从数据中提取隐含的、先前不知道的和潜在有用的知识的过程、数据挖掘技术集成了机器学习、数据库系统、数据可视化、统计和信息理论等多领域的最新技术，有着广泛的应用前景。

数据挖掘的四个步骤：

1）数据选取：数据仓库中的数据并不都与挖掘的信息有关，第一步就是为了只提取"有用的"数据。

2）数据转换：在确定要进行挖掘的数据之后，要对这些数据进行必要的变换，使得数据可以被进一步的操作使用，通常的变换有：将定名量转换为定序量，以便于人工神经网络运算：对已有的属性进行数学或逻辑运算，以创建新的属性。

3）数据挖掘：在数据转换之后，就要进行数据挖掘，数据挖掘的具体技术很多，如分类、回归分析等。

4）结果解释：挖掘的信息要参照用户的决策支持目的进行分析，并且要表现给决策者。这样．结果的输出不仅包含可视化的过程，而且要经过过滤，以去掉决策者不关心的内容。

（3）空间数据挖掘

空间数据是与占有一定空间的对象有关的数据。空间数据库是通过空间数据类型和空间关系存储和管理空间数据。空间数据通常具有拓扑和距离信息，通过空间索引进行组织和查询。

空间数据挖掘技术，特别是空间数据理解、空间和非空间数据关系发现、空间知识库构造、空间数据库的查询优化和数据组织，在 GIS、遥感、影像数据库、机器人运动等涉及空间数据的应用系统中很有前景。目前空间数据挖掘使用的一些方法包括：统计分析方法、基于概括的方法、聚类分析方法、空间关联规则方法等。

三、系统动力技术

（一）系统动力的相关理论

（1）系统动力学

系统动力学（System Dynamics）是美国麻省理工学院的 Forrester. J. W.教授于 1956 年创建的。

系统动力学是一门以系统的反馈控制理论为基础，以计算机仿真技术为主要手段，定量研究系统发展的动态行为的一门应用科学。

系统动力学方法主要用于研究与处理具备高阶次、非线性和多回路特点的复杂系统，可以是各种自然系统、社会系统、经济系统甚至思维系统。以 Jay Forrester、Dennis Meadows 和 Peter Senge 以及 MIT 相关人员为代表的系统动力学研究者们形成了美国复杂性研究的五大学派之——系统动力学派。

（2）混沌理论

经典的动力学理论认为：任何一个系统只要知道了它的初始状态，就可以根据动力学规律推算出它随着时间变化所经历的一系列状态。这是机械决定论的基本观点。概率论和统计的概念引入物理学后，科学思想发生了重大变化，促使科学家从决定论的那种"经典科学缔造的神话"中走了出来。概率论和统计的观点认为，一个系统的未来状态，并不是完全确定的线性因果链，而有许多偶然的随机因素，人们只从大量的偶然性中寻找必然的趋势，世界的发展遵循着统计的规律。确定论系统和随机系统都是构成物理世界的两个极端情况。

混沌理论（Chaos Theory）描述的系统，其动力学方程是完全确定的，然而这种系统的长期演化行为又存在着随机性。它用已有的动力学理论来研究一些复杂系统，使确定性的动力学规律描述的系统出现了统计性结果，从而突破了确定论与随机论之间不可逾越的障碍。

（二）确定系统动力的技术

（1）主成分分析

主成分分析（Principal component analysis）是将原本分散在一组变量上的信息集中到某几个综合指标，利用主成分描述数据集内部结构，并通过对该组变量的几个线性组合来解释这组变量的方差和协方差结构，即主成分上的探索性统计分析方法，发挥了降低数据维度，数据压缩和数据解释的作用。

主成分分析是一种实用的统计分析方法，目前在各类系统的构成分析、评价和预测中的应用很广泛。

（2）灰色关联度分析

灰色系统理论由我国学者邓聚龙提出，灰色关联度分析法是基于灰色系统理论，针对经典统计学回归分析的某些局限性而提出的一种定量描述因素间相互作用的方法，是系统动力分析的一种技术。

从灰色系统的观点来看，现实世界中不仅不同系统之间的关系是有灰度的，同一系统中不同要素之间的关系也是有灰度的。灰色系统理论提出了关联度分析的概念，其目的就是通过一定的方法来理清系统中各要素间的主要关系，找出影响最大的因素，把握矛盾的主要方面。

在此需要明确的是，灰色系统理论的关联度分析与数理统计学的相关分析有本质的区别：第一，理论基础不同。关联度分析基于灰色系统的灰色过程，而相关分析则基于概率论的随机过程；第二，分析方法不同。关联分析是进行因素间时间序列的比较，而相关分析是因素间数组的比较；第三，数据量要求不同。关联分析不要求数据太多，而相关分析则需有足够的数据量；第四，研究重点不同。关联度分析主要研究动态过程，而相关分析则以静态研究为主。第五，适应范围不同。关联度分析的适应性更广，在用于社会经济系统中的应用更有其独到之处。

四、管理决策技术

（一）管理系统工程

管理决策技术是以管理信息系统和决策支持系统为研究对象的一门组织管理技术。管理系统工程就是以各层次的管理活动为对象，运用系统工程的原则和方法，为管理活动提供最优规划和计划，进行有效地协调和控制并使之获得最佳经济效益和社会效益的组织管理方法。

（1）管理决策的职能

根据管理活动性质的不同、层次的不同，管理决策的职能可以划分为几个方面：计划职能、协调职能、监督职能、核算职能、服务职能。

（2）管理系统工程的结构

管理系统可划分为垂直分系统和水平分系统两种。

垂直分系统是根据经营管理活动的不同，按其不同职能而划分的，大致可以为以下七个主要分系统：计划分系统、生产分系统、财务分系统、销售分系统、人事管理分系统、物资供应分系统、新产品开发分系统。但是随着企业的发展，这种结构的部门分系统将会不断地细化。

水平分系统的建立是为了协调各职能分系统之间的相互关系，以便达到统一的控制与协调。它按水平层次划分为三个阶层：高级管理层、中级管理层和基层管理层，分别担负着不同的任务。

（3）管理系统工程的技术方法

管理系统工程综合了管理学、工程技术、应用数学、社会科学及计算机技术等学科的内容，它以多学科管理技术为基础，同时又为研究和发展其他学科提供了共同的途径。管理系统工程所涉及的技术内容与方法主要有：管理科学方法、运筹学方法、概率论与数理统计学方法、数量经济学方法、技术经济学方法。

管理系统工程的一般方法可以根据解决问题的不同归纳为六个方面：系统现状、系统目标、系统预测、系统运行、系统效果、系统优化。

（4）管理系统工程的内容

管理信息系统（MIS）和决策支持系统（DSS）是管理系统工程的两个方面，二者是计算机技术应用于管理活动的两个不同发展阶段，各有各的地位和作用，有些功能有交叉，但不能相互代替。DSS 强调面向用户，强调对决策者提供外部环境信息、内部综合信息、决策者个人经验和判断等方面的支持。而 MIS 强调管理系统内信息流程的整体性，为所有决策者提供所需的信息，而对中、高层决策者所需的内外部消息和适应个人决策风险的经验和判断，则只提供其中的部分信息，不可能达到使决策者操作得心应手的程度。

（二）管理信息系统

根据明尼苏达大卡尔森管理学院的教授 Gordon B.Davis 给的定义：管理信息系统是一个利用计算机硬件和软件，手工作业，分析、计划、控制和决策模型，以及数据库的用户—机器系统。它能提供信息，支持企业或组织的运行、管理和决策功能。

系统分析流程包括研究、系统设计、系统量化、系统评价和系统协调的内容。第一步是系统研究作业。通过对资料的处理，获得有关信息，使资料所代表的意义明确化，并使相关的数据与信息能因问题状况的特性而显现出某种程度的结构化。利用一些有效方法进行比较和分析，以确认或发现所提出问题的目标。第二步是系统设计，使系统与系统环境能够实现结构化，以便进行定量处理。第三步是统量化作业，处理与表示系统与环境的属性，使系统定量化。系统特性经过量化后，还需要经过第四步，即只有必要的修改和简化工作，才有可能使用现有的分析模式或技术来运算达到可操作性的要求。最后一步是系统评价作业，通过作业活动，输出供决策者选择、具有排序的可行方案集，作为待选方案。

系统分析活动内容，首先由问题的起始状态引起或刺激人们（决策者和系统分析者等）感兴趣，使他们认为有必要对此问题进行研究。于是开始着手进行调查和研究，从而初步形成了需要解决的问题。在从问题形成到目标确定的过程中，人们离不开价值分析准则。在此基础上，进一步对系统结构、可行方案的构思等做出设计和筛选，对系统环境进行分类和简化，并列出可供计算和分析的可行方案集。通过对其结构的分析，可以应用建模手段和模拟、优化等技术，获得各个可行方案的计算结果，得出比较分析和排序的结果，最后对所进行的工作做出分析和评价。

管理控制的特点：管理系统是一个控制系统，这个系统是由一系列施控主体和受控客体组成的。系统存在于环境之中，它与环境相互作用、相互制约。管理控制系统具有目标性（控制系统应具有明确的目标）、信息性（控制系统必须是一个完善的信息系统，应具有信息收集、信息处理、信息储存和信息利用来实施控制和调节功能）、反馈性（控制系统应该是一个闭环控制，在一定限度内能保持相对稳定，具有抗干扰、自组织、自适应的能力）等特点。

管理系统控制的方式有三种：开环控制和闭环控制、逻辑控制和优选控制、随机控制和经验控制。

管理系统预测的方法：定性预测法、定量分析法、市场调查预测法、回归分析法、时间序列分析法、交叉概率法、领先指标分析法等。

（三）决策支持系统

决策支持系统的基本模式：一个完整地 DSS 系统模式可以被表示为 DSS 本身以及它与"真实系统"、人和外部环境的关系。

决策支持系统分类：按照系统的功能、运行方式和决策内容及系统规模等，决策支持系统可以划分为七类：文件柜系统、数据分析系统、分析信息系统、会计模型系统、样本模型系统、最佳模型系统、建议模型系统。其中，前三类是侧重数据的系统，主要技术难点是解决数据库检索的灵活性和有效性之间的矛盾。后四类是侧重模型的系统，主要技术难点在于开发模型本身，因为现有的模型化方法还需要不断地完善和改进。

决策分析技术：确定型决策技术、风险型决策技术、不确定型决策技术、多目标决策技术、竞争型决策技术。

第四篇　应用系统工程学

"应用系统工程学"包括"领域系统工程"和"区域系统工程"，从纵横两个方面论述了系统工程的实践应用。

一、领域系统工程

（一）军事系统工程

在我国古代就已经将系统和系统工程的思想应用于军事领域，公元前 500 年的春秋时期，《孙子兵法》中就指出了战争中的战略和策略问题，如进攻与防御、速决和持久、分散和集中等之间的相互依存和相互制约的关系，并依此筹划战争的对策，以取得战争的胜利。其著名论点，"知己知彼，百战不殆"，"以我之长，攻敌之短"等，不仅在古代，而且在当代的战争中都有指导意义。著名事例：田忌赛马。

早期的系统工程主要用在工程设计和武器运用中。第二次世界大战为军事系统工程的诞生创造了良好的机遇。在这一时期，英美等国在反潜、反空袭等军事行动中，应用了系统工程方法。1942—1945 年美国制造原子弹的曼哈顿计划，成功运用了系统工程方法，在短时间内取得了成功。1945 年美国建立兰德公司，应用运筹学等理论方法研制出了多种应用系统，在美国国家发展战略、国防系统开发、宇宙空间技术及经济建设领域的重大决策中，发挥了重要作用，"兰德"又被誉为"思想库"和"智囊团"。50 年代后期至 60 年代中期，美国制定和执行了北极星导弹潜艇计划和阿波罗登月计划，都是系统工程在国防和军事中取得成果的典范。70 年代末，我国著名科学家、系统工程学科奠基人钱学森在导弹及航天事业的发展中，倡导了军事系统工程学科的建立与发展。迄今，系统工程在军事领域已经得到了广泛应用。

（二）社会系统工程

社会经济系统是一个复杂大系统，它除了具有系统的普遍特性之外，还具有一般系统所不同的特点，主要是以下几点。

（1）地域性

社会经济系统是一个特定空间组合形成的，在时间上具有特定的演化过程，这个特定空间既包括有特定的自然环境、自然资源，也包括有传统文化、社会制度和风俗习惯，系统的演化发展更要受到两个方面的双重制约。

（2）复杂性

社会经济系统是一个复杂的大系统，系统的复杂性是指系统中活动主体人的因素。人们的政治观念、文化素质、道德修养是不同的，人们在活动中的能动作用，对社会进步和经济发展都具有很大影响。

（3）层次性

社会经济系统是一个多层次的开放系统。我国行政系统划分为四个层次：国务院、省（或直辖市）、县（省辖市）或自治县、乡。纵的是行政隶属关系，相互制约、上下协调，共同促进经济发展和社会进步。横向的每个层次子系统之间是开放的，相互之间或与外界环境之间存在着横向联系，具有物质、能量与信息的交流。

（4）综合性

社会经济系统是一个以人的活动为主体的复杂系统，要实现系统的演化和发展，满足人们不断提高的物质文化生活的需求，就涉及到各个领域的大量工作，既包括有物质文明建设，又包括精神文明建设、政治文明、生态文明建设。

（5）资源有限性

人类可利用的自然条件，即自然资源、经济空间、科技状况等，都确定地是有限的。人类可从自然界中获得的资源总量是有限的，人类生存的经济空间是既定的，地球可以转化和容纳人类的垃圾和废弃物场地是有限的。

社会经济系统工程是将系统工程的理论与方法应用于社会经济系统，重点解决国家或地区的社会经济发展战略和发展规划问题，以保证国民经济稳定、持续和系统发展，实现社会经济系统的最佳效益。社会经济系统的最佳效益包括：经济效益、社会效益、生态效益的统一；近期效益和远期效益的统一；局部效益和整体效益的统一。

（三）交通运输系统工程

交通运输系统包括铁路运输子系统、公路运输子系统、水运子系统、航天运输子系统、管道运输子系统等。交通运输系统在整个国民经济大系统中起着纽带的作用，它把社会生产、分配、交换和消费各个环节有机结合起来，是保证社会经济活动得以正常运行和发展的前提条件。

交通运输系统工程是以交通运输系统的整个运输活动为对象，运用系统工程理论和方法为运输活动提供最优规划和设计，进行有效地协调和控制，并使之获得最佳经济效益和社会效益的组织管理方法。

交通运输系统工程的内容包括：交通运输系统分析、交通运输系统预测、交通运输系统的优化控制、交通运输系统综合评价、交通运输系统决策、交通运输系统模拟。

（四）人—机—环境系统工程

人—机—环境系统是由相互作用、相互依赖的人、机、环境三大要素组成的具有特定功能的复杂集合体。系统中的"人"，是指作为工作主体的人（如操作人员或决策人员）；"机"，是指人所控制的一切对象（如汽车、飞机、轮船、生产过程等）的总称；"环境"，是指人、机共处的特定工作条件（如温度、噪声、震动、有害气体等）。

根据系统功能的不同，人—机—环境系统一般可分为三大类型：简单人—机—环境系统、复杂人—机—环境系统、广义人—机—环境系统。

20世纪40年代之前，是人—机—环境系统工程的萌芽期。20世纪40—70年代是人—机—环境系统工程的准备期。特别是第二次世界大战期间，各种新式武器不断出现，性能日趋复杂，对操纵武器的人员的感知能力、决策能力和操作能力提出新的要求，有些要求超出了人的能力限度。为了解决人和武器的矛盾，国际上有组织地进行了科学研究，逐步形成一些学科，如工效学、人体工程学、工程心理学等学科名称，这些学科从不同侧面对人—机—环境的关系进行了探索，并从不同的侧面、不同的角度积累了人、机、环境的实验数据和经验，为人—机—环境系统工程的形成和发展创造了条件。20世纪80年代初，人—机—环境系统工程开始进入真正发展期。人—机—环境系统工程作为一种理论，作为一门学科正式出现，1981年在航空航天医学工程的基础上，陈信教授、龙升照教授发表了《人—机—环境系统工程概论》一文，提出了人—机—环境系统工程学的科学概念，标志着一门新兴学科的形成。此后，人—机—环境系统工程被越来越多的人结构，不仅在军事领域（航空、航天、船舶、兵器），而且在许多民用领域（交通、冶金、化工、煤炭等）得到运用，并取得了重要成果。目前，人—机—环境系统工程已经深入到人类生活的各个领域。

人—机—环境系统工程学是指运用系统科学思想和系统工程方法，研究人、机、环境系统最优组合的一门综合性边缘技术学科。它把人、机、环境看作是人—机—环境这个巨系统的三个要素，在深入研究人、机、环境各自特性的基础上，从系统整体出发，应用系统分析和模糊数学等方法，研究人、机、环境三者的关联形式，合理地分配人机功能，合理地设计人、机界面，合理地利用和改善人、机所处的环境，使整个系统达到安全、高效、经济等综合效能。

人—机—环境系统工程研究的主要包括三个方面：1）人、机、环境特性的研究。主要包括人的能力和可靠性的研究、机的防差错设计研究、环境监测和控制技术的研究；2）人—机、人—环、机—环关系的研究。

主要包括静态和动态的人—机关系研究、环境因素对人和机器性能的影响研究；3）人—机—环境系统总体效能的研究。主要强调从全系统的总体性能出发，使系统具有"安全"、"高效"、"经济"的综合性能。

（五）环境系统工程

环境系统，系地球表面包括非生物和生物的各种环境因素及其相互关系的总和。非生物因素有温度、光、电离辐射、水、大气、土壤、演示以及其他，如重力、压力、声音等。生物因素是指各种有机体，它们彼此作用，并同非生物环境密切联系着。环境系统是一个不可分割的整体，但通常总是把地球环境系统分为大气圈、水圈、岩石圈和生物圈。各种物质相互渗透、相互依赖和相互作用。

环境系统的范围可以是全球的，也可以是局部的。例如一个海岛或者一个城市可以是一个单独的系统。环境系统概念的提出，其意义是把人类环境作为一个统一的整体看待，避免人为地把环境分割为互不相关的支离破碎的各个组成部分。环境系统的本质在于各种环境因素之间的相互关系和相互作用的过程。

环境系统研究的重点是：1）存在于各环境因素之间、各全层之间，有机界和无机界之间的相互作用，能量的流动，物质的交换、转化和循环；2）环境系统的平衡关系，反馈机制，自我调节能力，环境容量，环境系统的稳定性和敏感性；3）人类活动对环境的影响。

环境系统工程是研究环境系统规划、设计、管理方法和手段的技术科学，又称环境系统分析、环境系统方法、环境系统科学。它以环境质量的变化规律、污染物对人体和生态的影响、环境工程技术原理和环境经济学等为依据，并综合运用系统论、控制论和信息论的理论，采用现代管理的数学方法和电子计算技术，对环境问题和防治工程进行系统分析，谋求整体优化解决。

环境系统工程的主要内容包括环境系统模式化和环境系统最优化两个方面。环境系统的模式化是研究描述环境系统主要功能的逻辑模式（定性的）和数学模式（定量的）。环境系统的最优化是研究利用数学模型进行最优化分析。

二、区域系统工程

区域，一般认为它是社会经济发展中的空间单元。区域按其形成的直接缘由可以粗分为两类：一类是跨行政区域的区域，如长江三角洲；另一类是行政区域，如省域、市域、县域等。本书研究的区域限定在第二类，即"行政区域"。通俗地说，区域系统工程就是"块块系统工程"（相对于领域系统工程的"条条系统工程"而言）。

（一）城市系统工程

城市系统工程是一门研究处理城市整体的新兴交叉综合性学科，其实质或核心是结合城市思想与系统思想并在其指导下研究处理城市整体优化演化过程中问题的方法论。

城市思想与系统思想、系统哲学与系统科学、城市科学与城市学；城市发展理论、演（进）化理论、控制（管理）理论、制度分析理论等都是城市系统工程研究的理论基础。

城市系统工程的本体是"城市整体"，而非"城市系统"。城市系统工程的认识维度是城市系统、城市逻辑、城市制度。城市系统工程的研究方法体系是城市系统、城市逻辑、城市制度对应的研究方法体系。城市系统工程的价值准则是以城市中人的全面发展来衡量的。

城市系统的概念实质上是对城市物质和精神存在的共时及历时性质的一种刻画。按照对城市整体的理解，城市系统分为五个子系统，包括生态子系统、经济子系统、政治子系统、文化子系统和社会子系统。对应形成五个研究领域，即城市生态、城市经济、城市政治、城市文化以及城市社会。

城市逻辑就是从人的理性的角度来考虑一座城市从无到有是如何实现的。从城市逻辑的维度研究城市整体，可以形成四个紧密相联的研究领域，即城市设计、城市规划、城市建设与城市管理。

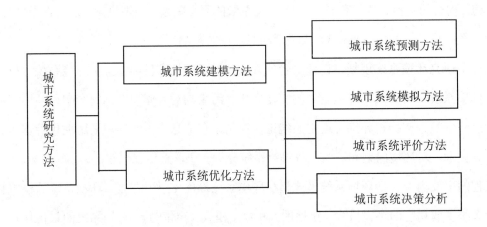

图 5 城市系统维度的方法体系

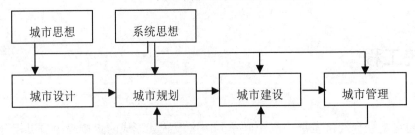

图 6 城市逻辑维度的方法体系

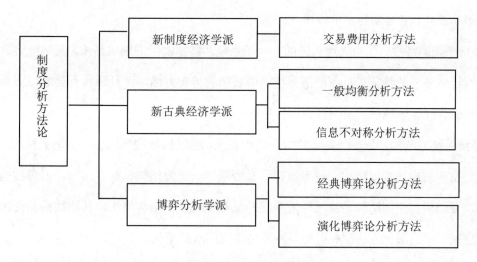

图 7 制度分析的方法体系

城市系统工程的研究要服务于城市的发展，要能够解决城市发展中的重大问题。在整体层面上要研究城市增长、城市管理、城市稳定等重要问题，同时还要在宏观层面上着力研究解决发展阶段、发展规律、发展战略和发展调控等问题。

（二）县域系统工程

（1）中国县域问题的特殊性

无论从理论层面或现实角度看，中国的县域发展问题都有其特殊性。其一，从全球范围看，发达国家业已完成城市化并进入高级阶段，其他发展中国家的城市化平均水平也高于我国。其二，我国人口的主体是农民，这种现状在全世界绝无仅有。其三，我国存在着区域差异、发展阶段差异、地理差异、资源贫富差异，以及民族与文化的差异等问题。因此，研究县域发展这一多尺度、多层次的复杂问题，必须采用系统工程的观点。

（2）县域经济系统分析

1）县域经济的基本内涵：它是以资源为基础，以市场为导向，以中心城市为依托，以县城和集镇为载体，通过城市和区域相互作用，把各地理要素配置到最能发挥效益的地域上，从而促进县域经济的稳定有序发展。县域经济在我国国民经济这个大系统中处于基本层次，也是一个比较活跃的层次，是国民经济的区域基础和基本支柱。

县域经济系统是一个开放的复杂的巨系统，其阶段性发展形态也是复杂多变的。县域经济系统是由诸多元素构成的有机整体，是各元素在时间和空间中按一定的秩、一定的序、一定的层次、一定的阈排列成的多维结构，是一定范式的综合体，按递阶的层次排列，各阶的结构、作用、功能、机制、调控、运动都具有各自的特定的规律。

2）县域经济系统的特性：作为人地系统的一个子系统和特定的经济地域系统，县域经济系统不仅具有一般区域经济系统的特征在县域经济系统中所表现的特定内涵，而且还具有县域经济系统本身所具有的诸如综合性、区域性、层次性、一体性等独特的特性。

3）县域经济系统的结构：是一个复杂的综合结构系统，系统内部的结构也是复杂多样的，主要包括产业结构、空间结构、规模结构、技术结构、投资结构、资源结构、社会结构、消费结构等诸多方面，其中产业结构和空间结构是县域经济系统的最基本的两个结构层次，其他结构的变化都是以产业结构和空间结构的演化为基础和前提，并发生相应层次的变化。

4）县域经济系统的动态演变机制：包括动力机制、互动机制、变异机制。三者综合作用推动系统的时空演化进程，并向高级县域经济系统发展，最终实现城乡的融合和一体化发展。

县域经济系统随着生产力的发展水平而变化，不同的生产力水平和生产关系有不同的动力结构。科学技术是最本质的动力因素。动力因素有很强的地域性，不同时间尺度和不同空间的县域经济系统有不同的动力机制。

在县域经济系统时空运动过程中，每个阶段的主导影响因素往往不一样，因而会在不同的时间段上产生不同的互动机制。互动机制是县域经济系统自组织的作用方式和能力。一方面，通过主导影响因素的转换，使旧县域经济系统的结构瓦解和功能衰退，产生新的结构并激活其系统的功能；另一方面，通过主导影响因素和一般影响因素的协调，实现从无序到有序的转变，并维持新的稳定有序状态。

县域经济系统是一个动态的、开放的系统，在其时空演化过程中，不断受到外界环境的干扰和影响以及内部因素的作用，通过内部互动机制所发挥的自组织功能，能维持其系统稳定有序的状态。变异机制使县域经济系统的发展必然经历从低级均衡到不均衡、再到高级相对均衡的过程，在时间尺度和空间尺度上均表现出不同的变异特征。变异机制是县域经济系统协同进化的力量。

（3）县域经济系统的时空演化规律

县域经济系统是时空统一体，时空关联性是其系统演化的根本属性。在一定的时空尺度上必有相应的空间尺度相对应。县经济系统演化是一个漫长的过程，在这一漫长的过程中，不同时期的演化方向、内容、速度以及相对应的空间特征也是不一样的。根据经济发展水平和地域分异和组合特征，将县域经济系统的时空演化分为三个基本阶段：传统阶段、发展阶段和一体化阶段。

（4）县域经济发展战略理论的系统框架

包括三个方面：1）区域比较优势理论是县域经济的定位理论，它回答县域在周边地区乃至全球生存和发展的依据问题；2）区域结构优化理论是县域经济的定向理论，它回答县域经济应当朝什么方向努力的问题；3）区域市场运作理论是县域经济的实施理论，它回答县域经济如何通过特定的市场运作方式实现县域经济的定位与定向发展问题。

（5）县域经济发展模式

我国县域经济可以从不同角度进行划分：按经济地理区位，可把县域分为山区县、城郊县等；按主导产业分，可把县域分为农业主导县、工业主导县、服务业主导县。可以根据不同的县域特点选择不同的经济发展模式。

（6）县域可持续发展

县域可持续发展战略是以发展经济为前提，人口控制为核心，资源和环境为基础的人口、资源、环境与经济发展协调下的可持续发展模式。

县域可持续发展的两个基本目标是提高本县的综合发展水平，以及和谐人口、资源、环境与经济发展之间的关系，消除和减缓由于经济活动给人口、资源、环境带来的负面影响。此外，结合县域可持续发展系统作为省域或国家可持续发展系统的局部环节、基础环节的特点，又可以揭示出县域可持续发展的另一个目标，即满足更高级发展系统对其提出的外部政策要求。据此，对县域可持续发展系统的评价就可以从发展水平、资源环境保证度和外部要求满足度等三个方面进行。

（7）县域发展的其他问题

农业结构调整问题、经济与生态环境协调发展的问题、县级政治体制改革的问题、完善农村教育管理体制的问题等等，这些都是县域发展所面临的需要解决的问题。

（8）县域发展展望

关于县级行政区划的调整、关于县级财政以及发展县域经济所需资金来源、关于保留乡镇一级政府和财政机构的必要性、关于县级人民政府的职能及调控手段、关于县级经济发展中的所有制结构和产业结构等问题，都是必须认真研究的重要问题。

第 14 讲

科学政治理性地认知气候变化立法

薛惠锋

近些年来，气候变化问题一直是国际关注的热点。尤其自去年年底哥本哈根气候大会以来，国际上掀起了关注气候变化问题的又一次高潮。各种背景和身份的人士都对这一问题发表意见，各类组织和团体也发表不同的论点。当前，中国西南地区持续干旱，严重的旱情导致广西、重庆、四川、贵州、云南 5 省 6130 多万人受灾。在中国西南遭受特大旱情之际，湄公河也遭受历史以来最严重的水位下降，湄公河次区域的国家，如泰国、越南等国家也出现严重旱情。由旱灾引发湄公河用水争端在国际上产生了较大的影响。浙江、福建的暴雨，黑龙江的暴雪，这些持续的干旱、水灾等极端天气气候事件是否因与气候变化有关，尚存争议，但因此伴随气候变化的各种国际利益争论已不绝于耳。

胡锦涛曾在 2005 年 7 月 G8+5 领导人对话会上指出："气候变化问题既是环境问题，也是发展问题，归根到底是发展问题。"减缓气候变化不仅关系到人类的生存环境，而且直接影响发展中国家的现代化与可持续发展进程。在 "2010 年亚洲博鳌论坛"上，国际社会提出绿色复苏的新主张，并把应对气候变化提高到推动实现绿色复苏的战略高度予以重视。因此，如何将国际应对气候变化工作引向科学、合理、公平的轨道上来，是我们必须认真思考的战略问题。

应对气候变化涉及到政策、经济、技术、法律等多个方面，其中，法律是以规定不同利益主体权利和义务为内容的具有普遍约束力的行为规范。应对气候变化，法律是基础也是关键。

一、气候变化立法的历史脉络

（一）国际应对气候变化立法的发展历程

自 20 世纪 80 年代，国际社会意识到气候变化问题的严重性，要求对气候变化进行研究并制定相应对策的呼声愈来愈高。为了应对气候变化这一挑战，1988 年 11 月，世界气象组织与联合国环境规划署共同成立了政府间气候变化专门委员会（IPCC），其主要任务是对与气候变化有关的各种问题展开定期的科学、技术和社会经济评估，提供科学和技术咨询意见。1990 年，IPCC 发表评估报告，肯定气候变化对人类具有严重威胁，呼吁国际社会通过一项条约来协调处理这一问题。虽然 IPCC 的部分科学结论还存在较大争议，但 IPCC 的成立及其工作，为世界各国谈判国际减排行动框架、分担减排义务提供了科学基础。之后，国际社会经过多年的努力，先后制定了多项应对气候变化的重要文件，为全球应对气候变化的行动提供了基本的法律制度。

回顾国际应对气候变化立法的发展历程，主要包括了以下四个阶段。

第一个具有里程碑意义的法律文件是《联合国气候变化框架公约》。这是第一部关于气候变化的具有法律约束力的全球性条约，也是国际社会在应对气候变化问题上进行合作的一个基本框架。

《联合国气候变化框架公约》指出，"地球气候变化及其不利影响是人类共同关心的问题，各国应尽可能地采取最广泛的合作，并参与有效和适当的国际应对行动"。在此基础上，《公约》确立了应对气候变化的目标是："稳定大气中温室气体的浓度水平，以此来控制人类对全球气候系统的影响"。

《公约》确立了五项基本原则是：共同但有区别的责任原则、考虑发展中国家的具体需要和特殊情况原则、预防原则、促进可持续发展原则、开放经济体系原则。其中，"共同但有区别的责任"原则是国际社会应对气候变化问题的最重要的行动依据。

《公约》围绕减排分担责任、减排分担公平性、如何减排、发展权、不确定性等主要议题展开了谈判。

第二个具有里程碑意义的法律文件是《京都议定书》。这是第一个为发达国家规定量化减排指标的国际法律文件，提出发达国家减排义务和促进发展中国家可持续发展的双重目标。

1997 年的《京都议定书》要求国际社会采取行动，以达到协议的最终目标——"消除人为对气候系统的破坏"。在《京都议定书》中规定，各发达国家应在 2008 年至 2012 年承诺期内，将他们共同的六种温室气体排放数量从 1990 年水平至少减少 5.2%，并确立了各主要发达国家的定量化减排指标。同时，《京都议定书》分别确立了联合履行机制、清洁发展机制和国际排放贸易机制等三种灵活机制。

《京都议定书》签订后，其生效问题阻力重重。美国奉行单边主义，既不愿意受其约束，也不愿轻易放弃在气候变化问题上的话语权。2001 年美国退出《京都议定书》，理由是《京都议定书》没有使占全球 80%的人口的发展中国家承担责任，也严重影响了美国的经济利益。但是，欧盟的积极领导作用成为促成《京都议定书》生效的关键。欧盟从维持其在气候变化全球治理中的主导地位的目的出发，积极支持俄罗斯加入世贸组织，最终俄罗斯于 2004 年批准了《京都议定书》，《京都议定书》于 2005 年 2 月正式生效。

第三个具有里程碑意义的文件是"巴厘岛路线图"，巩固了《公约》及其《议定书》的国际法地位，列出"后京都时代"新的谈判进程。

《京都议定书》于 2005 年生效，同年"后京都"气候变化谈判开始启动。2007 年召开的巴厘岛会议，围绕 2012 年后如何构建更加公平有效的国际气候制度进行对话。

提出双"50"目标。欧盟首次提出全球气温增幅不超过 2℃，相应的控制大气温室气体浓度目标在 450～550ppm 之间，到 2050 年温室气体排放在 1990 年的水平上削减 50%的目标。目前，国际社会已经对这一目标基本达成了一致认识，成为全球减排努力的目标参考。

确立"双轨制"，即在《联合国气候变化框架公约》及其《京都议定书》的框架下实施国际温室气体减排措施，并允许成员国在《联合国气候变化框架公约》及其《京都议定书》的框架之外实施国内减排措施。

此外，巴厘岛会议还将美国纳入到旨在减缓全球变暖的未来新协议的谈判进程之中；要求所有发达国家都必须履行可测量、可报告、可核实的温室气体减排责任。除了减缓气候变化问题外，重点强调了另外三个在以前国际谈判中曾不同程度受到忽视的问题：适应气候变化、技术开发和转让以及资金问题。就发达国家第二承诺期（2012 年之后）的减排义务与减排机制进行了谈判，并在 2009 年的哥本哈根会议上达成了全球性共识。

第四个是《哥本哈根协议》，这是一个没有任何约束力的文件，发达国家认为这是一个无奈的决定，从整个应对气候变化立法进程来看，也算不上里程碑。但哥本哈根会议是发达国家和发展中国家两大阵营的一次激烈较量，是近二十年气候变化国际谈判进程的缩影。

哥本哈根会议旨在加强《联合国气候变化框架公约》及其《京都议定书》的全面、有效和持续实施方面取得成果，重点是要设定 2012 年后各发达国家应当承担的大幅度量化减排指标，确保未批准《京都议定书》的发达国家承担可与比较的减排承诺。国际社会意图通过谈判，将这一目标转变成一个可执行的法律文件。

但是，由于世界利益集团的分化，尤其是几大利益集团之间以及主要大国之间的利益博弈，欧盟、以美国为首的伞型国家集团试图脱离或绕开《公约》及其《议定书》的框架，另立新的减排规则，企图将中国、印度等发展中国家的减排纳入强制减排。而发展中国家从捍卫生存权和发展权的立场出发，坚决抵制任何意图扼杀或者终止《京都议定书》的行为。正是由于世界各大利益集团的博弈，导致最终形成的《哥本哈根协议》不具备法律效力，争论将持续到更久远的未来。

尽管西方发达国家企图背弃《公约》和《议定书》，逃避责任、推卸义务，但是，在参与此次缔约方大会之前，中国政府宣布到 2020 年，将单位 GDP 二氧化碳排放量比 2005 年降低 40%～45%，中国还将通过大力发展可再生能源、积极推进核电建设等行动，到 2020 年使非化石能源占一次能源消费的比重达到 15% 左右。并通过植树造林使森林面积比 2005 年增加 4000 万公顷。这是需要付出极大努力才能实现的目标，充分显示出中国政府对人类未来高度负责的态度。中国政府为哥本哈根气候变化会议作出了重要贡献，推动了国际社会应对气候变化的历史进程。

（二）中国应对气候变化立法的进展

刚才我们分析了国际应对气候变化立法的发展历程，从中我们可以看出，上述成果文件是发达国家和发展中国家矛盾激烈斗争的结果。接下来，我们再回顾一下中国在应对气候变化立法方面做出的努力。

在应对气候变化问题上，中国一贯坚持遵循国际法的基本原则和框架。全国人大出台了《全国人大常委会关于积极应对气候变化的决议》，国务院出台了《气候变化国家行动方案》，这无不加强与国家法的对接和响应。

早在 1992 年，全国人大即批准了《联合国气候变化框架公约》，向世界郑重承诺：中国明确要在"共同但有区别的责任"原则下应对气候变化。

2001 年 12 月，全国人大批准了《京都议定书》，进一步明确了中国在应对气候变化问题上的原则和立场：在达到中等发达国家水平之前，中国不会承担减排或限排温室气体义务；在达到中等发达国家水平之后，中国将考虑承担减排或限排温室气体义务。

作为履行《联合国气候变化框架公约》及其《京都议定书》的一项重要义务，2007 年 6 月，中国政府制定和实施了《中国应对气候变化国家方案》，将节能减排和提高森林覆盖率作为国家中长期发展规划的约束性指标，并采取一系列相关政策措施，为减缓和适应气候变化做出了积极贡献。这是中国第一部应对气候变化的全面的政策性文件，也是发展中国家颁布的第一部应对气候变化的国家方案。

2009 年 8 月全国人大常委会审议通过了《全国人大常委会关于积极应对气候变化的决议》。《决议》强调必须坚持在可持续发展框架下应对气候变化，坚持《公约》及其《议定书》确立的应对气候变化基本框架，坚持"共同但有区别的责任" 原则。《决议》还进一步强调加强应对气候变化应当采取的各项具体措施，强调要加强应对气候变化的法治建设，加强参与应对气候变化领域的国际合作。全国人大常委会是世界上首先做出应对气候变化《决议》的立法机关，表明了中国立法机关在应对气候变化问题上的积极态度。这个《决议》的提出，明确了中国应对气候变化问题的原则立场和切实行动。

多年来，全国人大及其常委会从保护生态系统五大圈，控制人为活动引起气候变化的角度出发，制定了以保护地球生态系统为重点的法律。

与控制岩石圈变化相关的法律：为了减少人为原因对土壤的破坏，减少土地沙化，以控制人类活动对岩石圈变化的影响，我国制定了一系列有关的法律，包括：防沙治沙法、土地管理法、水土保持法、森林法、草原法、矿产资源法、煤炭法等。

与控制水圈变化相关的法律：为了控制人为活动对水圈变化的不利影响，我国在保护陆地水资源和控制海洋污染破坏方面还制定了相应的法律，主要包括：水污染防治法、海洋环境保护法、水法、水土保持法等相关法律。

与控制生物圈变化相关的法律：在控制人类活动可能引起生物圈变化方面，我国制定了一些相关的法律，包括：野生动物保护法、草原法、森林法、渔业法等。通过维护生态平衡，以控制人为活动引起生物圈变化从而导致气候变化。

与控制大气圈相关的法律：我国在大气圈控制方面，先后颁布了大气污染防治法、节约能源法、可再生能源法等法律。这些法律对于稳定大气环境，保护大气环境质量具有重要作用。

与控制冰雪圈变化相关的法律：虽然我国的法学研究和立法实践尚未针对保护冰雪圈、控制人为活动影响冰雪圈做出专门的研究和规范，但我国自1979年以来制定的各项环境资源类的法律，从整体上形成对冰雪圈的保护。

此外，许多行政法规和部门行政规章，如国家发改委等部门颁布的《能源效率标识管理办法》、国家建设部颁布的《民用建筑节能管理规定》等均规定了一些有利于控制温室气体排放的措施。同时，地方性法规和地方政府规章中关于控制温室气体排放的法律规范，以及我国加入了国际条约中关于控制温室气体的法律规范，如《保护臭氧层维也纳公约》等。这些国际条约、行政法规、部门行政规章、地方性法规和规章也是我国应对气候变化立法的重要组成部分。

二、中国在应对气候变化立法方面的焦点问题

（一）是否将二氧化碳作为污染物纳入法律防治范围

根据国际法的规定，发达国家负有减排温室气体的国际法律义务，批准公约的发达国家必须把减排温室气体纳入法制轨道。在实践层面上，美国联邦最高法院于 2007 年 4 月 2 日判决认定二氧化碳属于大气污染物，要求联邦环境保护局予以监管。国际社会以各种手段对中国进行游说甚至施加压力，要求中国把二氧化碳作为污染物纳入法律防治范围。

当前，对于中国是否应将二氧化碳作为污染物纳入法律防治范围的问题，国内有部分人主张：将二氧化碳列为污染物控制，有助于中国发展低碳经济、应对气候变化。建议我们承接现在正在修订《大气污染防治法》的时机，把控制二氧化碳排放纳入法制化轨道。

这一问题实质上是正确处理二氧化碳减排与经济发展之间的关系问题。温室气体的排放控制是大势所趋，中国不可能游离于这个趋势之外。但是，现阶段，中国不宜把二氧化碳作为污染物质对待，主要是基于以下四个方面的考虑。

首先，从科学分析角度来看，二氧化碳属于温室气体的影响物质，而不是污染物质。二氧化碳是大气的重要组成部分，由于植物进行光合作用需要二氧化碳，所以适度的二氧化碳存在于大气中，对人类是有利的。但是，二氧化碳具有吸热和隔热的功能，是导致气候增温的物质，它的增温效应占 76.7%，过量的二氧化碳存在于大气中会导致地球温度升高，产生温室效应。通常我们所说的大气污染物如二氧化硫、粉尘、烟尘等，基本属于降温物质。很显然，二氧化碳与大气污染物的性质不同，所以，二氧化碳只能说是引起温室效应的主要气体，而不属于大气污染物质。

其次，从立法宗旨来看，二氧化碳不属于污染防治法的控制目标。《大气污染防治法》的立法宗旨是为了控制因污染物污染环境，破坏大气质量而影响人体健康，是一部以保护人体健康为主要规范目的的法律。而二氧化碳控制主要是为了保护气候环境。大气法是污染防治法，而对于温室气体，国际上、科学界并未认定为污染物，把非污染物质放在污染防治法中予以规范，至少与法律名称不相符合。

再次，从减排温室气体的责任主体认定来看，中国不应承担减排义务。根据《公约》及其《议定书》的规定，承担温室气体强制性法律责任的主要是"附件一国家"，即发达国家的责任，包括具体的温室气体指标控制和向发展中国家提供资金支持、技术转让和能力建设的内容。中国不属于附件一国家，所应承担的是法律上不带有强制性而仅仅带有引导性的责任。因此，不需要以国内法的

形式确立减排温室气体的法律责任。

最后，从发达国家对中国施压的意图来看，旨在压缩中国的发展空间、限制发展权。一些发达国家之所以对中国施压，要求中国把二氧化碳纳入法治轨道，其实质是发达国家企图把中国纳入到温室气体减排的国际法律义务之中，从而限制中国的发展权，压缩中国的发展空间。因为一旦中国从法律上规定二氧化碳是污染物质，很多现行的环境条约将对中国施加更多的国际法律义务，这是不符合中国的国家利益的。

由此可见，关于这个问题，我们一定要坚定立场，理性对待，确保国家合理的发展空间，争取有利的发展条件。

（二）是否需要制定应对气候变化的专门法律

目前，部分发达国家制定了应对气候变化的专门法律。比如，英国制订了《气候变化法案》，美国通过了《清洁能源安全法案》，日本制定了《气候变暖对策法》。为此，国际社会有一些呼声：中国需要制定具有刚性的应对气候变化立法。在 2009 年 3 月的第十一届全国人民代表大会第二次会议上，国内一部分人大代表通过代表议案提出，按照 2007 年 6 月 3 日国务院发布的《中国应对气候变化国家方案》等政策，研究制定中国气候变化特别应对法。

那么，中国是否需要制定这样一个专门法律？现阶段制定应对气候变化的专门法律是否合适？人大代表所提议案是否可行？我认为首先应当认清以下几个基本事实。

第一个基本事实：中国已制定了多部应对气候变化的相关法律、法规，从不同的环节对温室气体进行了排放控制。

从源头上控制温室气体排放的法律。为了减少温室气体排放的数量，全国人大审议通过了节约能源法、清洁生产促进法、环境影响评价法、可再生能源法、城乡规划法、循环经济促进法等。这些法律均注重从源头上控制污染和排放。通过发展可再生能源、节约能源和提高能源利用效率，从源头上减少温室气体排放；通过合理的城乡规划减少温室气体排放也是源头控制的重要手段；从生产源头通过对原料、设备、生产工艺的清洁生产要求来减少排放；从资源的高效利用、循环利用的角度来减少排放等，都是有效的源头控制手段。此外，全国人大还专门制定了控制能源消耗的煤炭法、矿产资源法、电力法等，也都具有减少能源消耗，控制温室气体排放的功能。

从末端控制温室气体排放的法律。为减少温室气体对气候的影响，全国人大制定了其他有关的法律，以加强碳汇能力，吸收温室气体，降低温室气体对气候环境的破坏。例如，全国人大审议通过了森林法。还制定了与吸收温室气体相关的其他法律，如草原法、水法、海洋环境保护法等。此外，还制定了水污染防治法、固体废物污染环境防治法、放射性污染防治法等法律，对末端控制问题也做出了相应的规范，也在不同程度上对控制温室气体排放发挥着重要作用。

从控制人口数量来减少温室气体排放的法律。为了避免由于过多的人口增长给人类的经济生活、社会生活等生存环境造成巨大的压力，全国人大于 2001 年制定了人口与计划生育法，这一法律的实施，间接起到了控制温室气体的作用。该法在控制人为原因引起气候变化方面的主要功能有两个，一是减少过剩人口对能源、资源的耗费和对环境的破坏；二是有利于避免过剩人口增加温室气体排放量。

第二个基本事实：现阶段的基本国情决定了中国在短时间内不可能根本扭转温室气体排放增长的势头，过早过急地承担减排责任将会限制中国的经济发展。中国应对气候变化应更多地考虑发展阶段的现实，当前制定应对气候变化的专门法律时机尚未成熟。

国际经验表明：一个国家的能源消耗和温室气体排放，在不同发展阶段的强度是不同的。在实现工业化的过程中，排放强度是增加的趋势，实现工业化以后就开始走下坡趋势。不仅中国如此，其他国家也是如此。

目前中国处于快速工业化、城镇化发展时期，相应的能源消耗和温室气体排放就比较多一些。中国人口众多，是人均 GDP 只有 3000 美元的低收入发展中国家。按照联合国标准，中国还有 1.5 亿人生活在贫困线以下，经济发展水平较低，资源相对不足，生态环境脆弱。基于这样的基本国情，走可持续发展道路是解决发展与环境问题的根本道路，在可持续发展框架内积极应对气候变化符合中国的利益。

如果对气候变化进行专门立法，就意味着中国要依法做出具体的温室气体减排承诺，采取减排措施，如在钢铁、水泥、建筑、航空等行业实施减排措施，确定具体的减排指标。而现阶段，中国经济发展尚没有摆脱消耗大量资源的粗放模式，重化工业比重较大，能源结构以煤为主，这些因素决定了我们国家在短时间内不可能根本扭转温室气体排放增长这样的势头，过早过急地减排将会限制中国在这些领域及其相关产业上的发展，会严重影响我国社会经济的持续增长，迟滞我国小康战略目标的实现。

第三个基本事实：我们应当全面地、联系地、历史地看待气候变化问题，既要看当前排放，也要看历史排放，既要看总量排放，也要看人均排放，既要看本土排放，也要看转移排放。气候变化主要是发达国家长期历史排放和当前高人均排放温室气体所致。中国作为发展中国家，其温室气体排放属于基本生存和发展所必需的排放，不应当承担国际法律责任。

IPCC 报告的科学结论：工业化 200 多年来，发达国家在其发展过程中大量消费能源是造成全球大气中二氧化碳浓度升高的主要原因。在 1751 年到 1860 年的 100 多年里，人为二氧化碳基本上是由发达国家产生的。从 1861 年到 1950 年的 90 年里，发达国家的二氧化碳排放总量占了全球二氧化碳累计排放量的 95%。直到 1950 年以后，发展中国家二氧化碳排放的比例才开始增长。从 1950 年到 2000 年，占全球人口 80% 的发展中国家的二氧化碳累计排放量仅占这一时期全球排放总量的 27%，而人口不到全球人口 20% 的发达国家，仍然是全球最主要的二氧化碳排放者。包括中国在内的世界上大多数发展中国家，2000 年的人均二氧化碳排放量还比不上发达国家在 1951 年到 2000 年期间的人均二氧化碳排放增长量。

从工业革命开始算起，发达国家的二氧化碳累计排放量占全世界累计排放量的 79%。因此，发达国家应对全球气候变化负有不可推卸的主要责任。同时，由于发达国家大量无节制使用化石能源、排放温室气体，压缩了未来全球、特别是发展中国家经济社会发展所需要的排放空间，也使发展中国家的未来社会经济发展面临更多的限制和困难。

此外，中国作为发展中国家，承担了发达国家大量的转移排放。中国的温室气体排放量东部高于中西部，而外资企业或者合资企业也大多在东部。中国生产的大量产品中包含着外国资本的利益，中国人牺牲自己的环境和资源为世界生产产品，却只能获得产品受益的一少部分，更多的利益被发达国家拿走了，留给中国的是污染和资源的消耗。在中国的温室气体排放量中，有很大一部分是属于发达国家的排放。据有关数字显示，在中国的温室气体排放量中 35% 是由发达国家在中国排放的。在中国经济处于困难的时期，一些国家将大量的资本投入中国的同时，一些被发达国家淘汰的产业也随之进入了中国，造成了今天中国的排放状况。这些投入在帮助中国发展经济的同时，也给中国带来了环境的污染和资源的消耗。

结论：中国一旦制定了应对气候变化的专门法律，就表明中国在自己的法律上明确了温室气体减排责任，那么中国加入国际公约，就必然要承担国际法律责任。国际社会也会以此来攻击中国。如此下去，中国的温室气体排放量就会受到限制，发展权也必然受到制约。邓小平讲，发展是硬道理，如果我们为了承担国际法律责任，而脱离了中国现阶段的基本国情，那么这种做法就跟科学发展观相背离，因此，我们要立足于当前看现实，一定不能轻易屈服于发达国家的压力，给自己自负枷锁。

（三）是否需要用国际法的形式明确中国承担国际法律责任

一个时期以来，许多国际政治家对中国提出这样的问题：中国在应对气候变化问题上，已经做出了实质性贡献，采取了切实行动，明确了具体的温室气体减排指标。那么中国为什么不把这样的减排指标写在国际法上呢？对此，社会上也有一些呼声："中国是一个大国，应当对人类负责，虽然国际公约没有让我们承担减排义务，但我们自己应当主动承担减排义务"；"对于国际上的减排压力我们是顶不住的，顶不了多长时间。"这些非理性的观点，其错误就在于他们并非懂得理性地看待问题。对于这个问题，我认为，主要包括了三个方面。

第一个方面就是我们要正确区分法律责任和道义责任，明确谁是减排温室气体这一国际法律义务的责任主体。

应当说，在国际上承担应对气候变化责任有两种不同的含义，一种是法律的责任，一种是道义的责任。其中，法律责任，是指对那些导致气候环境发生改变，造成气候变化的行为，根据国际法确立的特殊国际法律责任主体的责任，是一种必须承担的强制性法律责任。道义责任，是指作为地球上的成员国，每个国家都有保护地球的道义上的责任，这是一种非强制性的责任。这主要是指发展中国家的责任。

承担强制性法律责任的应当是历史排放责任者和高人均排放责任者，是导致气候变化的主要责任者，即《联合国气候变化框架公约》确立的附件一国家。《公约》第四条规定，附件一国家应当带头依循《公约》的目标，改变温室气体人为排放的趋势；制定国家政策和采取相应的措施，通过限制人为的温室气体排放减缓气候变化。同时，《公约》还规定了发展中国家仅仅承担研究、监测、报告、宣传、培训教育等一般义务。中国是发展中国家，没有减排温室气体的强制性国际法律义务，这是国际法予以明确的，不容改变。近年来，中国在可持续发展的框架下采取行动控制温室气体排放，是出于对中国人民和人类高度负责的角度，履行的是道义上的责任。

第二个方面就是国际上主张中国在国家法中明确减排指标，实质上是要求中国把应对气候变化的道义责任上升为法律责任。

发达国家要求中国在国际上明确减排指标的做法，实际上是将发达国家和发展中国家在本质上有区别的责任"模糊化"，要求发展中国家与发达国家一同承担具体量化减排任务。最终通过改变国际法律责任主体，使得应对气候变化国际法律制度改弦更张。

事实上，《京都议定书》为发达国家承担法律责任确立了正确的途径，就是为发展中国家提供用于减排温室气体的资金支持和技术转让和能力建设帮助。发展中国家是否能够采取温室气体减排行动以及采取这种减排行动的程度，取决于发达国家履行向发展中国家提供资金支持、技术转让及能力建设等义务的程度。但是，发达国家并没有兑现向发展中国家提供资金和技术转让的承诺。既然他们没有按照自己的承诺履行国际法，没有承担自己应尽的责任，又何以来谈中国承担减排的法律责任问题呢？

第三个方面就是中国不承担国际法律责任不等于中国对人类不负责任，相反中国始终以积极的态度和务实的行动控制温室气体排放。

中国围绕节能减排开展了一系列卓有成效的工作。中国是最早制订并实施《应对气候变化国家方案》的发展中国家，也是近年来节能减排力度最大的国家。自 2005 年制定《国民经济和社会发展第十一个五年规划纲要》，明确节能减排目标以来，中国的节能减排工作收到明显成效。2006—2008 年，已依法关停小火电机组 3421 万千瓦，淘汰落后炼铁产能 6059 万吨、炼钢产能 4347 万吨、水泥产能 1.4 亿吨。全国户用沼气每年代替 1600 万吨标准煤。2008 年，单位国内生产总值能耗下降 10.08%，比上年下降 4.59%。2005—2008 年，可再生能源利用量达到 2.5 亿吨标准煤。农村有 3050 万户用上沼气，少排放二氧化碳 4900 多万吨。水电装机容量、核电在建规模、太阳能热水器集热面积和光伏发电容量均居世界第一位。中国是世界人工造林面积最大的国家，2003—2008 年，森林面积净增 2054 万公顷，森林积蓄量净增 11.23 亿立方米。全世界只有中国设立了节能减排干部考核任用制度，只有中国的行政领导因为未完成节能减排任务被行政问责，甚至被免职。这一切都是任何发达国家不曾做到的。中国的行动是务实的行动，中国的减排也是最具成效的。

总之，中国应对气候变化的实际行动及其贡献和是否承担国际法律责任的关系，是一个理性思维问题，是一个法律原则问题，切不可混淆。

三、中国应对气候变化立法的系统思考

（一）科学认知气候变化问题

气候变化首先是一个科学问题，对科学的问题要有科学的态度。这其中，有两个关键问题是科学界一直争论的焦点。一个问题是：地球气候是否真的在变暖，气候变暖的原因是什么？另一个问题是：与工业化之前相比，全球平均温升控制在 2℃ 以内，2℃ 阈值是否与 450ppm 挂钩？这两个问题，我分别作以介绍。

关于地球气候是否真的在变暖，以及气候变化的产生原因，目前科学界持有几种不同的观点：

第一种是以 IPCC 为代表的观点，地球气候正在变暖，且气候变暖归因于人类活动所排放的温室气体，已对自然生态系统和人类产生不利影响。这是全球科学家的主流共识。

第二种认识是与 IPCC 的观点截然相反的结论。认为 100 多年来，地球上的人类数量由 15 亿增加到 60 亿，从地质学的角度看，地球并没有发生什么大的变化，所说的诸多负面影响是不存在的。

第三种科学结论认为，气候变化有着众多客观因素的推动，相当程度上说是自然因素在起主导作用，但人为因素、人类活动所产生的温室气体排放也会起到推波助澜的作用。当前人类活动对气候变化造成的影响尚存在许多不确定性，仍需要进一步确认，并加强研究。

结论：气候变化科学的基础仍然十分脆弱，对不同时间尺度上气候变化原因的研究与解释仍然存在极大的不确定性和争议，气候变化问题仍有许多未解之谜。虽然科学界对气候变化问题的产生原因看法不一致，但有一点却可以达成共识：不管人类活动是引起气候变化的主导因素还是次级因素，人类活动确实是对温室气体排放有着直接的贡献。因此，解决气候变化问题的根本措施之一就是减少温室气体的人为排放。

还有一个问题就是，全球平均气温在工业化以前水平上，升高的度数不应超过 2℃，相应的控制大气温室气体浓度目标在 450～550ppm 之间。那么 2℃阈值是否应与 450ppm 挂钩成为目前科学界争论的又一焦点。

IPCC 第二工作组发布报告指出，全球平均气温升高 2℃以及随之带来的影响已经"非常不可能"被避免。全球平均气温上升 2℃将是灾难性气候变化的开端，将导致数百万人遭受干旱、饥饿和洪灾。但是，2℃影响阈值是有不确定性的科学认识。全球平均气温升高 2℃，必定会给人类生存和发展带来一定的影响，但气温升高 2℃的原因，是否真的是由于温室气体浓度达到 450ppm 所致？我认为，2℃和 450ppm 之间不是绝对的对应关系，也没有确定无疑的答案。

西方发达国家希望将 2℃与 450ppm 相对应，也就是控制气温升高 2℃，就必须将温室气体浓度控制在 450ppm 以内，并以此作为全球减排努力的目标参考，来控制二氧化碳的排放。

结论：2℃是否与 450ppm 挂钩表面上看是科学问题，但本质上是排放空间的问题。如果将 2℃阈值与 450ppm 挂钩，那么，温室气体浓度 450ppm 将决定全球未来的排放空间，而限制排放空间的问题也将直接导致各国生存权和发展权的斗争。

（二）政治看待各国应对气候变化的立场及其立法实践

气候变化本应由科学家们探讨和论说的一个科学上的问题，但由于没有坚实的科学基础做支撑，当前国际社会应对气候变化的行动就更多地表现为一场在科学不确定性基础上的政治较量和各国经济利益的博弈。其主要原因是一些西方国家力图使气候变化问题政治化，从而利用它，达到在国际政治、经济博弈中占据优势地位的目的。

可以说，各国应对气候变化实际上就是各国围绕发展权、发展空间和经济竞争力而展开的较量，表现为发达国家之间相互牵制、发达国家与发展中国家之间限制和反限制的斗争。这是贯穿各国气候变化政治博弈的两条主线，当前如此，今后也不例外。

当前，各国应对气候变化的核心问题是如何按照巴厘岛路线图的方向，温室气体减排的全球中长期目标以及发达国家与发展中国家之间的利益分摊已经在 2012 年设定。在这一问题上，主要有三股力量，一是欧盟积极推动减排指标，承诺到 2020 将温室气体排放量在 1990 年的基础上减少 20%，如果其他主要国家采取相似行动，则将目标提高至 30%，到 2050 年希望减排 60%～80%。二是美国应对气候变化政策是"渐进式的"。奥巴马政府上台后，在气候变化问题上较上届布什政府发生根本性转变，对 2050 年长期减排目标态度积极，但是由于受到金融危机的影响，近期不太可能确定激进的国内中长期减排目标。三是以"77 国集团和中国"为核心的发展中国家，在大的方面、在原则问题上是有共同利益的，也较能团结一致。但由于所关注的利益不同，内部也有较大分歧。小岛国家因担心海平面上升带来的"灭顶之灾"，主张中国、印度等发展中大国也要采取减少温室气体排放的措施；最不发达国家受到发达国家资金援助的诱惑，为有限的气候资金进行争夺；中国、印度希望利用气候变化谈判推动国际技术合作，促进发展中国家的可持续发展；巴西、南非、阿根廷立场基本与中国和印度相同，但因关切不同而时有摇摆。

世界各国出于各自的利益及目的，积极寻求解决气候变化问题的各种途径，从技术革新到转变经济发展方式，从积极完善国内环境管理制度到国际合作。其中，应对气候变化最为积极有效的手段就是将各种措施规范化，以"法律"形式制度化。加强应对气候变化立法，以法律的形式构建起应对气候变化的对外工作机制和基本政策框架，对本国政府应对气候变化的公共职能进行规范，已成为各国科学应对气候变化的主流。

刚才我们分析了各国应对气候变化的基本立场，那么世界各国是如何运用法律手段来推动实现其政治目的的呢？当前，以英国、美国、日本为代表的发达国家从其自身的利益考虑，制定了应对气候变化的专门法律。接下来，我结合这些国家的立法情况，谈一下各国应对气候变化立法的目的和本质。

英国：英国在应对气候变化立法方面很积极。从 2007 年开始，英国政府就向上议院提交了一份气候变化法案，2008 年 11 月 26 日英国通过了《气候变化法案》，成为世界上第一个为减少温室气体排放、适应气候变化而建立具有法律约束性长期框架的国家。该法案设定了减排目标：以 1990 年为基准，到 2050 年前温室气体排放至少要减少 80%，2020 年前要减排 26%。英国针对气候变化的主要部门或领域，例如技术创新、提高能耗、能源安全、建筑、交通节能等等都有比较细致的研究和规划。

英国出台《气候变化法案》具有多重目的。首先，英国早已走过了工业化时代，进入后工业化时代，其第三产业的比重接近 80%，工业所占比重不到 20%，科技，金融，服务业在全球仅次于美国。在后工业化时代，英国的经济发展已经不是以高碳经济为主，而是向非碳经济发展。在此背景下，英国出台《气候变化法案》，最主要的目的之一就是促进英国向低碳经济的转型，全力让英国成为一个低碳经济的国家。二是，英国属于岛国，部分地区正遭受因气候变化面临被淹没的威胁。所以，英国主张尽快立法，并为其在国际二氧化碳减排方面的领导地位提供强有力的支持。同时也希望其他发达国家通过采取行动实现减排目标，以实际行动起到表率作用。三是，近些年来，英国在向低碳转型的过程中，已经掌握了先进的低碳技术，储备了大量的低碳设备。所以英国主张发展低碳，并向全世界推行低碳技术、推广低碳设备，意图通过在世界范围内开展低碳贸易合作，获得经济利益，使得英国成为头号经济强国。

美国：美国属于能源消费大国，人均碳排放量大，在温室气体减排方面长期处于被动局面。美国奥巴马政府上台后，意图扭转被动局面，采取以攻为守的方式。2009 年 6 月，美国通过了《美国清洁能源与安全法案》，核心内容是建立温室气体"限额和交易"制度。美国通过推动相关立法来应对气候变化，其目的是：首先在国际上树立大国形象，重塑领导地位；在国内短期内可以应对金融危机，增加就业，实现"绿色经济复苏"，保持美国经济可持续发展和持久竞争力，为其绿色新政寻求更大的推行空间。其次，美国企图将发展中国家纳入到减排温室气体排放之中，而不希望在没有发展中国家，尤其是中国、印度等国家参与的情况下，承担减排责任。为此，《美国清洁能源与安全法案》中包括了一些"公平竞争保护条款"，授权美国政府对来自未采取类似措施国家的产品征收关税，针对中国、印度等发展中国家设置贸易壁垒。这一法律规定显然违背了《联合国气候变化框架公约》的"加强国际合作，应对气候变化的措施不能成为国际贸易的壁垒"的基本原则。

日本：2010 年 2 月第 11 次环境省政策会议上，日本鸠山首相提出了《地球温暖化对策基本法案（草案）》。这一法案确立了日本温室气体减排目标：在构建公平且可实行的国际框架及积极向上的目标之前提下，以 1990 年为基准，在 2020 年前削减温室气体 25%，并在 2050 年前削减 80%。除此之外，该基本法案还对发展新能源和可再生能源提出了具体目标，并在发展智能电网技术方面提出了对策方针。

日本积极推动气候变化立法的目的：一是日本是面向太平洋的岛国，受气候变化的影响较大。全球平均温度上升 2 度，日本可能将面临淹没的威胁。为此，日本积极加强应对气候变化立法。二是由于日本国内的能源资源匮乏，所以一直重视能源的多样化发展。通过气候变化立法来推动新能源领域的发展。三是，自 2002 年以来，日本经济在持续了近 11 年低迷之后，开始复苏和全面转型。近些年来，日本推行一系列改革措施，使得经济能够迅速转型。在此背景之下，日本也在积极加强气候变化立法。

中国从道义责任上讲，没有承担温室气体的减排责任，但是传统的经济增长方式，已经导致了中国资源与环境发展的不可持续。即使没有应对气候变化的严重挑战，中国仍然提出要转变经济发展方式，实现经济又好又快发展。围绕着转变经济发展方式、合理利用能源资源、保护环境等一系列工作，中国从现阶段的基本国情出发，已经制定了多部环境与资源类的法律，为应对气候变化工作提供了基础的法律保障。

中国制定应对气候变化的相关法律是完全中国的自觉行动，不需要和英国、美国等国家一样，必须制定应对气候变化的专门法律。根据建设中国特色社会主义法律体系的总体要求，中国的环境资源立法还需要进行全面、系统的调整，使相关的法律系统化、协调化、科学化。相应地，中国应对气候变化立法也应当不断调整和完善，使相关法律法规更好地适应中国经济社会发展新时期、新阶段的新需要。

（三）理性思考中国应对气候变化立法的具体行动

国际气候变化的大背景，为中国应对气候变化立法提出了挑战。中国从对人类负责和维护国家利益的角度出发，建设"资源节约型"和"环境友好型"社会，转变经济发展方式，也需要在应对气候变化的立法方面有所作为。近年来，全国人大及常委会在多部法律的制定及修订中对气候变化问题给予了高度关注，但是，应对气候变化立法在国际上还处探索阶段，在中国法治建设中属于一个新事物。

完善应对候变化立法是中国解决气候变化问题的前瞻性、先导性和基础性工作，是一项综合性的系统工程。这项工作离不开正确的指导思想：科学发展观。

科学发展观是坚持用发展的办法解决前进中的问题。科学发展观与可持续发展的要求是一脉相承的，对于完善我国的气候变化立法具有重要的指导意义。我们要按照科学发展观的要求，认真反思我国的气候变化立法，进一步提高我国应对气候变化立法的质量。

气候变化立法问题是科学、理性、政治问题。考虑任何相关法律、行政法规及部门规章与地方性法规都必须注意这三种特点。中国应对气候变化立法应当具备的基本特点。

协调性。从纵向看，中国不同效力层级的气候变化立法之间应当相互协调一致，对同一事项的规定避免出现相互矛盾和冲突的现象；从横向看，中国气候变化立法的规定应当与其他部门法的规定协调一致；从时间上看，不同时间制定的气候变化相关立法，应当前后连贯一致。

可操作性。中国气候变化立法应当具有较强的操作性，对所规定的事项要尽量具有确定性和针对性，并便于执行，尤其是法律权利和法律义务的内容应尽力做到明确具体，对侵犯法律权利和违反法律义务的行为应尽可能设置相应的法律责任。

时代性。法律应当与时俱进，反映时代要求。中国气候变化立法应体现新时代的特点，反映时代要求，富有时代气息，对不符合时代要求的法律规定要及时进行修订，从而使得法律适合社会发展的需要，保证相关法律之间的协调一致。

中国应对气候变化立法要站在全球的视野，以一个负责任的国家形象积极履行义务，并推动全球应对气候变化事业的发展。展望未来，中国应对气候变化立法的关键是强化与完善气候变化立法的政治分析对气候变化的政策应对，调整合法行为之间的经济利益，调整违法行为之间的法律利益关系。对于更为根本的应对气候变化的权利，若能理论突破并进而立法，中国将大有作为。

一是积极参与国际气候法律制度的建立。

从参与到主动，从走出去到请进来，从旁观到主导，引导国际更加务实、更加负责、更加合理、更加科学。

从中长期国家战略来看，无论从资源环境禀赋和经济社会基础出发，还是基于国家发展理念和全球合作战略，中国未来20年的低碳转型对于迈进中等发达国家是至关重要的，中国比其他任何国家都需要公平合理的国际环境制度保障。因此，中国需要逐步掌握世界政治经济秩序主动权，积极参与国际气候制度的构建，坚持《公约》以及《议定书》的原则和框架，坚持落实"巴厘路线图"的立场，这是推动应对气候变化国家合作的基础。

二是重点强化和完善应对气候变化的相关法律，尤其是继续完善节能减排和能源方面的立法。

适时修改完善与应对气候变化、节能减排、环境保护相关的法律，及时出台配套法规，并根据实际情况制定新的法律法规，为应对气候变化提供更加有力的法制保障。当前，我们应当加快《能源法》的立法工作，适时开展《煤炭法》、《电力法》等法律的修改工作，抓紧制定《石油天然气法》等法律、法规，强化清洁能源、低碳能源开发和利用的鼓励保障政策。此外，《环境保护法》、《环境影响评价法》等一些环保领域的法律和配套法规的修改或制定工作也应当抓紧进行。

三是研究我国未来应对气候变化的法律和政策体系。

结合已有的相关法律，逐步完善应对气候变化的法律。气候变化应对的基本政策和措施很多属于国家法律规范的内容，需要法律规范才能产生实际效应。目前，节能法、可再生能源法、循环经济促进法等法律对气候变化应对的有关领域的政策措施已经有所规范，加强完善已有的法律法规中减缓和适应气候变化的相关内容。

加强行政法规和部门法规的制定，保障气候变化相关法律配套实施。在气候资源管理、应对气候变化等方面加强配套制度，从法律上保障和强化国内应对气候变化的各项工作，促进气候变化应对体系、机制形成，为气候谈判中树立负责任国家形象，维护国家发展权益，奠定良好的基础。

积极鼓励地方在气候变化应对体系、机制上进行创新和探索。根据各地区在地理环境、气候条件、经济发展水平等方面的具体情况，因地制宜地制定应对气候变化的相关地方法规政策，充分发挥各级政府在应对气候变化中的主导作用，为国家层面的研究制订应对气候变化立法工作提供实践基础。

四是强化对有关应对气候变化相关法律的监督。

在完善有关应对气候变化立法的同时，还将继续加强应对气候变化的执法和法律监督。具体而言，应当按照积极应对气候变化的总体要求，严格执行节约能源法、可再生能源法、循环经济促进法、清洁生产促进法、森林法、草原法等相关法律法规，依法推进我国应对气候变化工作。要把应对气候变化方面的工作作为全国人大监督工作的重点之一，加强对有关法律实施情况的监督检查，保证法律法规的有效实施。

四、结语

目前气候变化已经演变成为重大国际问题和重大发展问题，从长期来看，必须以法的精神来应对气候变化。这不仅直接关系我国的国家利益和发展空间，也直接关系我国现代化建设的方向和战略途径。中国应对气候变化立法必须做到：

（1）一个坚持：共同的国际法律框架和基本原则

全国人大常委会高度重视气候变化问题，1992 年批准了《联合国气候变化框架公约》，意味着中国已明确在《公约》及其《议定书》的"共同但有区别的责任"的原则以及"可持续发展的原则"原则下，应对气候变化。这两点共同决定了中国应对气候变化法治建设的方向和内容。

（2）两个维护：国家的合理权益和负责任国家形象

2009 年全国人大通过了《全国人大常委会关于积极应对气候变化的决议》，表明了中国人民在应对气候变化问题上的原则立场和切实行动。中国应对气候变化立法，要维护中国的合理权益，为和平与发展争取合理的环境容量空间，促进国际携手合作。同时，要维护中国的负责任国家形象，在国际社会发展起到积极、建设性的作用。

第 15 讲

系统工程成就智慧人生

薛惠锋

2008 年初冬时节，我很荣幸被中国航天科技集团评聘为中国航天工程咨询中心教授、博士生导师，并担任中国航天社会系统工程实验室第一任主任，从事社会系统工程的相关研究，收获颇丰。今天有机会和大家一起就系统工程在人生旅途上的应用进行交流和探讨，我感到非常的高兴。

我小时候，夏天喜欢坐在家门口观察蚂蚁。后来我发现蚂蚁的行为可以演化成一门哲学——蚂蚁哲学。通过观察蚂蚁我发现了一个现象：下大雨之前，蚂蚁全部从洞穴里面出来，他们很有意思，有的蚂蚁站在洞门口上，好像在站岗；有的蚂蚁骑在别人身上，有几个蚂蚁围着它；还有的蚂蚁围着洞，没有方向瞎转，什么样的蚂蚁都有。后来坐飞机，我观察底下的人，真的就像蚂蚁一样。我睡不着觉的时候就在琢磨，人和蚂蚁是一样的，既有坐车的也有拉车的，既有被人骑的也有骑别人的，既有站岗的也有运粮食的，既有老黄牛也有乱转的人。不知道他在转什么，也许他自己都搞不清自己在做什么。我们生活中有许多这样的人，自己转了几年，回头一看，怎么一无所获？怎么什么都没弄明白？每个人，都不是单纯的，都跟社会有着各个方面的联系。每一个人活着就有一定的地位、一定的价值，关键是他承载的这个位置所带来的社会效益和他的人生轨迹，是怎么一个布局。

莎士比亚说："全世界是一座舞台，所有的男人女人不过是演员。"天下的舞台不是由自己选择的。人活在世界这个大舞台上，只要在这个世界上一天，就要演好这台戏，只是这场戏有的人演一百年，有的人只演到二十多岁。无论我们是否愿意，我们都已经被推上了这个舞台，注定要演上一会儿。既然如此，我们还能做些什么选择呢？除非直接放弃角色，否则必须用力演好自己的角色。所以说，认真演好人生的一台戏是很重要的，这其中需要有一种最基本的素质和最基础的水平，也就是现在社会上所说的综合素质的提升和培养。从纵向上说，一个人一生要扮演一系列角色；从横向上说，人在每一个点上都是多种角色的集合体。在人生的这个舞台上，我们的角色并不是固定不变的，而是不断地在主角与配角之间轮换。有的人可能在家里是配角，到了机关又成了主角；和不认识的人坐一块不说话，可能又成了观众。不管是当主角还是配角，不论是别人为自己服务还是自己为别人服务，都要认真负责地演好自己的角色。当你当主角的时候演好戏，当你当观众的时候鼓好掌，掌握好这种主配角的转换，非常关键。有人说小圈子里当个人，大圈子里当个神，也是这个意思。

人生需要航标和追求，因为它能够改变人的命运，这个道理人人皆知。但是，什么样的人生才算是成功的呢？人的一生先后经历了生态人、后天人和成功人三个阶段。所谓"生态人"，是指从受精卵开始、胚胎分化到新生儿诞生，再到婴、幼儿时期，它具备了后天发展的生理基础，包括注意力、观察力、应变力、语言理解及表达力、记忆力、想象力和思维力等七大要素，这些智力的认知功能 7 大表征体现了生态人脑神经先天发育水平的高低。在这样一个先天发育水平的基础上，生态人随着年龄的增长和社会经历的增加，不断地获取知识、加工知识、存储知识、应用知识、创新知识，生态人就是这样不断地学习各种知识，适应多变的社会环境，从而进入"后天人"的发展阶段。后天人，是指脑神经生理基础已经发育成熟，并全面尝试表达智力活动、执行智力认知功能的开始直至生命终结的阶段。然而生态人能否成为后天人，并不是以个体的实龄来划分的，而是以人的智慧和人的社会性来区分的。

成功人或者完美的人生至少应该基于以下三点：其一，是生物功能的延续。人首先要完成自己生物学意义上的责任，实现新陈代谢，使生命得以延续。每个人来到这个世界上，首先对人类的贡献是生物本能的贡献，要孝敬父母、长辈，还要繁衍后代，这是作为一个人在这个世界上最起码的成功标志之一，是作为生物本能的一种延续。其二，是社会功能的延续。人走到这个世界上要消耗世界的资源，要汲取前人所积累的财富。那么同样，人也要有所付出，要为社会舞台添砖加瓦。只有这样才使这个世界得以平衡，才能有存在的必要性。其三，实现自我功能的突破。人们常说不能自私，这是对的。但是，人要学会首先爱自己。如果一个人连自己都不爱惜，那怎么还能爱惜别人呢？对自己要有一种适度，既要有一种放纵，也要有一种约束。现在很多人成了工作的机器，为了工作而工作，为了挣钱而挣钱，这是非常令人叹息的。人只有在工作或学习中寻找一种快乐，把工作和任务变成一种享受，才能使人生更有价值，才能让生活更有乐趣和意义。人活着一定要知道自己在干什么，知道自己追求的是什么，唯此才不会终其一生而碌碌无为。

人生的三大功能是决定一个人的人生是否完美、是否成功的最重要的标志。我们生活中有很多人，有些人当了领导，他们的社会功能得到了实现、自我功能也实现了一定程度的突破，但是如果第一个功能没有实现，很难说是完美。还有的人变成了工作机器，即便在某种意义上取得了很大的成就，他的人生也算不上完美。有一个真实的例子：有一个局长，他的下属写了一个请假条，他拿起请假条就改，他觉得只要纸片过来，他就要改，因为所有的文字都要经过他改，他已经习惯了，请假条他也改，因为他觉得请假理由不充分，所以把请假的理由改的很充分，改完了才发现，原来改的是请假条。还有些领导每逢过节放假就会觉得很寂寞、很痛苦，因为平时很多人听他使唤，这时候觉得很自在，而到了节假日没有指挥对象了就开始不习惯了，甚至会因此而得病。曾经有一个同志说，他为了成就领导，做出了绝对的牺牲。为什么这样说呢，因为有一次领导病了，他就去医院去看望领导，到地方才发现病因所在：这个同志初期挂职锻炼一年，而以前领导要整天骂他训他，领导很舒适，突然这个人挂职锻炼了，领导没有骂的对象了，最后就病了。这个同志就说要提前回来，让领导来骂，这样领导才有发泄的机会，这样他身体就康复了。这些例子都是现实生活中真实发生的，甚至以后仍将会继续发生。有些认为人生就是一种机器，就是为人民服务，就像雷锋同志那样，但是个人认为不一定人人都要当雷锋，只要好好活着，对父母孝敬、对子女负责、对社会有贡献、对自己尽到责任，这就是一个完美的人生。

在这个知识大爆炸、人力资源相对过剩的年代里，人与人之间的竞争较之以往更加激烈。从发展的角度来看，我们最为短缺的无疑是一种舞台资源。人生的舞台是一个施展才华、叙写人生、塑造自我的大平台，它为我们提供了发挥才能、展现自我、服务社会的机会。如果没有自己的位置，也就没有施展才能的舞台，进而失去了顽强奋斗的阵地；没有阵地，就不会在舞台上有所作为，更无法捍卫你的生存安全、生活安全以及事业安全。舞台的大小决定事业成功的可能，你的心有多宽，你的舞台就有多大；你的梦有多远，你的成就就有多高，这是最根本的问题，平台和舞台是人事业成功的最基本标志。只有那些善于经营"平台"的人，才能够真正体现自我价值，有所作为；而那些不善于运作"平台"的人，必将遭遇种种困境，以致失败。

但是平台和舞台怎么得来呢？是要去抢，是要流血，把自己的心血贡献出来，才会拥有平台，也就是我们常说的两个字"奉献"。只有奉献一切才能拥抱世界，当你自私自利抱着"我是人才"的心态，抱着自己的文凭，你能走成路吗？只有放弃一切，才能拥有一切，所以平台和舞台需要去抢，需要用自己的奉献和付出才能得到，只有这样得到了以后，你才奠定了你最基本的成才条件。中国有十三亿人口，十三亿人里面仅共产党员就8823.2万人，它是中华民族的优秀分子。优秀分子就达到八千多万，仅这八千多万人抢占这个舞台就很热烈了，所以说一个人的成长要靠自己去抢占舞台，有了舞台还要塑造培育舞台，在这个舞台上寻找自己的角色。如果把自己放在天顶上，承载的只有空气。只有把自己放在大水里边，才能使自己保持湿润；只有把自己放在山脚下，才能承载天地；只有把自己放低，才能承载更多。只有将自己融入社会、融入世界才能与企业、与社会打成一片，才能成为群众中的一员，在群众中再一次塑造自我，从而脱颖而出。

人生舞台也是个复杂的系统，那么系统一词究竟如何解释？它在我们生活中到底有什么样的作用呢？

系统一词最早出现在古希腊，古代中国人民在长期的社会实践中就逐渐形成了把事物诸因素联系起来作为一个整体或系统来进行分析和综合的思想。早在春秋战国时期，就形成了蕴含有系统思想的阴阳、五行、八卦等学说。《易经》从自然界找出 8 种基本事物称为八卦（天、地、雷、风、水、火、山、泽），看作为万物之源；《尚书·洪范》则把五行（金、木、水、火、土）作为构成万物的基本要素。这些学说都把宇宙看作一个整体。在军事上，著名军事家孙膑继承和发展了孙武的学说，著有《孙膑兵法》，在齐王和田忌赛马中，孙膑提出的以下、上、中对上、中、下对策，使处于劣势的田忌战胜齐王，这是从整体出发制定对抗策略的一个著名事例；在政治上，秦始皇创建的郡县制，类似于现在图论中的树结构，体现了系统工程整体的思想；在医学上，中医经典理论著作"黄帝内经"，强调了人体各个器官联系、生理现象与心理现象相联系、身体状况与自然环境联系，把人作为一个复杂的体系，并和环境联系起来统筹考虑，人、病、症三结合辩证施治；在工程上，四川的都江堰，将鱼嘴分水堤、飞沙堰溢洪道和宝瓶口进水口融为一体，巧妙配合实现了彻底排沙、最佳水量的自动调节的作用，也体现了系统的思想。

随着系统思想的产生，逐渐形成了系统概念和处理问题的系统方法——系统工程。20 世纪 30 年代，美国无线电公司就使用过系统工程术语。但学术界一般认为是美国贝尔电话公司实验室在 40 年代初统筹安排微波通讯网络时首先提出了系统工程一词。之后，美国研制原子弹的曼哈顿计划、登月火箭阿波罗计划和北欧跨国电网协调方案也应用了系统工程原理进行协调，并取得重大成果。

当时，钱学森是世界航空理论权威冯·卡门的得力助手，参与了美国火箭研制工作，并成为火箭领导四人小组成员之一。1950 年 2 月 9 日，美国掀起反共狂潮，由于钱学森在美国接受了火箭、原子能以及武器设计全方位的教育，首当其冲被列入黑名单。在回国途中，被美国移民局的总稽查朱尔在洛杉矶机场拦住，回国计划被搁置。后随着朝鲜战争的爆发，中美关系急剧恶化，更加坚定了留美学者的回国信念。赵忠尧、邓稼先等准备回国时，遭到美国联邦调查局特工的搜查，其携带的钱学森 800 多公斤的书籍和笔记被扣。联邦调查局在钱学森被扣押的书籍和笔记本上大做文章，召开新闻发布会，宣布在"中国科学家钱学森的行李中搜到机密文件"。9 月 6 日，美国移民局总稽查朱尔带着手下闯进了钱学森的家，向钱学森宣布了逮捕令。 在加州理工学院院方和同事们的争取下，钱学森被保释出来。但美国政府还是不肯放过钱学森，一面发布驱逐令，一面又将他软禁。含冤忍怒的钱学森很快用坚强的意志战胜了自己，他安下心来，开始埋头著书，做出在工程控制论和物理力学两个领域的开创性的研究成果：《工程控制论》与《物理力学讲义》。

直到 1952 年 6 月 14 日，蒋英给钱学森带回了一张华侨办的报纸，上面有人大副委员长陈叔通的消息。陈叔通是钱学森父亲的老师，又是杭州同乡，钱学森灵机一动，有了主意。第二天，钱学森和蒋英带着孩子外出，巧妙地摆脱了特务盯梢，迅速溜进一家咖啡馆。蒋英边喝咖啡边逗孩子玩，一边机警地留意着窗外，钱学森迅速在香烟纸上写了封给陈叔通的短信："我提笔写这便条，万感千念，对祖国、对亲友相思之甚，寸阴若岁……恳请祖国助我还乡，帮我结束客居海外生涯，还我报国之夙愿。"特务跟踪而来，钱学森故意缠住特务，让蒋英把香烟纸条夹在寄给妹妹的书信中，投进了咖啡馆旁边的邮筒。陈叔通收到信后，立即转给周恩来。周恩来向毛泽东请示，决定用朝鲜战争中抓获的 11 名美国飞行员来交换钱学森。但中方释放了这 11 名飞行员，美国方面却仍然拒绝放回钱学森。8 月 1 日，中美大使级会谈在日内瓦开始，王炳南大使向美方提出钱学森的问题，美国大使约翰逊矢口否认，说钱学森没有提出要回中国。王炳南拿出钱学森写在香烟纸上的信，并当场宣读，约翰逊无言以对，终于同意钱学森回国。

钱学森的归来使新中国的领导人把导弹研制的计划提上了议事日程。在钱学森的带领下，1960 年中国第一颗导弹成功发射；中国第一颗原子弹和氢弹分别于 1964 年 10 月 16 日、1967 年 6 月 17 日试验成功；1970 年 4 月 24 日长征 1 号火箭装载着中国第一颗人造卫星——东方红 1 号，从发射基地发射升空。中国，这个发明火药的古老国家，终于实现了腾飞的愿望。可以说，中国航天与"两弹一星"等方面能够在比英美和苏联更短的时间内获得成功，都离不开系统工程理论的发展和实践。

爱因斯坦说过："如果用与制造问题时相同水平的思维方式去处理他们的话，这些问题是不可能得以解决的。"人生科学发展是一个复杂的巨系统，我们必须用系统的思维去解决人生的各个阶段遇到的问题，系统思维就是将所面对的事物或问题，作为一个整体，作为一个系统来加以思考分析，从而获得对事物整体的认识，或找到解决问题的恰当办法的思维方法。在人生发展的过程中，当处理一件事情时一定要明白：一件事情就是一个系统。处理一个问题的过程，也是一个系统处理的过程。在考虑解决某一问题时，不要采取孤立、片面、机械的方式，而是当作一个有机的系统来处理。只有这样，才能做到面面俱到；才能实现"整体大于部分的简单总和"的效应；才能使我们在人生规划的决策过程中，不会计较于眼前的利益，眼光能放得更加长远，更加有助于我们走向成功。

我的人生也算是个复杂的系统。二十岁时，曾畅想人生，但心情澎湃。虽然缺乏生活手段，没有社会经验，却充满无限的幻想，正所谓"少年心事当拿云"，仿佛宇宙就在手掌心，不愿也不屑掩饰自己那份"自以为是"的感觉。当时在湖南经济地理研究所（中国科学院与湖南省科学技术委员会共建，现为湖南省经济地理研究所）担任研究实习员。有一次要做洞庭湖规划设计，我在西北大学学的是自然地理专业，用所学的地理知识结合系统的规划理念，大胆提出"千里盘中一青螺"的设想，用系统工程的跨领域特性解决现实问题，并取得较好的效果。

三十岁时，脚步匆匆，却目光晃曳。虽然告别了单身汉的生涯，自己憋足劲想从自我走向社会、从理论迈向实践。又恰逢大好时机，踌躇满志，预约成功，总觉得可以顶天立地，大刀阔斧地干一番事业了，却面临着家庭的拖累、名利的诱惑以及种种的冲动……从陕西省计划委员会国土处，到西安市委组织部，再到计划委员会规划科技处担任处长，留在脑海里是人生的艰难、社会的复杂，品味的是酸甜苦辣、五味杂呈，学会用系统工程的方法来思考问题。

进入不惑之年，所有成绩都已成为过去。四十岁，正值人生的夏季，热情奔放，心劲十足，开拓火热的生活和事业，播种着希望和理想。昨日的辉煌与沮丧、欣喜或悲哀，不管是值得骄傲的回忆，还是要永远汲取的教训，都已成为自己的心路历程，但决不能因留恋走过的路旁风景而止步不前或坐等前程，应该平心静气看待昨天的辉煌，珍惜今天的时光。为使自己有限的生命获得更丰富而精彩的内容，极力扩大着自己的人生体验：从 2002 年担任西安市委副秘书长，到 2004 年在中共中央办公厅挂职，再到 2006 年开始正式在全国人民代表大会环境与资源保护委员会工作，参与了一些我们国家关于环境生态和资源保护方面的工作。先后参与了可再生能源立法、G8+5 气候变化立法者论坛东京会议、海岛保护法立法、固废战略论坛等，这期间都不自觉地应用了系统工程的方法处理工作中的难题。印象较深的是，2009 年参与的海岛保护法草案编写工作，那是我国首次启动海岛立法，当时引起了周边国家，如越南、马来西亚等东南亚国家以及韩国、日本等东北亚国家的强烈关注。全国人大审议一项法律草案，引发周边国家如此关注实属罕有。香港《亚洲周刊》第 28 期刊出文章说，中国人大审议海岛保护法，以解决无居民海岛权属不清的问题，以及因此导致的开发无度、利用无序的状态。7 月 2 日，马来西亚《吉隆坡安全评论》载文说，"在南海问题上正形成一个针对中国的东南亚'南沙集团'"。文章说，以今年上半年一些南海周边国家向联合国提交外大陆架划界案引起的纠纷为背景，认为多国形成一个"中国最怕的东南亚'南沙集团'"，与中国争夺南海。尽管"南沙集团"还未完全成型，但东南亚国家"联合起来才能增加谈判筹码"，"若独自与中国磋商就如蚂蚁与大象谈判"。作为全国人大法案室主任，接受记者采访时我是这样回答的："海岛保护法是一部以保护海岛生态为目的的海洋法律，从制度设计和具体内容而言，都不涉及海岛主权问题，是在主权既定前提下的一部保护海岛生态的行政法。"

钱学森老先生在 20 世纪 50 年代提出：系统工程更重要的是运用在社会大系统里，他曾说过："在现代这样一个高度组织起来的社会里，复杂的系统几乎是无所不在的，任何一种社会活动都会形成一个系统，这个系统的组织建立、有效运转就成为一项系统工程。"系统工程方法，有助于人们把握整体、洞察本质、执简御繁、综合集成触类旁通。现实中一些系统工程专业人士，根本没有系统工程习惯，或根本不具备在实践中有效运用系统工程能力；有些人在撰写文章时有系统工程，在现实生活中却无系统工程；在夸夸其谈时有系统工程，在实际工作却无系统工程。有些人认识事物、研究问题、解决问题时，只见现象不见本质、只见局部不见整体、只见眼前不见长远，丢车保卒、黑白不辨、是非不分，甚至本末倒置、颠倒是非，付出了惨痛的代价。其关键原因，就是根本没有掌握系统工程的精髓。系统工程并非只能应用于航天，它不仅仅是具有哲学高度思想升华的科学研究工具，更是科学而先进的人生处世之道与社会发展之道。

系统工程为我们的人生道路指明方向，这就需要不断提升自身的素质来完善人生系统。每个人在社会生活中会形成自己的能量范围，借用物理学的概念，就是"势场"。社会生活中存在着各个方面的"势场"集合，圈层中的个人一旦进入新的圈层，就必须与周围的"势场"相适应。这就要求我们要不断提升自身的"势场"，我结合自己多年从政和从教的经验，归纳出个人成才需要具备六种能力：持续的辨识能力，有效的实干能力，过硬的业务能力，高尚的修养能力，超人的团结能力和卓越的领导能力，其中后两种能力针对有领导潜质的人。

在我们寻找水草丰美、阳光灿烂的绿洲的过程中，总会遇到许许多多的机遇和挑战，你可知道，哪些机会你应该把握，哪些机会你应该放弃？这就需要你有持续的辨识能力——辨识各方面的能力：辨识自己在环境中定位的能力；辨识自己身边资源可用性的能力；辨识自己发展机会的能力；辨识什么事情自己该干，什么事情不该干的能力；辨识未来自己满足和承认的能力等。1995年我在西安理工大学做博士后，当时是邓小平和李政道会晤了以后在中国实行博士后制度，那时有很多人都下海经商转入市场，我就没有，毅然决定上山做研究，事实证明我的决断还是正确的。一个人要善于辨识机遇，还要能够抓住机遇，抓住机遇还要肯干。机遇稍纵即逝，抓住了机遇自己就有机会成功；如果抓住机遇而且还能够付出努力，那就一定会有所成就，而一旦松懈将一事无成。在雷雨来临之前，蚂蚁都在乱跑，很多蚂蚁在等待的过程中被淹死了。如果蚂蚁不想被淹死，那么就应该赶快爬树的爬树、进洞的进洞，这就是辨识自己生存和发展的能力。意识不到身边的机遇，意识不到身边的资源和条件，简单的认为面包会有的、天会晴的，如果总抱着这样的想法，那你迟早会被淹死的。

古人云："天下事有难易乎？为之，则难者亦易矣；不为，则易者亦难矣。"我认为，在不犯规、不违纪的前提下，其他困难均是常规困难。常规困难是人生必须面临、经历的，我们要有克服常规困难的本领。譬如，我所在的西北工业大学资源与环境信息化工程研究所，在2008年承担了个项目，是陕西省环境承载力项目研究，前期研究阶段时间过半，研究成果却几乎无法展示，项目组成员过多地纠缠于个人利益，影响了项目的开展，后期及时进行了调整，才迈上正轨。这是个惨痛的教训！清代学者陈廷敬说："与其言而不行，宁行而不言。"做事重要的就是脚踏实地，但是仅苦干、能干是不行的，还要有节奏、有效果地工作。做每项工作的时候都要做到最好，不断提升自己，丰富自己。事情都是干出来的，不是写出来的，也不是说出来的，秀才是成不了天下的。

我在西安市委当副秘书长的时候，有一段时间每次开会，会场纪律往往是一个让人头疼的问题，迟到早退、随便出入、交头接耳、接打手机屡禁不止，甚至还有未经同意擅自安排他人代替参加会议的。我们也曾经想过办法去解决，但是收效甚微。自己心想，参会的都是领导。制定要求强行限制，也太没"规矩"了，还是算了吧。后来，市委主要领导专门批评我们，要求认真组织，严格整改。我们这才狠下硬招，立即专门组织研究解决这个问题。在征求了参会同志的意见后，建立了会议请假审批制度、会场纪律通报制度，明确了会议仪容仪表要求，开辟了会议间歇休息时间，配置了会场电子屏蔽系统，实现了会议电子幻灯演示。每次会议结束后都会对会议纪律情况，特别是涉及的违纪部门和个人予以通报，并将此纳入全年部门绩效考核体系。从此，彻底改变了会风，会场纪律得到了很大的改善，同时也提升了自己处理这类问题的能力。一个人要在社会中生存，就要有过硬的发现问题、分析问题、定位问题、思考问题、解决问题的能力和有效的驾驭问题、处理问题的能力，这是必须积淀的一种能力，是一种高超的技能。

2004年在中央办公厅里工作的时候，我碰到一个稿子，这个文件到我们手上的时候，就要进行文件的下发，当时是我值班，这个文件下发之前我看了一下，说的是要处理好处级干部和年轻干部之间的关系，但是文件的最后，大概用了2000多字，讲的全是解决知识分子的使用问题。很显然，起草这个文件的人，最后在进行电脑的复制操作，可能没有仔细地看这些东西。看到这个事情后，我很担心，如何处理这个问题？如果直接上报，意味着领导错了；如果不上报，那我就要辞职了。最后在一个小的范围之内，我们解决了这个问题，然后下发。当时如果我让这个事情过去，最后出问题，责任人肯定就是我。之所以讲这件事情，是说：人要带有一种责任，这是一个人最起码的品德修养问题。做任何一件事情，人的责任是非常重要的。如果在这些问题上处理不好，可能导致一些重大的失误。所以在这件事情上，大家要认真地思考，从你手头上出去的任何一件事情，都要追求完美。做任何事情，要么不做，要做就要做好。人生的成功分为两种，一种是真正意义上的成功，即合乎道德的成功；另一种是世俗的成功，即只追求功绩，却不顾道德的成功。成功与品德，就像高耸的大厦与坚实牢固的地基。卢梭曾经说过："伟大的人是绝不会滥用他们的优点的，他们看出并意识到了他们的超人之处，但绝不因此而不谦逊。他们过人之处愈多，愈会认识自身的不足之处。"

领导者需要具备很多能力，其中之一就是超人的团结力，这是作为领导者能否走向成功的基本能力，因为一个人的成功是在无数人的奉献下完成的。"一个好汉三个帮"，只有永远完美的团队，没有绝对杰出的最完美的个人，团队才永远是优秀的、经得住考验的。一个人如果老想着自己，把利益永远抱在自己身边，迟早要把自己抱成《沙家浜》里面的胖子司令胡传魁那样的人。胡本是忠义救国军的司令。却抱着利益不放，认为只有他能够拯救中国、拯救民族，最后竟一事无成，被大家称作草包司令。个人取得荣誉都是大家共同努力的结果。当你把整个的荣誉献给世界的时候，你拥有的就是整个世界。

卓越的领导能力就是能摆正自己位置的能力，处理各种艰难情况、用于挑重担的能力以及与人交往和团结他人的能力，还包括身先士卒冲锋的能力，驾驭复杂局面的能力，还有就是在危机事件中应对自如的处变能力。有个电视剧片段，演的是贺龙部队陈赓师长的一个部下，有一个连的兵力全部牺牲在战场上了，最后打扫战场的时候，陈赓不准破坏现场，让所有的团长都过来看。陈赓问大家："大家看，一个连全都牺牲了，连长在哪里？连长站在他应该站的位置上；指导员在哪里？指导员也站在他应该站的位置上；所有的战士眼睛往哪里看？眼睛都是往前面看。"陈赓接着说："连长、指导员在前线打仗的时候都是在各自的岗位上，我们的士兵都是在冲锋中牺牲的。问题是为什么一个连的士兵全部阵亡了呢？团长是如何指挥战争的呢？"原因就是团长指挥战争的时候决策失误，战士们冲锋道路旁边就是敌人的碉堡封锁火力口，正好把这个连全部吃掉了。这就是团长领导能力低下而导致的全军覆没。

"博于问学，明于睿思，笃于务实，志于成人"。机遇是为有能力的人准备的，有能力的人必是善于不断积累的人。能量储蓄的越久，爆发力就越强。耶鲁大学建校的使命是：为国家和世界培养领袖。于是，从这里走出了老布什、小布什、克林顿等几位美国总统，以及几百位国会议员和许多杰出的校长。一个耶鲁大学的毕业生说过：耶鲁给予他的不是与具体知识相联系的东西，而是价值观、道德观、做人方式和思考问题的习惯，这些都对他的一生至关重要。肯尼迪政府学院是哈佛大学最优秀的学院，并且成为美国重要的公职人员培训基地和政府问题研究机构，为美国培养了一大批优秀的公职领导人员，并承担了大量的政府研究课题，对美国社会发展和政府决策产生了巨大的影响。中国的黄埔军校自建立以来，以孙中山的"创造革命军队，来挽救中国的危亡"为宗旨；以"亲爱精诚"为校训；以培养军事与政治人才，组成以黄埔学生为骨干的革命军，实行武装推翻帝国主义和封建军阀在中国的统治，完成国民大革命为目的，名将辈出，战功显赫，扬威中外，影响深远。我们的世界应该因你的存在而有所不同，带着这种天然的民族责任和国家责任去学习和工作，才能演绎出精彩的人生。

有了一定的能力，是不是就意味着成功呢？非也，我们还要辨识自己是个什么样的人：有怎样的水平、在社会中所处的位子，必须把自己放在一个环境中，放在社会中。也就是要对自己的人生有准确的定位，个人认为应从三商的角度考虑：

智商，是人们认识客观事物并运用知识解决实际问题的能力，包括多个方面，如观察力、记忆力、想象力、分析判断能力、思维能力、应变能力等。智商是与生俱来的，但通过后天努力与锻炼，智商也能得到一定程度的增强。

情商是指自我管理情绪的能力，包括五个方面的内容，即具有认知自我情绪的能力、调控自我情绪的能力、自我激励情绪的能力、了解他人情绪的能力、处理人际关系的能力。情商代表着与人交往、相处、沟通等方面的能力。

位商，是指人对自己应有位置的判断。每个人在特定的时间、特定的环境中，应该扮演的角色是不同的，应该时刻清醒地认识到自己该做什么、不该做什么，摆正自己的位置。

在漫长的人生路上，每个人都会有许多事不能如愿以偿。心理素质好的人豁达开朗，沉着应对，于是成功了；心理素质差的人被烦恼缠绕，难以自拔，于是倒下了。就像一个木桶，它的盛水量，不取决于最长的那块木板（智商），而取决于最短的那块木板（情商）。在决定一个人成功的要素中，智商只起大约20%的作用，而80%的因素则取决于情商和位商。这三个商，在不同的阶段，不同人的身上表现是不一样的。

2001年我在计划委员会当高技术处的处长，当时我的一个老主任要退休。他已经快60岁了，在退下来之后，给我写了一首诗。我不记得全部内容了，但当时我就跟他说："你这首诗缺少了位商。"一个人智商的高低，是一个人能不能成功的基本保障，这个智商包括知识阅历的积累。这个基础上还需要情商，也就是社会关系的综合，就是怎么协调、怎么促进人与人之间关系，怎么善于激发自己现在潜在的能动性的力量，怎么能够使周围一切的资源和力量为己所用，支持自己。这位老先生把情商和智商都写进诗里了，但是缺少了位商。

我们生活中有一种人，各个方面的表现能力都非常强，情商也非常高，很善于和多种人搞好关系，但是他往往把握不住自己，在不同的场合下、不同的环境中，不知道什么话该讲，什么话不该讲，什么话是替别人递梯子，没有位商的概念，导致这种人很孤独，譬如林彪。大家都知道，1970年8月23日至9月6日，中共九届二中全会在江西的庐山召开。会议一开始，林彪讲了将近一个半小时的天才论，紧接着就抛出要设立国家主席。林彪的这个讲稿是毛主席的秘书陈伯达起草的。当时的会议没有安排林彪讲话，林彪讲完后，毛主席也按捺不住，讲了自己的一些意见，批判了他的秘书。讲这个例子是为了说明，林彪和陈伯达的情商和智商都很高，但是位商不够高，在这个会议上没有安排他们讲话，他们却主动讲话。

还有一种人，他的智商很高，情商很差，位商很高。例如，陈景润。他的智商非常高，不然就不会证明哥德巴赫猜想，而且他的位商也非常的高。自从他获得成功后，好多次让他去当领导、当人大代表，都被谢绝了，他认为自己不是这块料，就是要搞好自己的研究，给自己的定位很准。但他的情商很差，碰到电线杆还要致谢呢，他与人交往的能力几乎是零。所以这种情况下，他取得了成功，他的一生是平平安安的。

反过来，周恩来总理，他的三商就处理的特别好。1949年12月6日，正值隆冬季节，毛泽东乘坐专列访问苏联，开始了他的第一次莫斯科之行。周恩来也同时随行，但是每次总跟在毛泽东之后，始终保持2～3米的距离，他的定位非常清楚。所以三商合一才是最佳的。我们在生活中，也要考虑一些事情：哪些事情是凭我们的智力就可以解决的，哪些事情是凭我们调动一些资源能够办到的，哪些东西是在特定的场合，能够准确定位成功的。

"工欲善其事，必先利其器。"系统工程是打开人类智慧大门的一把"利器"，当你真正掌握了它的时候，就会在蓦然间发现，你已经在心智的日益成熟中，踏上了使自己和世界变得更加完美的新历程。从我多年对系统工程的研究、探索、实践中，潜心挖掘隐藏在系统工程背后的一些较深层次的问题，初步提炼出"系统工程十大法则"。

我们常讲的"实事求是"中的"是"，就是事物本质及其演化的规律。藐视规律、违反规律，必将受到规律的惩罚。一个人的精力毕竟有限，这就要求我们必须追随大多数人的成果，抓住根本规律，判断事物发展。这就像在河里撒网捕鱼一样，总有些地方是网不到的，而鱼恰恰可能就在没有网到的地方。只有按照系统工程的思想，总结经验、掌握"鱼群"规律，才可能找到"鱼群"的所在。"师之所处，荆棘生焉。大军过后，必有凶年。"虽只是简单的两句话，却体现了对事物发展规律的深刻认识与把握。一部《孙子兵法》，五千余言，却是对整个战争系统本质属性及其规律的高度概括。只有深入探索事物发展规律、把握规律，才能真正做到"不出户，知天下；不窥牖，见天道"的神奇境界。为人处世要讲社会大众的"公理"，要"与四季合序，与天地和谐"。"祸兮福之所依，福兮祸之所伏"。把握住一般规律，就能提前洞悉事情演化，未雨绸缪，做到宠辱不惊、去留随意。

古人说："倾国宜统体，谁来独赏梅"。从单个看，柳叶眉、杏核眼、樱桃嘴，都是面部系统中理想的五官元素，但是，如果它们没有按照一定的比例和结构在整体上实现统筹优化，鼻子、嘴、眉毛、眼，摆得不是地方或互不成比例，那就会成为"丑八怪"。简单的说就是局部功能必须有机协调，避免内部抵消及内耗效应，才能实现系统整体功能的有效发挥。要实现"1+1＞2"的良性整体效果，并非是通过简单叠加即可获得，必须要有整体统筹的系统思维。因此，对待一个问题绝对不能"头疼医头，脚疼医脚"，绝对不能"只见树木，不见森林"，一定要抓整体，绝对不能以偏概全，以点带面。对一个人的分析和判断，对一件事情发展过程的把握，对一个单位的整体认识和对一项具体业务的负责，都一定要在历史的时空中来看待这些问题。2007年我在巴西参加气候论坛时，发生过这样一个故事：当时巴西主张制定其《生物质能源法》，我们国家中科院有位院士提出反对意见，会场友好气氛瞬间冻结。那时国家领导人正在访问巴西，如果这个问题解决不了，就很有可能对中巴以后的外交造成不良影响。于是，我们工作人员立即着手准备起草谈判口径，以全局为重，最终顺利度过难关。

有很多的人往往喜欢用现象去说事，而不是用本质去做结论。真实原型系统的复杂性总会令你发现：自己仍很幼稚，把人和事想的太简单了；现实如此，并非理应如此……认识问题一定要看本质，要透过现象看实质和内涵，绝对不能被假象所蒙蔽。系统的本质往往难以被一般人甚至是民众所理解，甚至遭到怀疑、嘲笑乃至反对。"上德若谷、大白若辱、广德若不足"、"大音希声、大智若愚"，其中哪些是现象哪些是本质？对事物的认知，须沿袭朱熹所说的"去其皮，方见肉；去其肉，方见骨；去其骨，方见髓"之路，才能充分认识"庐山真面目"。大家可能都知道"曹操吃信"的故事。曹操生性多疑，老担心别人会害他，他认为自己武功很高，若有人害他很可能是给他饭中下毒，于是曹操为了吃毒药都不死，他每天都吃点毒药。长期服用毒药，他体内已适应了这种毒药，欲毒死他也就不容易了。有人说，要害人的时候，必先给点好处，给他好处越多，把他害的越深。因此，千万不要被一时的利益所蒙蔽，千万不要被一时的假象毁掉自己的人生。

我们常评价一个人，说"这个人脑子清楚，那个人脑子不清楚"。那么，怎么才叫"脑子清楚"呢？就是在回答、思考、辩论任何一个问题的时候，必须以一种准则、一种线索、一种规则或一种模式去进行分析，要么以数字模式，要么以因果关系，要么以方位，要么以天地人去思维，要么用科学分类去思考，要么用哲学、理论学、实践学和应用学去思考，总之要有逻辑。墨子是中国古代逻辑思想的重要开拓者之一，他认为，贤良之士当"厚乎德行、辩乎言谈、博乎道术"，对其逻辑表达能力的要求尚在博学之上。墨家比较自觉地、大量地运用了逻辑推论的方法，以建立或论证自己的政治、伦理思想，从而推行自己的治国之道。思维逻辑的强弱，决定了一个人思维脉络是否清晰，对目标系统的描述是否结构清晰、主次分明，因而也是决定一个人事业成功与否的重要因素之一。

江泽民同志在上海工作期间，在处理黄浦江上造桥和通航之间矛盾关系时曾提出："桥造得太高，引桥长，拆迁多，施工难，造价高；桥的净空高度又不够，犹如同在黄浦江黄金水道上安一把锁，妨碍万吨级轮船进出。我看，科学的决策办法是大家都用系统工程的思路，进行定量分析，拿出数据来说话。" 我们一般习惯于定性描述问题，但是在分析和推断问题时一定要有量的概念，有了量的概念才会入木三分，就像给病人用药一样，药要用到什么程度。工作中领导问你事项进展的怎么样，你得要用具体数字来回答，要用进度来回答，你要用人的全面的管理水平、考核水平来回答。学会定量描述问题，才能将问题认识的清晰、具体。

爱因斯坦说："人们总想以最适当的方式来画出一幅简化和易领悟的世界图像。"运用系统分析方法这一"最适当的"利器，画出这幅"简化和易领悟的世界图像"，以此来清晰而准确地把握事物之间的联系。事物是普遍联系的，"城门失火，殃及池鱼"就是其生动体现。例如，罪案侦破就是从事物的关联性入手的。即把犯罪现场的人、物、事在时间、空间中变化看做是一个相互联系的统一体——案情空间，从一系列的个别、孤立、分散的现象痕迹的内在联系中得出对案情的认定。关联性研究在每一起案件的实际应用中，就像放鞭炮一样，只要点燃一个爆竹，势必要引爆一连串的爆竹。这种现象称为"连锁反应"，我们常讲"牵一发而动全身"就是这个道理。

现实生活中，地震、洪灾、泥石流等使一切变得无序，而救灾的首要任务就是认为转变灾区的无序状态，是社会活动再次"有序可依"。在问题的解决过程中，程序化是保证结果有效性的关键。干任何一件事情，都要像计算机程序一样，要达到运筹谋略方面的完整，对待问题形成了"step by step"，那肯定能制胜。往往事情出了问题，就是因为不讲程序。程序很重要，比如当一个企业遇到问题时，普通员工向班组汇报、车间组长汇报，车间组长要向部门汇报，部门向副总经理汇报，再向总经理汇报，总经理向董事会汇报。它是一种完整的程序，这个是最基本的管理逻辑。最高层要广泛的征求民意，在某些公开的场合听取大家的意见，这是完全可以的。但是它必须是在公正、公开、公平的环境下的一种行为。如果没有程序上的保障，就没有局部的最优化，更达不到整体的最优化，没有程序的保障，过程就会混乱，决策也就无法科学，事情就必败。

我们常说的年龄结构、学历结构、性别结构等，只是描述人员系统的最简单的结构形式。每一项工作，大到企业的整体管理，小到每个人、每项任务的管理，你要把它做的最好，就必须重视它内部所有的结构和系统。大的系统中有小系统，大的结构中有小结构，包括具体的每一个环节，都是很复杂的整体。结构化是解决一切问题的保障，有效的组织管理结构，能够确保管理的优化和效率。在组织管理结构中，每个层级都有其不可或缺性。所以谁也不要瞧不起谁，总经理不要瞧不起工段长，工段长也不要瞧不起普通员工，普通员工的活，总经理不一定能干。大学教授不一定能教得了小学生，更教不了幼儿园，但是幼儿园的老师很多教不了大学的课，人各有所长，每个人都会有自己致命的软肋，所以如何避其软肋用其所长，这是组织管理中最需要考虑的问题，只有重视结构的架构和优化，才能实现管理的优化。

任何一件事情的成功，都需要集成各方面的力量，整合才能集成。人过一段时间，过一个段落，在某一个环节上一定要集大成，集别人所成，集自己所成。他山之石可以攻玉，有时候需要从自己的模式中和范式中跳出来，看看别人在如何工作，别人如何思考，然后再反过来看自己的工作。所以有心的人会抓住每一个环节，每一次机会，与人沟通，与社会沟通，与实践沟通。善于在各种环节中谋取对自己有益的东西，整合集成消化为自己的能力，才能够在这竞争激烈的社会中取胜。2006年4月30日至5月6日，作为第一负责人我承担了中国国民党主席连战为首的大陆访问团及亲民党大陆访问团的接待工作，主动、规范、高效、圆满地完成了任务。作为秘书长，做这些工作的时候就要考虑各个方面的利益，包括人员的接待、会议的布置安排、与各部门之间的协调以及如何应对突发事件等等。

做任何一件事情，不能以自己的标准去评判这一件事情的成败。每一个人所积累的知识是有限的，每个人从事的经历也是可数的，对世界的认识，对一件事情、一项任务的认识也是受局限的，不能以自己的标准和水平衡量这一件事情的本应该达到的最优效果。比如说，我们要整理一个办公室，标准是为了迎合客人的标准，客人喜欢什么，那才是标准。一个人如果是为了成就一番事业，那他必须要用这件事情本应达到的最高标准去要求，而不是以自己心目中认为的标准去要求。再如，美国阿波罗登月工程，是一项大型的复杂系统工程，该工程组织了2万多个公司、120多所大学，动用了42万人参加，投入了300亿美元巨资，用了近10年的时间，终于实现了人类征服地球引力，遨游太空，登上月球探险的梦想。

一个人在人生的旅途中，除了要提升自身的素质外，还要遵守一定的准则：首先是要摒弃个人主义，再就是要学会放弃。中央电视台有一段广告词写得非常好：高度决定视野，角度改变观念，尺度把握人。我再补充两句：思路决定出路，观念指引行动。想不到的一定做不到，想得到的才能做到，最可怕的落后就是我们观念的落后。人生的道路都是由心来描绘的。乐观者在每一场灾难中都看到机遇；悲观者在每一个机遇中都看到灾难。别人不把你当回事儿或不当回事儿，与你把别人当回事儿或不当回事儿，是同一个道理。我们与他人之间最大的问题，是自我中心主义；我们与自己之间最大的问题是难以管住自己。在军队中，汤和算是个奇特的人，他在朱元璋刚参军时，已经是千户，但他却很尊敬朱元璋，在军营里，人们可以看到一个奇特的现象，官职高得多的汤和总是走在士兵朱元璋的后边，并且毫不在意他人的眼神，更奇特的是朱元璋似乎认为这是理所应当的事情，也没有推托过。我们不得不佩服汤和的远见，他知道朱元璋远非池中物，用今天的话说，他很识实务。相信也正是这个优点，使得他能够在后来的腥风血雨中幸存下来。

陕西有种说法："刁浦城，野渭南，不讲理的大荔县"。为什么说大荔县人不讲理呢，大荔县人真的不讲理吗？如果不仔细分析这个事情，不能够准确事物之间的联系，而是断章取义，可能就会对这件事产生误解。大荔县的人不是不讲理，不是人品问题，而是说大荔县大路小路交织，有时相差太多，故有人问路时从不会以"里"来回答，而是以诸如"朝前走，三畛地，拐个弯就到"来回答。从这个意义上来说，大荔县讲的是自己的私"理"，而不是公"理"。人要把自己融入到社会海洋里，去扮演角色，必须讲公理，讲社会的道理，讲大众的道理，讲世界的道理，讲每个人都能理解的道理，而不是只有自己才能理解的"理"。只有把自己融入社会的大熔炉里才会成就大事，正如水滴融入大海才能奔向远方。

君子要有所为，有所不为。在生活中，尽管我们不能轻言放弃，但有些东西还是需要放弃的。学会放弃，是一种人生哲学，是一种智慧；善于放弃，则是一种人生的境界，是对人生的大悟，更是一种良好而乐观的心态。人一生中要面对太多的欲望与虚荣，需要抉择的事情很多，是选择还是放弃，有时候决定着最终的成功与失败。当一个人伸开双臂的时候，他拥抱的是整个世界，他可以奔跑，可以旋转，可以自由的活动；若一个人只拥抱着自己，他是跑不起来的，即使跑起来了，也是容易摔倒的。

美国作家梭罗说的形象："我们的生命都在芝麻绿豆般的小事中虚度，毫无算计，也没有值得努力的目标，一生就这样匆匆过去，因此国家也受到损害。"只有勇于放弃、敢于放弃，人才能轻装上阵，在成功的路上越走越快。相反，如果什么都舍不得选择放弃，背着沉重的包袱前行，人就会被各种包袱压倒，被各种因素牵绊，最终只能对即将获得成功望而兴叹。红军长征前，在井冈山五次进行反围剿战争，先后以"敌来我走，敌驻我扰，敌退我追"的游击战作战原则、"厚集兵力，严密包围及取缓进"为要旨，突破国民党的重重阻挠并取得阶段性胜利。如果没有毛泽东的果断抉择，选择性的放弃，革命是根本不可能取得胜利的，迂回也是一种战术。

人在 20 多岁时靠的是一种睿智，是一种胆量，来成就学业；30 多岁时，靠的是奋斗来实现自己的价值；到 40～50 岁时，人要成功靠的是人际关系；到 50 岁末的时候，"春种秋成"，靠的是一种收获；到 70、80 岁时，要靠别人来生活。在 20、30 岁时，是一个人最好的年代，是为自己将来打基础的年代。现代的社会物欲横流，外界的信息太多，不停地干扰我们的生活和想法，各方面的事情会动摇着我们的认识。很多人都感觉，每一天坐在教室里读书，又有什么用呢？现在读的书，都是一些过时的东西。我读这些书，又能为我的将来创造什么东西呢？与其在这儿读书，还不如去挣钱。挣了钱，我什么都有啦！再去创造生活，又有什么不好呢？大学生用 4 年来读书，硕士生用 2～3 年来读书，博士生用 3～5 年来读书。我们会产生一种想法，读书有什么用？很多在读的学生，都会跟他的同龄人对比，观察不再上学的人的生活，他们有吃有喝，各个方面的生活都很舒适，于是便会对自己的生活产生怀疑。这种怀疑看起来是正确的，但是你真正的把他放大到更长的人生的时间内，更大社会的空间中，你就会感觉到，这种判断是错误的。

人这一生，在 20、30 岁之前，基本上是用于学习的。博士、硕士的延伸，使这个年限不停地上升。因此，应该说在 30 岁以前，基本上是处于学习阶段，55 岁以后基本上处于抛物线的下降阶段，在社会上打拼的就是中间这 25 年左右的时间。其中的十年，还要生儿育女，赡养父母，减去这些时间，实际上，在社会上打拼的也就是 10 年左右。在这十年里面，还会产生一些其他的状况。中国缺少人力资源，其实我们中国 13 亿人，真正缺少的是舞台，也就是平台。有了舞台，有了平台，找到一个很好的工作，才能够有所作为。在这个舞台上做的好，才能够保证自己的利益。有位置，才会有作为，才会保证自己的生活安全。在这种前提下，再折算一下的话，最佳的创造时间也就是 5 年。

可以说，我们很多人都把人生的最好的时间用来读书了。读书的爆发力，是在未来爆发的。所以说要有很大的投入和积累，用来支撑未来 20、30 年的发展。我身边的很多同学，已经明显的展现出来这种差距。我们当时读大学的时候，正处于改革开放的初期，当时有很多人就去赚钱，因为读几年大学很累。到现在，发现他们明显的底气不足，他的投入和产出产生了极大的偏差。所以有的时候，需要把拳头缩回来，只有这样，才能积蓄力量，打出去才能无往而不胜，这就是人生弹簧说。

有个故事：一个富翁和一个叫花子在海边晒太阳，叫花子坐在很简陋的地方，富翁坐在豪华舒适的地方。富翁问叫花子："你怎么不去挣钱？"叫花子就说："我挣钱是为了什么？"富翁说："挣钱了，就可以享受好的生活。"叫花子就说："你看我现在干什么？"富翁想：原来他和我享受的是同样的待遇。这说明了一个问题：人为什么而活着！这是一个不可避免的问题。有一次我去汉中进行调研的路上，见了三个看上去也就二十岁左右的小伙子，穿的衣服一样，一个写着"我是混蛋"，一个写着"我是流氓"，另外一个背上写着"我是无赖"，背上还画了一个非常形象的图像。面对这种现象，我们不禁会问人怎么能是这种境界呢？当然这也是一种文化，是一种客观存在，但在这现象的背后有其深层次的原因，需要我们反思。

人生活在世界上是为了什么？佛说：人活着是为了解脱烦恼，脱离轮回。天主教认为，人类既然有了原罪，又无法自救，于是天主派遣其独生子耶稣降世人间，为人类的罪代受死亡，流出鲜血，以赎人类的原罪。只有相信和依靠一个救世主耶稣为人类赎罪，人才能求得死后永生。道教以 "尊道贵德"为最高信仰、以"仙道贵生"为特色、以"清静寡欲"为标准、以"自然无为"为生活态度、以"柔弱不争"为自我修养、以"返璞归真"为理想状态、以"天人合一"为文化主体、以"天道承负"之善恶报应、以"性命双修"为修炼要诀，将"道"看成是化生宇宙万物的本原，其宗旨是追求得道成仙、救济世人。20 世纪 80 年代进行过一次人生观大讨论，主角是潘晓，他的观点是：人活着"主观为自我，客观为别人"。当时有些人认为人生不应该是这样，他们认为，只有达到"主观为社会，客观成就我"这一人生境界，才是社会主义青年。还有一些人持更高尚的观点，他们说"人活着是为了使别人活得更美好"，这样才是最有意义的活着。当然也不乏偏激的看法：那就是认为"自私是人的本质，人活着就是为了自己更好的活着"。胡乔木针对潘晓的观点作出这样的评价：

"一个人主观上为自己，客观上为别人，在法律上经济上是允许的。在工厂劳动，劳动得好，得了奖励，受了表扬，他也为社会增加了利益。他可以是一个善良的公民，他客观上是为了别人的，因为他做的不是坏事，不是损人的……对上述这种人不能耻笑，不能否定。"尽管答案纷繁多样，但最根本的就是一点：那就是必须活得有价值。

在自然界这个复杂的环境中，我们每个人都在挣扎中撰写自己的人生。人生这本书是非写不可的、也是非读不可的，而且要写好，读好。我们每个人在社会生活实践中都在不知不觉中写自己的人生，也在不知不觉中读自己的人生。无论是工人、农民、还是知识分子、机关干部，尽管职业不同、岗位不同，但所从事的事业都是在实现自己的人生价值。人生价值不能以你是否是科学家、作家和领导者来衡量，环卫工人清扫马路，他给我们的城市带来了优美洁净的环境，这就是在实现自己的人生价值，平凡中体现出伟大。毕竟当科学家、作家和领导者的是少数人，我们每个人都应该抱着一颗平常心，正确对待个人的得失名利，在任何时候都应该拿得起放得下，在平凡的岗位上去实现人生的自我价值，人的价值就是不断在实践中将潜在价值转化为现实价值。

那么，在我们今天看来，关于人为什么要活着的问题，应该怎样回答呢？我认为，人生下来就有造福人类，促进人类发展的义务，都要为社会的发展添砖加瓦，都要为社会为人民为子孙后代做你该做的事情，尽你应尽的义务，这就是你的社会价值的体现。每个人都要实现你的社会价值，而不能"为了活着而活着"。因此，人生不一定轰轰烈烈，但是一定要实现自己的社会价值。

《庄子》中说："吾生也有涯，而知也无涯，以有涯随无涯，殆己。"人的生命是有限的，而知识是无限的，用有限的人生追求无限的知识，是必然失败的。这就要求人生一定要有一个目标、一个理想，这样才能避免眉毛胡子一把抓、东一榔头西一锤子、三天打鱼两天晒网，最后成为"废物"。什么是理想？打个比喻来说，能力就好比人的双手与双脚，而理想就是人的眼睛。没有理想，则不论个人的力量有多大、能力有多强，也只能像一只无头苍蝇般漫无目的地生活在世界上，且到处碰壁。人要有理想，但有理想还不够。有这么一个故事：有人问陕北放羊的小孩："你放羊为了什么？""放羊为了挣钱。""挣钱为了什么？""挣钱为了盖房子、娶媳妇。""娶媳妇干什么？""生孩子。""生孩子干什么？""放羊。"你能说这孩子没有理想？不但有，而且是长远理想。但这种理想，我们还是不要有的好！当然如果您立志改变这孩子所处的环境，这就是一个好的理想。理想必须从自身条件出发，同现实相结合，理想必须是有可能实现的！你说当皇帝好，我的理想就是当皇帝，那有可能实现吗？人生的价值不在于索取，而在于不懈地追求。人的一生总会有若干个奋斗目标，从一个阶段到另一个阶段，从低级到高级。每个人必须有一个清晰的思路。陶醉于惯性的生活工作中，就如同温水煮青蛙，等于慢性自杀；满足于自己的一点点成就，故步自封，等于浪费光阴；没有清晰的抉择，必然是糊里糊涂的人生。

给人以水，得以舟行；无以给予，得以空空。只有奉献，才有所得，奉献等于投资，投资才有回报。也许你不能成为太阳，因为你没有如此巨大的能量，那么就请你做一支小小的蜡烛，在暴风雨停电的夜晚，发出微弱的亮光，以减轻人们暂时的恐慌。这就是人生价值，其实不难，你我都能做到。

人到世界上肯定会存在很多不满意，正是因为这些不满意，才需要我们努力去做直至达到满意。有本事的人是把一件坏事做成好事，没有本事的人是见到坏事就躲避。回避矛盾永远没有出路，敢于挑战永远都会有希望。生命是属于我们自己的，应该根据自己的愿望去生活。人生的重大决定，是由心规划的，像预先计算好的框架，等待着你的星座运行。如期待改变我们的命运，首先要改变心的轨迹。许多时候，目标与现实之间，往往具有一定的距离。我们必须学会随时去调整。相信在这种理念支撑下，我们可以用系统工程的画笔描绘属于自己的智慧人生。

第 16 讲

以法的精神实现国家能源战略与应对气候变化

薛惠锋

一、能源问题与应对气候变化事关全球未来发展

从联合国公约（主权）到世贸组织（经济），再到气候公约（生存与发展），无不引起我的思考。能源问题由来已久，"因油而战"的争端数不胜数。而气候问题则是自 20 世纪 90 年代后才逐渐步入人们的视野。

要谈到国际气候变化问题，我们就无法回避"政府间气候变化专门委员会"——也就是我们经常提及到的 IPCC 的重要作用。IPCC 是在 1988 年 11 月由世界气象组织（WMO）和联合国环境规划署（UNEP）联合建立的，为国际社会就气候变化问题提供科学咨询的政府间机构。主要以科学问题为切入点，对全世界范围内现有的与气候变化有关的科学、技术、社会、经济方面的资料和研究成果做出评估。

虽然 IPCC 不直接评估政策问题，但所评估的科学问题均与政策相关。因此 IPCC 评估报告除了代表科学最新进展外，同时为促进国际社会和各国政府重视气候变化问题，为世界气候大会和联合国环境与发展大会的召开，特别是为联合国气候变化框架公约的制定与实施，都做出了积极的努力并产生了重要影响。

科学家得出了结论：人类使用化石能源，创造了巨大的物质财富，但同时也产生了大量污染物和温室气体。IPCC 第四次评估报告指出：自 20 世纪中叶以来，大部分已观测到的全球平均温度的升高很可能是由于观测到的人为温室气体浓度增加所导致，结论可靠性在 90%以上——虽然还有 10%的不确定性。当前，全球气候变化已经成为人类迄今面临的最重大环境问题，也是 21 世纪人类面临的必须解决的问题。要解决气候变化问题的根本措施之一就是减少温室气体的人为排放，围绕这个问题，科学认识、经济利益和政治意愿三方因素相互作用。

近些年的发展已经表明，政治家比科学家更加关注应对气候变化。

二、政治家热衷的气候谈判

（一）国际气候谈判的发展进程

作为国际政府间应对气候变化政治博弈的主战场，国际气候谈判自 1990 年拉开序幕，经历了近二十年艰苦而漫长的谈判进程。回顾这一曲折的发展，有几个重要的分水岭值得说明。

首先是 1992 年 6 月，联合国环境与发展大会上各国政府签署了《联合国气候变化框架公约》，确立了稳定大气中温室气体的长期目标，以及公平和共同但有区别的责任、可持续发展等一系列人类社会应对气候变化的重要原则，可以说是迄今为止在国际环境与发展领域中影响最大、参与最广、意义最为深远的国际法律文件。

其次是 1997 年 12 月，在日本召开的京都会议上通过的《京都议定书》，在气候公约下首次为发达国家和转轨经济国家规定了定量的减排义务；同时，为了降低减排成本，还引入排放贸易（ET）、联合履约（JI）和清洁发展机制（CDM）三个基于市场的灵活机制，允许发达国家通过市场或基于项目的合作进行"海外减排"，议定书在 2005 年 2 月正式生效。

第三个重要的分水岭是 2005 年 11 月在加拿大召开的蒙特利尔会议，以"双轨"并行的方式启动了"后京都"谈判。所谓"双轨"并行，其中"一轨"是在《京都议定书》下成立特设工作组，谈判发达国家第二承诺期的减排义务。而"另一轨"则是为了美国、澳大利亚等非议定书缔约方启动为期两年的对话。这一模式既维护了议定书的完整性，又保证了公约下所有缔约方的广泛参与，是蒙特利尔会议的重要成果和最大亮点。

第四个重点是 2007 年在印尼召开的巴厘岛会议。它是气候公约第 13 次和议定书第 3 次缔约方会议，围绕 2012 年后如何构建更加公平有效的国际气候制度，是一次全球瞩目、广泛参与、意义重大的盛会。会议达成了所谓"巴厘岛路线图"，即明确 2009 年底的哥本哈根会议结束谈判，同时启动新一轮谈判进程，这也是至今为止国际气候谈判进程的行动时间表。

与此同时，国际社会和各主要缔约方都在不懈努力，围绕气候变化的各种热点事件和高级别会议层出不穷：联合国安理会就气候变化与国家和国际安全问题进行辩论；G8+5 峰会也多次聚焦气候变化并发表联合声明。尽管这些高级别会议或是一般性辩论，都不是"后京都"的正式谈判，但气候变化问题在国际政治经济关系中的热度可见一斑。

（二）各方在国际应对气候变化谈判中的基本立场

我连续参加了近几年来全国人大有关应对气候变化问题的出访、交流、研讨等活动，深感应对全球气候变化问题已经演变成为一个环境、经济和政治的混合体。在应对气候变化减排方案的设计上，以欧盟、美国和日本为代表的发达国家，出于各自的利益及目的，都做出了各自有利于自身发展的选择。

欧盟国家在公约内外，利用各种平台（如八国集团首脑会议、20 国能源与环境部长级会议、亚欧会议等）积极推动后京都谈判进程。欧盟承诺到 2020 年将温室气体排放量在 1990 年的基础上减少 20%，如果其他的主要国家采取相似行动则将目标提高至 30%，到 2050 年希望减排 60% 至 80%。2007 年底，欧盟委员会通过了欧盟能源技术战略计划，明确提出鼓励推广"低碳能源"技术，促进欧盟未来能源可持续利用机制的建立和发展。与此同时，欧盟国家利用其在可再生能源和温室气体减排技术等方面的优势，积极推动应对气候变化和温室气体减排的国际合作，力图通过技术转让为欧盟企业进入发展中国家能源环保市场创造条件。

美国虽然仍拒绝在没有中印等发展中国家大国参与的情况下承担定期定量的强制性减排责任，但却对市场机制下温室气体减排的能源有效利用的技术创新给予了高度的关注。美国吸引了大量的风险资本和私人投资，联邦政府的立法、税收减免等多项措施推动新一代清洁能源技术方面的研发与创新，尤其是将会提供资金开发燃煤发电的碳捕集与埋存技术，并鼓励可再生能源、核能以及先进的电池技术的应用，以减少对石油的依赖。美国奥巴马上台之后，美国整个能源、气候策略的导向正在改变，新任总统奥巴马明确提出了美国温室气体减排目标，表示在 2020 年前将美国温室气体排放量降低到 1990 年水平，到 2050 年将美温室气体在 1990 年水平上减少 80%。这将有助于改善美国在国际舆论中的消极形象和谈判中的被动地位。

作为《京都议定书》的发起和倡导国，日本在应对气候变化方面注重与国家能源战略的协同效应。日本投入巨资开发利用太阳能、风能、光能、氢能、燃料电池等可再生能源和新能源技术，并积极开展潮汐能、水能、低热能等方面的研究。日本加速研发节能技术，推广生物燃料的生产技术以及燃料电池的商业化运用，并且长期探索温室气体零排放的划时代技术。

世界各国共同应对气候问题，我们国家针对气候变化问题一贯坚持"气候变化既是环境问题，也是发展问题，归根到底是发展问题。这个问题是在发展进程中出现的，应该在可持续发展框架下解决"的基本立场。从我近 3 年来参加"G8+5 气候变化立法者论坛"的情况来看：尽管目前各国对气候变化的认识和应对手段尚有不同看法，但通过合作和对话充分考虑资源和环境的承受力，统筹考虑当前和未来的发展，积极加强国际合作，共同应对气候变化带来的挑战已经成为各方的基本共识。

当前我们国家落实控制温室气体排放的政策措施，主要包括各项节能降耗、调整产业结构、推动科技进步、加强依法管理、完善激励政策和动员全民参与；逐步改善能源结构，大力发展水电、风电、太阳能、地热能、潮汐能和生物质能等可再生能源，积极推动核电建设；继续推进植树造林工作，实施退耕还林还草、天然林资源保护等重点生态建设工程；大力发展循环经济，实施清洁生产，发展煤层气产业，加强农村沼气建设和城市垃圾填埋气回收利用。从实施效果来看，近年来，中国节能减排工作也收到了明显成效。2008 年，全国单位 GDP 能耗同比下降 4.59%，化学需氧量、二氧化硫排放量分别减少 4.42% 和 5.95%。2009 年上半年全国单位 GDP 能耗下降 3.35%，降幅同比提高 0.47 个百分点；上半年化学需氧量排放量下降 2%，二氧化硫排放量下降 5%。2006 年到 2008 年，已依法关停小火电 2157 万千瓦、小煤矿 1.12 万处，淘汰落后炼铁产能 4659 万吨、炼钢产能 3747 万吨、水泥产能 8700 万吨。

作为负责任大国，在各方压力下，中国气候谈判面临着复杂局面。众所周知，历经几年的努力，目前全球经济形势出现好转的迹象，但还不能说完全摆脱了金融危机的困扰。可是与金融危机相比，气候变化则是更为长期和严峻的挑战。更不能忽视的是，应对气候变化问题的国际环境确确实实因为金融危机的爆发而发生重大的变化。中国强大的外汇储备和经济发展在客观上导致气候谈判矛盾焦点向中国转移，中国在谈判中将面临更加复杂和困难的局面。

三、新形势下中国气候谈判面临的复杂局面和巨大挑战

（一）哥本哈根会议日益临近，达成最终协定的压力逐渐加大

《京都议定书》已在 2012 年到期，"巴厘路线图"目标是在 2009 年年底哥本哈根召开的缔约方第 15 次会议上最终达成新协定，以供各国遵照实施。对哥本哈根会议贡献是验证世界各国尽其人类责任和全球道德责任的试金石。世界各国表现各异，尽显其态。2009 年 5 月中国政府提出了《落实巴厘路线图——中国政府关于哥本哈根气候变化会议的立场》的文件，阐述中国关于哥本哈根会议落实巴厘路线图的立场和主张，表明中国积极、建设性推动哥本哈根会议取得积极成果的意愿和决心。

（二）世界温室气体排放格局发生较大变化，中国成为谈判焦点之一

包括中国在内的"新兴经济体"在最近十多年来经济保持了平稳快速的增长，经济实力和地位日益提升，温室气体排放呈现总量大、增长快的特征。虽然中国万元 GDP 能耗持续下降，但是中国经济总量已从 2000 年 1.08 万亿美元增长到 2008 年的 4.39 万亿美元，电力装机总容量在 2008 年达到 7.92 亿千瓦，居世界第二位。2006 年，中国人均化石燃料燃烧二氧化碳排放量为 4.27 吨，已接近同期世界人均排放水平 4.28 吨。现在，中国排放总量实际已经是世界第一。发达国家把将我国尽早纳入减排框架作为重要的谈判目标，不断散布"仅发达国家减排毫无意义"的论调，称其减排远抵不上发展中大国的增排，一些最不发达国家和小岛国、部分非洲和拉美国家亦附和全球减排的呼声，我国承受的减排压力不断增加。

（三）美国气候变化政策产生较大转变，不断转嫁压力，压缩中国回旋余地

奥巴马上任后，在气候变化问题上是持较积极的姿态，承诺 2020 年达到 1990 年水平，也就是在现有水平上减排 17%，这将有助于欧盟与美国在气候变化国际谈判中妥协的一面上升，客观上导致矛盾焦点向我国转移，中国在谈判中的回旋空间将缩小。与此同时，美国并不会改变长期以来以中国等发展中大国参与全球减排框架为自身承诺前提的做法，将继续要求中国承担实质性的减排义务，向中国转嫁压力。

（四）金融危机对发达国家影响深远，中国达成既定谈判目标的困难增大

由于金融危机导致经济活动减弱，发达国家将更容易实现其减排目标，减排压力将减小，减排行动将放缓。与此同时，广大发达国家将发展低碳经济、清洁新能源作为振兴经济的重要手段。在此情况下，发达国家的减排承诺将远低于我国提出的到 2020 年在 1990 年基础上整体减排 25%～40% 的水平，在资金和技术方面积极回应我国要求的可能性也不高。

（五）各国陆续抛出不同形式的承诺方案，中国不提出某种量化的减排指标的做法已经难以有效应对国际减排压力

目前欧盟、澳大利亚、美国、日本等发达国家的承诺方案陆续抛出。与此同时，南非、韩国等发展中大国也抛出了承诺方案。有舆论认为，哥本哈根谈判能否取得成果将最终取决于中美两国。在此情况下，我国作为排放大国压力突显，如不能在哥本哈根谈判中提出某种量化的减排指标，将可能陷于被动并损害负责任的国家形象。应对气候变化必须减少温室气体排放，也就是必须制定科学的能源战略并加以实施。

四、能源的科学使用是应对气候变化的必由之路

（一）能源与气候问题的现状

在国家的不同发展阶段，能源扮演着不同的角色，向国家提出不同的战略问题。在经济全球化、世界政治格局多极化的今天，保障能源持续供应，建立能源安全供应体系已成为当今世界各国能源战略的出发点和核心内容。

能源与气候问题是一对相互关联度很高的问题，气候变化问题因能源使用而起，因此，应对气候变化问题最终也还需要落脚到能源问题上来。据国际能源署（IEA）估算，全世界与能源相关的二氧化碳排放在 1973 年为 156.6 亿吨，到 2007 年增加到了 357.36 亿吨，在 34 年间增加了将近 82%，其中煤炭燃烧引起的排放增量就占了总排放增量的 47%。

（二）能源与气候问题的解决取决于低碳发展道路

随着应对气候变化国际行动的不断深入，低碳发展道路在国际上越来越受到关注，并将发展"低碳经济"作为协调社会经济发展与应对气候变化的基本途径，这有可能在政治外交、国际贸易、国际环境合作和国家主权等方面对我国的能源环境政策带来众多挑战。

应对全球气候变化的国际谈判和国际协议的发展，实质上是对经济社会发展所必须的温室气体排放容量进行制度安排。全球各国都共同面临着减少化石燃料依赖并降低温室气体排放和浓度的挑战，发达国家和发展中国家在未来都将承担"共同但有区别的"温室气体减排责任。

低碳发展道路的核心是在市场机制基础上，促进整个社会经济朝向高能效、低能耗和低碳排放的模式转型。低碳发展模式具有保障能源安全和应对气候变化的高度统一，也是保障经济发展与保护全球环境相结合的战略性发展模式。

保障能源安全和应对气候变化无疑是低碳发展道路最重要的两个目标。而低碳能源是低碳经济的基本保证，清洁生产是低碳经济的关键环节，循环利用是低碳经济的有效方式，可持续发展是低碳经济的根本方向。

（三）已经打开国门的中国应该理性而不失国情的选择低碳道路

（1）低碳问题的挑战

全球低碳经济的未来发展，将会在国际政治和外交层面对中国的能源环境政策带来新的挑战。作为全球最大的发展中国家，中国也将日益深入地融入到全球化进程中，发达国家已经先我们数十年积累了低碳的所有储备，中国还处于高碳的经济主题之中。中国和平崛起的过程也将受到更多的国际国内因素的制约，而全球低碳经济的未来发展也将毫无疑问地对中国的现代化进程产生深刻影响。

低碳经济的未来发展，将会把应对气候变化和国际贸易联系起来。一方面，国际贸易所基于的国际间的比较竞争优势在应对气候变化的国际框架下将会有所调整，另一方面，国际贸易也通过技术、产品和服务的交流与合作，促进各国经济向低碳方向转型。高能耗、高碳排放的技术和产业以及国内的传统政策措施将会越发受到来自国际舆论和国际制度的压力。

（2）中国的低碳抉择

低碳经济的实质是高能源效率和清洁能源结构，核心是能源技术创新和制度创新，在本质上是与目前国内落实科学发展观、建设资源节约型和环境友好型社会、转变经济增长方式的指导思想是一致的。我们应该把低碳发展看作是中国自觉的追赶方式，中国的长期发展战略要考虑借鉴、吸收和消化低碳经济的发展理念。

作为中国应对气候变化的首部框架性文件，《中国应对气候变化国家方案》中明确提出了要发展低碳能源和可再生能源，改善能源结构。这是从能源开发利用的角度提出低碳发展模式，也是中国为应对日益严峻的气候变化形势所做出的贡献。

低碳发展道路是植根于中国国情并且符合世界发展趋势的战略性道路，而低碳发展道路的各个重点领域，又有助于中国实现多重相辅相成的目标。实质上，低碳发展道路与资源节约型、环境友好型社会（简称"两型"社会）建设具有高度统一的一致性，是中国实现可持续发展的重要机遇和挑战。

中国走低碳道路的前提条件：中国走低碳发展道路，必须认清形势，把握重点，注重制度创新和技术创新，通过长期的努力打造一个低碳型的社会经济体系，从而在日益复杂的国际竞争中立于不败之地，不断创造和提高自己的竞争优势。

我们刚才谈到的能源问题也好，应对气候变化问题也好，终归是由于人类活动所引发的问题，那么作为调整人类社会内部还有与生态社会之间的各种关系最高层次的规则，"法律"则为实现能源战略和应对气候变化发挥着基本保障的作用。

英国作为欧盟重要成员，制定了相对比较完整的国内气候政策体系。英国能源和气候变化部作为负责气候政策的主要部门，分别于 2000 年和 2006 年两次推出"气候变化国家方案"，并自 2007 年起，每年向国会提交年度报告，评估和报告气候变化政策实施的情况和效果。英国还是世界上首个制订法律应对气候变化的国家，《气候变化法案》于 2008 年 11 月 26 日正式获得议会批准。

作为欧盟在气候变化问题上的重要推手，德国在气候变化战略、立法和政策制定上也走在世界前列；在二氧化碳排放权交易方面，德国于 2002 年开始着手排放权交易的准备工作，目前已形成了较完善的法律体系和管理制度。德政府还计划制定关于碳捕集和封存（CCS）技术的法律框架，一方面向欧盟递交建议书，推动在欧盟层面上制定碳捕集和封存法律框架；另一方面在国内制定二氧化碳分离、运输和封存的法律框架。

美国在气候变化立法上也采取了一些行动。近年来，美国国会一直在讨论制定覆盖经济、能源、气候变化等领域的专门法案，包括设定中期长期的减排目标，以及建立国内排放贸易体系等政策措施，并取得了一定的进展。目前，美国的《清洁空气法》中已经加入了控制和减少二氧化碳排放的内容。2009 年 5 月，美国众议院能源和商务委员会通过了《美国清洁能源安全法案》。总体上，美国国会有关气候变化的提案基本采取了减排目标和排放贸易体系的思路，在 2030 年之前的近期目标较宽松，远期目标分歧较大。

五、法治是中国应对气候变化的基本保障

在中国，最能体现"法律精神"的立法及监督工作，则是通过全国人民代表大会及其常委会以及地方各级人大及其常委会来得以实现的。通过立法及监督工作体现人民共同意志、维护人民根本利益，正确处理社会系统与自然生态系统的各种关系，深入贯彻科学发展观，实现社会与自然和谐。

到目前为止，全国人大常委会已经制定和修订了相关资源环境的法律 29 部，根据法律调整的对象，将环境保护法律划分为五大类，包括综合类、污染防治类、资源和生态保护类、能源类以及防震减灾和测绘类。也可将环境资源法从另一角度加以分析。一方面，是由于受人类活动或者自然因素等外界影响而直接引致的环境污染、生态失衡、资源能源利用等环境本身出现的问题，据此出台的相关法律我们在此称其为本体法；另一方面，是在资源能源利用过程中，为提高资源和能源的利用效率，减少对环境造成的负面影响以及实现资源能源的循环利用而制定的法律，在此称其为过程法。

可以说，中国已经建立起比较完善的保护生态环境和合理利用资源、防治污染的环境资源法律制度，而且我们正在努力不断完善。尤其是针对应对气候变化问题，近年来，全国人大及常委会在多部法律的制定及修订中均给予了高度关注。但是与针对应对气候变化问题专门立法的国家相比，在此领域，尚存在一定的距离。

刚刚通过的全国人大常委会关于积极应对气候变化的决议，可以说是中国的最高国家权力机关就应对气候变化问题首次作出的政策宣誓。全国人大常委会制定这个决议，有利于我们表明我国应对气候变化的观点、态度、原则，充分阐明了我国应对气候变化的指导思想、基本立场。提出积极应对措施，体现了民意，也向国际社会展示了我们国家作为负责任大国的姿态。我国还将将《联合国气候变化框架公约》及《京都议定书》作为中国应对气候变化的基本原则和框架的立场以决议的形式确定下来。同时，全国人大常委会要求国务院着手起草应对气候变化专项立法。

现有法律法规：2007 年发布的《中国应对气候变化国家方案》、2008 年出台的《中国应对气候变化的政策和行动》（白皮书），以及已经制定的多部法律均对应对气候变化相关领域进行了引导与规范。其中最为重要的包括能源类的：可再生能源法、节约能源法；综合类的：城乡规划法、循环经济促进法；污染防治类的清洁生产促进法、大气污染防治法等方面的法律法规，为未来可能制定的应对气候变化法提供了法律基础。

（一）环境资源本体法

在实现能源战略应对气候变化方面，按照环境资源本体法的分类，包括可再生能源法和大气污染防治法两部法律。

（1）可再生能源法

作为环境资源本体法，可再生能源法对可再生能源的开发利用进行了明确的规定，确定了政府推动和市场引导相结合的可再生能源发展体制。此次常委会对可再生能源法的修改，则以强化可再生能源开发利用规划同国家能源发展战略的衔接，建立全额保障性收购制度，建立可再生能源发展基金作为重点，进一步健全完善促进可再生能源发展的体制机制问题。（风电和水电利用）在可再生能源法的有力促进下，2000—2008 年，中国风电的装机容量由 34 万千瓦已经到 1000 万千瓦，增加了 30 倍。水电装机容量从 7935 万千瓦提高了 16300 万千瓦，同时中国已成为全球最大的太阳能利用的国家和全球第四大风能市场，目前电力装机中清洁能源比例已经提高到 20％左右，其中 2008 年新增的 9000 多万千瓦中，清洁能源占到了近三成。

（2）大气相关的法律

我们当前正在做一项重要工作，对我们在 20 世纪 80 年代以后公布的大气污染防治法进行修订，大气污染防治法是与节能减排密切相关的法律，已经规定了防治大气污染的监督制度，对大气质量评价没有达标地区实行污染总量控制制度和排污许可制度，并对防止煤炭产生的大气污染、防止机动车、船的排放源、防止废弃物的污染等，规定了相应的制度和措施，为控制和减缓温室气体排放提供了直接的法律依据和保障。

（二）环境资源过程法

按照环境资源过程法的分类，在实现能源战略应对气候变化方面，则包括节约能源法、城乡规划法、循环经济促进法和清洁生产促进法等四部法律。

（1）节约能源法

2007 年 10 月份我们又修改了节约能源法。与修改前相比，扩大了调整范围，增设了建筑节能、交通运输节能、公共机构节能、重点用能单位节能等方面的内容；健全了节能标准体系和监管制度，进一步明确要制定强制性的用电产品（设备）的效能标准、高耗能产品单位能耗限额标准，健全建筑节能标准、交通运输营运车船的燃料消耗限值标准等，增强了法律的针对性和可操作性，通过完善法律，力求从源头上控制能源消耗，遏制重大浪费能源的行为。为实现我们国家的"十一五"规划和今后较长时期的节能减排目标，提供了法律支撑。

（2）城乡规划法

2007 年 10 月，全国人大常委会审议通过了城乡规划法，规定了制定和实施城乡规划，应当遵循城乡统筹、合理布局、节约土地、集约发展和先规划后建设的原则，改善生态环境，促进资源、能源节约和综合利用，保护耕地等自然资源和历史文化遗产，防止污染和其他公害，并符合区域人口发展等需要。通过城乡规划的具体法律制度，实现政府指导和调控中国城镇化发展，为政府履行经济调节、市场监管、社会管理和公共服务职责提供了重要依据。强化了科学规划、遏制城市和乡村无序建设等问题，对控制城乡各类活动对气候的影响将起到重要的作用。

（3）循环经济促进法、清洁生产促进法

2008年我们在2002年制定的清洁生产促进法的基础上制定了循环经济促进法，这部法律是关系到节能减排和建设资源节约型、环境友好型社会以及生态文明的重要法律，为促进经济模式的转变起到重要的法律保障。2002年通过的清洁生产促进法，规定国家发布清洁生产技术导向目录以及实行强制回收的产品包装目录，限制淘汰浪费资源严重污染环境的生产技术、工艺装备和产品要求，从企业适应清洁生产的适合制度方面促进了企业实行清洁能源。

六、结语

（1）遵守共同的法律规范

中国作为世界上最大的发展中国家，不只是温室气体的排放国之一，更是受气候变化影响最严重的国家之一。我们不仅是作为一个负责任的大国，有义务、有责任来积极参与并领导全球气候变化的应对，为了自己的生存和发展，我们也有必要为推动全球性的温室气体减排而努力。

为应对气候变化，国际社会先后通过了《联合国气候变化框架公约》以及《京都议定书》，确立了应对气候变化的基本原则和框架，是各国应对气候变化的法律基础。全国人民代表大会常务委员会第二十八次会议通过决定，批准国务院总理李鹏代表中华人民共和国于1992年6月11日在里约热内卢签署《联合国气候变化框架公约》，意味着中国在国际法上承担接受了公约的法律义务。

（2）携手合作、共同应对气候变化

发达国家应对气候变化政策所追求的是进一步减少温室气体排放。而作为发展中国家，中国在关注气候变化的同时，更加关注由于不断增加的工业气体排放给人类健康和环境质量造成的负面影响。尽管初衷不同，但以最小的成本，在短时间内，最大限度地减少温室气体和其他废气排放则有利于全人类的发展。

在能效和可再生能源方面，中国正在投入大量的资金。我们需要建立一种新的模式，避免在减排上重蹈发达国家成本高昂的减排道路。我们的目标十分明确，世界各国必须通过合作，共同发展综合性的减排技术。最后，为促进实现减排和技术进步，世界各国领导人应该提供相应的投资和技术推广环境。从而为全球清洁能源体系、商业发展和可持续的生态环境打下坚实的基础。

2009 年底，关系到地球和人类命运的会议——联合国气候变化会议在哥本哈根举行。当前，减少二氧化碳排放问题依然是国际焦点。作为最大的发展中国家，也是最大的二氧化碳排放国之一的中国，已将《落实巴厘路线图——中国政府关于哥本哈根气候变化会议的立场》文件昭告，全国人大常委会作出了积极应对气候变化的决定，这是中国以法的精神应对气候变化的里程碑，中国将以法的胜利告示天下！中国永远会尽自己应该尽的责任和义务，中国永远是负责任的国家！

第 17 讲

机关规制

——在中国航天系统科学与工程研究院 2013 年机关人员动员
培训会上的讲稿（2013 年 5 月 9 日）

薛惠锋

研究院围绕机关职能调整和业务部门重组进行改革，改革为研究院的创新发展和人生价值的提升实现创造了良好机遇和有利条件。在改革中谋求更好更快的发展是我们的目标，但如何发展又是面临的挑战！

1964 年的一天深夜，一场突如其来的大火笼罩了哈佛大学。院内火光冲天，来势汹汹，著名的哈佛楼顷刻间化为灰烬。哈佛楼是一个图书珍藏馆，这里的图书都是哈佛牧师去世后捐赠给学校的。为了纪念哈佛先生，学校成为了永恒的记忆，可这场大火却让图书馆成了永恒的回忆。为此，全校师生都扼腕叹息。在众多学生中，一个叫约翰的学生更是陷入无尽的纠结之中，因为在火灾前那个下午所发生的事情，让他进退两难。那时 17 岁的约翰刚刚考入哈佛大学，他平日最痴迷的事情就是读书，课余时间几乎都泡在图书馆里。这在当时学习氛围尚不浓厚的美利坚，非常难能可贵。书上的知识浩如烟海，约翰可谓如鱼得水，但唯一让他感到遗憾的是，图书馆有个硬性规定：图书只能在馆内阅读，不能携带出馆，否则将受到严厉的处罚。

当日下午 5 点，闭馆的时间到了，可约翰被《基督教针对魔鬼、世俗与肉欲的战争》这本书的悬念深深地吸引了，他很想马上就知道故事的结局。于是，他偷偷地将书放在衣服兜里带了出来，晚上在宿舍里接着大饱眼福。可是，他完全没有料到图书馆居然遭遇火灾，馆里的所有图书都被焚烧成灰，只剩下他手里的这一本。

"我到底应该把书交出来，还是隐藏起来？"约翰不停地反问自己。经过一番激烈的思想斗争后，他还是敲开了校长霍里厄克的门。他羞愧地说："校长先生，我私自带出了哈佛牧师的一本书，请收回吧。"霍里厄克听到约翰的话，惊讶地站了起来。他颤抖着双手接过图书，语气缓慢地说："谢谢你为学校保留了这份宝贵的遗产，你出去听候安排吧。"

学校其他领导听说此事后都感到庆幸不已，甚至有人提议表扬约翰的品德。可是两天后，令人大跌眼镜的事情发生了，学校贴出了一份醒目的告示，上面写道：约翰同学因违反学校规定，被勒令退学。"勒令退学"这个消息对约翰来说无异于五雷轰顶。很多师生对此也表示难以接受，一再向校长劝言："这可是哈佛牧师捐赠的所有书籍中仅存的孤本了啊。再给他一次机会吧。"霍里厄克校长表情凝重，对提出异议的人说："首先我要感谢约翰，他很诚实地把图书返还给学校，我赞赏他的态度。但是我又不得不遗憾地说，我要开除约翰，是因为他违反了校规，我要对学校的制度负责。"

话语掷地有声，众人鸦雀无声。就这样，霍里厄克校长做事的态度和风格，成为哈佛世代传颂的佳话。他的话也成为哈佛大学的办学理念：让校规看守哈佛的一切，比让道德看守哈佛更安全有效。更让人想不到的是，约翰被哈佛大学开除后，为校长的话所折服，幡然醒悟。第二年，他又考入哥伦比亚大学，专攻法理学，并且成绩斐然。毕业后，约翰当了律师，美国独立战争开始后，他加入托马斯•杰斐逊的团队，成为其私人助理，为杰斐逊起草《独立宣言》出谋划策，俨然一部法理活字典。约翰虽是被哈佛开除的学生，但却成为践行哈佛精神的优秀代表之一。校领导正是以自己的行动诠释了秩序的真正内涵，令人敬重。

俗话讲："无规不成方圆"。规制就是规矩和制度，它要求人们遵守秩序、执行命令和履行职责，是确保人人、机关作为和有效的一项基本保障。建立公平、公正、合则的机关；更好的凝聚人心，提升动力，解放生产力，应该是研究院创新发展所追求的永恒主题。

从社会和国家的角度看，规制是社会稳定和国家发展的保障；从组织角度看，规制是对工作绩效和系统秩序的保障，是执行路线的保证；从个人角度看，规制是对个人利益和自由的保障，并保证着集体的利益和安全。任何人都必须在遵守规制的前提下追求自己的人生成功。

人为什么活着，这个命题搅动了世界几千年。各种宗教各种信仰都有其解释。但人活着的抉择不以人的意志转移，这是有定论的。人在活着的前提下必须遵循社会和自然的逻辑，只是这个常识性答案常常容易被人忽视。少年什么都信，故有了信仰；青年啥都不信，故有了探索；中年啥都怀疑，故有了思想；晚年啥都看透，故有了顿悟。人生所追守的规则，正如陈立夫先生到晚年才悟得的绝妙一联，即"上联：合情合理合势做成大事；下联：轻名轻利轻权修得长生；横批：笑对人生"。

规则是客观实在，但人是要抉择的。抉择最重要的一点就是人对时空资源的选择和效能的发挥。时间是机遇，空间是平台。没有平台无法作为，没有人的演绎平台就失去了活力。人生没有所有权，只有使用权。有人说："出生不可选择，成长可以。"我认为：人从娘肚子里到死后的精神余生都存在选择,只是选择的主体与路径不同;无意识与有意识抉择不同而已。"余世存先生为立人大学做的"人生目的"报告,谈到时间、空间对世界观念史的作用。也谈到人的目的就在于寻找记忆,寻找人跟世界的关系,寻找人类的认同。人首先是以自我为中心,推己及人的。用儒家的话说,人心惟微,所以人要正心;意念无穷,所以人要诚意;人栖息在以身体为中心的文明单位之中,所以人要修身;人栖居在以家庭为中心的文明单位之中,所以要齐家;人属于邦国为中心的文明单位,所以要治国;人更属于以天下为中心的文明单位,所以人要平天下。这个推己及人的文明单位扩大,带来的是前一单位的去中心化。就是说,文明的演进是不断去自我中心化的。就像人们经常举例的放羊娃,最初只是以自我为中心,但他放下这一中心,把过去、未来,城里、乡村纳入他的视野,他就有新的感觉。去自我中心的文明演进,发扬个性,发现真正的自我,就得去除自我中心,去除自私自利主义,去除自我中心的自我意识,这便是各美其美,美人之美,美美与共,世界大同。

一个人,只有当他有了时间的感觉,他的演进才会呈现加速度的自我实现;只有当他有了空间的感觉,他的视野才有了去自我中心化的可能。人的目的就在于唤醒自身生命的时间空间,进而跟外界的时间空间发生积极联线,参与时空的演进。这就充分说明,人活着首先必须完成三件事才有意义,一是生物功能的延续,也就是指人首先要完成自己生物学意义上的责任,实现新陈代谢,使生命得以延续。要孝敬父母、长辈,还要繁衍后代,这是作为一个人的最基本要求,这就是时间轴表征的历史观。二是社会功能的实现,就是指人在这个世界上要消耗资源,要汲取前人所积累的财富。那么同样,人也要有所付出,要为社会舞台添砖加瓦。只有这样才使这个世界得以平衡,才能有人存在的必要,这就是空间轴表征的平台完善观。三是精神功能的获得,就是指人只有在工作或学习中寻找一种快乐,把工作和任务变成一种享受,当作自己的事业,才能使人生更有价值,才能让生活更有乐趣和意义,这就是认识轴表征的社会观。而这三点又恰恰具有时间和空间的支撑载体来完成。特定的人,在特定时间和空间便会演绎自己特定的人生。这便是:人,平台和社会系统。对我们在座的来说,在当今世界和中国,我们便演绎着航天研究院的人生世界,因为研究院的存在,我们有了平台或空间,研究院因为有了我们,这个平台便有意义。

人需要塑造,平台如何发挥作用变成有价值的舞台也需要打造。我们是研究院的主体,研究院是我们演绎人生的舞台,在座的各位与研究院彼此互为前提,既相互依存又相互作用。我们每一个人要想成就一番事业,单凭个人单打独斗是实现不了的,必须依托研究院这个舞台,必须形成良好的团队,才能够取得事业的成功。今天我和大家探讨的主题就是如何打造成事业的舞台,如何创新优秀的团队,如何让机关人员在这个团队中人尽其才,实现个人与集体的共同发展、和谐发展,从而支撑研究院更好更快创新提升。

一、打造公平、公正、合则的魅力机关

（一）机关职能

机关是指办理事务的部门或机构，主要围绕办文、办事、办会开展工作。机关的职能涉及八个具体方面（见图1）。

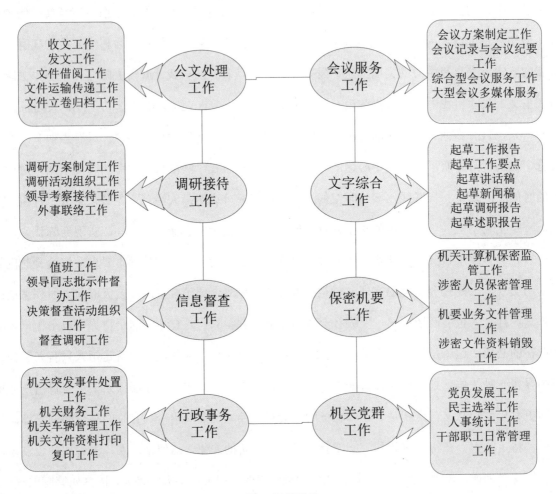

图1 机关职能

（二）机关常规

放错了地方的资源就是垃圾，放对了地方的垃圾就是资源，定位是关键。

大家都知道，机关是确保上级意图实现的载体，起上传下达、运转指挥和管理服务的枢纽作用。形成人人权利平等、机会平等、规则平等的宗旨关键是靠机关完成。机关既是管理者，又是服务者，机关最关键的就是：服务第一、管理第二。

充分服务是实现机关最大效能的关键。毛主席说："我们一切工作，不论干部职位高低，都是人民的勤务员，我们所做的一切，都是为人民服务。"机关工作的本质就是服务，服务是机关一切工作的出发点和落脚点。服务工作做得好不好，能不能让领导满意、业务部门满意，是衡量机关工作成败的根本标准。机关作为一个整体，处处都要做好协调沟通工作，对外应理顺和处理好各种关系，既坚持原则，又注意工作的灵活性，确保工作畅通；对内要强调团结协作、步调一致。机关工作无小事，接听电话、办文办会、编发信息等，都要求热情、一丝不苟、缜密处理，做到忙而不乱、有条不紊。

高效管理一定要依规制。管理必须有章可循，管理中屡见不鲜的一些失误往往都是不按规矩所导致：如会前将领导同志的桌牌顺序摆错，导致到场的领导同志临时起身换坐；会议时间变更却未及时通知参会同志，导致参会同志莫名其妙迟到；通知领导同志参会漏掉着装要求，导致领导同志临时换装；只看姓名不看性别，将异性代表安排住在同一房间，导致两位代表在报到时十分尴尬；会前缺乏沟通，使得与会人员的车辆被挡在会场外；会议中途录音笔没电，备用电池准备不妥，导致会议录音不完整；还有多媒体只演示讲话同志的一部分讲话内容；或者公文办理不及时，缺乏公文应有的时效性；"文件倒流"，公文处理流程执行不力；公文质量不高、文风不正，大量的公文格式错误、行文不符合规则，以及文字错误；传阅文档归还不及时甚至丢失，传阅文档办理结果无反馈等等。有些是无章可循，有些是执行层面出了问题，还有许多是我们大家司空见惯却极易忽视的。

实践中，机关已形成了自己特有礼仪和规则，具体情况如下。

例子1：会议中的座次问题

会议有大型会议与小型会议之分。小型会议是参加者较少、规模不大的会议。这种情况下全体与会者都应该排座，不设立专门的主席台。并且确定上位的基本原则是：面门为上、居中为上、以右为上（见图2（a））。大型会议是与会者众多、规模较大的会议。会场上应设主席台与群众席，前者必须认真排座，后者的座次则可排可不排。大型会场的主席台应面对会场主入口。对于主席台排座，总体原则是"前排高于后排、中央高于两侧、右侧高于左侧（商务会议）、左侧高于右侧（政务会议）"（见图2（b））。

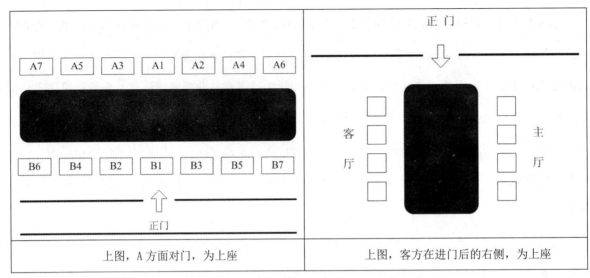

（a）小型会议座次

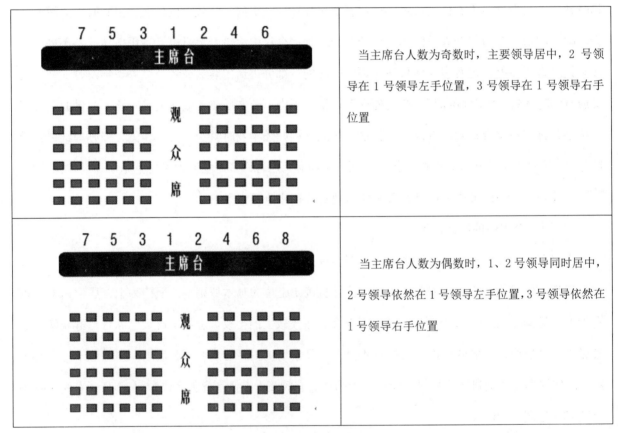

（b）大型会议座次

图2 小型会议座次和大型会议座次

此外，还有会见时座次、会谈时座次、签字仪式座次与合影时座次的安排问题，也是会务工作规制中常见的重要内容。

表1 会见、会谈、签字仪式与合影时座次安排

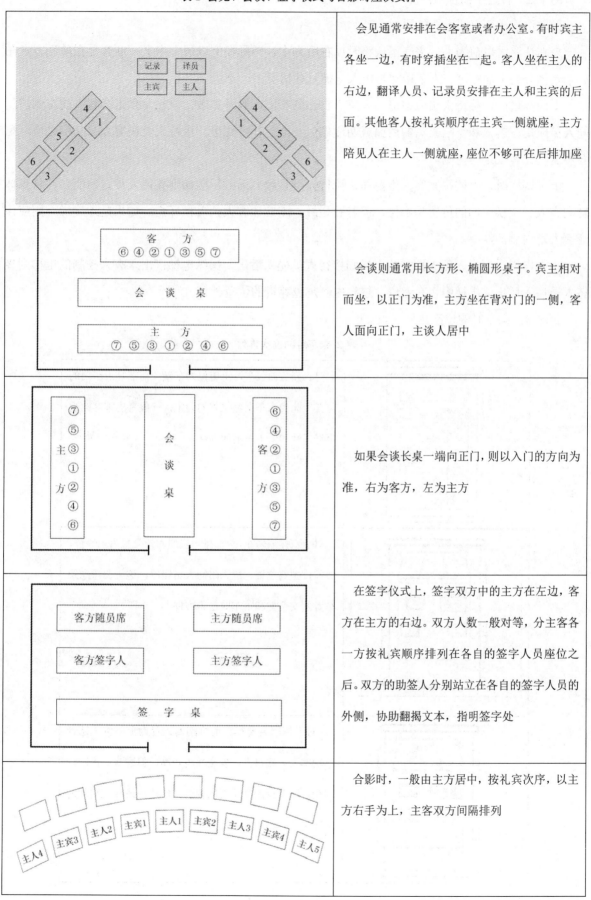

	会见通常安排在会客室或者办公室。有时宾主各坐一边，有时穿插坐在一起。客人坐在主人的右边，翻译人员、记录员安排在主人和主宾的后面。其他客人按礼宾顺序在主宾一侧就座，主方陪见人在主人一侧就座，座位不够可在后排加座
	会谈则通常用长方形、椭圆形桌子。宾主相对而坐，以正门为准，主方坐在背对门的一侧，客人面向正门，主谈人居中
	如果会谈长桌一端向正门，则以入门的方向为准，右为客方，左为主方
	在签字仪式上，签字双方中的主方在左边，客方在主方的右边。双方人数一般对等，分主客各一方按礼宾顺序排列在各自的签字人员座位之后。双方的助签人分别站立在各自的签字人员的外侧，协助翻揭文本，指明签字处
	合影时，一般由主方居中，按礼宾次序，以主方右手为上，主客双方间隔排列

例子2：行进中的位次问题

行进位次排列有四个总的原则：

来宾认路时以前为上，来宾不认路时以右后为上，国际惯例以居中为上，迎客走在前送客走在后。具体分为平面行进、上下楼梯与出入电梯几种情况。

平面行进时，接待人员应该请客人位于自己的右侧，以示尊敬，自己并排走在客人的左侧，随同人员应走在客人和主陪人员的后面或两侧偏后一点。在走廊里，接待人员在客人二三步之前，配合步调，让客人走在内侧。

上下楼梯时，上楼梯则客人走前面，接待人员紧跟后面；下楼梯则接待人员走前面，并将身体转向客人。楼梯中间的位置是上位，但若有栏杆，就应让客人扶着栏杆走；如果是螺旋梯，则应该让客人走内侧。

出入电梯时，出入无人控制的电梯则接待人员先入后出，操纵电梯；出入有人控制的电梯则接待人员后入后出。电梯中也有上位，越靠内侧是越尊贵的位置。

例子3：乘车时的位次排列（表2）

表2 乘车时的位次排列

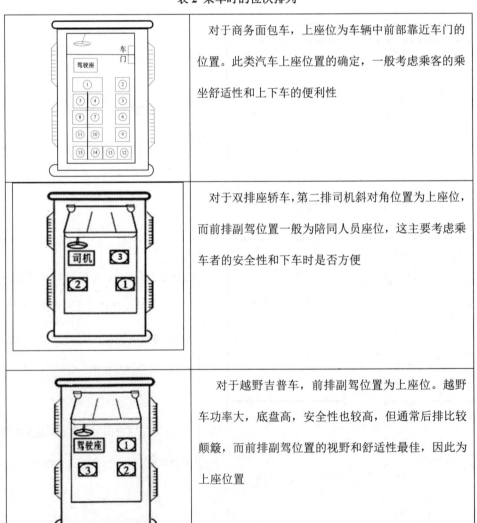

对于商务面包车，上座位为车辆中前部靠近车门的位置。此类汽车上座位置的确定，一般考虑乘客的乘坐舒适性和上下车的便利性

对于双排座轿车，第二排司机斜对角位置为上座位，而前排副驾位置一般为陪同人员座位，这主要考虑乘车者的安全性和下车时是否方便

对于越野吉普车，前排副驾位置为上座位。越野车功率大，底盘高，安全性也较高，但通常后排比较颠簸，而前排副驾位置的视野和舒适性最佳，因此为上座位置

例子4：宴会中的位次排列

宴请位次的排列主要涉及到两个问题：桌次和座位。

在桌次的安排中，主桌的确定遵循"圆厅居中为上，横排以右为上，纵排以远（距离门的位置）为上，有讲台时临台为上"的原则。其他桌的位置，以离主桌位置远近而定，近高远低，右高左低。

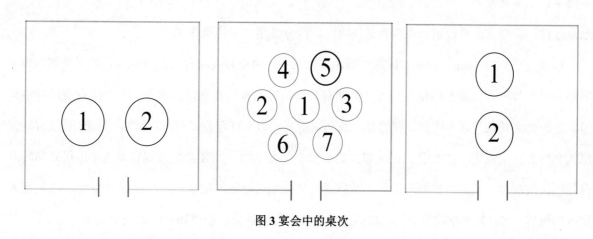

图3 宴会中的桌次

对于宴会上的座次安排，需要掌握几个技巧：一是面门为上，即面对房间正门的位置是上座，因为视野开阔。二是以远为上，即距离房间正门越远位置越高，离房门越近，位置越低。具体安排座位时基本遵循"以右为尊"的原则。一般主陪在面对房门的位置，副主陪在主陪的对面，1号客人在主陪的右手，2号客人在主陪的左手，3号客人在副主陪的右手，4号客人在副主陪的左手。

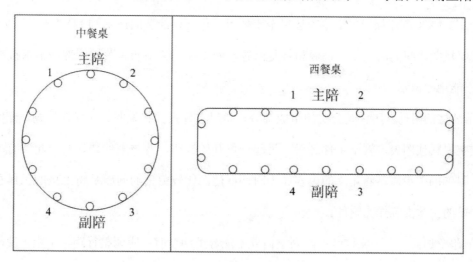

图4 宴会中的座次

例子5：公文处理中的规制

第一，不得越级请示和报告的原则。"请示"、"报告"、上行文的"意见"只能向有隶属上下级关系的上一级行文，不得越过自己的直接上级请示和报告工作。向上级机关行文，应以本机关名义，不得以本机关办公室名义。只有遇到紧急重大情况，在特别紧急的情况下可以越级报告。第二，发文不升级原则。属于部门职权范围内的事务，应当由部门自行行文或联合行文，联合行文应当明确主办单位。而不应升级至上级进行发文。第三，请示一文一事和只写一个主送部门、不得抄送下级部门的原则。请示应当一文一事，就是在一个请示中，只能讲一件事，不能一文数事；请示一般只能写一个主送部门，需要同时送其他部门的，应当用抄送形式，但不得抄送下级部门。第四，报告不夹带请示事项原则。报告的适用范围是汇报工作、反映情况，答复上级的询问，报告是阅件，请示是办件，在报告中夹带请示事项容易误事，应区分使用。具体操作如下。

1）对于公文的标题。公文的标题一般由发文机关、事由以及文种三部分组成，除了法规、规章名称加书名号外，一般不用标点符号。但现有公文的标题有的省略发文机关，有的随意使用标点符号，有的文字冗长且词不达意，有的介词或动词重复，均不符合公文规范。例如：《通知》没有发文机关名称和公文主题；《XX县人民政府决定》没有公文主题；《XX县民政局转发XX市民政局转发自治区民政厅关于认真做好拥军优属工作的通知的通知的通知》则臃肿冗长、繁杂啰唆；《XX县人民政府批转〈XX县农业局关于加强晚稻田间管理工作的意见〉的通知》中不应该用书名号。

2）对于公文的文种。下级向上级行文，文种一般用"请示"、"报告"、"意见"等，但存在报送公文时使用"建议"这种不符合公文种类的文种的现象。例如：《XX乡人民政府关于召开春耕生产会议的有关事宜》中的"有关事宜"不是公文文种，应改为"通知"；《XX县粮食局关于夏粮收购几个问题的报告》与《XX县教育局关于要求拨款抢修中小学危房的请示报告》则是请示与报告不分，应改为"请示"；《XX市环保局关于要求拨付全市环保工作会议经费的请示》应把"请示"改为"函"，因为不相隶属机关之间商洽工作、询问和答复问题，向无隶属关系的有关主管部门请求批准等应用"函"，而不能用"请示"。

3）对于公文的附件。附件是公文的组成部分，是对主件正文起说明、注释、补充、证实、参考等作用的文字材料或图表，置于主件之后，另起一页开始排印，并与主件装订在一起。有的部门分不清正文和附件的关系，常将正文的内容作为附件标注。比较突出的问题是将上报的工作总结、请求批转或转发的主体内容作为附件。

4）对于印章加盖。当公文排版后所剩空白处不能容纳印章时，应调整行距、字距，使印章与正文同处一面，不得在空白页标注"此页无正文"。

表 3 公文印章规范

	当联合行文需要加盖两个印章的时候，主办单位印章排列在前，两个印章平行排列，不得相交或者相切。
	当联合行文需盖 3 个或 3 个以上印章时，为防止出现空白印章，应落款发文单位名称，可使用简称。主办机关名称在前，每排最多排 3 个印章。最后一排如余一个或两个印章，均居中排布。

（三）机关精神

机关的工作需要在座的各位共同完成，靠的不仅仅是以上这些或大或小的规制，更需要一种精神——"机关的精神"。这是打造公平、公正、合则的魅力机关的需要。

我们都知道：狼是一种群居动物，是一种让人望而生畏的生灵，常常形成凝聚力极强的群体。狼是群居动物中最有秩序、最有纪律、组织最严密的族群，其"团队精神"是最值得我们学习的，它们协同作战、顾全大局，为了胜利，往往鞠躬尽瘁、以身殉职……在草原上讲到狼，往往不是以几只来称呼，游牧民族会给它一个更有压迫感的名词——狼群，面对一个狼群，很多猛兽会退避三舍。在经验丰富的头狼的带领下，狼群中的成员分工明确，各司其职，有踩点的、攻击的、打围的、堵截的，有章有法；战斗时，它们协同作战，为了团队的胜利粉身碎骨也在所不惜；当敌人外侵时，成年狼总是站在最外围，与敌人殊死搏斗，处在内圈的才是老狼与幼崽。他们拥有团队力量，一起抵抗一切困难。

从狼群的故事中，我们可以得到一个结论：团队的力量无坚不摧，个体的弱小没有关系，只要能够团结起来、精诚合作，就能够形成强大的合力，战胜一切困难。动物尚且如此，更何况能征服世界的人类！

我在 90 年代主持"西安信息化建设"项目时，曾与深圳华为合作，他们所表现出来的"胜则举杯相庆、败则拼死相救"及真心英雄的青年合唱赞歌，无不使我震撼，直至今天快 20 年后，我仍然感到它的魅力。

所谓的团队精神，简单来说就是大局意识、协作精神和服务精神的集中体现。团队精神的基础是尊重个人的兴趣和成就，核心是协同合作，最高境界是全体成员的向心力、凝聚力，反映的是个体利益和整体利益的统一，并进而保证组织的高效运转。团队精神的形成并不是要求团队成员牺牲自我；相反，发挥个性、表现特长保证了成员共同完成任务目标，而明确的协作意愿和协作方式则激发内心动力。

机关大家庭更需要这样的团队精神。没有完美的个人，只有完美的团队。每件事的成功都是无数个人像螺丝钉一样在不同岗位上默默付出，继而有所成就的结果，如果没有这种精神是做不成任何事情的。"轻霜冻死单根草，狂风难毁万木林"，"一根筷子容易弯，十根筷子折不断"，只有团结起来才能够成大事。如果机关中的员工上下一心，那么一定能够迸发出无限的活力和不可思议的潜力，集体协作干出的成果往往能超过成员个人业绩的总和，正所谓"同心，山成玉；协力，土变金"。拥有"团队精神"的机关注定是高效而有组织魅力的机关。

二、充分迸发机关干部的活力

做事先做人，人做好了，事业才能做成功。把机关工作作为事业，就要先做好"机关人"。只有让每位职工活力得到充分活力，才能做到人尽其才，才能更高效推动研究院的发展。那么怎么才能充分迸发人的活力呢？这可能会涉及到许多方面，我想就三商融合、提高六种能力、加强个人修养来窥其一般。

（一）做到三商融合

众所周知，智商，是指通过一系列标准测试测量人在其年龄段的智力发展水平。智商在一个人的成功中起着非常重要的作用，爱因斯坦就是一个典型的代表，然而成功并非完全由智商决定。智商高的人，思维敏捷，学习能力强，较容易在某领域取得成绩，但正如柴可夫斯基所说"即使一个人天分很高，如果他不艰苦操劳，他不仅不会做出伟大的事业，就是平凡的成绩也不可能得到"。

要想做好一份事业，情商似乎不可忽视。美国前总统乔治•沃克•布什曾说过："谁掌控了情绪，谁就能掌控一切！"。情商，是指人在情绪、情感、意志、耐受挫折等方面的品质。情商是通过影响人的兴趣、意志、毅力，加强或弱化认识事物的驱动力，把握和调节自我和他人情感，在很大程度上能直接影响着人际关系。情商低的人，人际关系紧张，婚姻容易破裂，领导水平和组织能力不高；而情商较高的人，通常有较健康的情绪，有较完满的婚姻和家庭，有良好的人际关系，容易成为某个部门的领导人，具有较高的领导管理能力。

除了智商和情商，影响成功的一个重要因素就是位商。位商，是指人在一定水平的智商和情商的基础上，具有迅速且准确判断自身在周围环境中所处的地位，以及制定恰当的人生阶段或整体性决策的能力。每个人在特定的时间、特定的环境中，应该扮演的角色不同，应该时刻清醒地认识到自己该做什么、不该做什么，摆正自己的位置。在位商的概念中，有三个关键的问题，一是定位，二是决策，三是自身的提升。这三个方面相辅相成，缺一不可。

简单而言，一个人位商的高低取决于在处理某个问题时，是否能对这个问题做出准确的分析与判断，是否能在周围的大环境下对问题做出准确的定位，是否能根据自己的能力、拥有的人际关系对这个问题提出恰当、可行的解决方案，是否能在问题的解决过程中总结经验、收获资源和提升位商水平。在不同的场合、不同的环境，要把握好分寸，知道什么话该讲，什么话不该讲，在什么样的场面说什么话，对什么样的人该说什么样的话。

位商来源于丰富的社会阅历及经验，它同情商一样，能够对提升智力产生重要影响，尤其是在个人智力的综合判断能力方面。位商水平只有经过后天积极主动的专门训练和系统培养，才能在决策过程的不断循环中得以提高。提高位商，就是能够通过对自己智商和情商的综合把握，对事情乃至人生做出正确的决策。

就像高考报考院校一样，有些人自称非"985"、"211"的高校不上，给人的感觉是他很有魄力。可是结果呢，考完之后的高校才发现原来自己的能力有限，离人家的要求相差甚远，对自己能力评估过高；还有些人报考的只是普通院校，埋头苦学苦练自己的基本功，最终考到自己满意的院校。这就是对自己定位的不同造成的不同后果。

只有具备较高的位商，才能迅速且准确判断自身在周围环境中所处的地位，准确找到自己的位置，从而实现人生保质保量的飞跃。决定一个人成功的要素中，智商只起大约 20%的作用，80%的因素则取决于情商和位商。

作为一名机关工作人员，无论在机关工作中，还是在今后的人生道路上，我们都要认真思考：哪些通过思考依托智力可以解决，哪些调动情绪就能办到，哪些需注意其所处特定的情境，用三商来剖析工作中的任何问题，做事方可事半功倍，才能充分迸发我们的活力。

例子 1：陈景润的三商融合

数学家陈景润是个智商、位商很高、情商较低的典型。他运用新的计算方法，攻克了德国数学家提出的"哥德巴赫猜想"难题，为世人所瞩目。然而，陈景润在研究"哥德巴赫猜想"时，因为一时想过了头，碰到电线杆子也要喊声"对不起"。完全排斥外部世界拒绝与人沟通，经常独自苦思冥想，收效甚微，直到如梦初醒地走出误区，方才与和他有共同认识的人相互交流，最终获取成功。自从获得成功后，国家曾多次表示希望让他当领导、当各种代表等，都被他婉言谢绝。他自认无法担当重任，只希望专心致意搞好自己的研究，做好本职的工作，给自己的定位非常明确。

例子 2：周恩来是诠释三商融合的典范

周恩来自小聪明伶俐，成绩优异，他立志"为中华崛起而读书"，靠非凡的才能和无私的精神赢得毛泽东的信任，在革命历程中对毛泽东虽有真诚的尊重，却从不阿谀奉承，始终明确自身的定位。据记载，1949 年 12 月 6 日，毛泽东乘专列首次访问苏联，周恩来也同时随行。但是每次出行总跟在毛泽东之后，始终保持 2～3 米的距离，时刻注重自己的位置。他担任了 26 年的国务总理，以敏捷的思维游刃于多变的国际环境，以聪慧的才智扭转微妙的处境，是"北京全天候人物，在党内最高层任职时间，比列宁、斯大林或者毛泽东还长"，备受国内外人民的尊重与爱戴。

例子 3：爱因斯坦受邀当以色列国总统

爱因斯坦在 20 世纪 50 年代曾经收到一封信，信中邀请他去当以色列国的总统。出乎人们意料的是，爱因斯坦竟然拒绝了。他说："我的整个一生都在同客观物质打交道，因而既缺乏天生的材质，也缺乏经验来处理行政事务以及公正地对待别人。所以，本人不适合如此高官重任。"他的位商就很高，知道自己最擅长的是什么，总统这个职业对他而言既陌生又熟悉，还没有足够的能力来胜任，所以就婉言谢绝了。在他的心里有着这么一杆秤，时刻衡量着自己，所以才有了《非对称的相对论性理论》等专著、理论流传于世，而不是政治史上匆匆而过的阿尔伯特·爱因斯坦。

例子 4：庐山会议

在江西庐山召开的中共九届二中全会中，未经组织同意，当时的二号人物林彪讲了近一个半小时的天才论，紧接着就抛出要设立国家主席的提议。而当时的会议并没有安排林彪讲话，演讲稿则是毛主席的秘书陈伯达起草的。林彪讲完后，毛主席按捺不住，严肃批评了他的秘书。虽然林彪和陈伯达的情商和智商都相当高，但是位商却不够高。在这个会议上没有安排他们讲话，他们却自作主张，发表言论。领导没有安排讲话你却跳过上级，讲了领导本应讲的话，这在机关单位是非常忌讳的，时刻明白自己所处的位子，为领导分忧，做好自己分内的事情才是职责所在。

例子 5：西安市一名退休主任定位的案例

2001 年我在西安市政府任处长，当时有一位年近 60 岁的副主任要退休。他毕业于北京大学经济学专业，自认为出身名门，工作会议中经常为领导越位发表意见，完全忽视他人的感受，对自己的定位牢牢停留在了名校学历上，并没有认识到每个人是在社会生活中快速成长起来的，学历仅仅是踏入社会的一个敲门砖而已。这位副主任一直都没有意识到这个问题，直到退休后，给我赠送了唐代诗人李商隐的一首诗：宣室求贤访逐臣，贾生才调更无伦。可怜夜半虚前席，不问苍生问鬼神。而诗词中明显表达他的定位意识不准确。其实，这个副主任对待自己的工作有一套办法，能力是不容置疑的。但是正由于他的脑中一直缺乏位商这个概念，所以未能在更高层面得到发展。他也是退休之后才明白这个道理，可惜时光不可逆转，过去了就再也找不回了。

例子 6：范蠡的成功

春秋时代越王勾践称霸一方，得力于两位身怀鬼才的谋士：范蠡和文仲。两人上知天文下识地理，满腹经纶，文韬武略，无所不精。

当勾践战败于会稽山时，为了越国的东山再起，文仲总结商周以来征伐的经验，向勾践提出讨伐吴九术：一曰尊天地，事鬼神；二曰重财帛，以遗其君；三曰贵籴粟缟，以空其邦；四曰遗之美好，以为劳其志；五曰遗之巧匠，使起宫室高台，尽其财，疲其力；六曰遗其谀臣，使之易伐；七曰强其谏臣，使之自杀；八曰邦家富而备器；九曰坚厉甲兵，以承其弊。依此九术，文仲留守越国主持国政，大力发展国内经济和人口。

而范蠡事越王勾践奴役于吴国，苦身戮力，与勾践深谋二十余年，深获吴王夫差的信任而得以安全回国。全国在文种和范蠡的带领下厉兵秣马，假以时日竟灭吴以报会稽之耻。

"吴王亡身余杭山，越王摆宴姑苏台"，举国欢庆之时，范蠡不顾勾践"孤将与子分国而有之，不然，将加诛于子"的挽留，急流勇退，隐姓埋名于荒野，商以致富成名天下，成为儒商之鼻祖，尔后无疾而终。而文仲继续留在越国为相，辅佐勾践称霸，最终却被勾践赐死，遗憾千古。

同样的两位谋臣，为了国家复兴而鞠躬尽瘁，为何结局却如此的不同呢？这无不令人联想到另一番情景，"蜚鸟尽，良弓藏；狡兔死，走狗烹。越王为人长颈鸟喙，可与共患难，不可与共乐。子何不去？"从范蠡给文种的书信中，可知范蠡清醒的认识到现在所处的环境和应扮演的角色，如此才得以自我保全而获得更大的成就，而文种却无法认识到这一点，以致招来杀身灭顶之灾。

（二）培养六种能力

机关的工作形式是多种多样的，对机关人员的能力要求也不一样。作为一名机关领导，要具备机智、果断和勇敢等素质，能临危不乱。作为一名机关工作人员要具备优秀的学习能力、工作能力、处理问题能力等多方面素养，还要不断地创新思维，释放思想。因此，无论是作为机关领导还是作为机关工作人员，做好机关工作都要提高自身的整体能力，这就需要着重从以下六个方面把握，即培养持续的辨识能力，有效的实干能力，过硬的业务能力，卓越的领导能力，超人的团结能力和高尚的修养能力。

（1）辨识能力

作为一名机关人员，需要经常辨识自己在环境中的位置，辨识自己身边的可用资源，辨识自己的发展机遇等等。正如苏格拉底所说："最有希望的成功者，并不是才华最出众的人，而是那些善于利用每一时机发掘开拓的人"。因此，作为一名机关人员要培养持续的辨识能力，才能更好利用好身边的资源，抓住发展的机遇。

例子：苏格拉底三个弟子拾麦穗

古希腊哲学大师苏格拉底带领三个弟子来到一片麦田，只许弟子前进且只有一次选择机会，从麦田中选择出一个最大的麦穗。第一个弟子走进麦地，很快就发现了一个很大的麦穗，他担心错过这个就摘不到更大的麦穗，于是迫不及待地摘下了。但继续前进时，才发现前面有许多麦穗比他摘的那个大，他只能无可奈何地走过麦田。第二个弟子看到不少很大的麦穗但总也下不了摘取的决心，总认为前面还有更大的，当他快到终点时才发现机会全错过了，只能在麦田的尽头摘了一个较大的麦穗。第三个弟子先用目光把麦田分为三块，在走过前面这一块时，既没有摘取，也没有匆匆走过，而是仔细地观察麦穗的长势、大小和分布规律，在经过中间那块麦田时，选择了其中一个最大的麦穗，然后就心满意足地快步走出麦田。为了摘取最大的麦穗，三个弟子采取了不同的选择策略。无疑，第三个弟子是明智的，他既不会因为错过了前面那个最大的麦穗而悔恨，也不会因为不能摘取后面更大的麦穗而遗憾。"明者远见于未萌，而智者避危于未形"，我们每个人面前是不是也有这样一块麦田呢？人生一如麦田，那么生活的幸福、感情的甜蜜、事业的成功，是否为我们所期冀的最大麦穗呢？如若不是，那么最大的麦穗在哪里呢？关键是看怎样才算是有效的抉择。

（2）实干能力

萨迪说："有知识的人不实践，等于一只蜜蜂不酿蜜。"做每件事情，都要沉下心来，扎扎实实、一步一个脚印，最终才能高质量、高标准、高效率的完成。机关工作同样如此。机关工作比较繁杂，我们要做好机关工作，就必须培养有效的实干能力。实干不仅是一种工作作风，也体现一种工作态度。想做事情总有办法，不想做事情总有理由。

例子："陕西省环境承载力"项目

我所在的研究所于 2008 年承担"陕西省环境承载力"项目研究，前期研究阶段时间过半，项目组成员纠缠个人利益，没有踏踏实实静下心来做研究，导致研究成果几乎无法展示，是惨痛教训。后期由于及时认识错误，吸取前期经验教训，最终项目得以顺利结题，并获得环保部的高度认可。

（3）业务能力

不论是在社会上还是在单位里，无论扮演什么角色，都要具有扎实的业务能力。业务能力是做好工作的保障。作为一名机关人员同样如此，实干能力体现的是一种态度，扎实的业务能力才是做好机关工作的核心能力，因此每个机关人员都要注重培养自己的业务能力，只有这样才能将本职工作高质高效完成，才能算是一名合格的工作者。

例子：整改西安市委工作会风的经历

我在中共陕西省西安市委工作期间，曾经有一段时间会场纪律是最让人头疼的问题。迟到早退、随便出入、交头接耳、打手机等现象屡禁不止。后来市委领导要求严格会场纪律，建立了会议请假审批制度、会场纪律通报制度、明确会议仪容仪表等要求，会风得到了彻底改变。此例说明，无论是在机关工作，还是部门工作，都要善于工作，有效工作，抓问题要抓纲，纲举则目张。

（4）团结能力

除具备持续的辨识能力，有效的实干能力和过硬的业务能力，还需具备超人的团结能力。中国有句古话"千人同心，则得千人之力；万人异心，则无一人之用"。每一名机关人员都是所在部门的一分子，也是研究院的一分子，因此要始终注意团结周围的同志，同心同德，只有这样才能无坚不摧，正所谓"没有完美的个人，只有完美的团队"。

例子1：中国体操男团奥运夺金

2012年7月30日凌晨，中国男团在伦敦奥运会上历史性的第一次实现了卫冕。由陈一冰、邹凯、张成龙、冯喆和郭伟阳等组成的中国男队，以275.997分再次获得奥运会男子团体的冠军。六个项目，18人次的比赛，零失误，稳健与完美的团队协作才是中国男团能再次站上最高领奖台的最主要原因。

例子2：中国女排的成功

中国女排的每一次夺冠，无不是因为她们团结合作，同舟共济的结果。下面是她们团结夺冠的事例：

1981年首夺世界杯：1981年中国女排以亚洲冠军的身份，参加了在日本举行的第三届世界杯排球赛。比赛采用单循环制，经过了7轮28场激烈的比赛，1981年11月16日，中国队以7战全胜的成绩首次夺得世界杯赛冠军。袁伟民获"最佳教练奖"，孙晋芳获"最佳运动员奖"、"最佳二传手奖"、"优秀运动员奖"，郎平获"优秀运动员奖"。

1982 年秘鲁世锦赛再度登顶：带着一场败绩进入复赛，形势十分严峻。主教练袁伟民果断起用年轻队员梁艳、郑美珠，替下周晓兰、陈招娣，以 3 比 0 轻取古巴，赢得了扭转战局的关键一役。此后中国女排又以 3 比 0 战胜苏联队，杀入四强，并最终在与东道主秘鲁队的冠亚军决战中以 3 比 0 完胜，获得本届锦标赛冠军。

1984 年折桂洛杉矶：8 月 3 日预赛最后一场对美国队的比赛中，中国队以 1 比 3 失利。半决赛中国队以 3 比 0 轻取日本后，8 月 8 日的中美决战，中国女排以 3 比 0 完胜对手，取得了"三连冠"。

1985 年再夺世界杯：在这次世界大赛中，中、古之战是世人瞩目的焦点。赛前双方均以 3 比 0 击败了实力雄厚的苏联队，最后中国女排以 3 比 1 获胜。邓若曾获"优秀教练员奖"；郎平获"最佳选手奖"及"优秀选手奖"；杨锡兰获"最佳二传奖"及"优秀选手奖"；郑美珠获"优秀选手奖"。

1986 年荣膺五连冠：当年 9 月，在前捷克斯洛伐克举行的第十届世界女排锦标赛上，中国女排在极为困难的情形之下出征，克服了重重困难，最终以 8 战 8 胜的出色战绩，蝉联冠军，成为世界排球史上第一支获得"五连冠"的队伍。在本届锦标赛上，张蓉芳获得"最佳教练员奖"，杨锡兰获得"最佳运动员奖"和"最佳二传手奖"，杨晓君获得"最佳一传奖"。

2004 年雅典奥运会上，中国女排在先失 2 局的情况下重新找回了勇气和士气，完全将局势扭转，最终在决胜局击溃了俄罗斯女排。赛后双方的感情对比非常明显，中国女排放声大哭为艰难获得冠军而庆祝，而痛失好局的俄罗斯女排只有默默的哭泣。本场比赛中国队发挥最出色的是张萍和杨昊，她们分别为中国队拿下 25 分和 21 分，其他的球员中，周苏红获得 15 分，金牌替补张越红也获得 15 分，刘亚男则为球队贡献了 12 分，队长冯坤也夺得 11 分。俄罗斯整场比赛主要依靠主攻加莫娃的高点强攻，她在比赛里一共获得 33 分，另外一位主攻索科洛娃也取得 23 分，可是主攻的良好发挥并不能给俄罗斯女排带来胜利。

（5）领导能力

作为一名机关领导，除需具备持续的辨识能力，有效的实干能力，过硬的业务能力和超人的团结能力外，还需具备卓越的领导能力。管理界有句名言"人不应该是管理的，而应是带领的，一只绵羊带领的一群狮子无法与一只狮子带领的绵羊抗衡"。可见团队领导的领导能力对一个团队至关重要。因此，我们这些机关领导就要培养自己卓越的领导能力，从而实现运用各种影响力，指挥或带领、引导或鼓励团队成员为实现目标而努力。

例子：陈赓部下一个团长的案例

陈赓下属一个连的兵力全部牺牲在了战场上。打扫战场时，陈赓不准破坏现场，让所有的团长都过来看。他问大家："大家看，一个连全都牺牲了，连长在哪里？连长站在他应该站得位置上；指导员在哪里？指导员也站在他应该站得置上；所有的战士眼睛往哪里看？眼睛都是往前面看。"接着又说："连长、指导员在前线打仗的时候都是在各自的岗位上，我们的士兵都是在冲锋中牺牲的。问题的关键在于，为什么一个连的士兵全部阵亡了呢？团长是如何指挥战争的呢？"原因就在于团长指挥战争的时候决策失误，战士们冲锋的道路旁边就是敌人的碉堡封锁火力口，使得这个连的战士全部牺牲了，这就是团长领导能力低下而导致的全连覆没。

（6）修养能力

"修养"在一个人身上的体现，就是那个人的品质，一个人的优秀品质是成就他事业的基本前提。"君子一诺，重于泰山"。要想干出一番事业，就必须诚实守信。一个坚守诚信的人，能够前后一致，言行一致，表里如一，人们可以根据他的言行判断他的行为，进行正常交往。这样的人有责任心、值得信赖。缺乏修养的人，固然可以走完人生旅途，但良好的品德修养可以使人生的道路变得更加顺畅、通达，可以为自己的人生增添光彩。研究院机关人员是院领导的助手，要有沉稳大气的修养和内涵，对领导忠诚，对事业忠诚。这两个基本原则一定要坚持毫不动摇。

例子：在中办挂职的经历

2004 年我在中办挂职期间，由于某个部委起草文件时用计算机剪贴，将青年干部与少数民族干部培养的文件传抄，险些酿成事故。厦门市的文件中涉及到区县级市等称谓，出现了不一致，被总书记检查出来，导致中办法规室整改一个月。对于机关来讲，公文下发、流转是其重要的工作内容之一，要尽职尽责、实事求是、一丝不苟。一个人要有最起码的品德修养，对自己从事的工作要担负起责任，抱着蒙混过关、得过且过的工作态度，必将害人害己。

（三）加强个人修养

对于机关人员，加强个人修养是做好机关工作的基本前提。这就需要我们增强常怀危机意识，避免自我中心，承载包容之心，敢于承担责任，提得起放得下，乐于奉献自身。

（1）常怀危机意识

只有常怀危机意识，每日三省吾身，我们才能在人生的道路上始终保持一个清醒的头脑，才能使自己不断进步，机关人员也只有常怀危机意识，在危险中寻找机遇才能更好地为研究院做出贡献。因此，每一个机关人员都要常怀危机意识。

例子 1：温水煮青蛙

"温水煮青蛙"来源于美国康奈尔大学科学家做过的著名"青蛙实验"。科学家把青蛙放入装着冷水的容器中，然后慢慢加热。青蛙因为开始时水温的舒适而在水中悠然自得，即使水温已经很高，仍然不知道要赶快逃离这个环境。这是为什么呢？因为在慢慢加热的过程中，青蛙已经被动地适应并接受了这个环境，等真正意识到危险的时候已经无力反抗。同样是水煮青蛙实验，当科研人员将青蛙投入已经煮沸的开水中时，青蛙因受不了突如其来的高温刺激立即奋力从开水中跳出。青蛙之所以能够成功逃生，是因为这个突变的环境使它不适应，使它意识到危险的存在，如果不迅速跳出来就会被这个环境吞噬。这个实验给我们很大启迪：人和青蛙差不多，有时候在传统的模式下，人们往往在被动适应环境的同时麻木了自己的危机意识，等真正意识到危险的时候已经丧失了反抗和争取的能力，这是十分可怕和可悲的。

例子2：狼的危机意识

广阔的草原，危机四伏，狼在漫长冬季的冰天雪地中，学会了在冰窖和雪窖里储存食物；在捕杀猎物中，学会了观察天象和使用战术；在生存的危机中，学会了选择居住和逃生的手段；在残酷的战斗中，甚至会选择杀掉病弱伤员……在生与死、存与亡的节骨点上，狼往往会选择更符合自然的生存法则。

（2）避免自我中心

机关工作要承担更多的对内或对外交际工作，而避免自我中心是做好交际工作的基本前提。因此，机关人员只有避免自我中心，学会换位思考，才能使自己成为受欢迎的人，才能更好地完成自己的工作。

例子：美国前总统里根换位思考

美国前总统里根之所以在政坛上能够左右逢源，赢得国民的尊重，就是因为他深谙因人而异的谈话技巧之道，能够在恰当的场合对适当的人说恰当的话。这一技巧是非常有用的。应对不同身份的人，首先了解他们，把握他们各自的心理，用他们所欢迎的方式表述你的观点，这样才能收到双赢的效果。如若不然，就有可能犯"对牛弹琴"的错误。

（3）包容之心

大其心容天下之物，虚其心受天下之善，平其心论天下之事，定其心应天下之变。有包容之心的人，更能融洽地与他人合作，解决矛盾，化干戈为玉帛。机关人员只有怀有一颗包容之心，才能更好地处理各种人际关系，从而更好地完成自己的工作，甚至可以说一个人的容人气量大小直接关系到自身的修身养性。

例子1：曼德拉坐牢

南非总统曼德拉因致力于南非种族斗争而遭到逮捕，在荒凉的大西洋罗宾岛度过了将近27年的监禁生活。当时曼德拉年事已高，又因为是要犯，看管他的看守就有 3 人，而且依然像对待年轻犯人一样对他进行残酷的虐待。然而，曼德拉出狱当选南非总统后，并没有计较前嫌。在总统就职仪式上，曼德拉致辞欢迎来宾有来自世界各国的政要，还有当初在罗宾岛监狱看守他的 3 名狱警。这个举动震惊了世界，被人们尊称为"神迹"。曼德拉的博大胸襟和宽容精神，令那些残酷虐待了他 27 年的人汗颜，也让所有到场的人肃然起敬。后来，曼德拉向朋友们解释说："自己年轻时性子很急，脾气暴躁，正是狱中生活使他学会了控制情绪，因此才活了下来。牢狱岁月给了他时间与激励，也使他学会了如何处理自己遭遇的痛苦。感恩与包容常常源自痛苦与磨难，必须通过极强的毅力来训练。"

例子 2：周瑜气死

赤壁一役，周公瑾一战成名，达到了他人生光辉的极点。娶得小乔，与东吴霸主孙权成为连襟，可谓一人之下万人之上。地位、名声、美人，这些多少人梦寐以求的他全部都拥有了，这算得上是上苍的宠儿了。但天妒英才，虽然上苍给了他世人想要的一切，却没有给他宽大的容人气量，到最后却被活活气死，着实令人遗憾！

（4）勇于承担责任

机关人员还要勇于承担责任，责任心是一种勇气、一种胸怀，勇于承担责任的人有着博大的胸怀和包容的品质，其所得到的往往比付出的更多，而这种回报便是对责任心的奖赏。反之，推卸一时的责任，斤斤计较、患得患失，往往会招致后悔莫及的损失。

例子 1：波音公司承担责任

1988 年 4 月，一架从旧金山起飞的波音 737 飞机在高空中发生意外，机乘人员齐心协力使飞机安全降落，机上乘客也无一伤亡。随后，波音公司立即召开新闻发布会，对此次事故做出合理解释：空难的主要原因是飞机过于陈旧、金属零件疲劳所致。出事飞机已服役 20 余年，起落超过 9 万次，远远大于安全保险系数。但是在意外发生后，飞机仍能安全降落，乘客无一伤亡，这完全可以证明飞机质量的可靠性。正是波音公司敢于承担责任的精神和不逃避的态度赢得了人们的尊重。事故发生后订单不仅没有减少，反而有了很大的增加。仅当年 5 月，就接到 180 架飞机的订单，这个数字是往年同期的两倍，业绩达到 70 亿。如果波音公司没有直面错误，或许会在同行的声讨中销声匿迹。

例子 2：钱学森负责卫星发射失败的责任

在 20 世纪 70 年代，钱学森负责返回式卫星的研发。不幸的是，中国第一颗返回式卫星的发射未获成功。在酒泉靶场，天寒地冻，钱学森带领的卫星团队心情十分沉重。钱学森鼓励大家，说责任都是他一个人的，希望大家放下包袱，找出失败的原因。钱学森带领大家在冰天雪地中找了三天三夜残骸，连一个碎片也没放过。结果证明除了技术上有些没吃透外，个别产品质量存在问题，当年中国的工业发展水平受限，工艺水准存在差距。终于在第二年，1975 年中国成功地发射并回收了一颗返回式卫星，使中国成为世界上继美国和苏联之后第三个掌握了卫星回收技术的国家，也为后来的载人航天奠定了坚实基础。

（5）提得起放得下

机关人员要像举重一样，举得起放得下；做人要像短跑一样，昂首正立。提得起放得下，每个人的时间和精力有限，在一个时间段内，也许能集中资源做好一件事情，但不可能同时做好几件事情，不可一时阅尽人间春色。所以，懂得放弃更有益于成功，学会放弃是一种智慧，更是一种豪气，也是一种更深层面的进取。因此，我们机关工作人员也要做到提得起放的下。

例子：邓小平坚持"改革开放"

改革开放初期，由于一些人对资本主义和社会主义两个概念的模糊，对改革开放提出了质疑，在改革的过程中也遇到了一些挫折，出现了一些问题，但以邓小平同志为核心的党中央领导并没有因噎废食，仍坚持改革开放，提出"改革是中国的第二次革命。这是一件很重要的必须做的事，尽管是有风险的事"，最终沿着改革开放这条道路，我国的社会主义建设取得了举世瞩目的成就。

（6）乐于奉献

机关人员要有奉献精神，乐于奉献自身才能更好地服务，才能体现机关工作的本质。人的一生中不但要有所取，还必须有所予，人没有一点奉献精神，成不了大器。所谓"予人玫瑰，手有余香"就是这个道理。

例子：时传祥

20 世纪 50 年代，全国劳动模范时传祥挨家挨户地为群众掏粪扫污。他放弃了节假日休息，有时间就到处走走看看，问问闻闻。哪里该掏粪，不用人来找，他总是主动去。有人问：这么干不嫌屎臭么？"他说："俺脏脏一人，怕脏就得脏一街呀。想想这个，就不怕脏啦。" 1959 年 10 月 26 日下午 3 时，所有获邀参加全国先进工作者"群英会"的代表都在等待着国家领导人的接见。刘少奇语重心长地说："老时呀！你当掏粪工是人民的勤务员，我当国家主席也是人民的勤务员。这只是革命工作分工的不同。我们都要在各自的工作岗位上好好地为人民服务。"这种"宁愿一人脏，换来万人净"的无私奉献精神，使他登上国家给予劳动者最高荣誉的舞台，也使他誉满神州大地。

三、机关和干部共同成长

机关是干部的舞台，干部是机关的主体。机关为干部提供了发挥才能、展现自我、做好服务的机会。每个干部都在机关这一舞台上扮演不同的角色。机关与干部相互联系、密不可分。机关荣则人兴，机关衰则人败。如何使机关和干部构成的系统实现功能的最优运转，使得机关和干部共同成长是当前值得我们思考的问题。

（一）以舞台塑造自我

人生舞台是一个人施展才华、叙写人生、塑造自我的大平台，它为我们提供了发挥才能、展现自我、服务社会的机会。每个人来到这个社会上，一般会有一个属于自己的平台，但是这个平台未必就是舞台。平台需要给予、需要开创，而舞台更需要自己去创造、去配置、去构建，舞台的大小决定事业成功的可能。

（1）开创舞台 用心经营

中央电视台有一句宣传语，叫"心有多大，舞台就有多大"。你给自己定位成小剧团唱戏的，那你这一辈子就只能是个小剧团唱戏的。如若你给自己树立一个远大的抱负，并为之奋斗，那你就可以在京剧的舞台上唱京剧，在国家大剧院里演奏交响乐。如果一个人只把目标停留在眼前的利益上，就很难得到更大的发展空间和成就自我的机会。

舞台需要用心经营，才真正能体现自我价值。有所作为的人，都是善于经营舞台的典范。只有那些善于经营舞台的人，才能真正体现出自我价值，有所作为；而那些不善于经营舞台的人，必将遭遇各种困境，导致失败。

例子：黎锦熙创办《湖南公报》

著名国学大师黎锦熙先生民国初期在湖南长沙创办《湖南公报》任总编辑时，先后有三个人帮他誊写文稿，第一名抄写员（路人甲，默默无闻）对文稿老实抄写，连错别字照抄不误；第二名抄写员（田汉，后来谱写了《义勇军进行曲》）事先对文稿仔细检查，遇到错别字、病句认真改正；第三名抄写员（毛泽东，建立了中华人民共和国）除了仔细阅读文稿，修改错别字和病句之外，还舍弃与自己观点不同、意见相左的文稿。这三个人的表现和以后的人生发展各有千秋。由此说明，不同的追求，造就不同的高度。为自己设定的是积极进取、充满活力、打破成规、特立独行的舞台并为此奋斗，才会有所建树。

所以，机关工作人员不能只把眼光放在每天完成的工作、短期的利益上，而应当制定长远目标，高标准要求自己，才能为自己打造更好的发挥才智的平台，事业才能做大做深。

（2）转换角色 奉献自己

每个人的角色不是一成不变的，在不同的场合、不同的阶段、不同的环境，扮演不同的角色。

如一个机关男员工，在家庭里，对父母而言，他是儿子，对妻子而言，他是丈夫，对儿子而言，他是父亲。在工作中，他可能同时承担着部门主任、优秀员工、研究生导师等多重身份。这就要求他的行为要按照其所处的背景和地位来进行，在不同的场合中要注重角色的转换，做好每个角色的工作，承担起每个角色的责任，履行好每个角色的义务。

作为研究院机关的工作人员，在工作岗位调整后，应当尽快给自己准确定位，尽快找到自己的舞台，尽快适应不同角色的转换，从而在自己的工作岗位上尽职尽责，不断完善自己，提升自己。

当一个人拥有了舞台，要有宽阔的胸怀，尽所能把已有资源无私奉献给别人的时候，他一定会得到别人的回报，只是时间早晚而已。当一个人在占据了舞台之后，整天吝惜自己的那点儿资源，斤斤计较蝇头小利，甚至损人利己的时候，他的眼界、思维与胸襟则被狭隘所束缚，从而不会再有大的作为，他所占据的舞台也就失去原有的意义。

机关同志们应当记住：没有做不好的事，只有不负责的人，把一件事情当作事情去做和把一件事情当成事业去做，其结果截然不同。机关工作平凡简朴，倘若没有奉献精神，没有耐得住寂寞，守得住清贫的意志，要想成为工作的行家里手，是万万不可能的。

例子1：自认为"我是人才"

现实生活中，自认为"我是人才"的例子比比皆是。有的人取得高文凭，就以为自己是人才，很了不起。事实上，高学历只代表学习能力，不代表自己就一定有高能力、真本领。在走上工作岗位后，如果仍然抱着"我是人才"这种自负的心态，抱着自己的文凭，摆不正位置，是走不远的。只有将自己融入社会，融入集体，才能与社会、与群众打成一片，方可能成为集体中的一员，在群众中不断历练自己、塑造自我，脱颖而出。由此可知：如果把自己放在山顶，那么承载的只有空气，只有把自己放在山脚，才能承载天地；只有把自己放得更低，才能承载更多。

例子2：在西安市委担任秘书工作的经历

自己在西安市委担任秘书工作期间，十一假期遇上洪灾，同志们全部到岗，分赴各受灾区县抗洪救灾，自己深受感动。液化厂储气库发生险情，所有人员不顾危险，全部置身一线，协调指挥，组织救险，等等一件件活生生的事例，自己越来越体会到奉献和忠诚的重要性。

例子3：胡赓年在其位不谋其职

台湾作家李敖回忆其岳父胡赓年请他们夫妇吃饭的情形，胡赓年在谈到立法委员生涯时，得意地说："31年来，我在立法院，没有说过一句话！"胡赓年的错误是他忘了自己的身份，立法委员以说话为职业，立法委员不说话，就是失职。虽然胡赓年身为立法委员31年，却不为民讲话，没有履行相应的义务，是31年失职。

（3）创新环境　激发潜能

古语云："近朱者赤，近墨者黑"。说明环境对人的成长有深层次的影响。这里所说的环境，从狭义上讲，环境可理解为是包括家庭环境、社会环境、自然环境等普遍意识里认可的环境；从广义上讲，环境可理解为是除主体以外的一切因素构成的、对主体发展产生影响的大环境。一个资质优秀的人，若身处难以成功的环境中，其成就是有限的；若一个资质平庸的人，身处成功者的环境下，那么他就具备成功的可能。或许有人认为，环境是无法选择的，改变环境又谈何容易。这种说法有一定的道理，但前提是这一说法是站在一般人的立场上来评价现有的环境。若在所处的环境下，采取积极的态度，借助现有环境中的资源，使自己成为环境的主导者而不是环境的奴仆，那么你就能支撑起自己的舞台，取得成功。在机关工作，要正确认识环境的有利面，掌握创造环境和运用环境的能力，并借用环境的助力开展工作，这需要我们要有深刻的洞察力和开放吸纳的胸怀，主动求取帮助，以帮助提升自己。

每个人在自己的舞台上，要善于挖掘潜力，充分调动各种资源，统筹兼顾，助推发展。一个人能够拥有智慧人生重点不在于是否拥有超人的天赋和地位、显赫的家世背景、充裕的物质条件，而在于当拥有这一切时，能否善于运用，并借其力达到事业的巅峰；当缺乏这一切时，能否善于争取，发掘其中优势。比如，一出精彩绝伦的演出，除了精心设计的舞台、惟妙惟肖的演员、恰如其分的道具以外，更需要将这些因素系统地综合集成。只有将这些因素用系统的方法综合集成，在全局最优的原则下合理统筹，才能打造出一部不朽的戏剧。

例子 1：南泥湾的开垦

在现实生活中，可以看到运用环境力量的典范，或许是身边的领导，或许是德高望重的同事，他们可以轻松自如地支配环境，让时间、自然物等都成为自己活动中的附属物。抗战时期南泥湾的开垦就是善于运用环境的典型。朱德同志正确判断南泥湾的环境，并看到环境中的有利面，借助环境的助力活跃经济、开垦荒地进行农业生产，为部队提供充实的物质基础，使共产党走出无粮无资的困境。

例子 2：刘邦成功之道

汉高祖刘邦就是成功营造自己的人生舞台的典范。他能够战胜贵族出身的项羽，创建大汉王朝，其成功之处，一是他能运用统揽全局去考虑战争的各方面因素，认识到战争局势的本质，顾全大局以整体利益为重。二是他能够正确定位自己，并善于处理好与他人的关系，对身边的良将博采众长。三是善于识人用人，且任人唯才。

（二）运用系统工程"十法则"

系统是由若干个相互联系、相互作用的要素所构成的，具有特殊结构与特殊功能的有机整体。小到细胞，大到人类社会，不同的系统作为整体，其中的各部分总是相互关联共同作用，往往牵一发而动全身。我们做任何事情都要有系统思维。所谓系统思维就是将所面对的事物或问题作为一个有机整体、作为一个系统来加以思考和分析。要始终站在立足整体、把握全局的高度，从整体的视角看待所面对的系统，以谋求全局最优为最终目标。同时，要具有团队精神，即一切以团队利益为重，个人利益服从组织利益。若个人利益与组织利益有所冲突，也要先服从于组织利益，时时以组织利益为重。具备了这些之后，对于系统中出现的问题与疑惑，要有认识问题本质的能力，善于发现事物的发展规律，用合乎逻辑的思维去思考问题，并能建立系统分析模型去定量的描述问题。解决问题或解答疑惑时，要善于集成一切影响因素，按照事物的本来面貌和事物发展的客观规律办事，使得问题得到满意解决。只有这样才能做到面面俱到，方能实现"整体大于部分的简单总和"的效应。

机关和干部相互联系、相互作用，共同构成一个复杂的系统，具有系统的一般特征。运用系统的思维去处理机关中的各项事物，有助于把握整体、洞察本质，综合集成，触类旁通。然而现实生活中的一些人，没有养成系统工程思维去思考问题的习惯，或者根本不具备在实践中有效运用系统工程的能力。究其关键，在于只看到了系统工程的皮毛，而没有从根本上掌握系统工程的精髓。

（1）谋全局

全局即系统的整体，包括各个时期系统内外的所有要素，相互联系的各个要素共同构成系统整体，并产生不同于部分或部分之和的新功能，最终谋求系统全局的最优。统筹全局关照整体是全局观的体现。在全局观的指导下正确处理局部利益与全局利益的关系、眼前利益与长远利益的关系、个人利益与集体利益的关系，是系统正常运转的有力保障，在把握全局的同时要掌握关节是其精髓。

例子1：全局是一盘棋

面对棋局，高明的棋手善于运筹帷幄统领全局。要下好一盘棋，走好每一步棋，都需要全面考虑棋子之间的关系，考虑整个棋局中棋子布局的动态结构状况，从而在一定的时空中对所有棋子进行总体布阵与安排。如果"各拉各的调，各吹各的号"，天马行空，就会因"一着不慎"而导致"满盘皆输"，最终成为一盘散沙毁掉全局。此例说明：任何系统做任何事情，不识全局无疑是"盲人摸象"、"瞎子射马"。

例子 2：田忌赛马

在田忌赛马中，三局比赛作为整场比赛的组成部分，是环环相扣彼此影响的，没有第一局用下等马去对上等马，何来之后的用中等马对下等马，又用上等马对中等马，处于局部的三场比赛相互之间紧密联系并共同影响着比赛全局。此例说明：论及系统的全局性，必须先分析系统所包含的那些相互联系、相互作用的组成部分。

（2）寻规律

任何事物的发展都有规律。系统工程要求我们在是实践中要按照规律办事，无论求知还是处事，只有寻找到规律才能事半功倍。我们常讲的实事求是，这里的"是"就是事物本来的面貌和事物发展的规律。藐视规律、违反规律，必将受到规律的惩罚。

例子：拔苗助长

（3）求本质

深刻理解系统工程，就要求我们在对事物、问题或系统的认知中，做到入木三分，不为现象所迷惑，充分认识"庐山真面目"。面对瞬息万变的事物，有的人驾轻就熟，游刃有余，而有的人屡屡碰壁，不知从何下手。究其原因，就在于认知系统，是停留在系统的表面，还是直击系统的本质。只有抓住系统的本质，做事情才能既简单又从容。抓住了系统的本质就抓住了事物的纲，纲举则目张。因此，我们要深刻体会这一法则，在做事情过程中首先要究其实质、确其内涵，从而把握基调，寻找更为妥善的解决途径和方法。

例子：曹操吃信

曹操生性多疑，总担心别人会害他，他认为自己武功很高，若有人害他很可能是给他饭中下毒，于是曹操为了吃毒药都不死，他每天都吃点毒药。长期服用毒药，他体内已适应了这种毒药，欲毒死他也就不容易了。由此可见，毒药未必就是要人命的毒物，也许是救人命的草药。我们不仅看其表象，而应结合其所处环境探其究竟，从整体分析其本质。绝对不能被假象所蒙蔽，要透过现象看实质和内涵，认识问题的本质。

（4）合逻辑

春有百花秋有月，夏有凉风冬有雪。系统工程最直观的要求就是，研究任何问题，解决任何问题，都要主次分明把握带来这些问题的所有逻辑关系，这样才能够思路清晰，避免眉毛胡子一把抓。逻辑思维能力的强弱，决定了一个人思维脉络是否清晰，对目标系统的描述是否结构清晰，主次分明，因而也是决定一个人事业成功与否的重要因素之一。

例子：卓别林的电影剧本《大独裁者》

幽默大师卓别林写了一篇揭露希特勒的电影剧本《独裁者》。第二年春天，影片开拍时，派拉蒙电影公司说："理查德·哈克·戴维斯曾用《独裁者》写过一出闹剧，所以这个名字是他们的'财产'"。卓别林派人与他们谈判无结果，又亲自找上门去商谈解决办法。派拉蒙公司坚持说："如果卓别林一定要借用《独裁者》这个名字，必须付出两万五千美元的转让费，否则要诉诸法律。"卓别林灵机一动，当即在片名前加了一个"大"字，变为《大独裁者》，并且风趣地说："你们写的是一般的独裁者，而我写的是大独裁者"，对方哑口无言。事后，卓别林说："我多用了一个'大'字，省下了两万五千美元，可谓一字值万金！

（5）会定量

任何事物或任何系统，既具有质的规定性，也具有量的规定性。研究问题只进行定性分析不能准确描述一个系统，只有运用定量化分析方法之后，人类对事物或系统的认识才能由模糊变得清晰，由抽象变得具体。

例子：江泽民视察"黄浦江"

江泽民同志在上海工作期间，就处理黄浦江上造桥和通航之间矛盾关系时曾提出："桥造得太高，引桥长，拆迁多，施工难，造价高；桥的净空高度又不够，犹如同在黄浦江黄金水道上安一把锁，妨碍万吨级轮船进出。我看，科学的决策办法是大家都用系统工程的思路，进行定量分析，拿出数据来说话。

（6）建模型

事物是普遍联系的。系统工程里基于系统分析的模型方法，就是人们"画出一幅简化和易领悟的世界图像"的"最适当的"利器。系统分析的目的就是构建系统各组成部分之间以及系统与环境之间相互关联、相互制约、相互作用关联性的模型。"城门失火，殃及池鱼"这是普遍联系的生动体现。发现关联性是透过现象抓本质的重要手段。数据挖掘、预测科学、系统动力学等方法与技术的关键是探寻系统内外各要素之间的关联性。对任何事物、问题或系统进行分析、研究时，必须显化并理清其关联性。

例子：罗马俱乐部《增长的极限》

欧洲"罗马俱乐部"1972年发表的《增长的极限——罗马俱乐部关于人类困境的报告》，是由系统动力学的创始人杰伊·弗瑞斯特的学生丹尼斯·米都斯等撰写的，以世界人口增长、粮食生产、工业发展、资源消耗和环境污染等5大基本因素构成的世界系统仿真模型。它在世界范围内引发的对人类未来命运的"严肃忧虑"，以及对发展与环境关系的论述和一系列著名的后续研究成果，使罗马俱乐部的工作成为人类可持续发展史上的一座丰碑。

（7）守程序

在任何事物、问题或系统中，其物质、信息、能量的变化都是相当有序的。在问题的解决过程中，程序化是保证结果有效性的关键。程序化存在于一切系统之中，系统如果离开了程序，就会散架、乱套。系统工程强调程序化，主要为了实现决策科学化和提高决策质量。如何做到决策化？这要求我们想问题、做决策，按照程序分布地进行，对每个环节都要严肃认真，使决策目标清晰，拟定方案有可选余地，选定方案有可行性论证。程序化是完成决策的一种形式，但并非是搞形式主义。

例子：万物奉行合则

《周易•文言传》说："夫大人者，与天地合其德，与日月合其明，与四时合其序，与鬼神合其吉凶，先天而天弗违，后天而奉天时。天且弗违，而况于人乎，况于鬼神乎？"这是说人的德性，要与天地的功德相契合，要与日月的光明相契合，要与春、夏、秋、冬四时的时序相契合，要与鬼神的吉凶相契合。在先天而言，它构成天道的运行变化，那是不能违背的自然程序。在后天而言，程序的变化运行，也必须奉行它的规则。无论先天或后天的天道，尚且不能违背它，何况是人呢？更何况是鬼神啊。

在程序里，我们主要讨论"与四时合其序"，《文言传》"与四时合其序"这句话的意思是：春生、夏长、秋收、冬藏！当生就生，当长就长，当收就收，当藏就藏。这就是合时序了。应时序，就是走运，逆时序，就是背运。走运就会万事如意，背运就会受到惩罚。

汉宣帝时有一个丞相名叫魏相，他曾给汉宣帝上奏折，认为帝王和三公都有调和阴阳的责任，请求设立观察阴阳的羲和之官。奏折上说，东方之卦是震卦，其帝名叫太昊，主管春天；南方之卦是离卦，其帝名叫炎帝，主管夏天；西方之卦是兑卦，其帝名叫少昊，主管秋天；北方之卦是坎卦，其帝名叫颛顼，主管冬天；中央之卦是坤卦和艮卦，其帝名叫黄帝，主管四季。在各个季节要按那个季节的卦的特性行事，否则就会造成阴阳不调。举个例子，秋天的卦是兑卦，按这个卦行事，就应当收割庄稼，这时如果把庄稼放在地里不收，全民动员大炼钢铁，就违背了时令，除了会直接造成粮食短缺之外，还会引起若干莫名其妙的阴阳不调，例如干旱、社会动荡等，造成重大损失。魏相的主张被汉宣帝听取，观察时令，按时行事。

（8）重结构

结构化是解决一切问题的保障。结构决定了系统存在方式、形态、布局、分工、配置，决定了其系统稳定性、规律性；否则，没有结构的、松散的各部分，就无法构成系统整体。系统是多要素的复合体，完整地认识系统，就要充分认识系统内外的相关要素及其关系。我们在认知复杂系统时，要尽可能显化其结构。进行一项复杂系统工程时的组织管理工作，更要强调结构化。

例子：中国经济结构的形成

改革开放 30 多年来中国经济连续、快速增长，以公有制为主体，多种经济成分共同发展的所有制格局初步形成。这个结果的出现，不是偶然的，而是党和政府在实事求是、解放思想的指导下，大胆探索，通过对中国经济成分这个大系统进行渐进式的结构优化而实现的。

（9）善集成

系统工程的主要特点之一，就是在认识问题和解决问题时，能够超越一般"领域专家"的专业局限性，在不同学科、不同领域中，有效地综合集成一切相关的要素，以实现特定系统的整体目标。综合集成法则，不仅是一种学术研究的方法，其实质更是一种具有普适性的方法论。任何问题的解决途径都不一定是唯一的，"天下同归而殊途，一致而百虑"所说的正是这个道理。

例子：从定性到定量综合集成方法

钱学森在 20 世纪 90 年代初提出的从定性到定量综合集成方法以及进而提出的它的实践形式"从定性到定量的综合集成研讨厅体系"体系，就是一种在先进科技手段的强有力支持下，将人的科学理论、经验知识、专家判断，与从系统中获取的数据、信息结合起来，相互印证，进而形成强大的整体优势来处理开放复杂巨系统的方法。

（10）谋最优

任何一项系统工程，都可以被视为一项旨在实现最优控制系统（对可控系统）或最优适应系统（对不可控系统）的决策及决策实施过程。系统工程的灵魂和主旨就是以"系统"为研究对象，追求系统目标的整体优化并使实现系统目标的方法和途径最优。实现效果最优化，引申于决策就是实现决策效果最优。

例子：丁渭造宫

古代北宋年间，皇城失火，酿成一场大灾，在一夜之间皇宫断壁残垣。为了修复烧毁的宫殿，皇帝诏令大臣丁渭组织民工限期完工。丁渭将皇宫的修复全过程看成一个"系统工程"，将取土烧砖、运输建筑材料、垃圾回填看成了一串连贯的环节并有机地与皇宫的修筑工程联系了起来，有效地协调好了工程建设中看上去是无法解决的矛盾，从而不但在时间上提前完成了工程，而且从经济上也节省了大量的经费开支，又快又好地完成了皇宫的修复工作，实现了整个系统的最优——既省时又省钱。

四、规制的保障

不管做人还是做事，都是一项系统工程；要实现预期的目标，都需要系统的思想和系统工程的方法。实现目标就是让系统达到预期的最佳状态，明确系统预期的目标是什么，规划目标的实现途径，通过有效方式保证预期目标能够实现，通过系统中要素的相互作用来更好更快地优化系统状态。

概括起来，就是不管做人还是做事，都需要做到"六个有"，即有目标、有规划、有组织、有程序、有纪律和有效果。机关干部，不管对于完成手头的工作，还是个人的发展，甚至是研究院的整体运转，都需要考虑这"六个有"的规则，这就是机关工作的规制。

（一）有目标

爱默生讲过："一心向着自己目标前进的人，整个世界都会给他让路"。目标指引我们奋斗的方向，也是我们奋斗的动力。无论做人还是做事，第一步就是树立目标，而且是明确的目标，要达到什么样的效果应该做到心中有数。正如不同的会议目的决定了不同的会议流程与规模形式，不同的接待目的决定了不同的接待规格与准备工作，确立明确的目标是做事的关键。

在机关工作中，做每件具体的事情要确定目标，要圆满完成领导或业务部门交办的任务；履行自己工作职责要有目标，要使自己负责的工作成为研究院工作不可或缺的重要一环；自己在研究院机关的发展要有目标，通过自己持之以恒地努力，得到领导和同事的认可，展现自己的价值。

例子1：哈佛大学目标对人生影响的调查

哈佛大学曾对一群智力、学历、环境等客观条件都相当的年轻人，做过一个长达25年的跟踪调查，调查内容为目标对人生的影响。其结果与当年卡内基的调查结果惊人的相同：27%的人，没有目标；60%的人，目标模糊；10%的人，有清晰但比较短期的目标；3%的人，有清晰且长期的目标。

25年后，这些调查对象的生活状况如下：3%的有清晰且长远目标的人，25年来几乎都不曾更改过自己的人生目标，并向实现目标做着不懈的努力。他们几乎都成了社会各界顶尖的成功人士，他们中不乏白手创业者、行业领袖、社会精英。10%的有清晰短期目标者，大都生活在社会的中上层。他们的短期目标不断得以实现，生活水平稳步上升，成为各行各业不可或缺的专业人士，如医生、律师、工程师、高级主管等。60%的目标模糊的人，几乎都生活在社会的中下层面，能安稳地工作与生活，但都没有什么特别的成绩。余下27%的那些没有目标的人，几乎都生活在社会的最底层，生活状况很不如意，经常处于失业状态，靠社会救济生存，并且时常抱怨他人、社会和世界。

例子2：唐玄奘的马

唐太宗贞观三年，玄奘大师从长安出发前往西域取经，与他为伴的还有一匹高大健硕的马。17年后，这匹马驮着佛经回到了长安，受到了英雄般的礼遇。在路过长安城西的一家磨坊时，老马想起了自己童年时的好朋友——一头驴子。于是它重新回到了磨坊，见到了正在推磨的驴子老友。老马迫不及待地谈起了 17 年的旅途经历：浩瀚的沙漠，入云的山峰，冷峻的寒冰，热海的波澜……传奇的经历，驴子听入了迷。老马所遇如此丰富之经历，走过如此遥远之路途，这是驴子想也不敢想的。但是老马的一句话道破了其中的道理。"其实，我们跨过的距离是大体相等的，当我向西域前行的时候，你一步也没停止。不同的是我同玄奘大师有一个遥远的目标，按照始终如一的方向前进，所以我们打开了一个广阔的世界。而你被蒙住了眼睛，一生就围着磨盘打转，所以永远也走不出这个狭隘的天地。"

（二）有规划

有了目标就应该有规划，翔实的规划能够为目标的实现保驾护航。规划是指进行比较全面、长远的发展计划，它的目的在于对未来的整体性、长期性和基本性问题进行思索和考量，并对未来较长一段时期的整套行动方案进行设计。

在机关工作中，对每件工作都要制定相应的规划，开展一项工作应该采取什么样的方式，安排什么样的程序，组织什么样的资源，处理什么样的突发事件，都应该仔细考虑，使得工作尽量全程可控。这样就可以为我们目标的实现找到最优路径，从而更高效地实现。

对于自己的人生规划，也是一样的道理。要根据个人的人生目标和社会发展的需要，对自己制定全局战略，它既关系到结果，也关系到手段，并包含了人生发展各阶段所需的计划。为了实现人生目标，我们就要分解目标、制定战略、选择路径、设计结构并制定计划用以整合和协调活动。

（三）有组织

"有组织"就是要善于团结一切可以团结的力量，善于组织一切可以组织的资源。任何工作都难以凭借一己之力完成，人与人之间，部门与部门之间需要通力合作，有了大团结、大协作的精神，和机关资源的灵活调配，机关工作才有了保障。

例子：孙中山闹革命

孙中山 1894 年创建"兴中会"，1905 年联合"华兴会"、"爱国学社"、"青年会"等组织成立"同盟会"，其间发动和参与了 29 次革命起义，终于在 1911 年领导辛亥革命成功的推翻了清王朝统治，建立中华民国，带领中华民族走出封建帝王的统治，迈入新的历史时期。他所取得的这些成就，靠的就是无与伦比的组织能力。

（四）有程序

《道德经》中有句话"人法地，地法天，天法道，道法自然"。一切系统都讲求规则和程序，所有组织都追求良好有序的运转。如果说结构是组织运转的基础，那么程序就是组织运转的保障。不讲程序，缺乏制度、机制、法规和规范，无章可循，各行其是，不但许多事情办不下去，而且整个系统也会陷入混乱之中，根本谈不上效率。研究院要办成一件大事，就需要多个机关部门按照程序要求，协调有序，共同配合，才能办好。同时，对于领导或者业务部门交办的每件工作，也都要程序来做，这样才能保证事情能够完成，也可以防止出现差错或不当之处。

例子1：编制文稿的程序

编制文稿就像加工产品一样，也需要遵照相应的程序，如图5所示。

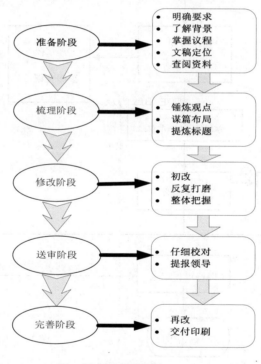

图5 编制文稿的程序

例子2：公务接待程序

公务接待工作涉及的内容多，各项事务交叉庞杂，就需要按照规定的程序按部就班的执行，才能避免出现差错，其基础工作流程如图6。

例子3：辛普森杀妻案

辛普森杀妻案是美国最为轰动的事件。案件的审理一波三折，最后在证据"充分"的情况下，由于警方在办案过程中的多次违背程序的操作，导致有力证据的失效，使得辛普森最终逃脱了法律的制裁，在用刀杀害前妻及另一男子两项一级谋杀罪的指控中以无罪获释，仅被民事判定为对两人的死亡负有责任。这其中的重大失误包括了现场勘查未履行程序，导致部分证据发生交叉沾染，可信度大为降低；在没有搜查许可证和非紧急情况下进行搜查，涉嫌非法搜查；抽取的辛普森血样未及时送交化验室，而被带回犯罪现场，导致部分血样的遗失。

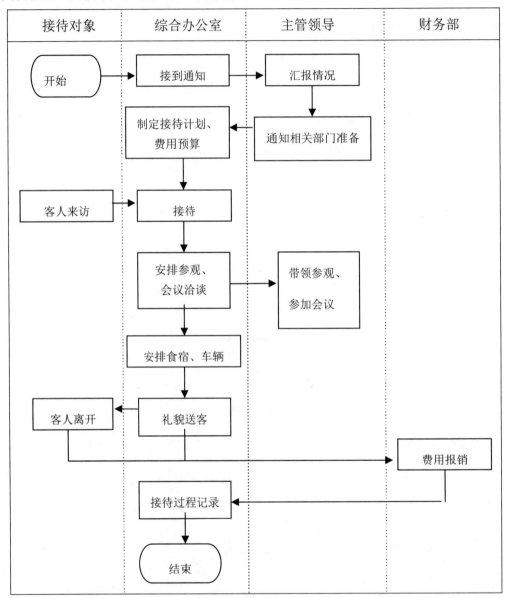

图 6 公务接待程序

（五）有纪律

俗话讲"无规矩不成方圆"，这个"规矩"就是纪律，纪律就是保障秩序的规章制度原则等等。从个人角度，纪律是个人道德和责任的体现；从组织角度，纪律是工作绩效和系统秩序的保障，有了坚实的纪律才能维护集体利益，保障工作进行，维持要素关系，大家只有按照纪律要求遵守秩序、执行命令和履行职责，各项工作才能有序开展。

在机关工作中，一定要遵守相应的工作纪律。我们从事的航天事业，关系到国家安全和民族利益，犯纪律问题，不仅仅会影响到具体工作的成败，还可能影响到个人前途、家庭幸福和研究院的整体发展。我们工作中一再强调保密、安全等纪律要求，就是这个原因。

例子1：列宁被查证件

有一次，列宁到一个地方开会。走到会场门口，被卫兵挡住了，要检查他的证件。后边走来一个留小胡子的人，向卫兵说："这是列宁同志，快放他进去！"卫兵回答说："我没见过列宁同志。再说，不管是谁，都要检查的，这是纪律。"列宁出示了自己的证件，卫兵一看果然是列宁，马上敬礼说："对不起，列宁同志，请您进会场吧！"列宁握着卫兵的手说："我们每个人都要遵守革命的法规，卫兵同志，你履行了自己的职责，做得很对。"

例子2：辽沈战役

辽沈战役中攻打锦州的这场战斗，是在东北的一场决定性战役，因为只有攻克锦州，切断东北与华北的联系，才能将东北国民党军全部封闭就地歼灭。战斗开始前部队就下了一道死命令，不管环境多恶劣，不管战斗多惨烈，"只许胜，不许退"。战斗持续了七天七夜，我军对国民党军形成了"关门打狗"之势。锦州解放后，东北战局急转直下，使解放战争提前了四年结束。

（六）有效果

效果是我们所有工作所追求的终极目标，无论过程中付出了多少时间与精力，如果没有达到预期的效果，工作就是失败的，付出就是浪费。效果是检验工作的标尺，我们在做任何事情时的最终标准就是得有效果，能够运用系统工程的方法有效地解决现实生活中的问题，否则一切都是徒劳的。我们强调的是"效果"而不是"效率"。没有效果的工作就如同石沉大海的投资，不仅回收为零，之前的努力和心血也都归之为零。

机关工作也需要效果，开展一项工作就到达到预期的效果，没达到效果就不要罢休。不能整天都在忙活，接过什么也没干成，那就太遗憾了。

例子：实验室考核的案例

笔者对自己所任职的社会系统工程实验室实施考核机制。每位研究生需按周递交工作总结和工作计划，并每月接受实验室成员的集体考核。考核之前要求所有成员填写月考核表并提交月工作成果。考核当日，实验室成员聚集一堂，被考核者依次对当月工作量及取得成果进行汇报，并接受其他成员的提问和打分。会议结束后，由一名负责人综合每人成果质量、打分情况以及导师意见形成最终的考核结果和反馈意见。二者同时反馈到被考核人手中，以便对被考核人下一步的工作调整提供依据。借助如是机制制度，实验室形成了可观、可控、有反馈的完整考核系统，实现了对工作进度的动态可观测，对工作效果的动态可控制以及对工作结构的动态可调整。实施考核后，配合奖惩机制，实验室成员的工作积极性明显提高，工作效果也优于先前。因此科学、合理、公平、有效的考核机制是保证系统有效运转的重要一环。

同志们，研究院是我国最早从事系统工程、情报信息研究和计算机技术开发及应用的单位之一；首次将中国航天系统工程思想、理论、方法应用到国民经济研究中，并成为中国宏观经济研究、人口发展研究等著名科研机构；成功运用综合集成方法解决我国改革开放与社会经济发展过程中急需解决的重大问题，获得中央领导的认可，是综合集成方法的探索者之一和第一实践者，为发展系统科学和系统工程做出了突出贡献，是中国载人航天工程（一期）的原创新单位之一，为中国载人航天工程（一期）决策提供了重要支撑。新时期、新形势下，经过改革调整，研究院将站在转型发展的新起点上，面临更大的发展机遇与挑战。机关部门作为院领导的助手，是推动研究院整体运转的主要动力，是落实全院工作的组织者和监督者，责任重大。我们大家要共同努力，打造公平、公正、合则的机关，让人的活力充分迸发，将机关和机关员工融合为一个和谐的、充满活力的系统，按照科学的规制办好每一件工作。通过这些工作，让机关的明天更辉煌，人性更解放，事业更成功！

第18讲

人类之痛，法制之重

——中国环境资源立法的系统思考

薛惠锋

人类共同面临的环境污染和资源短缺，已经成为威胁人类生存与发展的基本问题。世界各国积极寻求解决问题的各种路径，从技术革新到调整经济发展模式，从完善国内环境管理制度到国际环境合作。在这漫长的探索过程中，人们逐渐认识到，最为积极有效的手段是将各种措施规范化，以"法律"形式制度化，即环境资源立法。

中国环境资源立法从无到有、从简单到复杂、从零散到系统，到目前基本形成了有法可依的法律法规制度，为建设资源节约型、环境友好型社会奠定了必要的法律基础和法制保障。但是随着社会经济发展中带来的新情况、新问题，以往区域性、单要素的环境问题通过积累、叠加和扩散形成的生态灾难和环境危机，以及由此带来的政治、经济和社会危机，正在严重威胁着人类社会的生存、发展和安全。

以当前世界经济危机和全球环境问题为起点，按照科学发展观和生态文明建设的要求，对中国环境资源立法进行系统思考，对于确保新形势下国家环境安全，保障人类身体健康、生态环境良好、社会经济平稳发展具有重要的意义。

一、法律是解决环境资源问题的基本手段

法学是正义之学，维护和追求正义是法学的基本理念和基本价值取向。正如正义是法学的基本理念一样，维护和追求环境正义也是环境资源法学的基本理念。环境正义表示环境资源法应该合乎自然，即合乎自然生态规律、社会经济规律和环境规律（即人与自然相互作用的规律）。合乎自然不

是指维持原状，自然、社会和环境本身也是一个不断进化的过程。

环境正义与环境安全、环境公平、环境秩序、环境民主、环境效益和可持续发展等环境资源法学理念密切相关。其中，维护环境安全是对环境正义和环境秩序的起码要求是追求经济效益、社会效益和环境效益的最佳统一，追求环境民主和可持续发展，是实现环境正义的基本途径；环境正义表示环境资源法应该维护和实现环境公平，包括代内公平、代际公平、区际公平和种际公平；维护和追求人与自然和谐共处、人与人和谐共处的环境秩序，是最能体现环境正义的特色观念、核心观念。环境正义表示环境资源法应该维护和追求人与自然和谐共处、人与人和谐共处的环境秩序。

墨西哥法律哲学家路易斯·雷加森斯·西克斯认为，法律的首要目的是实现集体生活中的安全；虽然法律的最高目标和终极目的乃是实现正义，但安全是法律的首要目标和法律存在的主要原因。良好的环境秩序首先应该保障人和环境的安全，也就是说保障人与环境的安全是最起码的环境秩序，是人与人和谐、人与自然和谐的起码要求和最低标准，也是环境正义的基本要求。

法律是环境管理的一个最基本的手段，依法管理环境是控制并消除污染、保障自然资源合理利用并维护生态平衡的重要措施，同时也是经济、技术、行政和教育等其他手段的主要保障和基础。

在中国，党中央、国务院一直高度重视环境保护。20世纪七十年代把环境保护提上议事日程，八十年代将环境保护列入基本国策，九十年代提出实施可持续发展战略。进入本世纪，又提出了科学发展观，建设生态文明，"十七大"将环境保护列为全面建设小康社会的重要内容，并为此采取了一系列重大方针、政策、措施。30多年来，我国环保工作取得了很大进展，但由于自然环境脆弱、人口众多、经济增长方式粗放、环境监管滞后，加之经济、社会快速发展，环境污染呈现出压缩型、叠加型、复合型的特点，当前环境安全形势依然非常严峻。2007年，全国七大水系的408个地表水监测断面中，其中23.5%为劣V类水质，基本丧失使用功能；太湖、巢湖等湖泊出现了大面积蓝藻，影响当地饮用水安全；农村饮用水安全问题突出；地下水过度超采、污染严重。主要污染排放量，如二氧化硫、COD、氨氮等已经超过环境容量，甚至达到1倍以上。生态破坏和环境污染造成巨大的经济损失，严重制约了经济和社会发展、危害了群众身体健康、危机了公共安全和社会和谐，对国家安全造成了威胁。

在当前世界经济危机背景下，在中国当期面临的严峻环境问题形势下，加强环境资源立法工作，以法律制度保障国家环境战略的实施，对于预防和控制经济危机之后可能出现的环境危机，保障环境安全乃至国家安全具有重要意义。

二、中国环境资源立法的发展历程与现状

（一）古代：在"天人合一"思想影响下，形成了相对规范的环境资源法规制度

"天人合一"思想的核心是强调人类和自然界万物一体、不可分割。在坚持人与天整体统一的前提下，将人看作是小我，宇宙是大我，把人作为自然有机体的一部分来确认，在该思想指导下，出现了古代朴素的自然环境资源管理理念。儒家"亲亲而仁民，仁民而爱物"的思想，要求耕作不失农时，捕鱼勿用过细之网，砍伐树木要适度，要按时节进行。在《孟子•告子篇》中，孟子提出"苟得其养，无物不长"的观点，如果自然资源得到保护，就会为人类永续利用。这也是最早的可持续发展理念和思想。

在古代"天人合一"的思想指导下，古代人类社会主动积极采取措施保护自然，提出一系列规范自然利用行为和生态环境破坏的禁令。中国古代环境保护的法律规范的产生，最早可以追溯到前2100～1600夏朝时期。据《逸周书•大聚》记载，夏朝时期规定"春三月，山林不登斧，以成草木之长；夏三月，川泽不入网罟，以成鱼鳖之长"。《韩非子•内储说》上载："殷之法，刑弃灰于街者。"西周时期《伐崇令》规定："毋坏屋，毋填井，毋伐树木，毋动六畜，有不如令者，死无赦。"

秦朝是中国第一个中央集权的封建王朝，农业生产有了进一步发展，对于自然环境和自然资源保护的法律也日趋增多和严格。秦朝的田律规定："春二月，毋敢伐材木山林及雍（壅）堤水。不夏月，毋敢夜草为灰，取生荔，毋毒鱼鳖，置井罔（网），到七月而纵之。邑之近皂及它禁苑者麛，时毋敢将犬以之田。"《礼记•月全》中，具体到按照每一个月的自然生态情况，列出了一些必须禁止的破坏自然和生态环境的行为，以达到"天人合一"的境界。

唐律中设有"杂律"一章，更具体、更详细地对保护自然环境和生活环境作了规定。据敦煌石窟出土的文献资料记载，唐代颁布了水政管理方面的水法《水部式》，还有水利方面的《营缮令》。唐代把山林川泽、苑圃、打猎作为政府管理的范围，还把城市绿化、郊祠神坛、五岳名山纳入政府管理的职责，划分禁伐区和禁猎区，从管理范围上超过了先秦时期。宋代也相当重视生物资源的保护，并注重立法保护，甚至以皇帝下诏令的方式，一再重申保护禁令。

古代人类社会在处理人与自然之间的关系问题上，虽然没有现代意义上的环境保护工作和环境立法，但出现一些保护自然环境的论述和零散的保护自然环境的法律规范，作为特定社会制度条件

下的产物是十分可贵的。其理论思想和立法制度对当代环境资源立法具有重要的影响。

1）中国古代人类在与自然长期相互交往的过程中形成和发展起来的"天人合一"的观点，主张建立起万物平等自化的生态伦理理想世界，凝聚着中国古代生态伦理的高超智慧。它肯定了人是自然界的产物，是自然界的组成部分，提倡尊重生命，兼爱万物，其根本目的是实现人与自然的和谐发展。实际上这就是萌芽阶段的可持续发展思想，它与现代生态哲学思想是一致的，是可持续发展的哲学基础。在现代自然环境保护的视角下，重新阐释了这一概念："天"即自然界，"人"即人或人类社会，"天人合一"意味着"天地人和"，形成了当今人类社会与自然界的和谐相处的生态理念。

2）唐律是中华法系的最高顶峰，其中《唐律疏议》、《永徽律》是中华法系的瑰宝，后世代的封建王朝均以此为范本。唐律不仅影响了中国世代封建王朝，而且影响了整个东亚、东南亚的封建律法，是形成中华法系的渊源。在历史上，以唐律为代表的整个东亚，包括当时的日本、朝鲜、越南等都在适用这样一套法律制度，所以西方人把以唐律为代表的中国法律称为"中华法系"。中华法系是世界法律文化中很独特的代表，最能够体现中华法系内容、结构和原则特点的恰恰就是唐律。在立法技术上，唐初统治者充分借鉴了以往历代统治阶级丰富的立法经验，继承和吸收了历代法律发展过程中的优秀成果，立法技术臻于成熟、完善。在法典体例篇目上，结构严谨，排列有序，篇条之间，联系清晰；在律文内容上，所涉广泛，但多而不乱，文字简约，却保证疏而不漏，法律概念和术语的使用准确而规范，律文与律疏有机配合，注释确切，举例恰当。唐律所取得的历史成果和其立法思想，对当今环境资源立法尤其是建设具有中国特色的环境资源法律制度，都具有重要的借鉴意义。

（二）近代：在半殖民地半封建社会制度下，中国环境资源立法缓慢发展甚至阶段性滞停

1840 年鸦片战争后，中国从封建社会逐渐沦为半殖民地半封建社会，农业经济占主要地位。西方国家由于工业发展需要，大量掠夺和侵占中国资源，在华工厂不注重环境资源保护，在局部地区已出现工业生产造成的环境污染，自然资源破坏和水土流失等问题日益突出。但由于当时战乱频繁，政局不稳，执政者不重视环境资源保护，因而环境资源立法工作缓慢发展甚至阶段性滞停。

中华民国政府曾先后颁布过一些保护环境和自然资源的法律。如中国民主革命的伟大先行者孙中山先生在他的《建国方略》中，曾提出一个比较全面的国土资源开发利用计划方案，并大力提倡植树造林。如渔业法（1929 年）、林法（1932 年）、狩猎法（1932 年）、土地法（1930 年）和水利法

（1942 年）。中国共产党领导下的苏区、抗日革命根据地和解放区的革命政权在战争年代也制定了一些环境资源法律法规，如《中华苏维埃共和国土地法》（1931 年）、《晋察冀边区保护公私林木办法》（1939 年）、《陕甘宁边区森林保护条例》（1941 年）等。

在这个时期，由于我国长期处于经济、社会和科学不发达的状态，缺乏现代环境资源保护赖以发展的必要条件，导致环境资源立法滞后，仅有的法律制度也没有得到有效实施，立法进程远远落后于世界发展水平。

（三）现代：在一系列新型发展战略思想指导下，中国环境资源立法得到了快速发展，环境资源法律制度基本形成

新中国成立初期，我国经济方面的首要任务是恢复经济特别是农业经济，这一时期的环境资源立法较多的是自然资源保护方面的，制定了一系列有关保护森林、保护土地、改良土壤、防治水土流失和沙化、整理害河等法规和规范性文件，如《国家建设征用土地办法》（1953 年）、《政务院关于发动群众开展造林、育林、护林工作的指示》（1953 年）、《矿产资源保护试行条例》（1956 年）、《关于防止厂矿企业中矽尘危害的决定》（1956 年）、《水土保持暂行纲要》（1957 年）等。

进入 20 世纪 70 年代，工业发达国家不断出现震惊世界的公害事件，惨痛的教训使我国也认识到控制污染的重要性。1973 年，我国召开了第一次全国环境保护会议，把环境保护提上了国家管理的议事日程。会议拟定了《关于保护和改善环境的若干规定（试行草案）》，并随后由国务院发布实施。环境保护工作迈出了关键的一步，我国环境资源立法进入新的发展阶段。

1978 年通过的《宪法》在"总纲"中规定"国家保护环境和自然资源，防治污染和其他公害"，这是我国首次将环境保护工作列入国家根本大法，为我国的环境保护和环境立法提供了宪法基础。

1979 年 9 月 13 日，第五届全国人民代表大会常务委员会第十一次会议原则通过了《环境保护法（试行）》，我国第一部环境法律问世。这部法律规定了各地建立环境保护的管理机构和环境影响评价、"三同时"制度等，确立了经济建设、社会发展与环境保护协调发展的基本方针。

1982 年颁布的《宪法》第二十六条规定："国家保护和改善生活环境和生态环境，防治污染和其他公害。"这一规定将环境的对象予以扩大，同时还增加了一些合理开发利用自然资源的条款。随后，在环境污染防治方面，国家制定了《海洋环境保护法》（1982 年）、《水污染防治法》（1984 年）、《大气污染防治法》（1987 年）等。在自然资源管理和保护方面，制定了《森林法》（1984 年）、《草原法》（1985 年）、《渔业法》（1985 年）、《土地法》（1985 年）、《水法》（1988 年）和《野生动物保

护法》（1989 年）。此外，在国家一些重要的民事、行政和诉讼等基本法律及有关企业的立法中也规定了一些环境保护的内容。

1989 年 12 月，第七届全国人民代表大会常务委员会第十一次会议通过的《环境保护法》，确立了我国环境保护的基本原则和基本制度，包括环境与经济、社会协调发展原则，环境保护公众参与原则，环境保护预防为主、防治结合原则，环境治理污染者负担原则；规定了环境标准制度、环境监测制度、环境规划制度、环境影响评价制度、清洁生产制度、"三同时"制度、排污许可制度、排污收费制度以及限期治理制度。

1992 年 6 月，联合国环境与发展大会提出并通过全球的可持续发展战略，要求"必须发展和执行综合的、有制裁力的和有效的法律和条例"。1994 年 3 月，国务院批准了《中国 21 世纪议程——中国 21 世纪人口、环境与发展白皮书》，要求建立保障可持续发展战略实施的环境资源法律制度。我国在继续加快制定新的环境资源法律、法规的同时，开始对原有的环境资源法律、法规进行整理、修改和完善。从总体上看，这次立法高潮主要是对原有法律的修改、补充，重点在于加强对环境资源的行政管理。同时，地方环境资源立法有所加强，成为我国环境资源立法的有机组成部分。

2003 年科学发展观的提出，为我国环境资源立法工作注入了新的活力。全国人大常务委员会再次修改了《固体废物污染环境防治法》（2004 年）、《水污染防治法》（2008 年），制定了《可再生能源法》（2005 年）、《循环经济促进法》（2008 年）。同时，针对气候变暖等全球性环境问题，加入了多项有关环境与发展的国际公约，并继续积极参与有关可持续发展的国际立法。

当前，围绕我国特色社会主义法律体系建设和生态文明建设的要求，《土地管理法》（修改）、《矿产资源法》（修改）、《大气污染防治法》（修改）、《森林法》（修改）和自然区保护、海岛保护相关法律的起草修订工作，已经列入十一届全国人大立法规划。《环境保护法》的修改作为十一届全国人大常委会根据情况安排的立法项目，其研究论证工作已全面展开。

这一时期，环境资源立法成为我国环境保护工作的重要支柱和保障，成为我国社会主义法律体系中新兴的、发展迅速的一个有机组成部分。可持续发展、科学发展观成为环境资源立法的指导思想。在科学发展观思想的指引下，我国社会主义法律、政策以及相关的制度和体制正在向全面保障可持续发展战略实施方面发生变革。环境资源立法越来越多地采用经济手段和市场机制，法律手段的综合性加强，运用行政管理、宏观调控和市场经济机制相结合的办法，建立更严格的环境资源保护、利用和管理制度。环境资源立法的全球性、趋同化更为明显，地方环境资源立法发展迅速，发挥了较好的作用。

中国环境资源立法从无到有、从简单到复杂、从单一到系统、从国内环境资源问题到国际环境合作，已经初步形成了以宪法中环境资源相关条例为依据，以环境保护法为基础，以单行环境资源法律为保障，以部门法律规定和地方性环境资源法规为配套，以国际环境资源保护条约公约为辅助，基本形成了有法可依的环境资源法律制度。覆盖污染防治、生态保护、资源管理等领域，为建设资源节约型、环境友好型社会奠定了必要的法律基础和法制保障。已形成的具有中国特色的环境资源法律制度与我国社会主义初级阶段的基本国情、改革发展的进程相一致，总体上是科学的、统一的、和谐的。

三、中国环境资源立法中存在的不足

党的十七大报告明确提出"经济发展与人口资源环境相协调"，要"建设生态文明，基本形成节约能源资源和保护生态环境的产业结构、增长方式、消费模式"，使"生态文明观念在全社会牢固树立"。生态文明作为全面建设小康社会的奋斗目标首次写入党的政治报告，这是我们党对社会主义现代化建设规律认识的新发展，标志着中国环境保护与经济建设之间的关系转变基本完成。

这些新的政策体现了党中央在环境保护战略上的发展和创新，为新时期环境资源保护工作和环境资源立法指明了新方向，提出了新要求。要满足中国社会经济发展的需要，实现环境资源发展目标，现有的环境资源相关法律法规存在以下不足之处。

（一）完备性问题

现行的环境资源立法中存在部分立法空白、配套法规制定不及时、其他环境管理手段缺乏法律依据等问题，环境资源法律制度缺乏完备性。

部分环境资源领域立法尚有缺失。如在土壤污染防治、危险化学品环境管理、排污权交易、气候变化控制、外来入侵物种防治等领域，目前只有一些规范性文件，还未制定相关法律。

配套法规制定不及时，影响法律的有效实施。行政法规和地方性法规是中国特色社会主义法律体系的重要组成部分，在中国环境资源立法中，法律、行政法规、地方性法规三个层次法律规范相互间还不够配套，许多环境资源相关法律出台后，要求制定的配套法规和规章不能及时出台，一些重要的配套法规已不能适应法律的要求，未能及时修订，在一定程度上影响了法律实施。如新修改的《水污染防治法》提出，水环境保护目标责任制和考核评价制度、生态补偿机制、重点排污单位自动监测以及农业面源污染防治等措施，由于配套法规尚未出台，对《水污染防治法》的贯彻实施带来较大的影响。

行政手段、经济手段、公众参与等环境管理手段缺乏有效的立法保障，难以发挥应有的作用。法律规定是解决环境资源问题的重要手段，但并非唯一手段。在环境资源管理中，要充分发挥市场机制、行业自律、公众环保意识等调控手段，但是这些手段的有效实施需要通过法律制度来保障。现行环境资源保护立法确立的是"预防为主，防治结合"的原则，预防以环境影响评价制度和"三同时"为主要支柱。但这种预防手段主要依赖行政强制力量，政府主导思想更多地贯穿于环境立法之中。市场调控手段法规制度不够健全。目前实施的只有排污收费和污水处理收费等，其他抑制环境污染的环境税费、能源资源税费、生态补偿制度还没有得到有效实施，单靠行政措施是很难得到有效落实。公众环境资源保护参与缺乏有效的立法保障，相应的社会调控机制尚未有效发挥。环境立法缺乏广泛的公开性和普遍的民主性，没有相应的监督机制和信息披露制度，也没有能力建设和基础保障措施来保证公民对行政立法进行有效的参与，发表意见和看法，程序上就不能很好地保障立法能全面衡量并反映社会公共利益的问题。如果不能通过良好的制度设计，从程序上使环境立法受到切实的监督和控制，就很难避免和制约立法的"权力滥用"，甚至可能使立法背离起初的设定目标，成为地方利益、部门利益之争的工具。

（二）适时性问题

大量法律制定时间较早，部分规定已不适应经济社会发展的需要。环境资源法律制度是特定社会历史条件下形成的，具有显明的时代特征。中国环境资源法律、法规、规章、条例大都产生在 20 世纪 80、90 年代，已明显不适应经济社会发展特别是社会主义市场经济的需要。

1989 年正式颁布实施《中华人民共和国环境保护法》在推动我国环境保护事业发展、推进我国环境法治化进程和环境法律制度建设发挥了重要作用。但是多年来，国内外经济社会以及环境保护形势发生了巨大变化，市场经济体制逐步完善，公众对环境质量的要求不断提高。现行环境保护法已经无法满足环境保护工作发展的新要求。环境保护法的指导思想明显落后于时代发展步伐。党和政府新的执政理念以及可持续发展、环境与发展综合决策、科学发展观、人与自然和谐、生态文明等先进理念没有在法律中体现。由于环境保护法是基于中国当时实行的计划经济体制制定的，许多发展规定不可避免地带有浓重的计划经济色彩，与当前我国社会主义的市场经济体制不相适应。在环境保护法出台后相继制定和修改了多部环境资源相关法律，客观上出现了环境保护法中一些条款滞后于现行单行法律条款。

（三）一致性问题

由于环境资源法律产生时间的先后性，部分法律存在前法与后法不够衔接、相关法律规定不一致问题。部分法律之间规定相互不尽一致，给环境责任认定带来一定的难度。

我国《民法通则》第124条规定："违反国家保护环境防止污染规定，污染环境造成他人损害的，应当依法承担民事责任。"这一规定将致害行为的违法性作为环境民事责任的构成要件之一，而环境法及相关立法却做出了不同的规定。例如《环境保护法》第41条规定："造成环境污染危害的，有责任排除危害，并对直接遭受损害的单位或者个人赔偿损失。"再如《水污染防治法》第5条第2款规定："因水污染危害厚道损失的单位和个人，有权要求致害者排除危害和赔偿损失。"以及《大气污染防治法》第62条规定：造成大气污染危害的单位，有责任排除危害，并对直接遭受损失的单位或者个人赔偿损失。我国环境立法中大都规定环境污染侵权行为仅以危害事实以及加害行为与危害事实间的因果关系为其构成要件，对致害行为有无违法性则无规定。这一立法的不一致、不协调，对司法实践中环境民事责任的认定增加了难度。

又如在水污染防治法、大气污染防治法和固体废物污染环境防治法中，水污染防治法规定"缴纳排污费数额二倍以上五倍以下的罚款"，大气污染防治法规定"处一万元以上十万元以下罚款"，而固体废物污染环境防治法没有具体的经济处罚规定，三部法律处罚标准和额度规定明显不一致。

（四）有效性问题

部分法律规定过于抽象，缺乏可操作性，难以得到有效实施。现行的环境资源部分法律规定过于原则和抽象，可操作性不强，难以保证实施。在有关环境法律责任的规定上，仅指出违反环境法应承担的行政责任、民事责任、刑事责任，但到底哪些属于行政、民事、刑事责任内容，违法者又没在哪些情况下分别承担这些责任，如何强制违法者行为对环境所造成的破坏或污染后果相当等等内容，都没有明确的规定。因此，各地环境行政主管部门在处罚上差距较大，许多环境纠纷不仅得不到圆满的解决，反而引起新的矛盾和纠纷。

如《水污染防治法》对生态补偿机制和农业农村水污染防治做了规定，但是没有可操作的具体措施的内容。《环境噪声污染防治法》和《野生动物保护法》规定的法律责任中只有处罚的种类，没有规定罚款数额，实践中难以执行。《固体废物污染环境防治法》规定"拆解、利用、处置废弃电器产品和废弃机动车船，应当遵守有关法律、法规的规定，采取措施，防止环境污染"，这一规定过于原则。再如《环境影响评价法》关于规划环境影响评价的规定比较原则，如审查程序不够具体、牵头组织审查的主体不够明确、对规划进行环境影响评价的强制性要求不够有力等，这在很大程度上限制了规划环境评价制度的实际执行效果，目前实践中很多规划并未按照法律的要求进行环境影响评价。以上规定的抽象性助长了环境资源法律实施操作中的随意性，特别是涉及到部门利益时，责权利界定不够明确，以至于在法律实施中出现互相推诿责任的现象，许多违法现象不能及时发现和制止，影响整个环境资源法律的实施效果。

四、中国环境资源立法工作的对策与建议

（一）推进科学民主立法，提高环境资源立法质量

实行科学立法、民主立法，是完善中国特色社会主义法律体系，加快建设社会主义法治国家的必然要求，体现了科学与价值的统一。在市场经济条件下的环境资源立法，必须遵循自然生态的规律，坚持以科学的理论为指导，深入贯彻落实科学发展观，运用科学的观点和方法研究自然现象、社会现象和法律现象，使环境资源立法遵循自然规律、社会规律、经济规律，真正反映事物发展变化的客观规律。

实行民主立法，要求法律制度真正反映最广大人民的意愿、切实维护最广大人民的根本利益，同时立法工作要面向人民、为了人民。在环境资源立法中要扩大公民对立法的有序参与，要广泛征求民众意见，及时发现民众所关心的问题。通过座谈会、研讨会、论证会、听证会等多种方式，集思广益、形成社会共识，提高立法质量，保障国民经济发展和社会进步中的环境安全和资源安全。

（二）规范环境立法程序，创新环境立法工作机制

立法工作政治性、政策性很强，专业性、技术性也很强。为保证环境立法工作质量，需要坚持深入开展立法调研和科学论证，规范的立法程序和技术，不断完善环境资源立法机制，集中各方面智慧，凝聚各方面共识，调动各方面积极性。

首先，科学决策法律草案起草工作主体。由于环境资源立法调整对象关系复杂，法律制定和修改中涉及多个部门。尤其对一些综合性的法律如环境保护法，在起草过程中存在多个部门的利益博弈关系。对于此类综合性法律需要人大通过科学论证，由人大专门委员会或委托其他研究机构起草。

其次，完善起草工作机制。法律草案起草部门要通过多种形式组织有关方面共同参与，认真听取并研究各方面的意见和建议，集思广益，做好沟通协调工作。处理好各有关部门之间的职责划分，涉及多个部门职权的，要进行充分协商，力求达成一致，防止"部门利益法制化"，维护立法的严肃性。再次，完善审议工作机制。全国人大环资委要加强与相关部门的联系，认真履行审议法律案职责，充分发挥专门委员会、人大代表在立法中的积极作用，妥善处理统一审议和发挥各方面积极性的关系，切实提高立法质量，确保法律体现党的主张，维护广大人民的环境权益。最后，在法律草案公布的同时，要以多种形式介绍草案的起草背景，使社会各方面对草案增进了解和认识，引导公众参与讨论提出意见。通过多种新闻媒体，开辟法律草案讨论，征求意见专栏，为公众发表意见创造条件，全面、及时、准确收集各方面提出的意见和建议，逐条认真研究，确保立法公正性。

（三）建立健全后评估制度，加快环境资源法律清理

以完善法律、推动法律有效实施为目的，对现行法律开展立法后评估，是确保立法程序完整性的主要环节。环境资源立法过程中，要善于通过法律实施的立法效果评估发现问题、完善立法。作为对环境资源立法后评估工作的探索，全国人民代表大会环境与资源保护委员会针对人民群众关心的重点问题，对水环境保护相关法律开展了后评估工作。通过后评估，基本理清了水环境保护法律存在的主要问题，有效推进了水环境保护立法的开展，为环境资源立法后评估积累了宝贵的经验，起到重要的示范作用。

通过相关法律后评估，对环境资源法律中的问题进行整理，采取分类处理的原则，在充分调查研究和论证的基础上，提出法律清理建议，确定废止、修改的立法规划，并逐步实施。在环境资源法律清理具体工作中，应把握好以下几点。

1）抓住主要问题，重点解决环境资源突出问题。在法律清理中，应把重点放在现行法律特别是早期制定的法律中存在的明显不适应、不协调的突出问题上，解决环境资源法律中的主要矛盾和突出问题。要坚持从实际出发，全面系统的调查研究现有法律制度，有多少问题发现多少问题，对查出的问题，根据不同情况，区分轻重缓急，有针对性、有重点地逐步加以解决和完善。如针对环境保护法存在的突出问题，应全面征求各部门意见，统筹兼顾，加快对环境保护法修改的研究论证工作。

2）循序渐进、有步骤有计划地进行。人类活动没有止境，法律体系也要与时俱进、不断创新，它必然是动态的、开放的、发展的而不是静止的、封闭的、固定的。同一社会关系和同一社会主体，

因不同法律调整时，由于立法目的和调整方式等的不同，加之立法中的技术性因素，难免使法律与法律、法律与法规、行政法规与地方性法规之间产生矛盾与冲突，但法制的本质特征和要求是统一。环境资源立法中的矛盾与冲突是难免的，同时，消除这种矛盾和冲突，是环境资源立法工作的主要任务。而且环境资源立法是一项复杂的系统工程，法律法规的完善不可能一蹴而就，是一个循序渐进的过程。通过广泛征求意见，反复研究论证，对应该解决并能够达成共识的问题，及时予以解决；对不能达成共识的，或者有关规定虽已不适应经济社会发展需要，但目前修改或者废止的时机、条件尚不成熟的，继续进行研究论证。

3）实事求是，分类处理。对明显不适应发展社会主义市场经济，但是又是不可缺少的法律，如不修改将难以发挥法律作用的要进行修改；对原有的规定已被新法的规定所代替，或者由于调整对象、法律所设定的情况发生变化实际已不再适用，或者与实际情况明显不适应的，提出予以废止的建议；对法律之间一些前后规定不一致、不衔接的问题，适用立法法规定的后法优于前法、特别规定优于一般规定等法律适用规则仍难以解决适用问题的现行规定要进行修改；对征求意见中属于大量需要深化改革或者完善制度解决的问题，在修改法律时一并研究。

（四）加强配套法规制定，完善环境资源法律制度

环境资源法律配套法规是指为保证环境资源法律实施，法律条文明确规定，需要由国务院等有关部门制定（包括修改、废止）的法规、规章以及其他规范性文件等。制定法律配套法规，一般应当在法律实施前完成，并与法律同步实施；需要为改革发展留有空间、在执行中逐步到位或者要择机出台、应急出台的法律配套法规，有关制定机关可以根据实际情况适时制定实施。

在立法规划、立法工作计划编制阶段，有关部门在提出立法项目时，应当同时就该项目是否需要制定法律配套法规进行研究并提出初步意见。在法律草案起草过程中，经研究论证需要制定法律配套法规的，起草单位应当同时开展有关法律配套法规的研究和起草工作；需要由本部门与其他部门共同制定法律配套法规的，起草单位应当与有关部门共同开展相关配套法规的起草工作；需要由其他部门制定配套法规的，起草单位应当与相关部门做好沟通协调，及时开展法律配套法规的起草工作。法律通过后，全国人大常委会应当列出需要制定的法律配套法规目录，向有关机关发出关于落实有关法律配套法规的函。环资委应当沟通协调、密切配合，跟踪、掌握法律配套法规的制定进展情况，并结合执法检查和开展有关监督工作，做好法律配套法规制定的督促工作。

（五）注重地方环境立法，确保法律法规有效执行

地方环境立法是我国立法体制的重要组成部分。从广义上讲，地方环境立法是指依照宪法和法律享有立法权的地方权力机关和地方行政机关包括省、自治区、直辖市、省级政府所在地的市、国务院批准的较大的市的人民代表大会及其常务委员会、人民政府根据本地区政治、经济发展的目标并结合本地生态环境与自然资源的具体情况，依照法定权限和程序，制定、修改或废止各种地方性环境法规、规章的活动。通过中央和各级地方立法机关的努力，我国地方环境立法取得了显著的成绩，形成了自己的特色，并以其极大的数量、极强的操作性和极广的覆盖面在我国的环境立法中占据了举足轻重的地位。

地方环境立法，重在有地方特色，应能够充分反映本地区的具体情况和实际需要，并针对本地实际，集中解决问题比较突出，而国家环境立法尚未规定或者不宜规定的事项。同时又要避免照搬照抄上位法的规定，对上位法中规定不明确或者规定有矛盾的环节，在地方环境立法中加以明确和调整。

（六）重视立法决策技术，提高环境立法工作效率

中国在环境资源立法中取得了大量的实践经验，但是中国目前对立法决策技术研究相对较少，尤其面临"立法信息爆炸"的时代，立法决策者如何根据海量的信息进行快速决策，如何完善立法决策机制和规则，健全科学立法程序和技术规范，这些问题的解决都需要对立法技术进行全面系统的研究。

立法技术是指在法的创制过程中所形成的一切知识、经验、规则、方法和技巧等的总和。如何表达规范性法律文件的内容的知识、经验、规则、方法和技巧等，包括法律文件的内部结构、外部形式、概念、术语、语言、文体以及立法预测、立法规划等方面的技术。中国立法环境复杂性和系统自身复杂性增大，现有立法技术在对世界各国法律的吸收和消化，与包括 WTO 在内的各种国际组织的规则衔接，以及对迅速变化的中国环境资源的立法对策等方面，往往显得力不从心。因此，未来环境资源立法工作中，应该注重利用现代信息技术的手段方法来实现立法系统决策，加快对立法决策支持的研究和应用。

利用综合集成立法决策支持系统，为中国环境资源立法的科学化和民主化提供科学手段，增强环境资源立法的复杂适应性，提供一个高科技、高民主和高智源的综合集成的技术和知识支持。综

合集成环境资源立法决策支持系统的智能整体优势和综合集成优势，就在于把复杂的法律法学问题和环境资源问题综合起来，获得对立法、环境资源等相关问题的整体认识，从整体上提高环境资源立法系统的知识水平，增强立法系统的决策能力。

（七）参与国际环境立法，推动全球法律制度协调

中国环境法与国际环境法的逐渐协调、融合是全球环境保护事业发展的需要。当前人类环境问题有以下几个主要特点：第一，全方位；第二，全因子；第三，整体与局部问题交叉和相互促进；第四，既有突出的当前症状，又有潜在的滞后效应；第五，以人为影响为主；第六，当前人类对环境问题的认识还很肤浅，不全面。这些问题显然在一个或几个国家的区域内是无法解决的，需要整个国际社会的合作。因此，国际环境法力图突破各国在政治和经济利益上的巨大差距对全球环境保护造成的障碍，推动各国保护全球环境的共同政治意愿的发展。在这种背景下，中国环境法必须在某些方面与国际环境法达成协调一致。

五、中国环境资源立法发展趋势的系统思考

党的十七大报告指出："必须把建设资源节约型、环境友好型社会放在工业化、现代化发展战略的突出位置，落实到每个单位、每个家庭。"吴邦国委员长曾在十一届全国人民代表大会二次会议上强调："党中央明确提出，到 2010 年形成中国特色社会主义法律体系。今年是实现这个目标的关键一年。要按照党的十七大精神，在提高立法质量的前提下，一手抓法律制定，一手抓法律清理，努力在形成中国特色社会主义法律体系上迈出决定性步伐。"以上会议精神对我国环境资源立法工作提出了新的要求，加之当前金融危机席卷全球的严峻形势，中国环境资源保护工作任务更加艰巨、情况更加复杂，环境资源立法工作面临着新的机遇和挑战。

环境资源立法坚持以人为本，遵循自然规律和社会规律，围绕"确保到 2010 年形成中国特色社会主义法律体系并不断加以完善"的目标，坚持科学立法、民主立法，争取在立法目标、立法原则、工作机制、技术和方法等方面都有所创新，为全面落实科学发展观，促进环境与经济全面协调发展提供强有力的法律后盾。

（一）环境资源立法是中国特色社会主义法律体系的有机组成部分，坚持中国特色是我国环境资源立法的根本

法律体系是指一个国家的全部法律规范按照一定的原则和要求，根据不同法律规范的调整对象和调整方法的不同，划分为若干法律门类，并由这些法律门类及其所包括的不同法律规范形成有机联系的统一整体。

中国的法律体系是中国特色社会主义法律体系，它包括法律规范和法律制度，必然要求以体现人民共同意志、保障人民当家做主、维护人民根本利益为本质特征，这是社会主义法律体系与资本主义法律体系的本质区别。在中国特色社会主义法律体系建设中，首先必须始终坚持正确的政治方向，最根本的是要把坚持党的领导、人民当家做主和依法治国有机统一起来，体现它的中国特色社会主义性质。

作为中国特色社会主义法律体系的有机组成部分，中国环境资源立法也必须走中国特色之路，在立法工作中必须坚持以下原则：坚持正确的政治方向，坚持党的领导、人民当家做主、依法治国有机统一，服从、服务于党和国家工作大局，从法律上保证党和国家环境发展战略部署和重大决策的贯彻执行，保证生态文明建设和两型社会建设的贯彻实施；坚持以人为本，以改善民生、改善人居环境、保障人民生产生活环境安全为目的，加强重点环境资源问题立法，切实解决人民群众最关心、最直接、最现实的环境资源问题，从法律制度上保障各种环境资源问题的有法可依；坚持人与自然和谐相处，建立健全可持续发展体制机制，促进形成节约能源资源和保护生态环境的产业结构、增长方式、消费模式，建设生态文明，实现经济社会永续发展；坚持法律制度协调统一。

（二）环境资源立法必须立足于中国当前社会经济发展的实际，立足于中国面临的环境资源问题

中国的环境资源法律要解决的是中国的环境问题，因此必须从中国国情出发。要把我国改革开放和社会主义现代化建设的伟大实践，作为立法基础。要紧紧围绕全面建设小康社会的奋斗目标，紧紧围绕发展这个第一要务。我国当前经济社会发展呈现出新的阶段性特征，经济实力显著增强，同时生产力水平总体上还不高，长期形成的结构性矛盾和粗放型发展方式尚未根本改变，城乡、区域差距不断扩大。

在环境资源立法中，必须深刻认识到我国仍处于社会主义初级阶段，要符合国情，要坚持全国

"一盘棋"的基本思想，要与各地区的经济发展水平、市场经济发育程度、技术水平和能力的实际差异相结合。环境资源基本法律的制定要具有指导地方环境资源立法的可操作性，增强立法的现实性、针对性、有效性。

当前，我国提出建设资源节约型、环境友好型社会的要求，围绕节约资源和减少污染物排放，加强威胁人民身体健康、社会经济发展等关键性问题的立法研究，开展重点领域环境资源立法。通过立法后评估，发现法律制度中的突出问题，做好相关法律制度修订工作，使法律制度更加符合我国的客观实际情况，推动实施效果更加明显。认真研究目前经济危机和经济复苏可能带来的环境安全问题，认真分析环境资源问题面临的机遇和挑战，从立法上采取防范措施，主动应对。

同时，环境资源立法要研究借鉴人类文明的有益成果，力求古为今用、洋为中用。对国外先进的立法经验尤其是立法技术，我们应该积极借鉴和学习。但是，中国的环境资源立法是在中国的土壤中孕育、成长起来的，必须符合中国的国情和环境资源实际，对待外国的立法经验，我们不能照搬照抄，不能简单化地按照外国的法律体系来套。

（三）环境资源立法必须与人类社会文明建设协调一致、统一发展

文明尤其是现代物质文明的高度发达，使环境问题的存在成为客观事实，当这种客观事实严重危及人类社会生存和发展时，作为人类社会制度的延续，作为人类文化的延续，环境资源立法的产生成为必然。

由于环境问题认识的主观建构性，使环境资源立法的文化背景更加重要。从指导思想来看，中国环境保护实现了从朴素环境保护思想，到科学保护思想、科学发展观和生态整体观的转变；从立法价值目的来看，实现了维护统治阶级利益、重视经济效益，到强调生态整体效益的转变。

人类社会是经济、政治、文化和生态四大形态的有机统一体。生态文明理念下的物质文明，将致力于消除经济活动对大自然自身稳定与和谐构成的威胁，逐步形成与生态相协调的生产、生活与消费方式；生态文明下的精神文明，更提倡尊重自然、认知自然价值，建立人自身全面发展的文化与氛围，从而转移人们对物欲的过分强调与关注；生态文明下的政治文明，尊重利益和需求多元化，注重平衡各种关系，避免由于资源分配不公、人或人群的斗争以及权力的滥用而造成对生态的破坏。

环境资源立法是对生态文明建设中的环境保护和资源利用规则、制度的法制化，环境资源立法的发展，正是在物质文明、精神文明、政治文明和生态文明的进步和发展中逐步发展壮大起来的。

（四）环境资源立法应该在经济发展中与时俱进，逐步得以完善

经济基础决定上层建筑，法律制度属于上层建筑，归根到底，法律是能动地反映经济基础并为其服务的。环境问题是在经济发展中出现，环境资源立法是为解决环境资源问题而建立的，因此，环境资源立法也只能在经济发展中逐步得以发展和完善，环境资源立法不能急于求成，应循序渐进，注重实效。

人类活动没有止境，法律体系也要与时俱进、不断创新，它必然是动态的、开放的、发展的，而不是静止的、封闭的、固定的。同一社会关系和同一社会主体，因不同法律调整时，由于立法目的和调整方式等的不同，加之立法中的技术性因素，难免使法律与法律、法律与法规、行政法规与地方性法规之间产生矛盾与冲突。因此，环境资源立法中的矛盾与冲突是难免的。

但法制的本质特征要求内在统一，消除这种矛盾和冲突，是环境资源立法工作的主要任务。而且环境资源立法是一项复杂的系统工程，法律、法规的完善不可能一蹴而就，是一个循序渐进的过程。在环境资源立法中，既要注重立法数量又要注重立法质量。坚持新法制定、旧法修改、法律清理 3 项工作并重，对现有环境资源立法进行全面系统的调整，使环境资源法律、法规逐步系统化、协调化和科学化。

（五）中国环境资源立法应在全球的视野下，展示负责任大国的形象，推动全球环境保护的发展

从国际环境保护方面看，中国是一支积极力量。中国积极参与并促成了国际上许多重大活动的成功，如 1992 年的里约热内卢联合国环发大会、2002 年的约翰内斯堡可持续发展高峰会议、1997 年的《京都议定书》以及许多协定、条约等等。在双边环境保护合作方面，中国也签署了多个双边、多边合作协定。

中国在国际环境保护上是一个负责任的大国，也是一个最富有合作精神的国家。中国承担环境责任将更多地考虑中国发展阶段的现实，有区分地承担责任，面对严峻的国际资源环境形势，中国将"天人合一"理念融入现代环境资源保护工作中，走新型的生态文明发展道路，并积极推动世界环境保护事业的发展。

六、结语

美国次贷危机引发的金融危机席卷全球，中国的经济受到了严重的冲击。同时，也暴露出中国经济系统的脆弱性，中国环境保护工作面临着新的机遇和挑战，也给中国环境资源立法工作提出了新课题、新任务和新要求。未来环境资源保护工作，应该认真贯彻落实科学发展观，加快转变经济增长方式，积极调整经济结构，进一步实施可持续发展战略，落实节约资源、保护环境的基本国策，形成以环境保护促进经济发展，以环境保护应对金融危机的全新理念和机制，实现经济效益、社会效益、环境效益相统一。因此，在科学发展观指导下实现环境资源立法创新，树立保护生态系统整体的价值目标，以保障人类社会和自然生态系统的环境安全为目的，构建和谐理性的环境资源法律制度，是中国特色社会主义法律体系建设和生态文明建设的基本要求，也是中国对全球经济社会实现科学发展的巨大贡献。

第 19 讲

证据系统工程概览

常 远

常远，中国航天社会系统工程实验室理事、教授，中国政法大学知识产权研究中心研究员，西北工业大学资源与环境信息化工程研究所教授，北京实现者社会系统工程研究院院务委员、首席社会系统工程专家、首席人生系统工程专家。兼任世界社会系统工程协会（WISSE）常务理事、副主席，社会系统工程专家组（EGSSE）成员，社会系统工程网（http://www.sseweb.net/）指导委员会委员，中华人民共和国国史学会"两弹一星"历史研究分会理事，中国红十字会总会事业发展中心专家，（国务院发展研究中心）中国城乡发展国际交流协会生态经济战略研究所理事；并长期担任一些机构的首席战略顾问（CSC）及一些人士的人生导师。曾任中央政法管理干部学院法治系统工程中心主任，中国政法大学社会工程学院综合教学部负责人，国家教育委员会（今教育部）北京教授讲学团（今中国老教授协会）法治系统工程研究所所长，西北工业大学资源与环境信息化工程研究所所长，（国家经济体制改革委员会）中国改革实业股份有限公司投资咨询部（首任）总经理，北京实现者社会系统工程研究院院务委员、（首任）院长，北京大成律师事务所、北京实现者律师事务所（兼职）律师等职。

一、无处不在的证据

发现和认定事实真相，是人类社会最基本、最广泛的需求。古往今来，人类所追求的愿景之一，便是实现一个真、善、美高度和谐的文明形态。真、善、美与假、恶、丑具有复杂的系统结构（参见图 1）。一般而言，"真"是"善"和"美"的基础。无论是诚信社会还是和谐社会，首先应当是一个实事求是的社会，是使人类活动充分基于事实真相和客观规律，并使各种作为利益相关方（stakeholders）的社会主体，包括个人、组织（如政府组织\非营利组织、企业组织等），责任分明的社会。这便需要有效的事实认定系统，包括证据系统（含司法鉴定系统）。世界各地的大量轰动性公共事件早已表明：证据问题往往是最基本的甚至首要的关注点；许多社会主体在重大事件中之所以丧失公信力，往往在于缺乏有力的证据支撑。证据基础设施是推进国家治理体系和治理能力现代化的重要组成部分。

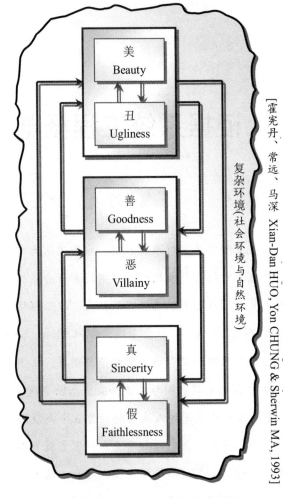

图1 真善美与假恶丑：一个复杂结构系统

在真、善、美和谐统一的人类文明中，证据活动是实现"真"并进而实现"善"中公正性要求的基础。虽然许多专门化的证据活动出现在法律领域，却远不局限于此（图2）。

从"目的与手段"（End and Means, E&M）框架来看，通过收集与运用证据进行事实认定的科学技术手段，在本质上均可称作"证据科学技术"（Evidential Science and Technology, or Forensic Science and Technology, EST or FST），无论是否由司法（诉讼）活动的参与方运用于司法（诉讼）目的。作为证据科学技术重要组成部分的司法鉴定，是综合集成地运用各种科学技术手段（包自然科学、人文社会科学、工程技术等），为司法（诉讼）目的提供证据支持的科学技术活动。

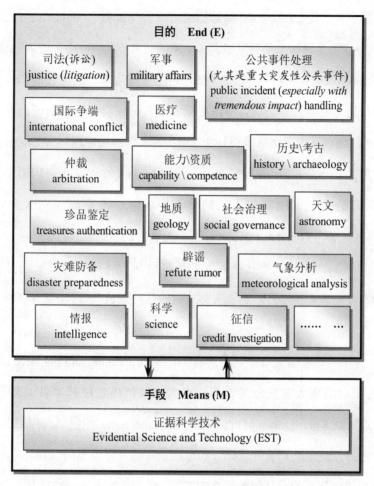

图 2 目的与手段（E&M）：服务于各种目的的证据科学技术手段

　　证据活动指向的主体，既可是具体的、特定的利益相关方，也可是广泛的、不特定的利益相关方；其目的，既可是在认识和解决某个具有时效性的特定问题时提供特定的事实依据，也可是在长期认识和解决某方面的广泛问题时提供普遍的事实依据。在一般定义中：

　　1）"证据"（evidence, proof），指"能够证明某事物的真实性的有关事实或材料"；或"能够清楚地表明某事物存在或属真实的事实或迹象"；简言之，指"用以证明的凭据"。

　　2）"证明"（prove），指"用可靠的材料来表明或断定人或事物的真实性"，"据实以明真伪"；或指"论证"，即"根据已知真实的判断来确定某一判断的真实性的思维过程。只有进行证明，才能使一个真判断的真实性得到确定。由论题、论据、论证方式组成。有直接证明和间接证明、演绎证明和归纳证明等。"或指"通过提供事实、信息等来表明某事物是真实的"。这是指过程、活动或行为。

　　3）"证明"（proof），也可指能够"表明或断定人或事物的真实性"的"可靠的"、"真实的"事物本身，或"能够证明某事物真实性的事实、信息、文件等"，如证明书（如资质证明、学位证书等）、证明信等。显然，其含义等同于"证据"。

证据的应用领域十分广泛。ISO 9000 国际标准将"客观证据"（objective evidence）列为其专门术语；美国马尔科姆•鲍德里奇国家质量奖计划《卓越绩效准则》的核心价值观和概念之一，便是"依靠事实的管理"（management by fact），诸如"概述贵组织在治理、高层领导和社会责任方面的关键结果，包括在伦理行为、财务责任归属，守法经营及履行公民义务方面的证据"、"说明学习的证据"等内容均涉证据问题；《欧洲卓越模型》也强调"依靠事实的管理"（Management by Processes & Facts），并在其"雷达"评分矩阵（RADAR Scoring Matrix）中对"促进因素"（Enablers）的各项要素依证据情况来评分；美国国防部资助的"能力成熟度模型集成"（CMMI）亦将"证据"（evidence）、"客观证据"（objective evidence）列为其专门术语。

证据活动的根本目的，是为人类社会系统的正常运行与可持续的"安全与发展"（Safety and Development, S&D）奠定真实性基石，是"人类文明的基础设施"。这主要体现在（但不限于）以下诸多方面：

1）为自然或人为原因导致的灾难预案与防备（disaster planning and preparedness）、公共事件（尤其是严重影响社会稳定的重大突发公共事件和重大突发群体性敏感案件）处理（public incident handling）、应急管理机制（mechanism of emergency management）的建立及捍卫公共利益，及时提供客观而有效的证据保障，奠定其真实性基础（如地震、海啸预报证据的认定，火山爆发证据的认定，对人为制造的大规模传播病毒的责任主体的认定等）。此类证据业务，往往具有紧急性。

2）为解决国际争端解决、维护国家安全（包括主权安全，如用于确认国界的历史证据等）等，提供客观而有效的证据保障，奠定其真实性基础。

3）为大量"以事实为依据，以法律为准绳"的诉讼活动（包括刑事诉讼、民事诉讼、行政诉讼等）中法律裁决的公正性乃至代表公共利益的司法系统的公正性，及时提供客观而有效的证据保障，奠定其真实性基础。

4）为大量社会治理（governance）行为（如行政行为、社会管理行为）的合法性及公正性，以及社会系统中大量非诉讼的矛盾纠纷解决活动，及时提供客观而有效的证据保障，奠定其真实性基础。

5）为人类（包括组织、非组织群体、个体等各类社会主体）的正常生活秩序、工作秩序（如预防纠纷，保险索赔，澄清组织及个人历史问题，促进科技进步、文化进步、经济发展等）乃至建立诚信社会（sincere society），提供客观而有效的证据保障，奠定其真实性基础。

严重偏离事实真相的证据活动，往往会严重损害人类社会系统正常运行的真实性基础，甚至带来不可估量的恶果。错误的证据活动，有时还会被作为强大的国内外政治斗争（包括军事斗争、选举竞争、政治迫害等）工具，给社会秩序带来严重的破坏、给无辜者带来极大的灾难。

20 世纪末，著名法学家达马斯卡（Mirjan R. Damaska）对"事实认定科学化"问题发表感言："伴随着过去 50 年惊人的科学技术进步，新的事实确认方式已经开始在社会各个领域（包括司法领域）挑战传统的事实认定方式。越来越多对诉讼程序非常重要的事实，现在只能通过高科技手段查明。随着人类感官察觉的事实与用来发掘感官所不能及的世界的辅助工具所揭示的真相之间鸿沟的扩大，人类感官在事实认定中的重要性已经开始下降。"这种趋势，使得先进的科学技术手段在证据活动中发挥着日益重要的作用。

随着科技进步、社会发展以及社会系统开放性、复杂性的增强，各种专门性问题大量出现，需要进行事实认定的事项越来越多，各种公共事件（尤其是严重影响社会稳定的重大突发公共事件和重大突发群体性敏感案件）、诉讼案件、行政执法案件、社会纠纷、社会矛盾、社会问题乃至国际争端，在整体上呈现日益增多趋势，所涉范围越来越广，难度越来越大。各类社会主体对证据活动的科学性、客观性、公正性，要求日益强烈。

在充满复杂性并面对空前挑战和空前机遇的世界化时代，人类证据活动及证据管理活动是否有效，对能否实现一个奠基于事实真相之上的、诚信而公正的、真善美和谐统一的世界，具有举足轻重的影响。

二、 世界证据科学技术领域的整合化需求

松散的、各自为政的、"大拼盘"式的世界证据科学技术体系，正处于重大的、跨越性的整合进化的前夜。

在美国，其国家科学院根据美国国会指示所组织的"证据科学共同体需求识别委员会"（Committee on Identifying the Needs of the Forensic Science Community），对改进美国证据科学所作的研究报告《加强美国证据科学——前进之路》中，已开始清醒地认识到本国证据科学事业的现状是"支离破碎的系统"(The Fragmented System)，其发展"因其极端的分崩离析(extreme disaggregation)而受到阻碍"，"在服务于证据科学事业的许多职业协会方面，没有一个是主导性的，并且显然没有一个阐明了进行变革的需要，或为实现这种变革描绘愿景。""证据科学事业需要强有力的治理，以便采用一种有魄力的、长期的日程安排，来加强证据科学学科。这种治理必须足够强大、足够独立自主，以便识别证据科学方法论体系的局限性；还必须有效地联络全国的科学研究基地，以使证据科学实践活动取得富有意义的进步。"

在英国，A.菲利普·大卫（A.Philip Dawid）教授在伦敦学院大学发起并领导了一个跨学科的证据研究项目——"证据、推论和探究：迈向整合的证据科学"（Evidence, Inference and Inquiry: Towards an Integrated Science of Evidence），得到了包括概率和统计学（菲利普·大卫所在的学科）、法学、医学、地理学、教育学、哲学、古代史学、经济学、心理学和计算机科学在内的伦敦学院大学的多个学科人员的积极参与。

2004 年底，中国领导层采纳了"建立统一的司法鉴定管理体制"的改革目标和要求；全国人民代表大会常务委员会随即于 2005 年 02 月 28 日通过《关于司法鉴定管理问题的决定》，确定了司法鉴定统一管理的制度框架和基本内容，进一步规范了司法鉴定的管理主体、管理客体和管理范围，确立了侦查、公诉、审判职能与司法鉴定管理职能相分离的原则以及司法行政机关的司法鉴定行业管理职能，维护了司法公正的底线，使作为当前证据科学技术活动中心领域的司法鉴定管理体制初步实现由各自为政向规范统一的空前整合。这是中国法治系统工程的重大进展。"中国证据科学网"在其特设的"证据科学理论前沿专题"按语中认为："对证据科学系统化理论的探索，或许是证据领域最前沿、同时也是最为棘手的问题……"已有中国学者通过梳理认识到：英美证据学界从"新证据学术研究"（New Evidence Scholarship）到"证据科学"（Science of Evidence）的演化历程，实际上经历了从狭义新证据学至广义新证据学最后迈向具有综合集成性质的大证据科学（Grand Science of Evidence）的过程。

世界范围内"证据科学共同体"所出现的上述现象，都在相当程度上表明了人类证据科学技术在理论与实践两大领域，对具有强大整合能力的系统化架构的迫切需求和呼唤。从"目的与手段"（End and Means, E&M）框架来看，证据科学技术领域整合趋势日益明显的深层原因，体现在：

1）根本目的（E）上的一致性——认定各领域的事实、揭示真相，这也是人类社会普遍存在的基本需求；

2）实现手段（M）上的一致性——证据活动的共同规律。

截至目前，"forensic science"及"forensics"在汉语中一般被译为法庭科学、司法科学、法科学、鉴识科学、鉴识学、鉴定科学、鉴定学、辨真科学等；即便被汉译为"证据科学"及"证据学"时，仍常被作为与法律相关的学科范畴（作为类似"证据法学"或"法证据学"的概念）。在已有的"forensic science"汉译中，鉴识科学、鉴定科学、辨真科学最接近该词本义。因为，构成"Forensic Science"及"Forensics"（"Forensics"一般被视为"Forensic Science"的简称）的词根，源自拉丁文"forum"（广场、市场）及"forensis"（其原始含义是"论坛的、在论坛之前的"），原指两方或两方以上社会成员发生利益冲突或观点冲突时，需要寻找冲突各方以外的、共同认可的、超越冲突各方本位立场的、能够主持公道的另一方（如中立方或公共权力机关）或公众，在特定场所（一般是公共场所）公断是非，以解决彼此冲突。从世界化眼光（尤其是证据科学技术发达地区眼光）来看，无论在研究领域还是应用领域，"forensic science"或"forensics"的内涵与外延早已不限法律领域，正在日益与广义的"Evidential Science"（证据科学）和"Evidential Science & Technology, EST"（证据科学技术）相重合。

"工欲善其事，必先利其器。"在世界范围内，系统方法以其本征性优势，正在为人类证据科学技术的理论与实践提供"水到渠成"的强大整合框架，并责无旁贷地承担着承先启后地解决前述"证据领域最前沿、同时也是最为棘手"的"证据科学系统化"的历史使命。

三、 系统方法论与证据系统观

（一）系统方法论

系统（system）就是由若干相互联系、相互作用的部分所组成的整体。系统本身又是它所从属的一个更大系统的组成部分（钱学森语）。显然，任何事物都是由更小事物构成的整体，即系统。相对于"系统"级事物而言，"更小事物"便可被称为"子系统"（subsystem，即可分解为更小系统的系统级事物）或"元素"（element，由于系统的层次性，"元素"仍可能被进一步分解）。（图3）当我们用系统科学眼光或系统观（systems perspective）来看待世界时，可以发现：

1) 问题——就是特定系统所出现的令特定主体所不满意的状态。

2) 解决问题——就是将特定主体所不满意的特定系统的状态，有效地调控到满意状态。

3) 认识问题——就是围绕特定目标，了解特定系统的构成因素及各因素间、各因素与系统整体间、系统整体与外部环境间的关系和相互作用规律，即"对原型构建模型"，简称"建模"（modeling）。"模型"是相对于"原型"而言的。

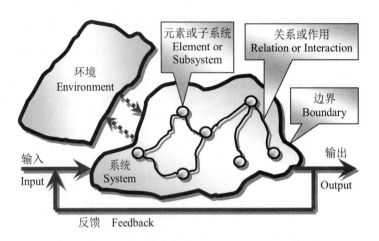

图 3 系统的基本模型

"工程（engineering）"指服务于特定目的的各项工作的总体。工程的目的是系统的组织建立或经营管理时，就是"系统工程（Systems Engineering, SE）"；也可以说，系统工程就是从系统的认识出发，设计和实施一个整体，以求达到我们所希望得到的效果；我们称之为工程，就是强调达到效果，要具体，要有可行的措施，也就是实干，改造客观世界。（钱学森语）亦可将系统工程顾名思义地理解为：使系统达到满意状态（或目标状态）的工程——即运用

科学方法（科学性），认识和控制被视为系统的任何事物（往往是具有相当复杂性、规模性的事物），以使其达到满意状态（目的性）的综合集成的（整合性）工程实践（实践性）。系统方法具有普适性、整合性、开放性、进化性等特点。

在系统工程方法中，有一个"I（输入）→P（处理）→O（输出）过程模型"（"I（Input）→P（Process）→O（Output）" Process Model），可用来描述各种各样的"广义生产"现象：

1）广义生产过程的输入端是广义资源（Generalized Resource），包括物质、能量、信息及其复合形式；

2）广义生产过程的输出端是广义产品（Generalized Product），包括物质、能量、信息及其复合形式。

"资源"与"产品"概念是相对而言的——同一事物，当它是 A 过程输出物时，它就是 A 过程的"产品"；当它同时也是 B 过程的输入物时，它就成了 B 过程的"资源"。

证据活动可被抽象地视为一个通过搜集和加工证据信息来形成事实真相（"广义产品"）的"广义生产"过程。如历史和考古工作，就可被视为一个基于"I→P→O 过程模型"的"采"→"存"+"研"→"用"过程（参见图 4）：

"采"（历史证据采集） → "存"（历史证据保全） +"研"（运用历史证据构建作为"系统"的历史事件模型） → "用"（运用历史研究成果）。

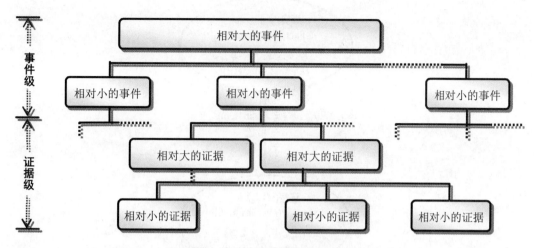

图 4 基于证据系统的事件系统

从发现并运用可能带来证据的线索，到形成或未形成证据的过程，同样是一个"I→P→O 过程"，人们有时会将线索过程与证据过程混为一谈。需要说明的是，从信息系统角度来看，由于证据过程是个充满复杂性的事实信息（fact information）传递过程，所以，在将"I→P→O 过程模型"运用于证据过程时，其中的"处理"（Process, P）既可用来描述人为的作用（如事实信息传递过程中的人为干扰），也可用来描述非人为的作用（如事实信息传递过程中的自然的干扰因素）。

（二）证据系统观

对东西方的"证据"（evidence）一词，可以做个顾名思义的语言系统分析：

1）在典型的当代东方语言汉语中，词汇"证据"＝"证"＋"据"＝用来证明事实的依据。

2）在典型的当代西方语言英语中，词汇"evidence"（证据）源自拉丁语"evidens"（清晰可见的）一词，"evidens"＝"e-"（从……中，英语前缀 ex-的变体）＋"videns"（见到、看出，videre 的现在分词），即从中可以看出某项事实的东西。

所以，东西方"证据"（evidence）一词的构成，有着异曲同工之妙——从中可以看出某项事实的东西，实际上就是用于证明某项事实的依据。东西方的这两种认识，都涉及了证明活动中的一种基本的二元关系（图5）：

1）从 B 事物中看出 A 事实，或者将 B 事物作为证明 A 事实的依据；

2）A（事实）是证明的目的，B（证据）是证明的手段（依据）。

3）任何证明活动的本质，就是通过某个或某些事物（B 元素或 B 集合）来确认另外某个或某些事物（A 元素或 A 集合）的真实性，或者说通过证据来确认或否定某项事实（to establish or deny a fact by evidence）。

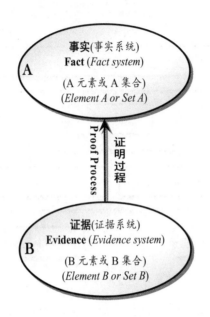

图 5 证明过程中的二元关系

"证明过程"与"证据过程"基本相同——通过对证据的获取、处理与运用，来认定事实真相的过程。简言之，可将证据（evidence）定义为：

1）特定主体根据特定准则（法定准则或非法定准则）证明或确认特定事实的依据；或

2）特定主体根据特定准则（法定准则或非法定准则）所证明或确认的蕴含特定事实信息的载体。

上述定义是一个可用于所有证据的"4 要素系统"说：

1）须证明或确认的事实本身或事实信息。

2）证明或确认事实的依据，或蕴含事实信息的载体。

3）对事实进行证明或确认的准则。

4）对事实进行证明或确认的主体（相对于主体要素而言，要素 1）和要素 2）皆属客体）。

"4 要素系统"说，也可简化为"3 要素系统"说（（事实+依据）+准则），或"2 要素系统"说（事实+依据，即图 5 中的二元关系）。

证据（或证据系统）具有以下基本属性（参见图 6）。

（1）系统性（systematization）

1）任何证据都是由若干局部（或组分）构成的有机整体，即证据系统。i2 公司运用可视化建模技术实现的世界领先的高效证据分析系统，便充分展现了证据是如何被作为系统来对待的。

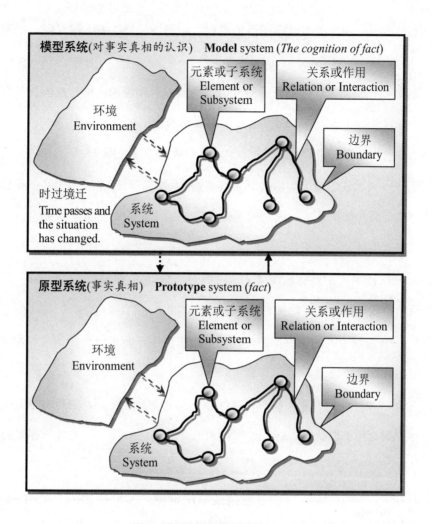

图 6 原型系统与模型系统

2） 任何通过证据所证明的事实，也都是由若干局部（或组分）构成的有机整体，即系统。不同层次的证据系统（模型系统），对应着不同层次的事实系统（原型系统）。

3） 与同一待证事实有关的若干证据共同构成了一个系统。

（2） 客观性（Objectivity）——证据系统（模型系统）应当客观地反映事实系统（原型系统）。

（3） 相关性（Relevance）——证据系统（模型系统）与事实系统（原型系统）之间应当具有紧密的相关性。这种相关性，是基于模拟关系的相关性。

（4） 可采性（admissibility）——证据系统（模型系统）只有符合特定的准则、标准、规定或要求，才能接受为证明事实系统（原型系统）的依据。可采性亦是符合特定的准则、标准、规定或要求的可信性（Credibility \ Believability）。证据的合法性（Legality），也属可采性（基于法定准则）。

在系统科学\系统工程框架中，证据过程涉及模型（model）与原型（prototype, 指已发生的事实本身）的关系，可被描述为通过获取和加工来自原型系统的信息，对原型系统中需要认定的内容建立正确模型系统的过程。该过程可被描述为一个由三大环节构成的"I→P→O 过程模型"。

（1）输入（Input, I）——证据的搜集过程。如现场采集当事人的血液、毛发，提取枪弹痕迹等等。

（2）处理（Process, P）——证据的分析过程。如对现场物证进行检验，并根据专门知识和经验对检验结果进行分析及审查，从而得出对事实真相的认识结论。

稍细一些，可将证据信息的处理过程（P）分为两大阶段（图7）：

• P1 阶段——因客观的或人为的（无意或有意）"处理"，使原始事实（如原始的案件事实）留下了客观的物质信息（如车辆在地面形成轮辙印迹）或主观的知觉信息（如事件现场感知者所作的诚实回忆或不诚实编造）。

"人证"——经由人的感官系统（无意或有意）传递的（包括感知及表述）、用于证明原始事实（如案件原始事实）的主观知觉信息，一般被称作"人证"；

"物证"——未经由人的感官系统传递的、用于证明原始事实（如案件原始事实）的客观的物质信息，一般被称作"物证"。

• P2 阶段——经过证据专业人员对客观物质信息或主观知觉信息进行提取和处理，并依据特定准则，对原始事实真相予以认定。这一过程也是人证与物证的统一，主观与客观的统一。

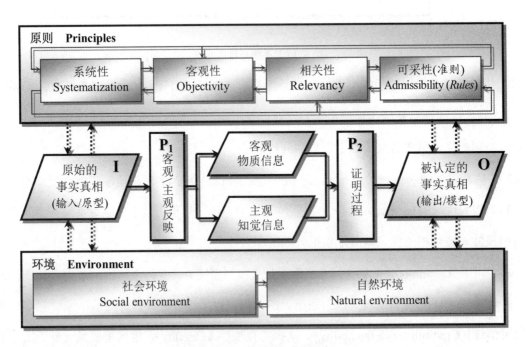

图 7 证据系统工程的广义框架

（3）输出（Output, O）——证据的运用过程。运用对事实真相的认识结论，处理相应的事务（如司法事务、行政事务、民间事务等），如给犯罪嫌疑人定罪或释放、给违法的行政相对人施以行政处罚等。

简言之，证据活动的结论通常有 3 种：

1）真（证实）。

2）假（证伪）。

3）无法确定真假（这是相对而言的，原先无法确定真伪的事项，有时可能在更高科技条件下得以确认）。

此外，技术层面的证据过程（Evidential Process \ Forensic Process）可大致分为 4 个首尾衔接的"I（输入）→P（处理）→O（输出）"子过程（图 8）。

1）搜集过程（collection process）。搜集过程需要识别（identify）、标记（label）、记录（record）、获取（acquire）与特定事件有关的证据材料，并遵循特定的准则和程序以确保证据的完整性（integrity）。通常需要及时地搜集证据（如从手机、PDA 等电池驱动设备（battery—powered devices）中获取数据的情形），以防证据损害或灭失。

2）检验过程（examination process）。检验过程通常包括针对特定的介质（证据信息载体），运用相应的技术方法，识别和提取相应的数据或证据信息，并确保数据的完整性（integrity）。检验过程通常是一个人—机结合的过程（包括自动的与人工的方法）。

3）分析过程（analysis process）。分析过程是采用正当合法的方法，对检验结果进行分析，以得出对事实认定有用的信息。

4）报告过程（reporting process）。报告过程是对分析的结论予以报告，包括对实施活动予以描述，对采用的手段和程序予以说明，并提出是否需要采取其他行动（如对补充的证据进行检验等）。根据不同的情况，报告的方式可能会有不同的要求。

包括证据的输入（采集、调查）、保存、处理（分析、证明）、认定、输出（使用）等一系列环节在内的完整的证据过程（Evidential Process, EP），以及直接、间接地支持该过程得以有效实现的所有因素，在整体上构成了一项系统工程，即证据系统工程（Evidential System Engineering, or Forensic System Engineering, ESE or FSE）。在复杂的证据系统工程中，有时追求整体最优的事实认定效果时，不一定要求构成整体的所有局部都最优，有时甚至要求局部对整体要求的指标最劣。刑事诉讼活动要求"以事实为根据，以法律为准绳"，要求在整体上最实事求是地认识案情，但在诉讼系统中却是通过在局部上不甚"实事求是"的对抗方式实现的：控方从受害者和公众利益出发，一味设法证明被告有罪或罪重；辩方则从被告的利益出发，一味设法证明被告罪轻或无罪。在法官有效的主持下，控辩双方通过对抗性的竞争动力机制，使案情向穷尽正反两方面所有可能性的方向演化，真理越辩越明，案情最终在整体上逼近真相，实现了证据系统工程或诉讼系统工程的整体优化目标。

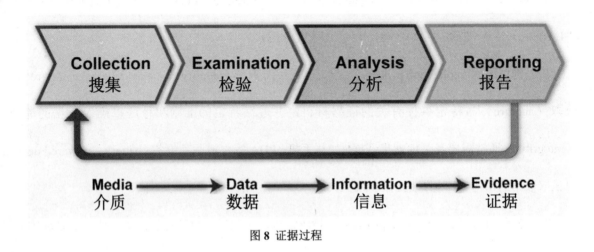

图 8　证据过程

四、证据系统工程之基本架构

证据系统工程（Evidential System Engineering, ESE）体系，是一个理论与实践完全融为一体的证据科学技术体系。（参见图9）

（一）证据系统工程的基本概念

证据系统工程可有广义、狭义之分，均可用于司法目的（即司法鉴定）及非司法目的（参见图10）。

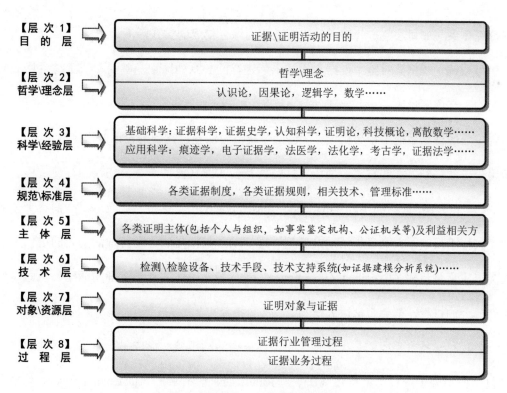

图 9 证据系统工程的多层次结构

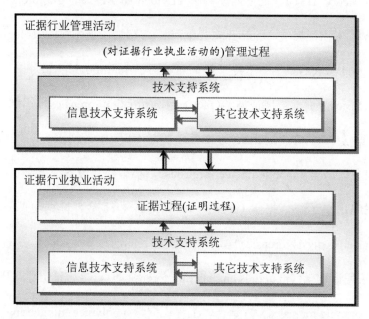

图 10 广义证据活动的"双过程"架构及其技术支持系统

1）狭义的证据系统工程（Specialized Evidential System Engineering, SESE），是通过直接获取和运用证据，对作为原型系统的事实真相，建立有效的模型系统，从而实现事实证明\事实认定的综合集成的实践体系。

2）广义的证据系统工程（Generalized Evidential System Engineering, GESE），除包括直接的事实证明\事实认定活动外，还包括为整个社会系统（如地区、国家乃至整个人类社会）建立可持续进化的证据管理体系（如司法鉴定管理活动）而进行的综合集成的实践活动。

在运用系统工程框架对整个证据科学技术所进行的一系列探索基础上，一个综合集成的证据系统工程架构正在逐渐形成。

综合集成的证据系统工程架构设计（包括对统一司法鉴定体制的论证）和前沿探索的基本宗旨，就是运用先进的科学方法和技术，使内容广泛的社会实践（包括涉及公共权力行使过程的社会治理活动），成为充分基于证据的实践（evidence—based practice）。这是一项充满挑战而又十分艰巨的系统工程，其探索反映了人类证据活动及证据管理活动（包括司法鉴定管理活动）的进化方向，其成功对人类追求卓越治理（Excellent Governance，包括多元主体的社会管理的活动）从而建设诚信社会、和谐社会的进程，都会带来巨大影响。

由于各种科学技术手段的强大支撑作用，在证据活动领域，形成了一系列交叉性的科学技术领域，这包括但不限于：贝叶斯规则（Bayes' Rule），贝叶斯网络（Bayesian network），D—S 理论（Dempster-Shafer Theory, DST），证据推理算法（Evidential Reasoning approach, ER），医学证据学（medical forensics），生物证据学（biological forensics），毒物证据学（toxicological forensics），牙科证据学（odontological forensics），人类（学）证据学（anthropological forensics），昆虫证据学（entomological forensics），面部重现证据学（facial reconstruction forensics），识别证据学（identification forensics），化学证据学（chemical forensics），数字证据学（digital forensics），计算机证据学（computer forensics），移动设备证据学（mobile device forensics），小型数字设备证据学（the small scale digital device forensics, SSDDF），经济证据学（economical forensics），会计证据学（accounting forensics），视频分析证据学（video analysis forensics），动画证据学（animated forensics），工程证据学（engineering forensics），材料工程证据学（materials engineering forensics），语言证据学（linguistic forensics），摄影证据学（photographic forensics），聚合体工程证据学（polymer engineering forensics），压型证据学（profile forensics），心理证据学（psychological forensics），精神病证据学（psychiatric forensics），地震证据学（seismological forensics），地质证据学（geological forensics），考古证据学（archaeological forensics）等等。随着美国苹果公司 iPhone 手机的世界化普及，甚至出现了 iPhone 手机证据学（iPhone Forensics），甚至细化到了 iPhone 3GS 手机证据学（iPhone 3GS Forensics）、iPhone 4GS 手机证据学（iPhone 4GS Forensics）、iPhone 5GS 手机证据学（iPhone 5GS Forensics）等。

数学、数理逻辑以及迅猛发展的人工智能技术（Artificial Intelligence, AI），则为将各种证据理论、算法高效地整合为一个集大成的"超级证据机器人"，提供了强有力的自动化工具，如 Jeffrey A. Barnett 对证据数学理论的电脑化方法所进行的探索。同时，各种形象建模（亦称可视化建模（visual modeling））技术（如 i2 等）亦为高效而人性化的证据分析，提供了强有力手段（图 11）。

在对上述无比庞杂的证据科学技术领域进行整合的历史进程中，证据系统工程框架均可提供可持续的强大支持。

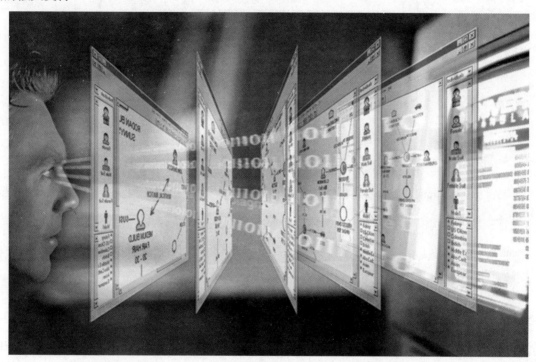

图 11　i2：一个用于线索及证据分析的形象建模工具

（二）基于"安全与发展"（S&D）双层目标架构的证据活动目标

证据系统工程探索基于系统方法的普适性、整合性等一系列优点，可以帮助我们更好的认识和厘清证据科学技术领域的大量问题。通用的"安全与发展"（Safety and Development, S&D）双层目标架构，从得失视角（Gains and Losses, G&L）将任何主体的目标，在理论上粗分为上下两层：

1）　下层目标为"安全"（Safety, S）——可简单地理解为不损失已有利益。

2）　上层目标为"发展"（Development, D）——可简单地理解为在安全的基础上获取新的、更多的利益。

据此，可将证据科学技术及证据系统工程的目标，在理论上也分为两层（图 12）。

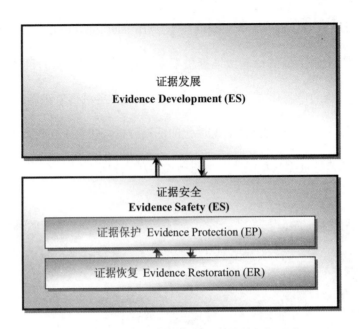

图 12 基于"安全与发展"双层目标架构的证据活动

1）下层目标是针对已有证据的，可称作"证据安全"（Evidence Safety, ES），细分为：

• 证据保护（Evidence Protection, EP）——采取有效的保护措施，避免事实发生后已经被发现的证据及证据中的事实信息，因种种人为或自然原因而遭受破坏或灭失。

• 证据恢复（Evidence Restoration, ER）——采取有效的措施，将事实发生后已经被发现、但因种种人为或自然原因而遭受破坏的证据或证据中的事实信息，予以恢复。

2）上层目标是针对尚未获得的证据的，可称作"证据发展"（Evidence Development, ED），指在事实发生前或事实发生后，运用当前科学技术手段或发展更先进的科学技术手段，获取新的证据（包括传统证据以及新型证据）及证据中的事实信息。如：运用新的脑科学技术手段（如利用脑机接口（Brain-Machine Interface, BMI）技术获取大脑信息），可使以往高度主观化精神证据（Spiritual Evidence）在一定程度上实现客观化。"证据发展"目标不仅要求我们获取更多数量的新证据，更要求我们获取更高质量的新证据（图 13）。

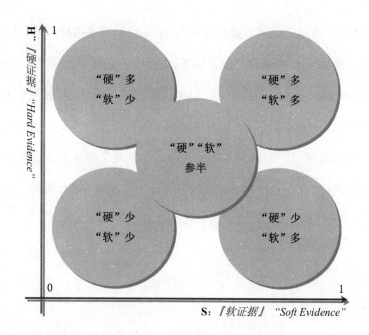

图 13 事实认定系统中所用证据的"软硬比例"

我们可以简单地用"可靠性高低程度"或主观性在其中的比例这样的标准，将证据分成两类：

1）"硬证据"（Eh）——对现场的实物进行精密的科学技术鉴定所得出的结论等，就属于典型的"硬证据（Eh）"之列；

2）"软证据"（Es）——内中含有较多主观因素或与事实出入较大的传来证据（≥2 道手续获得的证据）及当事人多次不同的陈述和辩解等，则属于典型的"软证据（Es）"。

"硬证据（Eh）"的质和量是同证据科学技术的既有水平和推广程度直接相关。在受各种"约束条件"的限制，难以获得大量"硬证据（Eh）"的情况下，人们只好采用"软证据（Es）"，而"软证据（Es）"的低可靠性则必然地导致了错案概率的增大。

（三）证据系统工程涉及的时空域及卓越治理的积极推动作用

证据科学技术活动及证据系统工程的实施，既涉及事实发生后，也涉及事实发生中、事实发生前。

1）在事实发生后（即新的证据可能形成后），采取种种措施，避免已有证据遭受人为或自然原因而破坏或灭失，并从已有证据中最大限度地提取事实信息。提取现场指纹、从数字设备中提取信息等，即属此类。

2）在事实发生的同时，在现场采取种种措施（包括公开取证措施与隐蔽取证措施），及时获取证据。取证的实时性、实地性，带来了取证的巨大能动性和较大的可控性。

3）在事实发生前（即新的证据可能形成前），采取种种预备措施，最大限度地获取更多的证据（包括公开取证与隐蔽取证）。安装录像监控设备、对虚拟空间中的活动进行监控记录等，即属此类。

证据系统工程中基于"安全与发展"（S&D）双层目标架构的"证据发展"（Evidence Development, ED）观点，对政治文明（如对滥用公共权力的防控）的积极推动作用，还表现在：在公共权力运行的事中控制方面，可通过建立"公共权力行使过程存证制度"和基于先进技术的"公共权力行使过程存证系统"，对各类社会管理主体行使公共权力的行为（过程）进行实时（real time）的全程记录，以彻底提高滥用公共权力的违法行为的暴露率和查处率。

（四）证据系统工程的公众基础

正在迅速到来并不可逆转的"全民证据时代"，给世界各国及国际社会的治理正在带来空前挑战，也给世界各国及国际社会的社会管理创新及实现卓越治理（Excellent Governance）带来了空前机遇。证据系统工程的公众性（或大众性、人民性、群众性，既包括普通公民，也包括专职或业余从事证据科学技术工作的人员），将对社会系统的管理创新乃至卓越治理（Excellent Governance），带来积极的影响。证据系统工程的公众性，主要表现在两个方面：

1）证据系统工程的重要目的之一，是为维护全体社会成员（包括公民、法人组织、非法人组织）的合法权益提供有效的证据保障。

2）证据系统工程的重要手段之一，就是通过证据基础设施"硬件"与"软件"的建设和普及，在依法保障隐私权的前提下，推动"全民证据素质"（尤其是全民证据意识及全民取证手段）的成熟以及有效的全民证据行动（如具有高清影音采集功能的便携移动装置（如手机）的普及将出现证据倍增的大趋势；网络的普及将出现全民分析证据、全民质证的大趋势），从而通过广泛、实地、实时地获取大量线索和证据而有效地突破"取证瓶颈"并实现全民分析证据及全民质证，以大规模的个体正义力量，汇聚为全社会的整体正义力量，走向为诚信社会、和谐社会及人类文明"奠定真实之基"的理想愿景；同时，还会推动证据科学技术领域中证据科学技术爱好者个人兴趣与社会证据需求高效结合的"双着迷"愿景——"让每一个人都拥有最为之着迷的事业；让每一项事业都拥有最为之着迷的人才"，逐渐得到实现，这就如同通过"群众性体育运动"源源不断地选拔出一代代体育精英那样。

五、基于"综合集成研讨厅"架构的专家会鉴系统工程——重大疑难特殊复杂案件的先进会鉴模式

从系统科学或系统工程观点来看，重大、疑难、特殊、复杂案件或事物，构成了一个复杂的系统。"真实世界（原型系统）的复杂性总会令人们发现：自己仍很幼稚，把人和事想得太简单了……"正如重大、疑难、特殊、复杂病例需要通过专家群体（包括世界级\世界化专家群体）进行会诊一样，在重大、疑难、特殊、复杂案件或事件所进行的事实认定以及事实认定中的争议，也同样需要通过专家群体（包括世界化乃至世界级专家群体）的强大认知力量超越个体的局限性，作出"集中会诊"式的、具有"大成智慧"的、权威的事实认定（即"会鉴"）。这是一项复杂的证据系统工程——会鉴系统工程（Evidential Consultation System Engineering, ECSE）。会鉴系统工程模式对有效克服人们在事实认定中的片面性及鉴定行为的不正当性，具有重要作用。

在世界化时代的空前挑战和空前机遇中，基于世界化网络所构建的世界级会鉴系统工程，不但可能，而且十分必要。美国以获得伊拉克拥有大规模杀伤性武器的证据为由发动伊拉克战争、韩国海军"天安"号警戒舰被炸沉事件等一系列轰动世界的重大事件，大多凸显出先进、公正而权威的世界级证据体制以及据此形成能够得到国际社会公认的高可靠性证据，对国家安全乃至人类安全的极端重要性。

20世纪80年代末，中国的科学思想家、战略科学家钱学森等从当今世界社会形态、科技发展的现实、以往的工程实践和社会改革的经验教训中提炼出旨在对开放的复杂巨系统进行充分观控模拟和处理的有效方法——"从定性到定量的综合集成法"（Meta—synthesis），后又进一步提炼出"从定性到定量综合集成研讨厅体系"（Hall for workshop of Metasynthetic Engineering）或"大成智慧工程"（Metasynthetic Engineering, MsE），在面对复杂难题时，以科学的认识论为指导，充分利用电脑、信息网络等现代信息技术，构成以人为主、人—机结合、人—网结合结合的智能系统，高效调用古今中外的有关信息、数据、知识、经验，以启迪专家的心智；并通过民主讨论，让专家各抒己见，互相补充、互相激发、互相制约，在"相生相克"中充分发挥基于复杂系统涌现（Emergence）机制的创造性；然后将各方面有关专家的理论、知识、经验、判断、建议等，与有关信息、数据综合集成起来，用类似建立"作战模拟"的方法，将解决方案模拟试行，反复修正，以便能对复杂性的事物（开放的复杂巨系统）发展变化的各子系统、各层次、各因素及其相互关系等，从定性到定量都能把握清楚，逐步"集大成，得智慧"，找到认识、解决问题的最佳方案。重大、疑难、特殊、复杂

鉴案或事实认定活动，有着对"大成智慧"的迫切需求。基于"综合集成研讨厅"架构的专家会鉴系统工程集成支持系统（Integrative Support System for Evidential Consultation System Engineering, ISS—ECSE），作为会鉴系统工程的信息化平台，旨在综合调用证据科学技术体系中相关的主客体资源（包括对世界化、世界级的大型专家群体鉴定提供强大的信息技术支持），有助于激发各方观点的充分竞争机制（Sufficient Competitive Mechanism）或"PK"机制，在整体上最大限度地涌现出基于"综合集成研讨厅"架构的、具有当前最高认知水平的"1＋1＞2"的"大成智慧"，并形成事实认定活动（尤其是重大、疑难、特殊、复杂案件或事件的事实认定活动）中的最具权威性的强大认知力量，从而为重大、复杂、特殊、疑难鉴案以及事实认定争议（包括重复鉴定、多头鉴定等现实问题）的解决，提供强有力的技术支持。

会鉴系统工程是对各种证据科学技术要素的综合集成运用，其本质是将一切相关的证据材料、国内外证据理论、专家经验\智慧（包括以种种"非传统"的特殊\特异的直觉信息作为获取证据的线索）以及其他各种相关资料、数据、信息综合集成起来，人—机结合、人—网结合，从定性到定性定量相结合，经过充分质证，发挥当前人类可能实现的整体优势和综合优势，对事实构建尽可能完备的认知模型，在此基础上形成最为可靠的结论（参见图14）。

《全国人民代表大会常务委员会关于司法鉴定管理问题的决定》第8条规定："各鉴定机构之间没有隶属关系；鉴定机构接受委托从事司法鉴定业务，不受地域范围的限制。"所以，解决当前司法实践中存在的多头重复、久鉴不决、鉴定意见打架等突出问题）问题，只能通过鉴定过程及鉴定结果的极大的、甚至是终极性的权威性（而非鉴定机构的行政等级高低、行政权力大小或鉴定人的行政身份）来解决。会鉴系统工程为从根本上解决这个难题，提供了重要的途径。专家会鉴系统工程集成支持系统对重大疑难特殊复杂案件鉴定过程的记录功能，还可为追究责任以及日后生动地观摩学习顶级专家群体的司法鉴定经验及教训（尤其是世界顶级专家通过网络参与会鉴时），提供便利条件。

对任何执政主体来说，基于世界的复杂性、取证手段（包括公开取证手段与隐蔽取证手段）的日益进步以及掩盖真相的困难性和身败名裂的巨大风险，坚定、果断、尽早地站在真相一边，应当是最可靠、最安全、最明智的抉择。由于科学技术在人类社会中的普遍公信力，在公共事件（尤其是可能引发"蝴蝶效应"从而导致严重影响社会稳定的重大突发公共事件和重大突发群体性敏感案件）应对体制中，世界各国的各级政府机关应将实施会鉴系统工程作为首要的基础工作之一，最大限度地为决策提供可靠的依据。这也是社会治理在世界化时代充满复杂性的空前挑战和空前机遇中，对证据科学技术的研发与运用所提出的极其紧迫的需求。

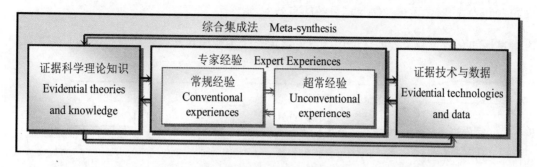

图 14 综合集成证明方法

六、证据管理系统工程

证据系统工程既包括证据业务活动（如司法鉴定执业活动），也包括证据管理活动（如司法鉴定管理活动）。

在参考国家哲学社会科学"七·五"规划重点项目"中国社会治安综合治理的理论与实践"提出的治安系统工程目标管理架构的基础上，所形成的司法鉴定管理系统工程的质量控制目标管理流程（图 15），就是运用证据领域管理活动的动态架构之一，这既是法治系统工程（Legal System Engineering, LSE）和证据系统工程（Evidential System Engineering, ESE）的应用成果，也是帮助司法鉴定管理系统工程实现可操作化的基本架构。

司法鉴定管理系统工程涉及司法鉴定行业的准入、实施、适用、监督（收费行为、采标行为、鉴定质量等）、退出、处罚等一系列环节。其中，司法鉴定管理系统工程的质量控制目标管理流程主要由司法鉴定质量状态的信息获取、质量管理目标的制订和详尽分配，以及质量管理目标系统的实施三大部分组成，更详化的步骤包括：

（1）从复杂社会系统中获取有关司法鉴定质量的"状态信息"。

（2）对司法鉴定状况进行分析测评，提出以消除当前不良状态为目标的"状态目标"。

（3）对司法鉴定中存在的问题进行因果分析，基于因果关系提出详细的"对策目标"。

（4）对司法鉴定中存在的问题及相应对策进行因果定位分析和对策定位设计，基于因果定位提出详细的"责任目标"。

（5）将上述"状态目标"、"对策目标"、"责任目标"整合起来，构成司法鉴定管理系统工程中司法鉴定质量控制的目标系统。

（6）对司法鉴定质量控制目标系统进行系统化分配。

（7）确保司法鉴定质量控制目标系统的有效实施。

唯有目标的有效实施，才能保证司法鉴定管理系统工程中司法鉴定质量控制的有效实现。

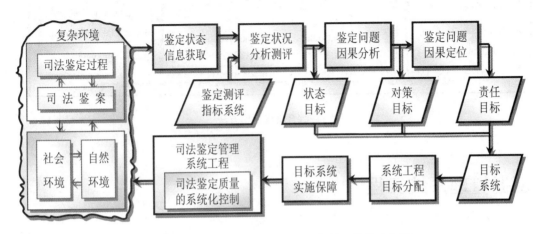

图15 司法鉴定管理系统工程中目标管理的基本流程

七、走向新天地——推动证据科学技术之持续进化

（一）面对世界化时代空前挑战和空前机遇的"1211→1"系统工程理念

证据科学技术的先进水平是任何社会或国家治理水平的重要标志之一。通过证据科学技术体系的建设，实现证据行业执业领域及证据行业管理领域持续进化的基本思路，可以简述为"1211→1"。系统工程理念（"1个环境"＋"2个机制"＋"1个框架"＋"1个平台"→"1个境界"）：（图16）

1）"1个环境"——指在充满复杂性的世界化时代，面对证据活动领域所出现的空前挑战和空前机遇，积极、主动、充分、持续地化解挑战、抓住机遇。

2）"2个机制"——指"持续集成机制"（包括继承、扬弃）和"持续创新机制"（包括原创型创新、改进型创新、集成型创新）。

3）"1个框架"——指能够科学而高效地整合证据活动及证据活动管理领域的一切相关资源、统筹工作全局的先进的系统工程框架——证据系统工程框架。

4）"1个平台"——指为整合了证据活动及证据活动管理领域一切要素的证据系统工程，提供先进、适用、高效的技术支持系统或技术支持平台（包括信息技术和非信息技术）。

5）"1个境界"——使证据活动及证据活动管理领域，在世界化时代的空前挑战和空前机遇中，不断"走向新天地"，达到跨越发展、持续发展、持续领先（包括从局部到整体不断积累经验，从"点"

到"线"，从"线"到"面"，从"面"到"体"实现领先）的持续进化境界。

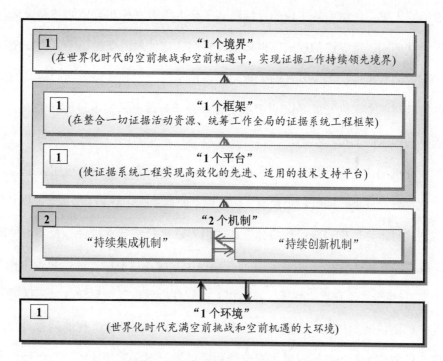

图 16 实现证据活动持续进化的"1211—1"理念

（二）证据系统工程及证据科学技术在世界化时代的跨越发展前景

在充满复杂性并面对空前挑战和空前机遇的世界化时代，证据系统工程全面得以实现的愿景是：顺应世界化的"全民证据时代"（全民参与的线索提供、证据分析与质证），基于持续集成（sustaining integration）和持续创新（sustaining innovation）的复杂系统架构（Complex Systems Architecture），有效形成"最大限度求同、必要差异保留"的、知行合一的"大成力量"（思想力+行动力），逐步建成开放而高度整合的、持续进化（sustaining evolution）的事实认定系统（或证据系统、证明系统）以及证据活动管理系统，大幅度提高事实认定系统中客观化的"硬证据"（Eh）比例，从而努力实现一个奠基于事实真相之上的诚信而公正的真善美的和谐世界。

世界证据科学技术体系正在从"松散大拼盘"式的相对落后状况，逐渐走向重大的、跨越性的系统化整合进化的前夜。当今世界科学技术强国美国，因国会的重视，其证据科学事业"支离破碎的系统"（The Fragmented System）及严重阻碍发展的"极端的分崩离析状态"（extreme disaggregation）可能得到重大改进——基于美国科学院组织的"证据科学共同体需求识别委员会"（Committee on Identifying the Needs of the Forensic Science Community）所召集的权威专家的调查、研究及建议，一个"主导性的"、能够"阐明进行变革的需要，或为实现这种变革描绘愿景"并"采用一种有魄力的、长期的日程安排"的"强有力的"、"足够独立自主"的新型治理体系可能逐渐形成。

放眼更远的未来，证据系统工程的目标是基于全人类对真相和真理的共同追求，突破国界，逐渐建成全人类共同的、世界级的权威证据体系及事实认定体系．新的影响人类安全（尤其是人类生存安全）的重大公共事件（如突发性的大规模恶性传染病、世界化恐怖活动等）的出现，客观上将推动世界各国的空前合作以及世界化\世界级证据系统工程体系的实现进程。

具有远见的国家应当抢抓机遇，在具有强大科学技术实力的综合性大学设立证据系统工程或证据科学技术专业机构，从事证据科学技术及证据行业管理研究、开发与应用，追踪、掌握、整合世界证据科学技术前沿成果；同时，积极创立国家级"证据系统工程协会"或"证据科学技术协会"，并抢先参与创建"世界证据系统工程协会"或"世界证据科学技术协会"及多语种的"世界证据系统工程网"或"世界证据科学技术网"，并通过举办国家级及世界级"证据系统工程大会"或"证据科学技术大会"（可分"论坛"、"展览"等模块）、创办世界级证据科学技术园区等一系列的方式，积极、主动、创造性地参与世界证据科学技术体系及世界证据系统工程的创建过程，为人类证据科学技术的进步做出伟大贡献；同时最大限度地利用世界证据科学技术资源，赶超世界证据科学技术先进水平，帮助自己跨越性地走在世界证据科学技术的前列。

中国在"两弹一星"等大规模国防科技系统工程中，正确地"集中力量办大事"所积累的向世界科技高峰进军的珍贵经验和优势，对整个社会系统的跨越进化、持续进化都具有重大的方法论启示。中国应当敏锐把握世界证据科学技术的进化潮流，积极、主动、创造性地参与世界级证据科学技术体系、证据系统工程的创建及跨越发展和持续进化，为人类文明奠定"真实之基"的基础设施建设做出伟大贡献。

在充满复杂性的世界化时代，能否成功应对空前挑战并攥住历史显露的空前机遇，是对每一个国家、民族乃至人类社会所具有的智慧和勇气的考验。